高校经典教材同步辅导丛书

机械原理（第八版）全程辅导及习题精解

主　编　焦艳晖

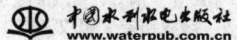
中国水利水电出版社
www.waterpub.com.cn

内 容 提 要

本书共 14 章：绪论、机构的结构分析、平面机构的运动分析、平面机构的力分析、机械的效率和自锁、机械的平衡、机械的运转及其速度波动的调节、连杆机构及其设计、凸轮机构及其设计、齿轮机构及其设计、齿轮系及其设计、其他常用机构、机器人机构及其设计、机械系统的方案设计，各章均包括学习要求、重难点提示、内容提要、典型例题分析、思考题及练习题详解五部分内容，针对各章节习题给出详细解答，思路清晰、逻辑性强，循序渐进地帮助读者分析并解决问题。

本书可作为高等院校学生学习"机械原理"课程的辅导教材，也可作为考研人员复习备考和教师备课命题的参考资料。

图书在版编目（CIP）数据

机械原理（第八版）全程辅导及习题精解 / 焦艳晖主编. -- 北京：中国水利水电出版社，2014.8（2021.10 重印）
（高校经典教材同步辅导丛书）
ISBN 978-7-5170-2241-1

Ⅰ. ①机… Ⅱ. ①焦… Ⅲ. ①机构学－高等学校－教学参考资料 Ⅳ. ①TH111

中国版本图书馆CIP数据核字(2014)第147745号

策划编辑：杨庆川　责任编辑：杨元泓　加工编辑：孙 丹　封面设计：李 佳

书　　名	高校经典教材同步辅导丛书 **机械原理（第八版）全程辅导及习题精解**
作　　者	主　编　焦艳晖
出版发行	中国水利水电出版社 （北京市海淀区玉渊潭南路1号D座　100038） 网址：www.waterpub.com.cn E-mail：mchannel@263.net（万水） 　　　　sales@waterpub.com.cn 电话：（010）68367658（营销中心）、82562819（万水）
经　　售	全国各地新华书店和相关出版物销售网点
排　　版	北京万水电子信息有限公司
印　　刷	三河市祥宏印务有限公司
规　　格	170mm×227mm　16开本　18.75印张　457千字
版　　次	2014年8月第1版　2021年10月第12次印刷
定　　价	36.00元

凡购买我社图书，如有缺页、倒页、脱页的，本社营销中心负责调换
版权所有·侵权必究

前言

孙桓、陈作模主编的《机械原理》(第八版)以体系完整、结构严谨、层次清晰、深入浅出的特点成为这门课程的经典教材,被全国许多院校采用。

为了帮助读者更好地学习这门课程、掌握更多的知识,我们根据多年的教学经验编写了这本辅导教材,旨在帮助读者理解基本概念、掌握基本知识、学会基本的解题方法与解题技巧,进而提高应试能力。

本书作为辅助性教材具有较强的针对性、启发性、指导性和补充性。考虑到"机械原理"这门课程的特点,我们在内容上作了以下安排:

1. 学习要求。根据教学大纲要求总结学习的重点及需要掌握的知识点。

2. 重难点提示。每章前面均对本章的知识要点进行了整理。综合众多参考资料,归纳了本章几乎所有的考点,便于读者学习与复习。

3. 内容提要。对每章的知识点做了简要概括,梳理了各知识点之间的脉络联系,突出各章的主要定理及重要公式,使读者在各章学习过程中目标明确、有的放矢。

4. 典型例题分析。该部分选取了一些具有启发性或综合性较强的经典例题,对所给例题先进行分析,再给出详细解答,意在抛砖引玉。

5. 思考题及练习题详解。教材中的课后习题丰富、层次多样,许多基础性问题从多个角度帮助学生理解基本概念和基本理论,促其掌握基本解题方法。我们对教材的思考题及练习题给了详细解答。

由于时间较仓促,且编者水平有限,书中难免有疏漏之处,敬请各位同行和广大读者批评指正。

编者

2014 年 3 月

目 录
contents

- 第一章 绪 论 1
  - 学习要求 1
  - 内容提要 1
- 第二章 机构的结构分析 2
  - 学习要求 2
  - 重难点提示 2
  - 内容提要 2
  - 典型例题分析 5
  - 思考题及练习题详解 14
- 第三章 平面机构的运动分析 25
  - 学习要求 25
  - 重难点提示 25
  - 内容提要 25
  - 典型例题分析 27
  - 思考题及练习题详解 43
- 第四章 平面机构的力分析 67
  - 学习要求 67
  - 重难点提示 67
  - 内容提要 67
  - 典型例题分析 69
  - 思考题及练习题详解 77

目录
contents

第五章　机械的效率和自锁 ·· 90
　　学习要求 ·· 90
　　重难点提示 ·· 90
　　内容提要 ·· 90
　　典型例题分析 ·· 91
　　思考题及练习题详解 ·· 101

第六章　机械的平衡 ·· 107
　　学习要求 ·· 107
　　重难点提示 ·· 107
　　内容提要 ·· 107
　　典型例题分析 ·· 109
　　思考题及练习题详解 ·· 121

第七章　机械的运转及其速度波动的调节 ······························ 131
　　学习要求 ·· 131
　　重难点提示 ·· 131
　　内容提要 ·· 131
　　典型例题分析 ·· 134
　　思考题及练习题详解 ·· 148

第八章　平面连杆机构及其设计 ··· 155
　　学习要求 ·· 155
　　重难点提示 ·· 155

内容提要 …………………………………………………………………… 155
　　典型例题分析 ……………………………………………………………… 160
　　思考题及练习题详解 ……………………………………………………… 170

第九章　凸轮机构及其设计 ……………………………………………………… 186
　　学习要求 …………………………………………………………………… 186
　　重难点提示 ………………………………………………………………… 186
　　内容提要 …………………………………………………………………… 186
　　典型例题分析 ……………………………………………………………… 190
　　思考题及练习题详解 ……………………………………………………… 200

第十章　齿轮机构及其设计 ……………………………………………………… 210
　　学习要求 …………………………………………………………………… 210
　　重难点提示 ………………………………………………………………… 210
　　内容提要 …………………………………………………………………… 210
　　典型例题分析 ……………………………………………………………… 216
　　思考题及练习题详解 ……………………………………………………… 225

第十一章　齿轮系及其设计 ……………………………………………………… 243
　　学习要求 …………………………………………………………………… 243
　　重难点提示 ………………………………………………………………… 243
　　内容提要 …………………………………………………………………… 243
　　典型例题分析 ……………………………………………………………… 245
　　思考题及练习题详解 ……………………………………………………… 254

目 录
contents

第十二章　其他常用机构 ··· 263
　　学习要求 ·· 263
　　重难点提示 ·· 263
　　内容提要 ·· 263
　　典型例题分析 ·· 266
　　思考题及练习题详解 ·· 269

第十三章　工业机器人机构及其设计 ··· 276
　　学习要求 ·· 276
　　内容提要 ·· 276
　　思考题及练习题详解 ·· 278

第十四章　机械系统的方案设计 ··· 286
　　学习要求 ·· 286
　　内容提要 ·· 286
　　典型例题分析 ·· 288
　　思考题及练习题详解 ·· 289

第一章
绪 论

学习要求

1. 明确本课程研究的对象、内容以及在培养机械类高级技术人才全局中的地位、作用和任务。
2. 对机械原理的新发展有所了解。

内容提要

本章讲授的重点是"本课程研究的对象及内容"。在本章的开始,介绍了机器、机构、机械等名词的概念,介绍了机器和机构的用途及区别,并通过实例说明各种机器的主要部分一般都是由各种机构组成的,目的是为了便于介绍本课程研究的对象及内容。在本章的学习中,应始终把注意力集中在了解本课程研究的对象及内容上。

此外,对本课程的性质和特点也应有所了解,以便采取合适的学习方法把本课程学好。

第二章

机构的结构分析

学习要求

1. 搞清运动副、运动链、约束和自由度等重要概念。
2. 能计算平面机构的自由度并判定其具有确定运动的条件。
3. 对于一般由平面机构及简单空间机构（包括蜗轮蜗杆机构、圆锥齿轮机构、万向联轴节等）所组成的机械系统，能正确地画出其机构运动简图并计算其自由度。
4. 对平面机构组成的基本原理有所了解。

重难点提示

本章重点：机构组成中的构件、运动副、运动链和机构等概念，机构运动简图的绘制，机构自由度的计算，机构具有确定运动的条件和机构的组成原理及平面机构的结构分析。

本章难点：在计算机构的自由度时，正确计算运动副数目，找出局部自由度和虚约束。

内容提要

1 机构的组成

(1) **构件** 构件是机器中每一个独立运动的单元体，是组成机构的基本要素之一，而零件是机器制造的单元体。

① 实际的构件可以是一个独立运动的零件，也可以是若干个零件固连在一起的一个独立运动的整体；

② 构件是机构中的刚性系统，构件中各零件间不能相对运动；

③ 构件的图形在表达上是用最简单的线条或几何图形来表示。

(2) **运动副** 运动副是由两构件直接接触而组成的可动的连接，是组成机构的又一基本要素。而把两构件上能够参加接触而构成运动副的表面称为运动副元素。

运动副的基本特征为：
①机构运动副的两构件具有一定的接触形式；
②两构件能产生一定形式的相对运动。
运动副的分类：
①按其两构件的相对运动情况分为平面运动副和空间运动副；
②按其两构件的接触情况分为低副（面接触）和高副（点接触或线接触）；
③按其两构件所能产生的相对运动分为转动副、移动副、平面滚滑副（高副）及空间运动副的螺旋副、球面副、球销副等；
④还可根据保持运动副两构件上运动副元素互相接触方式分为形封闭运动副和力封闭运动副；
⑤根据运动副引入的约束数目，运动副又可分为Ⅰ级副、Ⅱ级副、Ⅲ级副、Ⅳ级副和Ⅴ级副；
⑥复合运动副：由三个或三个以上的构件在同一处构成的运动副。

(3) 运动链　构件通过运动副的连接而构成的相对可动系统称为运动链。如组成运动链的各构件构成了首末封闭的系统，则称为闭式运动链或简称为闭链。如组成运动链的构件未构成首末封闭的系统，则称其为开链。

(4) 机构　机构从其功能上来理解是一种用来传递运动和力的可动装置，从机构组成来看，机构是具有固定构件的运动链。

机构中固定的构件称为机架，给定的已知运动规律独立运动的构件称为原动件，而其余活动构件称为从动件。

机构可从不同的角度进行分类。首先根据机构中运动副的组成情况看，分为低副机构和高副机构；根据机构运动情况可分为平面机构和空间机构；根据构件的情况和机构的工作原理不同又分为凸轮机构、连杆机构、齿轮机构、棘轮机构等。除这些外，还可按构件性质的不同分为刚性机构、柔性机构、挠性传动机构、气动机构、液压机构等。

2　机构运动简图及其绘制

(1) 机构运动简图

机构运动简图是用规定的简单线条和符号代表构件和运动副，按比例尺定出各运动副的位置，准确表达机构运动特征的简单图形。

机构运动简图不仅表示了机构的组成和运动情况，而且可用作机构的运动分析和力分析。

机构运动简图一定要严格按比例尺绘制，否则只能称为机构示意图。

(2) 绘制机构运动简图的步骤及方法

①分析机构的运动及组成

通过观察和分析机械的实际构造和运动情况，先搞清机械的原动部分和执行部分，然后循着运动传递的路线，查明组成机构的构件情况和运动副的类别、数目及相对位置情况。

②选择投影面

选平面机构运动平面或运动平面平行的平面为投影面。

③选取比例尺 μ(m/mm)

具体画法是：先根据机构的运动尺寸，确定出各运动副的位置（转动副的中心、移动副的导路方位及高副的接触点等），画上相应的运动副符号；再用简单的线条代表构件，将各运动副连接起来；最后，要标出构件号数字及运动副的代号字母，画出原动件的运动方向箭头。

3 机构具有确定运动的条件及最小阻力定律

(1) 机构的自由度是机构具有确定运动时所需的独立运动参数数目。
(2) 机构有确定运动的条件：机构原动件的数目等于机构自由度。
(3) 当机构原动件的数目小于机构自由度时，机构并不是毫无规律地随意乱动，这时机构的运动将遵循最小阻力定律，即优先沿阻力最小的方向运动。

4 机构自由度的计算

(1) 平面机构自由度的计算公式为

$$F = 3n - (2p_l + p_h)$$

式中，F 为机构自由度；n 为机构中活动构件数；p_l 为机构中的低副数；p_h 为机构中的高副数。

(2) 在利用上式计算机构自由度时，应特别注意下列三种情况：

  1) 正确计算运动副的数目
    ① 两个以上的构件在同一轴线处以转动副相连接，则构成复合铰链，m 个构件以复合铰链相联接时，构成转动副的数目为 $(m-1)$ 个。
    ② 两构件在多处配合而构成转动副，且各转动轴线重合，计算运动副数目时也只能算作一个转动副。
    ③ 两构件在多处接触而构成移动副，且移动方向彼此平行或者重合，计算运动副数目时只能算作一个移动副。
    ④ 如果两构件在多处相接触而构成平面高副，且各接触点处的公法线彼此重合，计算运动副数目时也只能算作一个平面高副。
    ⑤ 如果两构件在多处接触而构成平面高副，但各接触点处的公法线方向并不彼此重合，计算运动副数目时，则相当于一个低副。

  2) 除去局部自由度
    局部自由度是在一些机构中某些构件所产生的不影响整个机构运动的局部运动的自由度。在计算机构自由度时，可将产生局部运动的构件和与其相连接的构件视为焊接在一起，以达到除去局部自由度。

  3) 除去虚约束
    虚约束是机构中实际上不起约束作用的约束。在计算机构自由度时，可将引入虚约束的运动副或运动链部分划掉不计，以达到除去机构中的虚约束目的。

(3) 计算机构自由度的另一种方法是在确定了运动副数目 p_l，p_h 及局部自由度数目 F'，虚约束数目 p' 后，再按下式计算机构的自由度。

$$F = 3n - (2p_l + p_h - p') - F'$$

式中：n，p_l，p_h 为未排除局部自由度及虚约束时机构的活动构件数、低副数及高副数；p' 为虚约束数目；F' 为局部自由度数目。

5 平面机构的组成原理

(1) 机构的拆组分析：将机构分解为机架和原动件及若干个基本杆组（不能再拆的自由度为零的杆件组），然后，对相同的基本杆组以相同的方法进行运动分析或力分析。

(2) 机构的组成原理：任何机构都可以看作是由若干个基本杆组依次连接于原动件和机架上而构成的。

6 平面机构的结构分类

根据机构的杆组的条件 $3n-2p_l-p_h=0$ 可知，最简单的杆组是由 2 个构件和 3 个低副组成的，这种杆组称为 Ⅱ 级杆组。把 4 个构件和 6 个低副组成的基本杆组称为 Ⅲ 级杆组。

在同一机构中可包含不同级别的基本杆组，把最高级别为 Ⅱ 级的杆组组成的机构称为 Ⅱ 级机构；把最高级别为 Ⅲ 级的杆组组成的机构称为 Ⅲ 级机构；而把由机架和原动件组成的机构称为 Ⅰ 级机构。

7 平面机构中的高副低代

(1) 高副低代是将机构中的高副虚拟地以低副来代替，替代后机构的自由度不变，机构的瞬时速度、瞬时加速度也不变。高副低代只便于对机构进行自由度计算、机构组成分析和机构运动分析，但不能用于机构的力分析。

(2) 高副低代的方法是：用一个虚拟两副构件将两高副构件在过接触点的曲率中心处相连起来即可。若高副两元素之一为直线时，则因其曲率中心在无穷远处，故所连接这一端的运动副为移动副。

典型例题分析

例 2.1 绘制图 2-1 所示油泵的机构运动简图，图中 $l_{AB}=120\text{mm}$，$l_{AC}=400\text{mm}$。

知识点窍　机构运动简图。

解题过程　第一步　对机构进行分析：图 2-1 所示机构中构件 3 为一带横孔的圆柱体，构件 4 为机架，构件 1 为原动件，构件 2、3 为从动件；且构件 1 与构件 4、2 均以转动副相连接，其回转中心分别在 A、B 点；构件 2 与 3 之间也是以圆柱面相接触，但其相对运动为移动，故构件 2 与 3 以移动副相连接，移动迹线为构件 2 的轴心线 BC；构件 3 与 4 之间以大圆柱面相接触，其相对运动为转动，故构件 3 与 4 以转动副连接，其回转中心在 C 点。

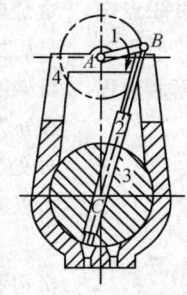

图 2-1

第二步　作图：选取比例尺 $\mu_l=0.02\text{m/mm}$；任取一点画出构件 4、1 间的回转副 A，并标出机架 4；运动简图上 A、C 间的距离应为

$$l_4=l_{AC}/\mu_l=0.4/0.02=20\text{mm}$$

根据 l_4 画机构件 4、3 间的回转副 C；运动简图上 A、B 点间的距离为

$$l_1 = l_{AC}/\mu_l = 0.12/0.02 = 6\text{mm}$$

据 l_1 画机构件 1、2 间的回转副 B（B 点可在以 A 为圆心，以 6mm 为半径的圆上任意选定）；在 C 点处画移动副滑块，移动方向为 BC 向；滑块即为构件 3；连 A、B 为构件 1，由 B 点过滑块 3 画直线即构件 2（如图 2-2）。

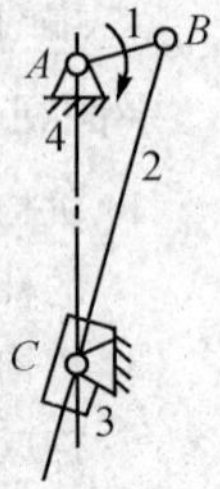

说明　（1）机构运动简图与机构运动示意图的区别在于前者必须严格按比例尺 μ_l 绘制，而后者不必。

（2）机构运动简图的比例尺 $\mu_l = \dfrac{\text{实物尺寸}}{\text{图纸尺寸}}$(m/mm)，而机械制图的比例尺是 $\dfrac{\text{图纸尺寸(mm)}}{\text{实物尺寸(mm)}}$。二者的区别在于：分子、分母不相同；实物尺寸所用单位不同；μ_l 有单位(m/mm)，而机械制图比例尺无单位。

图 2-2

（3）机构运动简图比例尺 μ_l 中实物尺寸单位取为 m，其好处是与以后运动分析中速度单位(m/s)、加速度单位(m/s^2)对应。

例 2.2　（浙江大学）计算下图机构的自由度，并确定应给原动件数目。

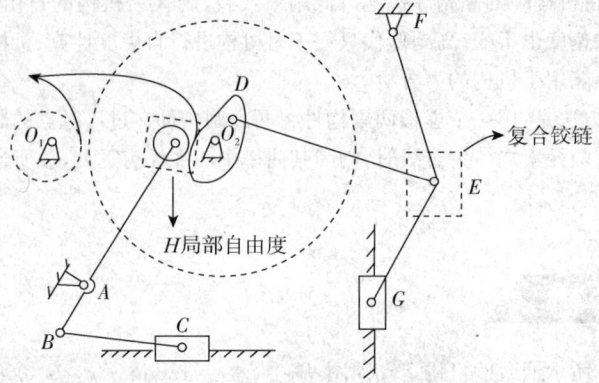

图 2-3

知识点窍　这是典型的自由度计算问题，首先要找对活动杆的个数，找运动副时要注意复合铰链，最后找出局部自由度和虚约束，利用公式 $F = 3n - (2p_l + p_h - p') - F'$ 计算。

解题过程　机架不是活动构件，凸轮与大圆是一个构件，故 $n = 10$。

E 处为复合铰链，所以 $p_l = 13$，$p_h = 2$。

H 处为局部自由度，$F' = 1$，$p' = 0$。

所以 $F = 3n - (2p_l + p_h - p') - F'$
$= 3 \times 10 - (2 \times 13 + 2 - 0) - 1 = 1$

机构要有确定的运动，原动件数要等于自由度数，所以为 1。

例 2.3 （西安交通大学）图 2-4 所示为一简易冲床的初拟设计方案。设计者的思路是：动力由齿轮 1 输入，使轴 A 连续回转，而固装在轴 A 上的凸轮 2 与杠杆 3 组成的凸轮机构将使冲头 4 上、下运动以达到冲压的目的。试绘出其机构运动简图（设图上 1mm 表示实际尺寸 0.04m，凸轮推程和回程轮廓以及相应的推、回程运动角示意图画出即可），分析其运动是否确定，并提出修改措施（要求用机构运动示意图表示出来）。

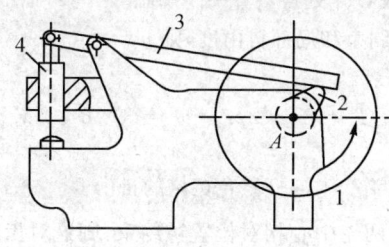

图 2-4

知识点窍 机构运动简图，机构有确定运动的条件。

逻辑推理 机构的自由度等于原动件数则机构有确定运动。

解题过程 机构运动简图见图 2-5(a) 示，图中 $\mu_l = 0.04 \text{m/mm}$。

自由度 $F = 3n - (2p_l + p_h) = 3 \times 3 - (2 \times 4 + 1) = 0$

由于机构的自由度不等于原动件数，则该简易冲床设计方案的机构不能运动。

修改措施：

① 在构件 3、4 之间加一连杆及一个转动副（图 2-5(b) 所示）；

② 在构件 3、4 之间加一滑块及一个移动副（图 2-5(c) 所示）；

③ 在构件 3、4 间加一局部自由度滚子及一个平面高副（图 2-5(d) 示）。

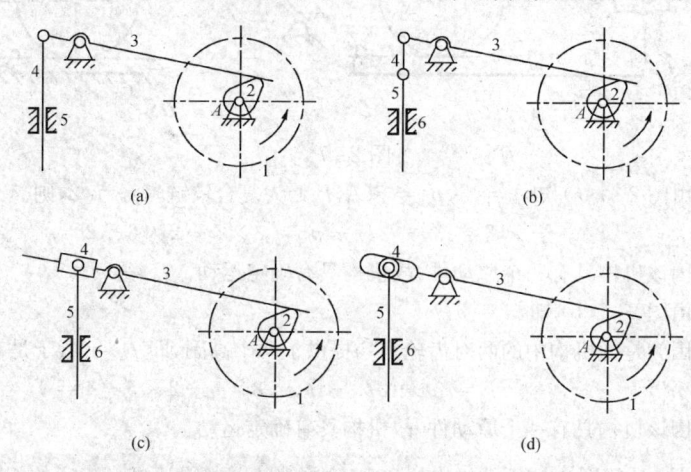

图 2-5

例 2.4 （武汉理工大学）在图 2-6 所示机构中，$AB \parallel EF \parallel CD$，试计算其自由度。

逻辑推理 由题意知,此平面机构 $ABCDEF$ 为平行四边形机构,对机构进行分析知构件 E、F 及转动副 E、F 引入的一个约束为虚约束;G 处的滚子转动为局部自由度;C 处为复合铰链;G 及 I 处均为两构件在两处接触的高副,因为过两接触线的公法线重合,故 G、I 处各只算一个高副。

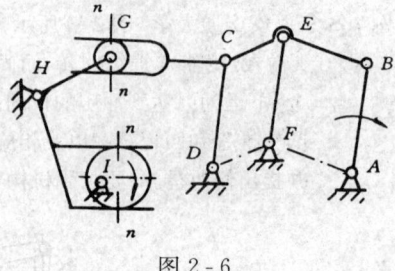

图 2-6

解题过程 如果去掉机构中虚约束和局部自由度,则 $n=6, p_l=7, p_h=2$,得

$$F = 3n - 2p_l - p_h = 3 \times 6 - 2 \times 7 - 2 = 2$$

例 2.5 试计算图 2-7 所示的齿轮—连杆组合机构的自由度。

逻辑推理 如果一对齿轮副的两轮中心相对位置被约束,则这对齿轮副仅提供一个约束,即为一个高副。此时两齿轮轮齿为单侧接触,且无论有几对齿接触,因为过各接触点的公法线均重合,故只能算一个高副。如果一对齿轮副的两轮中心相对位置未被约束,则这对齿轮副将提供两个约束,即两个高副相当于一个转动副。这时两齿轮为无侧隙啮合,即两齿轮轮齿为两侧接触,且过接触点的公法线为相交的情况,故应算作两个高副或为一个转动副。

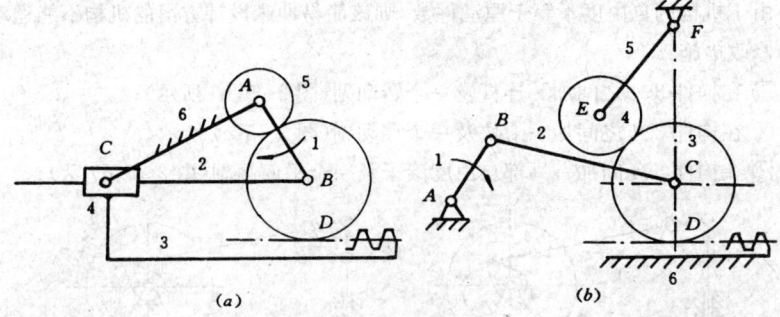

图 2-7

解题过程 (1) 由图 2-7(a) 知,$n=5, p_l=6$(A、B 处为复合铰链),$p_h=2$,则

$$F = 3n - 2p_l - p_h = 3 \times 5 - 2 \times 6 - 2 = 1$$

因该机构具有一个原动件,故机构具有确定运动。

(2) 由图 2-7(b) 知,$n=5, p_l=5$

因为是此机构中的两对齿轮副均提供了两个高副,即 $p_h=4$,于是有

$$F = 3n - 2p_l - p_h = 3 \times 5 - 2 \times 5 - 4 = 1$$

因该机构具有一个原动件,故机构具有确定运动。

例 2.6 (浙江大学)计算图 2-8 所示机构的自由度,并判断机构是否具有确定的相对运动,图中标有箭头的构件为原动件。

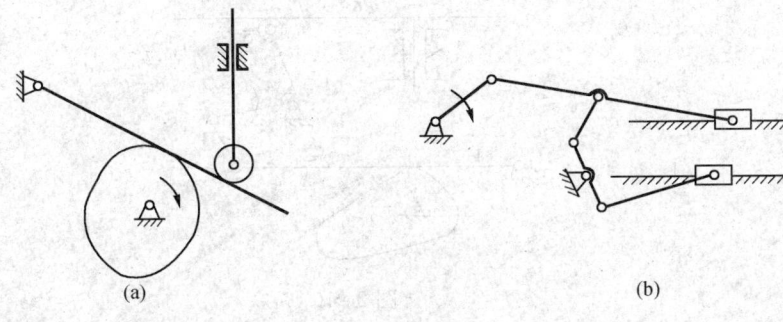

图2-8

逻辑推理 (a) 图中小圆滚子的自转不影响其他各构件之间的相对运动,故属局部自由度。第一种算法是把小圆滚子当作与从动推杆焊在一起,作为一个构件,这样活动构件数只有3个了;局部自由度被除去,平面低副也只有3个了。第二种算法是不排除局部自由度,活动构件为4个,平面低副也有4个,没有虚约束,平面高副仍为2个。然后分别代入相应公式中,得出结果相同。

解题过程 (a) $F = 3n - (2p_l + p_h) = 3\times 3 - (2\times 3+2) = 1$

或 $F = 3n - (2p_l + p_h - p') - F' = 3\times 4 - (2\times 4+2-0) - 1 = 1$

(b) $F = 3n - (2p_l + p_h) = 3\times 7 - (2\times 10+0) = 1$

或 $F = 3n - (2p_l + p_h - p') - F' = 3\times 7 - (2\times 10 - 0) - 0 = 1$

因为该机构的原动件数目为1,所以该机构具有确定的相对运动。

例 2.7 试计算图2-9所示凸轮-连杆组合机构的自由度。

知识点窍 机构的自由度。

逻辑推理 B、E两处的滚子转动均为局部自由度,C、F处虽有两处接触,但都各算一个移动副。

解题过程 B、E两处的滚子转动均为局部自由度,即$F'=2$;而机构中无虚约束,$p'=0$,则$n=7$,$p_l=8$,$p_h=2$,于是得

$F = 3n - (2p_l + p_h - p') - F'$
$= 3\times 7 - (2\times 8+2-0) - 2$
$= 1$

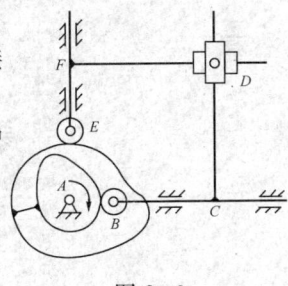

图2-9

例 2.8 (华南理工大学) 计算如图2-10所示机构的自由度,并画出高副低代的机构简图。

知识点窍 自由度计算,高副低代。

解题过程 $n=6$, $p_l=7$, $p_h=2$, $p'=0$, $F'=1$

$F = 3n - (2p_l + p_h - p') - F' = 1$

高副低代后机构简图如图2-11所示。

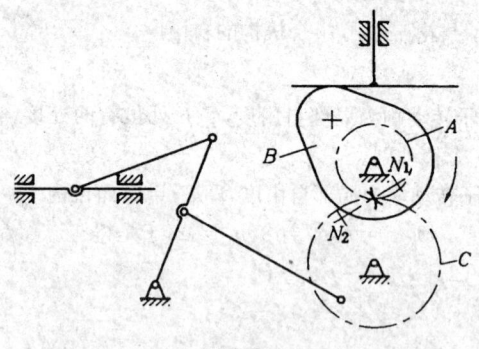

图 2-10

图 2-11

例 2.9 图示 2-12 所机构中齿轮 A 与凸轮 B 固联为一体的构件(标有箭头),为原动件,N_1、N_2 分别为齿轮 A、C 齿廓接触点公法线与两基圆的内公切点。

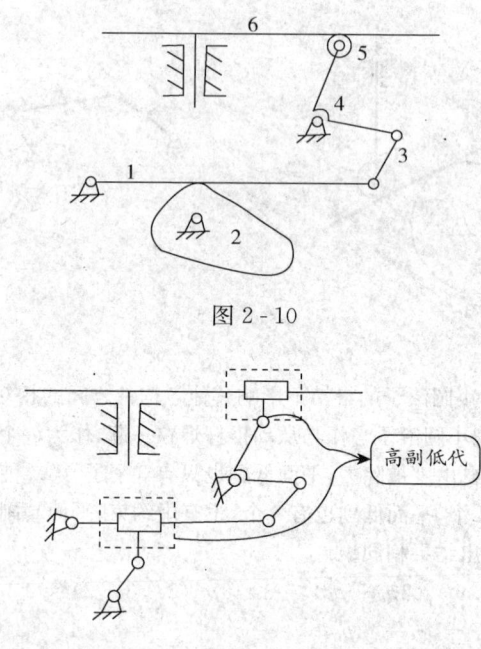

图 2-12

(1) 求该机构的自由度;
(2) 将其中的高副化为低副,画出高副低代后的机构示意图;
(3) 画出该机构所含各杆组,并确定杆组的级别和机构的级别。

知识点窍 机构自由度,高副低代,杆组。

逻辑推理 1) 机构原动件与自由度数相等,机构具有确定的相对运动。

2) 遇到高副机构作杆组分析时,先将高副低代,即以两个转动副的构件来代替高副,其两个转动副的回转中心在高副两廓线接触点的曲线中心处。

解题过程　(1) 机构中 $p_l=9, p_h=2, n=7$，于是得

$$F=3n-(2p_l+p_h)=3\times 7-(2\times 9+2)=1$$

(2) 高副低代后的机构示意图如图 2-13(a) 所示。

(3) 构件 2、3 组成 Ⅱ 级杆组；构件 4、5 组成 Ⅱ 级杆组；构件 6、7 组成 Ⅱ 级杆组，构件 8、9 组成 Ⅱ 级杆组，共四个 Ⅱ 级杆组。各杆组如图 2-13(b) 所示。该机构为 Ⅱ 级机构。

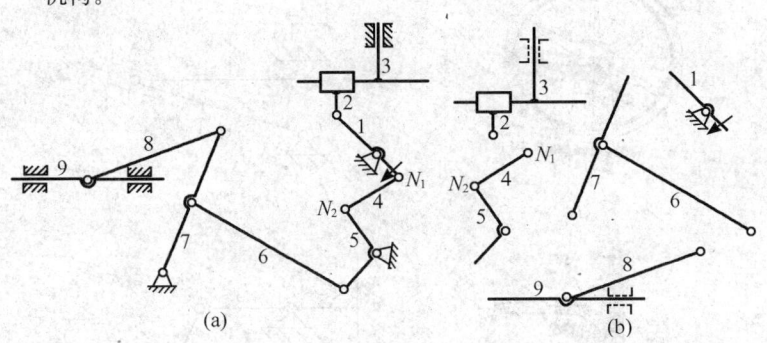

图 2-13

例 2.10　试计算如图 2-14(a) 所示机构的自由度，并进行高副低代，再定出机构的级别。

逻辑推理　齿轮的高副低代方法是将所引入的两个转动副分别位于接触点两齿廓的曲率中心 N_1 和 N_2 处。对于渐开线齿廓的齿轮副，N_1 及 N_2 分别为两齿轮的啮合极限点。

解题过程　(1) $n=6, p_l=7, p_h=2, p'=0, F'=0$,

因此机构的自由度为

$$F=3n-(2p_l+p_h-p')-F'$$
$$=3\times 6-(2\times 7+2-0)-0=2$$

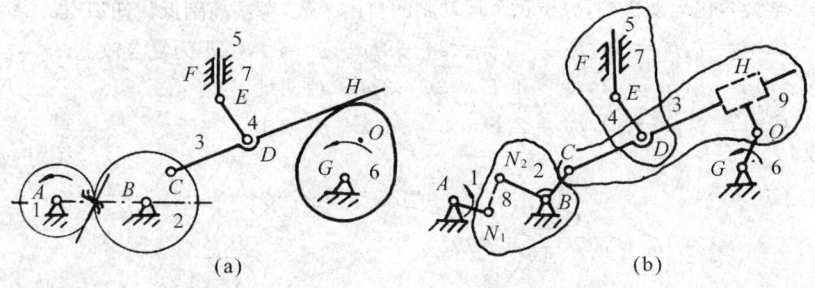

图 2-14

(2) 高副低代。此机构中含有一个齿轮高副(轮 1 和 2)和一个凸轮高副(杆 3 和 6)均可用引入一个活动构件和两个转动副去替代，如图 2-14(b) 所示。

(3) 确定机构的级别。由图 2-14(b) 可知，该机构是由原动件 1 和 6、机架 9 和三个 Ⅱ 级杆组(杆 8 与 2，3 与 9，4 与 5)组成的，故该机构为 Ⅱ 级机构。

例 2.11 试画出图 2-15 所示平面机构的运动简图,并计算其自由度。

知识点窍 学会简化运动机构,分析每个运动副的自由度个数。

解题过程 (a) $n=3, p_l=4, p_h=0, F=3n-2p_l=1$

(b) $n=4, p_l=5, p_h=1, F=3n-(2p_l+p_h)=1$

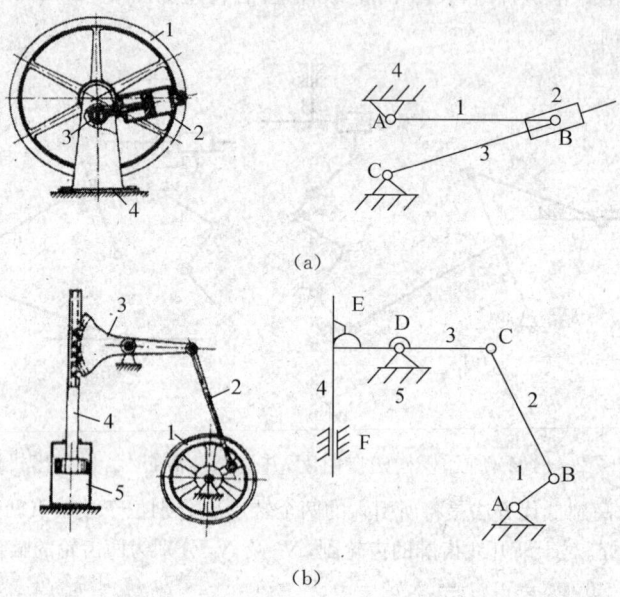

图 2-15

例 2.12 计算图 2-16 所示平面机构的自由度。将其中的高副化为低副。机构中原动件用圆弧箭头表示。

知识点窍 学会简化运动机构,分析每个运动副的自由个数,考察高副低代知识点。

解题过程 (a) $n=7, p_l=10, p_h=0, F=3n-2p_l-p_h=1, C, E$ 为复合铰链。

(b) $n=8, p_l=11, p_h=1, F=3n-2p_l-p_h=1$

(c) $n=9, p_l=12, p_h=2, F=3n-2p_l-p_h=1$

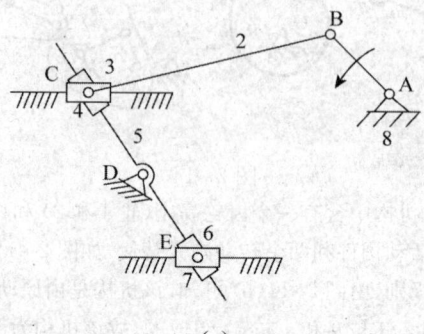

(a)

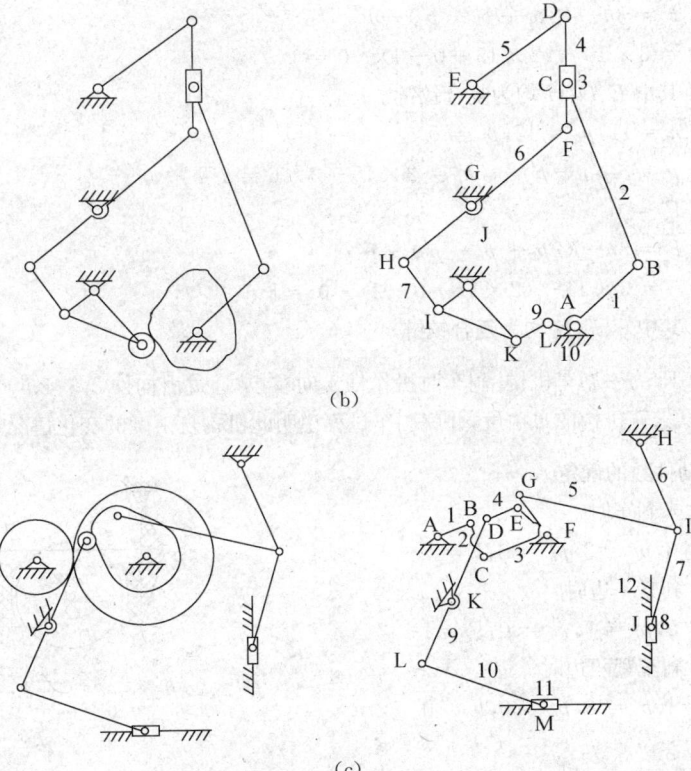

图 2-16

例 2.13 试计算图 2-17 所示精压机的自由度

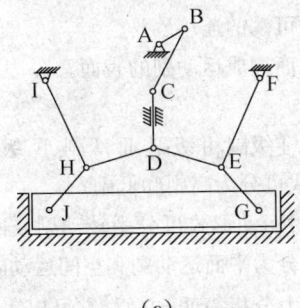
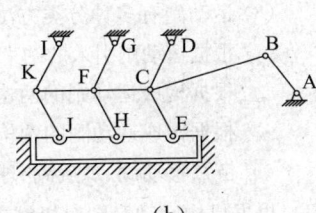

图 2-17

知识点窍　正确判断局部自由度及虚约束。

解题过程　(a) $n = 10, p_l = 15, p_h = 0$

$p' = 2p'_l + p'_h - 3n' = 2 \times 5 + 0 - 3 \times 3 = 1$

$F' = 0$

$$F = 3n - (2p_l + p_h - p') - F'$$
$$= 3 \times 10 - (2 \times 15 + 0 - 1) - 0 = 1$$

其中 E、D、H 均为复合铰链

(b) $n = 11, p_l = 17, p_h = 0$
$$p' = 2p'_l + p'_h - 3n' = 2 \times 10 - 3 \times 6 = 2$$
$$F' = 0$$
$$F = 3n - (2p_l + p_h - p') - F'$$
$$= 3 \times 11 - (2 \times 17 + 0 - 2) - 0 = 1$$

其中 C、F、K 均为复合铰链

例 2.14 图 2-18 为一刹车机构。刹车时操作杆 1 向右拉,通过由构件 2、3、4、5、6 使两闸瓦刹车轮。试求算机构的自由度,并就刹车过程说明此机构自由度的变化情况。

知识点窍 解题过程

运动件数的确定。

(1) 未刹车时
$n = 6, p_l = 8, p_h = 0, F = 2$

(2) 刹紧一边时
$n = 5, p_l = 7, p_h = 0, F = 1$

(3) 刹车紧两边时
$n = 4, p_l = 6, p_h = 0, F = 0$

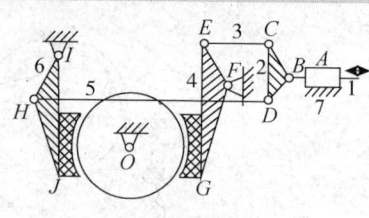

图 2-18

思考题及练习题详解

2-1 解题过程 (1) 构件:机器中每一个独立的运动单元体。

(2) 运动副:由两构件直接接触而组成的可动的连接。

运动副元素:两构件上能够参加接触而构成运动副的表面。

(3) 运动副有多种分类方法:

根据运动副引入的约束的数目可分为Ⅰ级副、Ⅱ级副、Ⅲ级副、Ⅳ级副、Ⅴ级副;

根据构成运动副的两构件的接触形式可分为高副和低副;

根据构成运动副的两构件之间的相对运动形式可分为转动副或回转副(也称铰链)、移动副、螺旋副、球面副等;也可分为平面运动副和空间运动副。

2-2 解题过程 根据机构运动简图对机械进行运动及动力分析简明、方便,它可以表示机构的组成和运动传递情况。

机构运动简图能够正确表达出机构的组成构件和构件间的连接运动副,即机构的组成形式。

2-3 解题过程 机构具有确定运动的条件:机构的原动件数目等于机构的自由度数目。

如果机构的原动件数小于机构的自由度,机构的运动将不确定;如果原动件数大于

机构的自由度，将导致机构中最薄弱环节的损坏。

原动件数少于机构自由度的机构或机械系统称为欠驱机构或欠驱系统；由于欠驱机构的运动将遵循最小阻力定律，人们就利用这一特性创造了许多欠驱机构或装置，并增加机构的灵巧性和自适应性。原动件数多于机构自由度的机构称为冗驱机构，若各原动件的运动是彼此协调的，则各原动件将同心协力来驱动从动件，从而增大了传动的可靠性，减小传动的尺寸和重量，并利于克服机构处于某奇异位形时受到的障碍。

2-4 【解题过程】 如果机构的原动件数目小于机构的自由度，机构的运动将不能完全确定。这时，机构的运动遵循最小阻力定律，即优先保证阻力最小方向的运动。

最小阻力定律在机械工程中有着重要的应用价值，如送料机构等。

2-5 【解题过程】 计算平面自由度应注意的事项：

(1) 正确计算运动副的数目。

在计算机构运动副数时，注意三种情况：

① 复合铰链。

复合铰链是由两个以上的构件同在一处以转动副相连接构成的构件。m 个构件组成的复合铰链，共有 $(m-1)$ 个转动副。

② 如果两构件在多处接触而构成移动副，且移动轴线重合，则只能算一个移动副。

③ 如果两构件在多处相接触而构成平面高副，且各接触点处的公法线彼此重合，则只能算一个平面高副。

(2) 要除去局部自由度。

(3) 要除去虚约束。

2-6 【解题过程】 不能说该机构有三个虚约束；

因为对铰链 C,B,D 中任何一点，连接点的两构件上连接点的轨迹重合是由其他两处制约作用的，所以只能算一个。

2-7 【解题过程】 机构的组成原理：任何机构都是可以看作是由若干个基本杆组依次连接于原动件和机架上构成的。

基本杆组：不能再拆的最简单的自由度为零的构件。其特性为自由度为零、不可再分。

杆组中包含有最多运动副的构件的运动副数目即为杆组的级别。

机构中最高级别基本杆组的级别即为机构的级别。

2-8 【解题过程】 为使平面低副机构结构分析和运动分析的方法适用于所有平面机构，便于对含有高副的平面机构进行研究，要对平面高副机构进行"高副低代"。

"高副低代"应满足以下条件：

(1) 代替前后机构的自由度完全相同；

(2) 代替前后机构的瞬时速度和瞬时加速度完全相同。

2-9 【解题过程】 (1) 如图 2-19(a) 所示，为公共汽车自动开闭门机构的运动简图。该机构 $n=3$；$p_l=$

$4;p_h=0$。该机构的自由度 $F=3n-2p_l-p_h=3\times3-2\times4=1$

(2) 如图2-19(b)所示,为运动训练器的运动简图。该机构 $n=3,p_l=4,p_h=0$。该机构的自由度 $F=3n-2p_l-p_h=3\times3-2\times4=1$

(3) 如图2-19(c)所示,为缝纫机踏板机构的运动简图。该机构 $n=3,p_l=4,p_h=0$。该机构的自由度 $F=3n-2p_l-p_h=3\times3-2\times4=1$

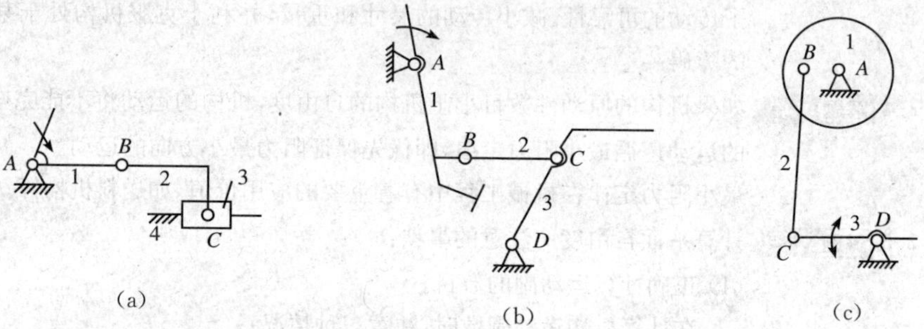

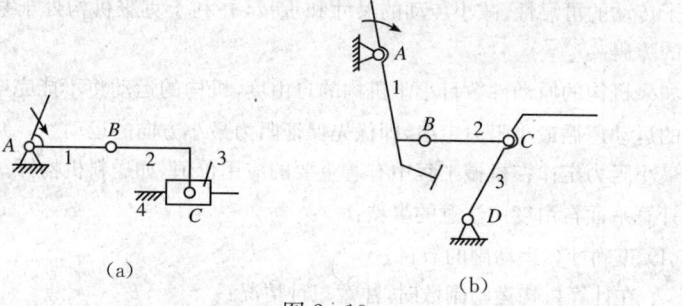

图 2-19

2-10 解题过程 由人体的身体结构可知,髋关节和踝关节可视为球面副,膝关节可视为球削副。如果取连接大腿的身体部分为机架,即可画出仿腿部机构运动简图如图2-20所示。

此机构 $n=3,p_4=1,p_3=2$,则该机构的自由度

$$F=(6-4)p_4+(6-3)p_h=2\times1+3\times2=8$$

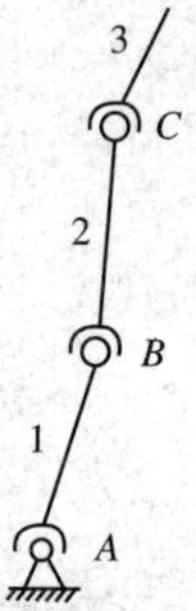

2-11 知识点窍 机构运动简图画法;平面机构自由度 $F=3n-(2p_l+p_h)$;机构具有确定运动的条件。

解题过程 机构简图如图2-21所示。

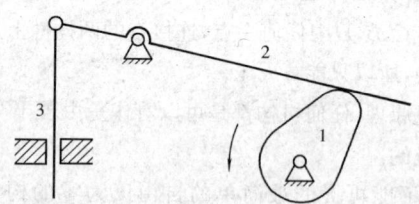

图 2-20

图 2-21

$F=3n-(2p_l+p_h)=3\times3-(2\times4+1)=0$ 〔自由度计算重点公式〕

故不能实现设计意图。

参考修改方案见例2.3。同时另外一种修改方案如图2-22所示。

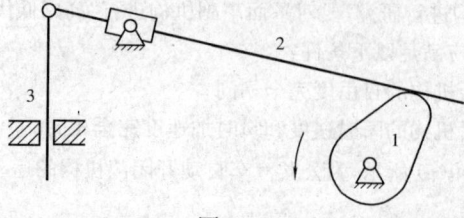

图 2-22

2-12 **知识点窍** 机构运动简图的绘制;局部自由度的处理 $F=3n-(2p_l+p_h)-F'$;高副低代。

逻辑推理 首先,分析机构的组成、运作原理和运动情况:齿轮1和偏心轮1'固结在同一转轴O上,为一个构件;该压力机构由偏心轮1、齿轮1'、杆件2、3、4、滚子6、齿轮5、滑块7、压杆8组成;运动由偏心轮1'输入,分两路传递:一路由偏心轮1'经杆件2、3传至杆件4;另一路由齿轮1经齿轮2、5上的凸轮槽、滚子6传至杆件4。两路运动经杆件4合成,由滑块7传至压杆8,使压头做上下移动,实现冲压动作。构件1—1'为原动件,构件8为执行部分,其余为传动部分。

然后,分析各连接构件间运动副的类型。机架与构件1—1'、构件1'和2、2和3、3和4、4和6、5—5'和机架、7和8之间均构成转动副;构件3和机架、4和7、8和机架之间分别构成移动副;齿轮1和5、滚子6和齿轮5(通过其上开的槽凸轮5')分别形成平面高副。

最后,绘制机构运动简图。

注意:滚子6的转动为局部自由度,在计算机构自由度时需减去。

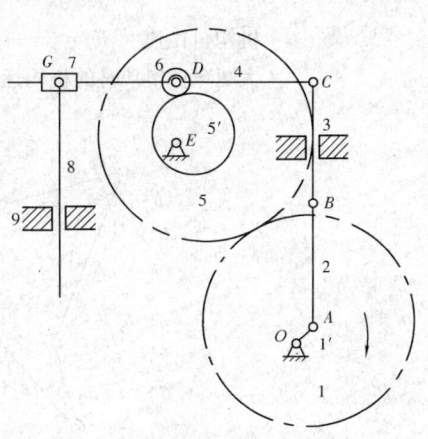

图 2-23

解题过程 机构运动简图如图2-23所示。

$n=8, p_l=10, p_h=2$,局部自由度数 $F'=1$

机构自由度 $F=3n-(2p_l+p_h)-F'$
$=3\times 8-(2\times 10+2)-1=1$

2-13 **知识点窍** 机构运动简图的绘制;平面机构自由度的计算
$F=3n-(2p_l+p_h)$。

逻辑推理 首先,分析机构的组成、动作原理和运动情况:机构由偏心轮1、外环2、滑阀3、圆柱4组成,其中外环2与滑阀3固联在一起,属于同一构件。即机构由三个构件组成。偏心轮1绕固定轴心A转动,带动构件2在圆柱4内滑动。

然后,分析各联接构件运动副的类型。机架与偏心轮1、偏心轮1与杆件2、圆柱4与机架之间为转动副;杆件2与圆柱4之间为移动副。

最后,绘制机构运动简图。并根据公式计算机构自由度。

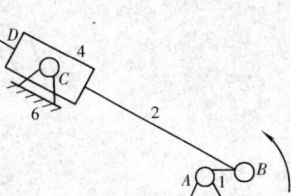

图 2-24

解题过程 机构运动简图如图2-24所示。

$n=3, p_l=4, p_h=0$

> 找出局部自由度累计自由度中的难点

机构自由度　　$F = 3n - (2p_l + p_h) = 3 \times 3 - (2 \times 4 + 0) = 1$

2-14 [知识点窍] 机构运动简图的绘制；机构自由度的计算；机构运动原理分析。

[逻辑推理] 测量图中运动副间的距离、构件的尺寸，绘制机构运动简图；

根据 $F = 3n - (2p_l + p_h)$ 计算机构自由度；

大腿弯曲 90°时即构件 6 逆时针旋转 90°时，此为绘制该时刻机构运动简图的关键。

[解题过程] 机构运动简图如图 2-25(a)所示。

$$n = 5, p_l = 7, p_h = 0$$

机构自由度　　$F = 3n - (2p_l + p_h) = 3 \times 5 - (2 \times 7 + 0) = 1$

大腿弯曲 90°时的机构运动简图如图 2-25(b)所示。

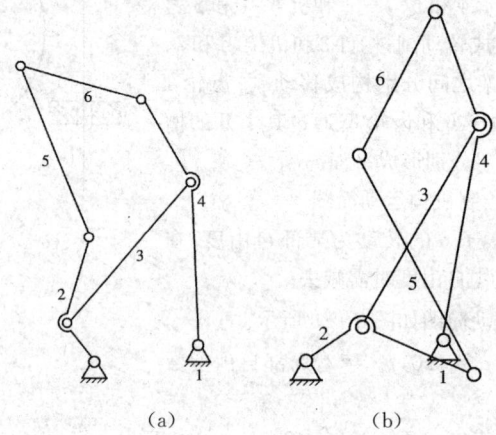

图 2-25

2-15 [知识点窍] 机构运动简图的绘制；开链机构自由度的计算。

[解题过程] (a) 机构运动简图如图 2-26 所示。

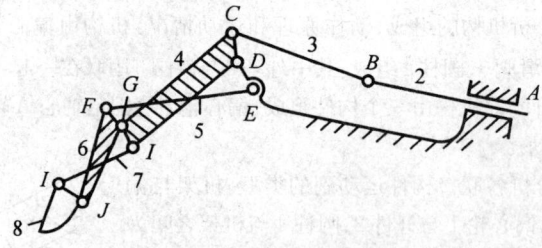

图 2-26

$$n = 7, p_l = 10, p_h = 0$$

机构自由度　　$F = 3n - (2p_l + p_h) = 3 \times 7 - (2 \times 10 + 0) = 1$

(b) 机构运动简图如图 2-27 所示。

$$n = 9, p_l = 13, p_h = 0$$

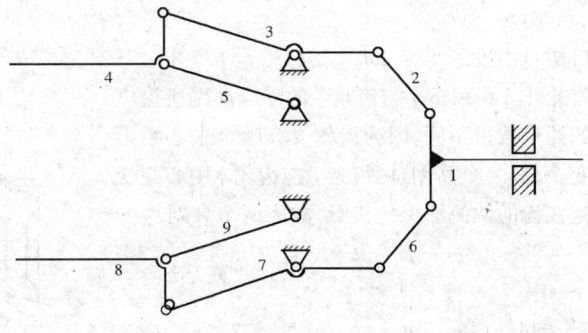

图 2-27

机构自由度 $\quad F = 3n - (2p_l + p_h) = 3 \times 9 - (2 \times 13 + 0) = 1$

2-16 知识点窍 机构运动简图的绘制,机构自由度的计算。

解题过程 (a) 机构运动简图如图 2-28 所示。

$$n = 5, p_l = 7, p_h = 0$$

机构自由度 $\quad F = 3n - (2p_l + p_h) = 5 \times 3 - (2 \times 7 + 0) = 1$

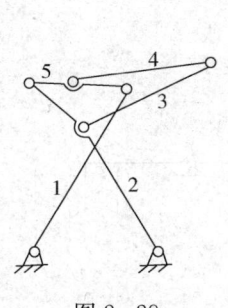

图 2-28

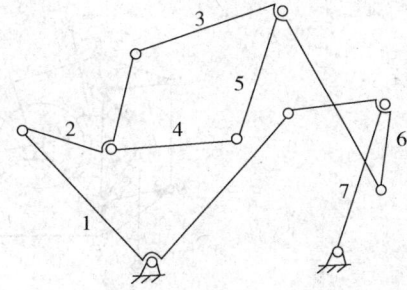

图 2-29

(b) 机构运动简图如图 2-29 所示。

$$n = 7, p_l = 10, p = 0$$

机构自由度 $\quad F = 3n - (2p_l + p_h) = 3 \times 7 - (2 \times 10 + 0)1$

2-17 解题过程 机构自由度的计算;局部自由度、虚约束的判别及处理。

(a) $n = 4, p_l = 5, p_h = 1$

机构自由度 $\quad F = 3n - (2p_l + p_h) = 3 \times 4 - (2 \times 5 + 1) = 1$

(b) B、E 两处的滚子转动为局部自由度,即局部自由度数 $F' = 2$;

而虚约束 $p' = 0$,则 $n = 7, p_l = 8, p_h = 2$,

机构自由度 $\quad F = 3n - (2p_l + p_h - p') - F' = 3 \times 7 - (2 \times 8 + 2 - 0) - 2 = 1$

(c) 从传递运动的独立性来看,有机构 $ABCDE$ 即可,其余为重复部分,引入了虚约束,计算时首先将机构重复部分去除,则此时 $n = 5, p_l = 7, p_h = 0$

机构自由度 $\quad F = 3n - (2p_l + p_h) = 3 \times 5 - (2 \times 7 + 0) = 1$

(d) $n=6, p_l=7, p_h=3$

机构自由度 $F = 3n - (2p_l + p_h) = 3 \times 6 - (2 \times 7 + 3) = 1$

齿轮3,5和齿条7与齿轮5的啮合高副所提供的约束数目不同,因为齿轮3,5啮合中心距不变,只算一个高副,而齿条7与齿轮5中心距变化在齿的两侧面保持接触,故为两个高副。

(e) $F = 3n - (2p_l + p_h - p') - F' = 3 \times 3 - (2 \times 5 + 0 - 2) - 0 = 1$

(f) $F = 3n - (2p_l + p_h - p') - F' = 3 \times 6 - (2 \times 6 + 6 - 2) - 0 = 2$

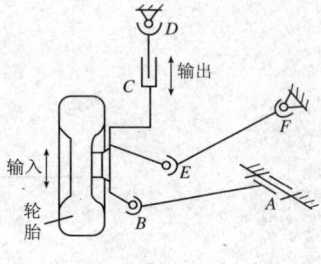

图 2-30

2-18 解题过程 由图 2-30 可知,在此机构中,$n=5, p_5=5, p_4=1, p_3=4$,故机构的自由度为

$$F = 6n - (5p_5 + 4p_4 + 3p_3) = 6 \times 5 - 5 \times 1 - 4 \times 1 - 3 \times 4 = 9$$

由于该机构中的原动件数目为1,小于机构的自由度。故该机构不具有确定的运动。

2-19 解题过程 由图 2-31 可知,在此机构中,$n=13, p_5=18, p'=0$,其中 N 处为复合铰链。

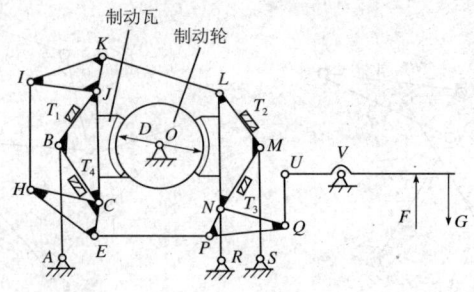

图 2-31

则该机构的自由度 $F = 3n - 2p_5 - p' = 3 \times 13 - 2 \times 18 = 3$

为了能使该制动器有效地制动和解除制动,则该装置需要3个自由度。有重力 G 作用时,两边的制动瓦与制动轮接触,限制了2个自由度。同理,在外力 F 的作用下,制动瓦离开制动轮并与两侧的限位挡块接触,也限制了2个自由度。又由于机构本身的运动需要1个自由度,因此共需3个自由度。

未制动时,该制动器只有1个原动件,小于自由度数目3,此时为欠驱动机构;在运动中其自由度和活动构件数是变化的,此为变胞机构。

2-20 知识点窍 机构运动简图的绘制;局部自由度、虚约束的判别;平面运动机构自由度的计算

$$F = 3n - (2p_l + p_h - p') - F'$$

逻辑推理 首先,分析机构的组成、运动原理和运动情况;机构由凸轮1;滚子2、5、8、11;杆件3、4、6、7、9、10、12、13共十三个构件组成。凸轮1为原动件,其转动分别推动四个滚子,从而使得杆件3、6、9、12做往复运动。杆件3、6、9、12为执行部分,其余为传动部分。

然后,分析各联接构件间相对运动的性质,确定运动副的类型。机架与凸轮1、杆件3、2、13与滚子2,杆件4、6、7与滚子5,杆件7、9、10与滚子8,杆件10、12、13与滚子11之间为转动副;杆件3、6、9、12与机架间为移动副;凸轮1与滚子2、5、8、11之间为平面高副。

需要注意的是,滚子绕自身轴线的转动为局部自由度,计算时应去除;引入滚子后,滚子与杆件3、6、9、12组成转动副,3、6、9、12与机架间组成移动副,提高了$F=3×4-2×8=-4$的自由度,即引入了4个约束,连杆两端点的运动轨迹与引入滚子之前重合,因此引入的为虚约束。

最后,选择视图投影面和比例尺,测量各构件尺寸和各运动副间的相对位置,用规定简图符号绘制机构运动简图。并根据公式计算机构自由度。

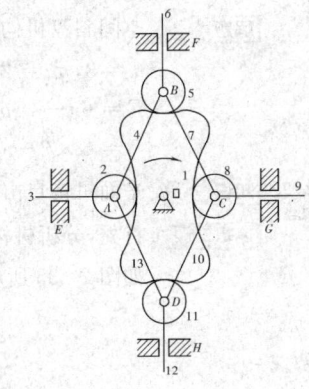

图 2-32

解题过程 机构运动简图如图 2-32 所示。

$n=13, p_l=17, p_h=4$,虚约束数 $p'=4$,局部自由度数 $F'=4$

机构自由度 $F=3n-(2p_l+p_h-p')-F'$
$=3×13-(2×17+4-4)-4=1$

> 虚约束局部自由度是计算中的难点

2-21 知识点窍 机构运动简图的绘制;平面机构自由度的计算 $F=3n-(2p_l+p_h)$。

逻辑推理 首先,分析机构的组成、动作原理和运动情况:该机构由固定台板$1'$、活动台板$5'$、杆件 1~5 组成,其中固定台板$1'$与杆件 1 固联在一起,属于同一构件;活动台板$5'$与杆件 5 固联在一起,属于同一构件。即支架机构共有 5 个构件组成,其中杆件 1 为机架。杆件 2 为原动件,将运动传至杆件 3,在杆件 4 的约束下,杆件 3 通过销子带动杆件 5 运动,实现活动台板的收放动作。杆件 5 为执行部分,其余为传动部分。

然后,分析各连接构件间对运动的性质,确定运动副的类型。机架与杆件 2、杆件 2 与杆件 3、杆件 3 与杆件 4、杆件 4 与机架、杆件 5 与机架之间为转动副;杆件 2 与杆件 5 之间为平面高副。

最后,选择视图投影面和比例尺,根据题中给定各机构尺寸,用规定简图符号绘制机构运动简图。

解题过程 机构运动简图如图 2-33 所示。

$n=4, p_l=5, p_h=1$

机构自由度 $F=3n-(2p_l+p_h)=3×4-(2×5+1)=1$

因为铰链 B、D 重合时,杆 1 与杆 2 重合,杆 5 与杆 3 重合,其有效构件和自由度发生了变化。所以是变胞机构。

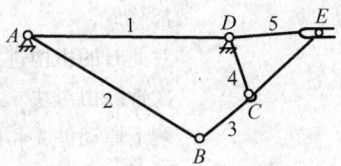

图 2-33

2-22 知识点窍 空间机构的机构运动简图的画法；空间机构自由度的计算。
$$F = 6n - (5p_5 + 4p_4 + 3p_3 + 2p_2 + p_1).$$

解题过程 空间斜盘机构的机构运动简图如图2-34所示。
$$n = 3, p_5 = 2, p_4 = 1, p_3 = 1$$
$$F = 6n - (5p_5 + 4p_4 + 3p_3 + 2p_2 + p_1)$$
$$= 6 \times 3 - (5 \times 2 + 4 \times 1 + 3 \times 1) = 1$$

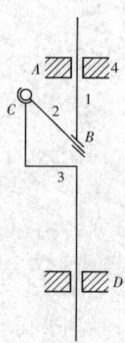

图 2-34

2-23 知识点窍 平面机构自由度计算 $F = 3n - (2p_l + p_h)$；平面机构结构分析。

逻辑推理 首先，分析机构由杆件1、2、3、4、5、滑块6、7七个构件组成。
如图2-35所示。

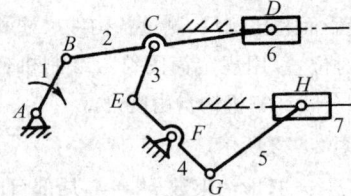

图 2-35

杆件1为原动件，运动分两路传递：一路经杆件2传递到滑块6，带动6的水平运动；另一路经杆件2传至杆件4，通过4的作用带动杆件5，从而推动滑块7，实现7的水平运动。滑块6、7为执行部分，其余为传动部分。

然后，分析各连接构件相对运动的性质，机架与杆件1、杆件1与2、杆件2与滑块6、杆件2与3、杆件3与4、杆件4与机架、杆件4与杆件5、杆件与滑块7之间为转动副；滑块6、7与机架间为移动副。

最后，对进行机构分解：从传动路线上远离原动件的部分开始试拆杆组。依次拆除由滑块7与杆件5、杆件4与杆件3、滑块6与杆件2组成的三个Ⅱ级杆组。最后剩下原动件1和机架。

如果该机构中改选杆件4为原动件，组成此机构的基本杆组将发生变化。若4为原动件，运动也分两路传递，一路经杆件5带动滑块7水平运动；另一路经杆件3传至杆件2，最终作用于滑块6，实现其水平运动。滑块6、7仍为执行部分，其余为传动部分。

对此时的机构进行分解：同样从传动路线上远离原动件的部分开始试拆杆组，则依次拆除由滑块6、杆件1、2、3组成的Ⅲ级杆组和滑块7与杆件5组成的Ⅱ级杆组，剩下原动件4和机架。

解题过程
$$n = 7, p_l = 10, p_h = 0$$
机构自由度 $F = 3n - (2p_l + p_h) = 3 \times 7 - (2 \times 10 + 0) = 1$
选择杆件1为原动件时，此机构由滑块7与杆件5、杆件4与杆件3、滑块6与杆件2组成的三个Ⅱ级杆组组成，如图2-36中(a)图所示。

若改选杆件 4 为原动件,则机构由滑块 6、杆件 1、2、3 组成的 Ⅲ 级杆组和滑块 7 与杆件 5 组成的 Ⅱ 级杆组组成,其基本杆组与前不同,如图 2-36 中(b) 图所示。

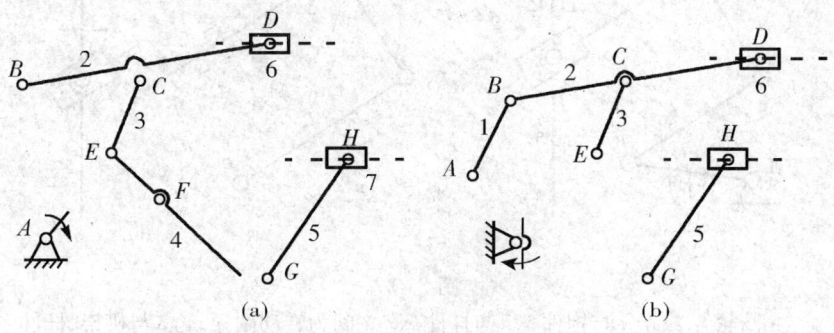

图 2-36

2-24 知识点窍 局部自由度及虚约束的判别、处理;平面机构自由度的计算 $F=3n-(2p_l+p_h-p')-F'$;平面机构的高副低代;平面机构的结构分析。

逻辑推理 (a) 首先,分析机构由凸轮 1、滚子 2、杆件 3、5、滑块 4 五个构件组成;凸轮 1 为原动件,执行部分为杆件 5。

然后,分析各连接构件间相对运动的性质。可知:凸轮 1 与机架、滚子 2 与杆件 3、杆件 3 与机架、滑块 4 与杆件 5 之间为转动副;杆件 5 与机架间为移动副;凸轮 1 与滚子 2 间为平面高副。

另外,应该注意到,滚子绕自身轴线的转动为局部自由度,计算机构自由度时需去除;杆件 5 与机架间的两处移动副导路重合,只有一个能够对机构的运动起到实际的约束作用,引入了两个虚约束,计算时也应该去除。

接下来,对凸轮 1 与滚子 2 间的平面高副进行高副低代,找出凸轮 1 过接触点的瞬时曲率中心,用杆件将其与滚子 2 中心相联即可。

然后,绘制机构运动简图。

最后,对进行机构分解:从传动路线上远离原动件的部分开始试拆杆组。依次拆除由杆件 5 和滑块 4、杆件 3 和杆件 2 组成的两个 Ⅱ 级杆组,最后剩下原动件 1 和机架。

解题过程 (a) $n=5, p_l=7, h_h=1$,虚约束数 $p'=2$,局部自由度数 $F'=1$

机构自由度 $F=3n-(2p_l+p_h-p')-F'$
$=3\times 5-(2\times 7+1-2)-1=1$

机构运动简图如图 2-37 中(a) 所示。

该机构由杆件 5 和滑块 4、杆件 3 和杆件 2 组成的两个 Ⅱ 级杆组组成,如图 2-37 中(b) 所示。

逻辑推理 (b) 首先,分析机构由杆件 1、2、6、7、凸轮 3、滚子 4、构件 5 七个构件组成。杆件 1 为原动件,杆件 7 为执行构件。

然后,分析各联接构件间相对运动的性质,可知:机架与杆件 1、杆件 1 与杆件 2 与

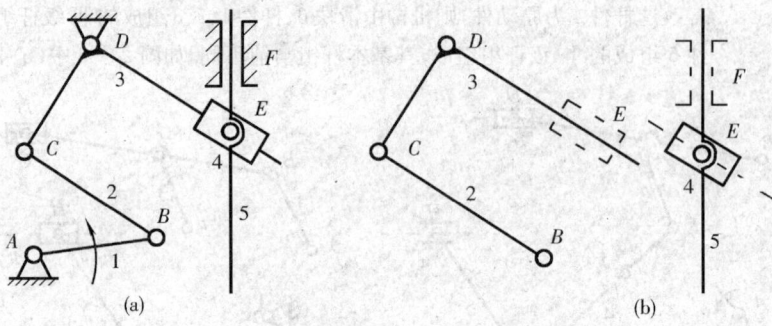

图 2-37

凸轮 3、滚子 4 与构件 5、5 与杆件 6、7 之间为转动副;凸轮 3 与机架、杆件 7 与机架之间为移动副;凸轮 3 与滚子 4 之间为平面高副。

需要注意的是,滚子绕自身轴线的转动为局部自由度,计算机构自由度时需去除;凸轮 3 与机架之间的两个移动副导路重合,只有一个能够对机构的运动起到实际的约束作用,引入了两个虚约束,计算时也应该去除。

接下来,对凸轮 3 与滚子 4 间的平面高副进行高副低代,找出凸轮 3 过接触点的瞬时曲率中心,用杆件将其与滚子 4 中心相联即可。

最后,对进行机构分解;从传动路线上远离原动件的部分开始试拆杆组,依次拆除由杆件 4、6、7,构件 5 组成的 Ⅲ 级杆组和杆件 2、3 组成的 Ⅱ 级杆组,最后剩下原动件 1 和机架。

解题过程 (b) $n=7$, $p_l=10$, $p_h=1$, 虚约束数 $p'=2$, 局部自由度数 $F'=1$

机构自由度 $F = 3n - (2p_l + p_h - p') - F'$
$= 3 \times 7 - (2 \times 10 + 1 - 2) - 1 = 1$

机构运动简图如图 2-38 中 (a) 所示。

该机构由杆件 4、6、7,构件 5 组成的 Ⅲ 级杆组和杆件 2、3 组成的 Ⅱ 级杆组组成,如图 2-38 中 (b) 所示。

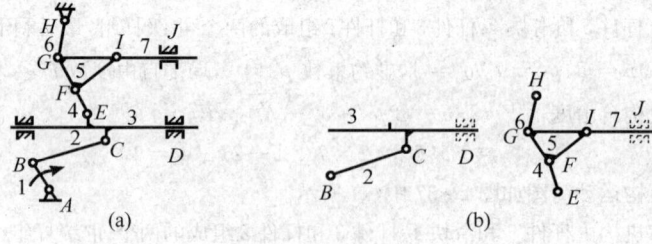

图 2-38

第三章
平面机构的运动分析

学习要求

1. 了解机构速度及加速度分析的一般图解法。
2. 了解机构速度分析的便捷图解法,理解速度瞬心(绝对速度瞬心和相对速度瞬心)的概念,并能运用"三心定理"确定一般平面机构各瞬心的位置,能用瞬心法对简单高、低副机构进行速度分析。
3. 了解用解析法作机构的运动分析。

重难点提示

本章重点:用矢量方程图解法求机构的速度及加速度,用速度瞬心法求机构的速度,用解析法建立机构的位置、速度及加速度方程。

本章难点:分析两构件重合点之间的加速度关系,因有科氏加速度,故求解过程较为复杂。

内容提要

1 机构速度及加速度分析的一般图解法

(1) 矢量方程图解法

矢量方程图解法是利用机构中各点之间的相对运动关系列出它们之间的速度或加速度矢量方程式,然后按一定的比例尺根据方程作矢量多边形进行求解。此又称相对运动图解法。

(2) 基本原理

1) 同一构件上两点间的速度、加速度的关系

如图 3-1(a) 所示的平面机构中,连杆 2 上 A、B 两点间的运动关系表达式为

$$v_B = v_A + v_{BA}, \qquad a_B = a_A + a_{BA}^n + a_{BA}^t$$

式中,v_{BA} 为点 B 对点 A 的相对速度,其大小 $v_{BA} = \omega_2 l_{AB}$,方向垂直于 AB,指向与 ω_2 方

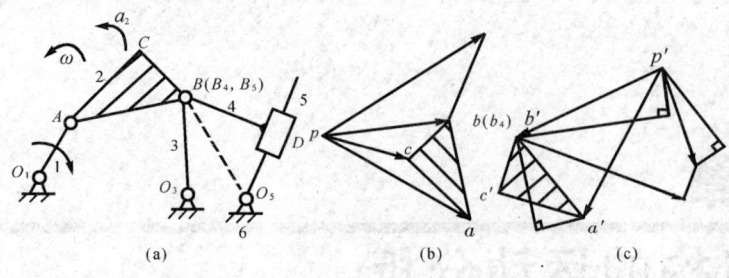

图 3-1

向一致；

a_{BA}^n 与 a_{BA}^t 分别为点 B 对点 A 的相对法向加速度和相对切向加速度，且大小 $a_{BA}^n = \omega_2^2 l_{AB}$，方向由 B 指向 A；而 $a_{BA}^t = a_2 l_{AB}$，方向垂直于 AB，指向与 a_2 方向一致。

2) 两构件上重合点间的速度、加速度关系

如图 3-1(a) 所示，构件 4 与构件 5 上的重合点 $B(B_4, B_5)$ 间的运动关系表达为

$$v_{B5} = v_{B4} + v_{B5B4}$$

$$a_{B5} = a_{B4} + a_{B5B4}^k + a_{B5B4}^r$$

即 $\quad a_{B5}^n + a_{B5}^t = a_{B4} + a_{B5B4}^k + a_{B5B4}^r$

式中，v_{B5B4} 为点 B_5 对点 B_4 的相对速度，其方向沿移动副相对移动方向；a_{B5B4}^k，a_{B5B4}^r 为点 B_5 对点 B_4 的科氏加速度和相对加速度，$a_{B5B4}^k = 2\omega_4 v_{B5B4}$，其方向为 v_{B5B4} 的方向沿 ω_4 转过 90°的方向，a_{B5B4}^r 的方向为沿移动副的相对移动方向。

(3) 速度影像、加速度影像

1) 速度影像

① 根据速度矢量方程按一定的速度比例尺 μ_v(m·s^{-1}/mm) 作出的由各速度矢量构成的图形(见图 3-1(b)) 称为速度多边形(或速度图)。其作图起点 p 称为速度多边形极点。

② 速度多边形的特性：a. 由极点 p 向外放射的矢量代表构件上同名点的绝对速度；b. 连接速度多边形中两绝对速度矢量，则代表构件上同名点的相对速度。

③ 如图 3-1(b) 所示，△abc 与构件图 △ABC 具有相似关系，且角标字母顺序一致，故称 △abc 为 △ABC 的速度影像。速度影像只适用于同一构件的速度求解。

2) 加速度影像

① 根据加速度矢量方程按一定的加速度比例尺 μ_a(m·s^{-2}/mm) 作出的由各加速度矢量构成的图形(见图 3-1(c)) 称为加速度多边形(或加速度图)。其作图起点 p' 称为加速度多边形极点。

② 加速度多边形的特征：

a. 由极点 p' 向外放射的矢量代表构件上同名点的绝对加速度；

b. 连接两绝对加速度矢量端的矢量代表构件上同名两点间的相对加速度，而相对加速度又可用其法向加速度和切向加速度的矢量和来表示。

③ 如图 3-1(c) 所示，△$a'b'c'$ 与构件图 △ABC 也相似，且角标字母顺序一致，故称

△$a'b'c'$ 为 △ABC 的加速度影像。加速度影像也只适用于同一构件的加速度求解。

2 机构速度分析的便捷图解法

(1) 速度瞬心

速度瞬心(简称瞬心)是互相作平面相对运动的两构件上瞬时相对速度为零的点,又称同速点。若该点的绝对速度为零,则为绝对瞬心,否则为相对瞬心。由于每两个构件有一个瞬心,所以由 N 个构件(含机架)组成的机构,其瞬心的数目为:

$$K = \frac{N(N-1)}{2}$$

(2) 瞬心位置的确定方法

1) 由瞬心定义确定瞬心的位置

① 两构件组成转动副时,该副的回转中心即为其瞬心。

② 两构件组成移动副时,它们之间的瞬心位于移动方向垂直于导路方向的无穷远处。

③ 两构件组成纯滚动的高副时,其瞬心在其高副接触点上;若组成滚动兼滑动的高副时,其瞬心在接触点处的公法线上。

2) 借助三心定理确定瞬心的位置

三心定理:三个彼此作平面平行运动的构件的三个瞬心必位于同一直线上。

(3) 瞬心法不能用于求机构的加速度。

3 用解析法作机构的运动分析

(1) 矢量方程解析法

先列出机构位置的封闭矢量方程式,再将它对时间求一次和二次导数即得速度和加速度矢量方程式,最后用矢量运算法求出所需的运动参数。

(2) 矩阵法

矩阵法是根据机构的封闭矢量关系式,列出其投影方程式即得到机构位置方程式,再将其对时间求一次和二次导数即得机构的速度和加速度方程式,并写出矩阵形式,然后可利用程序上机进行求解。

典型例题分析

例 3.1 (武汉理工大学)已知图 3-2 所示机构的位置,构件尺寸及原动件 AB 以等角速度 ω_1 逆时针方向转动,试求:

(1) 在图上标出全部速度瞬心 P_{12}、P_{23}、P_{34}、P_{14}、P_{13} 和 P_{24},并指出其中的绝对瞬心。

(2) 用相对运动图解法以任意比例尺作出机构的速度图和加速度图,求构件3的角速度 ω_3 和角加速度 α_3。

(要求:① 写出作图的矢量方程和主要步骤;② 写出 ω_3 及 α_3 的表达式)。

知识点窍 绝对瞬心。

(1) B_1 与 B_2 点始终重合,其速度加速度相等;B_2 与 B_3 点是瞬心重合点,二者之间只有相对移动而没有相对转动,两者之间的相对角速度为零,两者之间的相对速度及相对角加速度时时相等。

(2) 瞬时重合点 B_2 与 B_3 之间有相对移动 $v_{B_3B_2}$,由于其牵连运动为转动 (ω_2),所以 a_3 含科氏加速度 $a^k_{B_3B_2} = 2\omega_2 v_{B_3B_2}\sin\theta(\theta=90°)$,其方向是将 $v_{B_3B_2}$ 沿 ω_2 的转动方向转 90°。

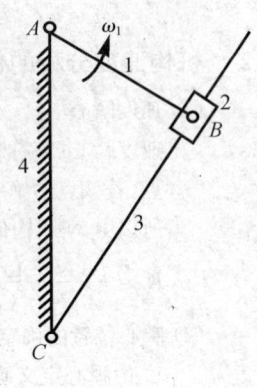

图 3-2

解题过程 (1) 如图 3-3 所示,P_{12} 在 B 点,P_{14} 在 A 点,P_{34} 在 C 点,P_{23} 在过 B 点垂直导杆 BC 的无穷远处。由三心定理可知:P_{24} 在过 C 点的导杆 BC 垂线与 AB 直线交点即无穷远处,P_{13} 为 CA 与 $P_{12}P_{23}$ 的交点 A。

P_{14}、P_{34} 及 P_{24} 为绝对速度瞬心。

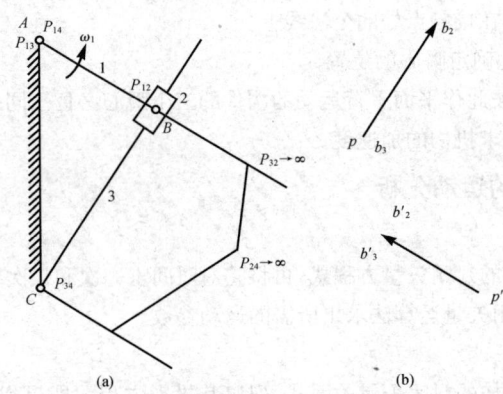

图 3-3

(2)　　　　v_{B3}　　＝　　v_{B2}　　＋　　v_{B3B2}

大小　　?　　　$\omega_1 l_{AB}$　　?

方向　⊥ BC　　⊥ AB　　// BC

因为　　　　　　AB ⊥ BC

所以　　　　　　$v_{B3B2} = -v_{B2}$

$v_{B3} = 0$　　$\omega_3 = 0$　　$\omega_2 = 0$

$a^n_{B3} + a^t_{B3} = a_{B2} + a^k_{B3B2} + a^r_{B3B2}$

大小　$\omega_3^2 l_{BC} =$　?　$\omega_1^2 l_{AB}$　$\omega_2 v_{B3B2}$　?

方向　$B \to C$　⊥ BC　$B \to A$　⊥ BC　// BC

由于 $\omega_3 = \omega_2 = 0$,所以 $a^n_{B3} = 0$, $a^k_{B3B2} = 0$。

由任意点 p' 作 $\overline{p'b'_2} = a_{B2}/\mu_a$,方向由 $B \to A$;再由 p' 作 $\overline{p'b'_3} \perp BC$,$p'b'_3$ 重合

$\alpha_2 = \alpha_3 = \mu_a \cdot \overline{p'b'_3}/l_{BC} = \omega_1^2 l_{AB}/l_{BC}$

例 3.2 （哈尔滨工业大学）图 3-4 所示机构中，已知机构尺寸 $l_{AB} = 50\text{mm}, l_{BC} = 100\text{mm}, l_{CD} = 20\text{mm}$，角速度 $\omega_1 = \omega_4 = 20\text{rad/s}$。试用相对运动矢量方程图解法求图示位置时构件2的角速度 ω_2 和角加速度 α_2 的大小和方向。（应列出矢量方程式，速度图和速度图可画在试题纸上，参考比例尺：$\mu_v = 20\ \dfrac{\text{mm/s}}{\text{mm}}, \mu_a = 400\ \dfrac{\text{mm/s}^2}{\text{mm}}$）

逻辑推理 因为 C 点是两连杆 2、3 的瞬时重合点，所以 C_2 点的速度 v_{C2}、加速度 a_{C2}，既可由 v_{B2}、a_{B2} 按同一构件上不同点间的速度和加速度关系列出矢量方程；又可由 v_{C3}、a_{C3} 按组成移动副的两构件重合点间的速度和加速度关系列出矢量方程，两个矢量方程联合求解即可得 v_{C2} 和 a_{C2}，进而求得 ω_2 及 α_2。同时，构件 2、3 的瞬时重合点为 C，C_2 与 C_3 之间相对移动，牵连运动为转动，所以有科氏加速度 $a_{C_2C_3}^K$。

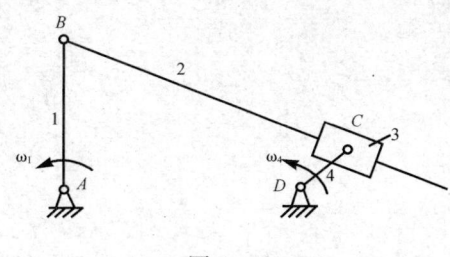

图 3-4

解题过程 由题意可知，C 点是两连杆 2、3 的瞬时重合点，

则 $\quad v_{C2} = v_{B2} + v_{C2B2}$

且又因为 $\quad v_{C2} = v_{C3} + v_{C2C3}$

所以 $\quad v_{C2} = v_{B2} + v_{C2B2} = v_{C3} + v_{C2C3}$

大小 $\qquad\quad \omega_1 l_{AB} \quad\ \ ? \qquad \omega_4 l_{CD} \quad\ \ ?$

方向 $\qquad\quad \perp AB \quad \perp BC \quad\ \perp CD \quad // BC$

$v_{B2} = \omega_1 l_{AB} = 1000\text{mm/s}$,

$v_{C3} = \omega_4 l_{CD} = 400\text{mm/s}$

由速度矢量多边形如图 3-5(a) 分析可得

$$v_{C2B2} = \mu_v \overline{bc_2} = 500\text{mm/s}$$

$\omega_2 = \dfrac{v_{C2B2}}{l_{BC}} = 5\text{rad/s}$ 逆时针方向。

$a_{C2} = a_{B2} + a_{C2B2}^n + a_{C2B2}^t$

$a_{C2} = a_{C3} + a_{C2C3}^k + a_{C2C3}^r$

所以 $\quad a_{B2} + a_{C2B2}^n + a_{C2B2}^t = a_{C3} + a_{C2C3}^k + a_{C2C3}^r$

大小 $\quad\ \omega_1^2 l_{AB} \quad \omega_2^2 l_{BC} \quad ? \quad\ \omega_4^2 l_{CD} \quad 2\omega_2 v_{C2C3} \quad ?$

方向 $\quad\ B \to A \quad C \to B \quad \perp BC \quad C \to D \quad \perp BC \quad // BC$

$a_{B2} = \omega_1^2 l_{AB} = 20000\text{mm/s}^2, a_{C2B2}^n = \omega_2^2 l_{BC} = 2500\text{mm/s}^2$

$a_{C3} = \omega_4^2 l_{CD} = 8000\text{mm/s}^2, a_{C2C3}^k = 2\omega_3 v_{C2C3} = 2\omega_2 \mu_v \overline{C_3C_2} = 5800\text{mm/s}^2$

作加速度矢量多边形如图 3-5(b)，得

$a_{c2} = \mu_a \overline{p'c'_2} = 13600\text{mm/s}^2$

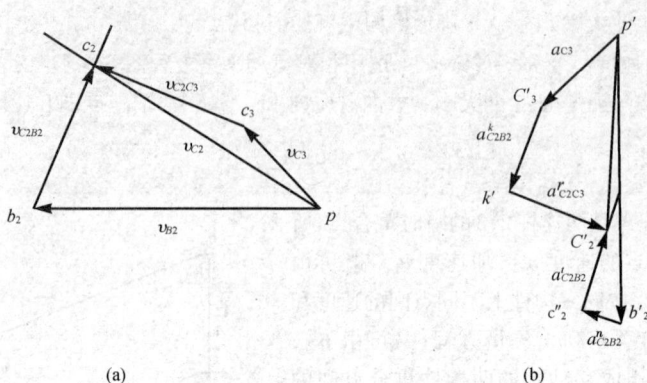

(a)　　　　　　　　　(b)

图 3-5

$$\alpha_2 = \frac{a_{c2}}{l_{BC}} = 136 \text{rad/s}^2 \quad \text{顺时针方向}$$

例 3.3 图 3-6(a) 所示的凸轮机构中,已知 $R=50\text{mm}$, $l_{OA}=20\text{mm}$, $l_{AC}=80\text{mm}$, $\angle OAC=90°$, 凸轮 1 以等角速度 $\omega_1 = 10\text{rad/s}$ 逆时针转动。
① 试用瞬心法求从动件 2 的角速度 ω_2;
② 试用低副代替高副,用矢量方程图解法求从动件 2 的角速度 ω_2。

解题过程　选定比例尺 $\mu_l = 0.002\text{m/mm}$ 作机构运动简图,如图 3-6(a) 所示。

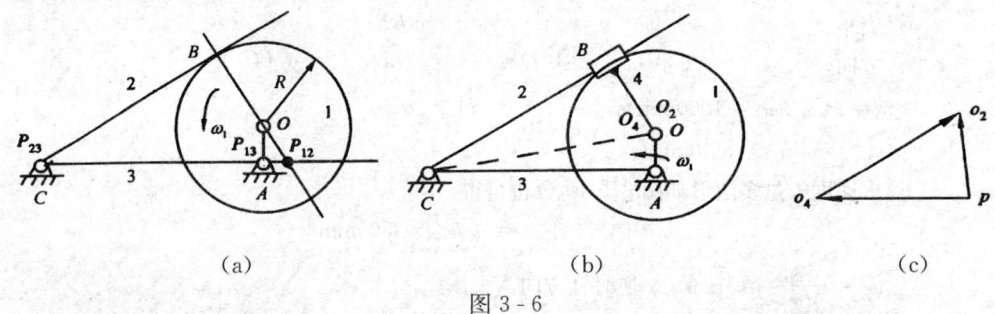

(a)　　　　　　　　(b)　　　　　　　　(c)

图 3-6

① 瞬心法。

由三心定理求出所需的瞬心 P_{12}, P_{13} 和 P_{23},则 P_{12} 点处的速度为

$$v = \omega_1 \overline{(P_{13}P_{12})}\mu_l = \omega_2 \overline{(P_{23}P_{12})}\mu_l$$

则可得从动件 2 的角速度 ω_2

$$\omega_2 = \frac{\omega_1 \overline{(P_{13}P_{12})}}{\overline{P_{23}P_{12}}} = \frac{10 \times 12}{52} = 2.31\text{rad/s} \quad (\text{逆时针})$$

② 矢量方程图解法。

先用低副代替高副,得如图 3-6(b) 所示的 $AOBC$ 四杆机构。在此四杆机构中,构件 2 和 4 组成移动副,因此应通过选取构件 2 和 4 上的重合点用矢量方程图解法求解。取平面

一般运动的构件 4 上的转动副 O 作为重合点。为了使构件 2 和 4 能在 O 点重合,需要把构件 2 向 O 点扩大,则有

$$\boldsymbol{v}_{O_2} = \boldsymbol{v}_{O_4} + \boldsymbol{v}_{O_2O_4}$$

方向　　$\perp O_2C$　　$\perp OA$　　$// BC$

大小　　?　　$\omega_1 l_{OA}$　　?

选取速度比例尺 $\mu_v = 0.01 \text{ms}^{-1}/\text{mm}$,然后按上式作速度三角形 po_4o_2,如图 3-6(c) 所示,则矢量 $\overrightarrow{po_2}$ 即代表 v_{O_2},于是得

$$v_{O_2} = \mu_v \overline{po_2} = 0.01 \times 19 = 0.19 \text{m/s}$$

$$\omega_2 = \frac{v_{O_2}}{l_{CO_2}} = \frac{0.19}{\mu_l \overline{CO_2}} = \frac{0.19}{0.002 \times 41} = 2.32 \text{rad/s} \quad (逆时针)$$

例 3.4 在图 3-7 所示的柱塞唧筒六杆机构中,已知 $l_{AB} = 140\text{mm}, l_{BC} = l_{CD} = L_1 = L_3 = 420\text{mm}$, $L_2 = 180\text{mm}, \omega_1 = 20\text{rad/s}, \overline{BS_2} = \overline{S_2C}$。试用图解法求机构在图示位置时:
(1) B, C, E 及 S_2 各点的速度及加速度;
(2) 杆 2、杆 3 的角速度及角加速度。

解题过程 选取比例尺 $\mu_l = 0.001 \text{m/mm}$ 作机构运动简图,如图 3-7(a) 所示。
(1) 求 B, C, E 及 S_2 各点的速度及加速度。

1) 速度分析:

$$v_B = \omega_1 l_{AB} = 20 \times 0.14 = 2.8 \text{m/s}$$

$\boldsymbol{v}_C$　$=$　$\boldsymbol{v}_B$　$+$　$\boldsymbol{v}_{CB}$

$\perp CD$　　$\perp AB$　　$\perp BC$

?　　√　　?

选取 $\mu_v = 0.1 \text{m} \cdot \text{s}^{-1}/\text{mm}$ 作速度多边形如图 3-7(b) 所示,再用速度影像法求得 e_2 及 s_2 点,然后根据下式

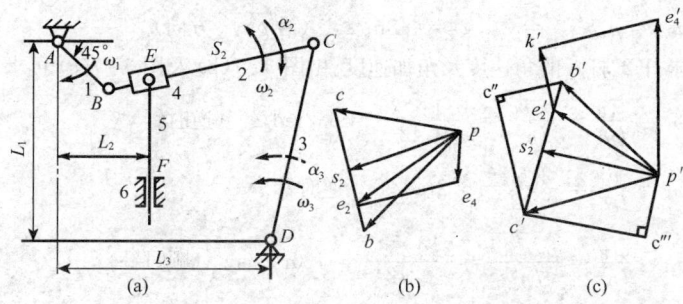

图 3-7

$\boldsymbol{v}_{E4}$　$=$　$\boldsymbol{v}_{E2}$　$+$　$\boldsymbol{v}_{E4E2}$

$// EF$　　√　　$// EC$

?　　√　　?

作图,于是由图3-7(b)可求得

$v_C = \mu_v \overline{pc} = 0.1 \times 26 = 2.6 \text{m/s}$ （沿 $\overrightarrow{pc}$ 方向）

$v_E = \mu_v \overline{pe_4} = 0.1 \times 10.5 = 1.05 \text{m/s}$ （沿 $\overrightarrow{pe_4}$ 方向）

$v_{S2} = \mu_v \overline{ps_2} = 0.1 \times 23.7 = 2.37 \text{m/s}$ （沿 $\overrightarrow{ps_2}$ 方向）

2) 加速度分析：

$a_B = a_B^n + \omega_1^2 l_{AB} = 20^2 \times 0.14 = 56 \text{m/s}^2$

$\boldsymbol{a}_C = \boldsymbol{a}_C^n + \boldsymbol{a}_C^t = \boldsymbol{a}_B + \boldsymbol{a}_{CB}^n + \boldsymbol{a}_{CB}^t$

$\quad\quad C \to D \quad \perp CD \quad B \to A \quad C \to B \quad \perp CB$

$\quad\quad \surd \quad\quad ? \quad\quad \surd \quad\quad \surd \quad\quad ?$

式中 $a_{CB}^n = \dfrac{v_{CB}^2}{l_{BC}} = \dfrac{\mu_v^2 \overline{bc}^2}{l_{BC}} = \dfrac{0.1^2 \times 26^2}{0.42} = 16.1 \text{m/s}^2$

$a_C^n = \dfrac{v_C^2}{l_{CD}} = \dfrac{2.6^2}{0.42} = 16.1 \text{m/s}^2$

选取 $\mu_a = 2 \text{m} \cdot \text{s}^{-2}/\text{mm}$ 作加速度多边形如图3-7(c)所示,再用加速度影像法求得 e_2' 和 s_2'。又根据

$\boldsymbol{a}_E = \boldsymbol{a}_{E4} = \boldsymbol{a}_{E2} + \boldsymbol{a}_{E4E2}^k + \boldsymbol{a}_{E4E2}^t$

$\quad\quad // EF \quad \surd \quad\quad \surd \quad\quad // EC$

$\quad\quad ? \quad\quad \surd \quad\quad \surd \quad\quad ?$

式中 $a_{E4E2}^K = 2\omega_2 v_{E4E2} = 2\mu_v^2 \dfrac{\overline{bc}}{l_{BC}} \overline{e_2 e_4} = 2 \times 0.1^2 \times \dfrac{26}{0.42} \times 21.3 = 26.4 \text{m/s}^2$

其方向为将 v_{E4E2} 沿 ω_2 的方向（顺时针方向）转过 $90°$ 的方向,作图如图3-7(c)所示。由图可求得

$a_C = \mu_a \overline{p'c'} = 2 \times 28 = 56 \text{m/s}^2$ （沿 $\overrightarrow{p'c'}$ 方向）

$a_E = \mu_a \overline{p'e_4'} = 2 \times 32.7 = 65.4 \text{m/s}^2$ （沿 $\overrightarrow{p'e_4'}$ 方向）

$a_{S2} = \mu_a \overline{p's_2'} = 2 \times 24 = 48 \text{m/s}^2$ （沿 $\overrightarrow{p's_2'}$ 方向）

(2) 求杆2、杆3的角速度及角加速度。由图3-7(b)及图3-7(c)可求得

$\omega_2 = \dfrac{v_{CB}}{l_{BC}} = \dfrac{\mu_v \overline{bc}}{l_{BC}} = \dfrac{0.1 \times 26}{0.42} = 6.2 \text{rad/s}$ （逆时针）

$\omega_3 = \dfrac{v_C}{l_{CD}} = \dfrac{2.6}{0.42} = 6.2 \text{rad/s}$ （逆时针）

$\alpha_2 = \dfrac{a_{CB}^t}{l_{BC}} = \dfrac{\mu_a \overline{c''c'}}{l_{BC}} = \dfrac{2 \times 25.2}{0.42} = 120 \text{rad/s}^2$ （顺时针）

$\alpha_3 = \dfrac{a_{CD}^t}{l_{CD}} = \dfrac{\mu_a \overline{c''c'}}{l_{CD}} = \dfrac{2 \times 24.8}{0.42} = 118.1 \text{rad/s}^2$ （逆时针）

例 3.5 （吉林工业大学1998年考研试题）图3-8所示机构1等速转动,角速度为 ω,分别用相对运动图解法和解析法求构件3上 D 点的速度和加速度。

知识点窍　　相对运动图解法和解析法。

逻辑推理　　(1) 因为 B_2 与 B_1 点始终重合,则其速度、加速度相等,而其 B_2 与 B_3 是瞬时重合,二者之间只有相对移动,没有相对转动,即 $\omega_2 = \omega_3$。

(2) C 点是构件 3 上一点,因此可以在求出 B_3 点及 D 点(静止点)的速度和加速度后,可用速度影像和加速度影像求出 v_C 和 a_C。

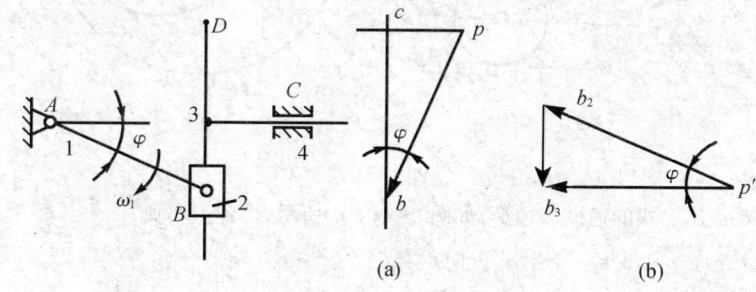

图 3-8　　　　　　　　　　图 3-9

解题过程　　(1) 相对运动图解法,如图 3-9 所示

$$\boldsymbol{v}_{B3} = \boldsymbol{v}_{B2} + \boldsymbol{v}_{B3B2}$$

大小　　?　　$\omega_1 l_{AB}$　　?

方向　　// AC　　⊥ AB　　⊥ AC

$v_D = v_{B3} = \omega_1 l_{AB} \sin\varphi$　方向为 $C \to A$

$$\boldsymbol{a}_{B3} = \boldsymbol{a}_{B2} + \boldsymbol{a}^r_{B3B2}$$

大小　　?　　$\omega_1^2 l_{AB}$　　?

方向　　// AC　　$B \to A$　　// BD

$a_D = a_{B3} = \omega_1^2 l_{AB} \cos\varphi$

(2) 解析法

设构件 3 的位移为 s：$s = l_{AB} - l_{AB}\cos\varphi$

$v_D = v_{B3} = s' = 0 - l_{AB}\varphi'(-\sin\varphi) = \omega_1 l_{AB}\sin\varphi$

$a_D = a_{B2} = s'' = \omega_1^2 l_{AB}\cos\varphi$

用相对运动图解法和解析法求解,结果相同。

例 3.6　在图 3-10(a) 所示的齿轮—连杆组合机构中,MM' 为固定齿条,齿轮 3 的齿数是齿轮 4 齿数的 2 倍,已知原动件 1 以等角速度 ω_1 顺时针方向回转,试以图解法求机构在图示位置时 E 点的速度 v_E 以及齿轮 3,4 的速度影像。

解题过程　　以 μ_l 作机构运动简图,如图 3-10(a) 所示。此组合机构可看作为 $ABCD$ 及 $DCEF$ 两个机构串联而成,则可写出速度关系式

$$\boldsymbol{v}_C = \boldsymbol{v}_B + \boldsymbol{v}_{CB}$$

方向　　// AC　　⊥ AB　　⊥ BC

大小　　?　　$\omega_1 l_{AB}$　　?

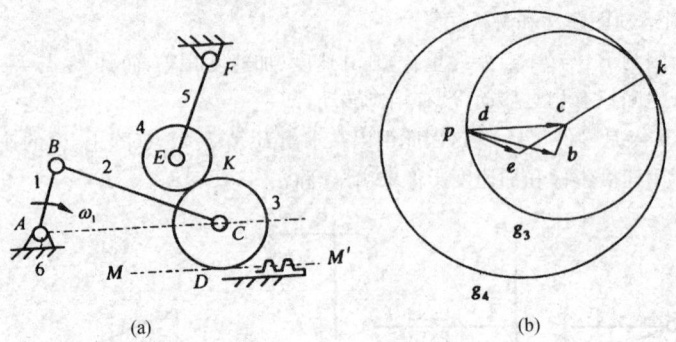

图 3-10

取 μ_v 作上式的速度多边形,如图 3-10(b) 所示,得到点 c,则

$v_C = \mu_v \overline{pc}$(m/s) (沿 pc 方向)

再根据

	v_E	=	v_C	+	v_{EC}
方向	$\perp EF$		$\perp DC$		$\perp EC$
大小	?		√		?

继续作速度多边形可得:$v_E = \mu_v \overline{pe}$(m/s) (沿 pe 方向)

因 D 点为齿轮 3 与固定齿条 6 的绝对瞬心,即 $v_D = 0$,故 D 点的速度影像在 p 点处。取齿轮 3 与齿轮 4 的啮合点为 K,根据速度影像原理,在图 3-10(b) 中,作 $\triangle dck \backsim \triangle DCK$ 求出 k 点,然后分别以 c、e 为圆心,以 $\overline{ck}$、$\overline{ek}$ 为半径作圆得圆 g_3 及圆 g_4,圆 g_3 和圆 g_4 即分别为齿轮 3 和 4 的速度影像。

例 3.7 (大连理工大学 1999 年考研试题) 图 3-11 所示,为齿轮连杆机构。试求:
(1) 该机构的瞬心数;
(2) 图示位置时全部瞬心位置;
(3) $\omega_3/\omega_5 = ?$

逻辑推理 (1) 齿轮 1 为内齿圈,也是固定构件。齿轮 1 与齿轮 2 内啮合,分度圆切点 F 即为二者的瞬心。
(2) 此题可按高副机构来求瞬心,也可先进行高副低代,再对高副低代后的低副机构求瞬心,结果是一样的。

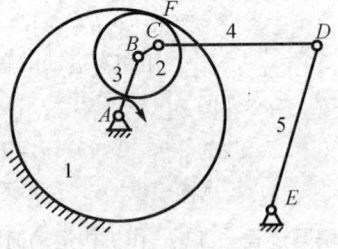

图 3-11

解题过程 (1) $K = \dfrac{N(N-1)}{2} = 10$

(2) P_{13} 在 A 点,P_{12} 在二分度圆切点 F,P_{24} 在 C 点,P_{23} 在 B 点,P_{45} 在 D 点,P_{15} 在 E 点,P_{14} 在 FC 与 DE 交点,P_{25} 在 CD 与 EF 交点,P_{34} 在 AP_{14} 与 CB 交点,P_{35} 在 AE 与 DP_{34} 交点。

(3) $\omega_3/\omega_5 = \overline{P_{15}P_{35}}/\overline{P_{13}P_{35}} = \overline{EP_{35}}/\overline{AP_{35}}$

例 3.8 在图 3-12(a) 所示机构中，已知 $\omega_2 = 10\text{rad/s}$ 逆时针等速转动，$l_{O_2A} = 95\text{mm}$，$l_{O_4B} = 130\text{mm}$，$l_{AB} = 240\text{mm}$，$l_{AC} = 265\text{mm}$，$l_{BC} = 40\text{mm}$，$l_{CD} = 290\text{mm}$，$\varphi_1 = 60°$，$x = 40\text{mm}$，$y = 260\text{mm}$。试求滑块的速度 v_D 及加速度 a_D。

解题过程 选定比例尺 $\mu_l = 0.001\text{m/mm}$ 绘制机构运动简图，如图 3-12(a) 所示。

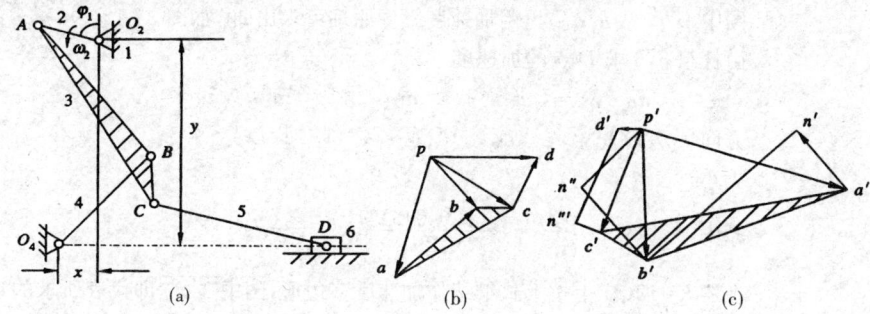

图 3-12

该机构是由两个 Ⅱ 级杆组(3,4 杆组和 5,6 杆组)与原动件 2、机架 1 组成，因此用矢量方程图解法作此机构运动分析的顺序是：先分析 3,4 杆组，然后分析 5,6 杆组。

(1) 速度分析。

$$v_A = \omega_2 l_{AO_2} = 10 \times 0.095 = 0.95\text{m/s}$$

	v_B	=	v_A	+	v_{BA}
方向	$\perp BO_4$		$\perp AO_2$		$\perp BA$
大小	?		√		?

取速度比例尺 $\mu_v = 0.043\text{m·s}^{-1}/\text{mm}$，按上式作速度多边形如图 3-12(b) 所示，图中 $\overrightarrow{pb}$ 表示 v_B。

由速度影像原理可求出 v_C，如图 3-12(b) 所示，图中 $\overrightarrow{pc}$ 表示 v_C。

由构件 5,6 (杆组) 求 D 点的速度

	v_D	=	v_C	+	v_{DC}
方向	$//\ DO_4$		√		$\perp CD$
大小	?		√		?

在图 3-12(b) 上按上式继续作速度多边形，则图中 $\overrightarrow{pd}$ 表示 v_D，v_D 的大小为

$$v_D = \mu_v \overline{pd} = 0.043 \times 16 = 0.69\text{m/s} \quad (\text{沿 } pd \text{ 方向})$$

(2) 加速度分析。

$$a_A = a_A^n = \omega_2^2 l_{AO_2} = 100 \times 0.095 = 9.5\text{m/s}^2$$

	a_B	=	a_B^n	+	a_B^t	=	a_A	+	a_{BA}^n	+	a_{BA}^t
方向			$B \to O_4$		$\perp BO_4$		$A \to O_2$		$B \to A$		$\perp AB$
大小			√		?		√		√		?

其中 $a_B^n = \dfrac{v_B^2}{l_{BO_4}} = \dfrac{(12.6 \times 0.043)^2}{0.13} = 2.26 \text{m/s}^2$

$a_{BA}^n = \dfrac{v_{BA}^2}{l_{BA}} = \dfrac{(25 \times 0.043)^2}{0.24} = 4.82 \text{m/s}^2$

取加速度比例尺 $\mu_a = 0.29 \text{m} \cdot \text{s}^{-2}/\text{mm}$，按上式作加速度多边形如图 3-12(c) 所示，图中 $\overline{p'b'}$ 表示 a_B。再用加速度影像原理可求出 a_C，如图 3-12(c) $\overline{p'c'}$ 表示 a_C。

由杆组 5,6 求 D 点的加速度

$$a_D \quad = \quad a_C \quad + \quad a_{DC}^n \quad + \quad a_{DC}^t$$

方向　// DO_4　　　✓　　　$D \to C$　　　⊥ DC

大小　　？　　　　✓　　　　✓　　　　？

其中 $a_{DC}^n = \dfrac{v_{DC}^2}{l_{DC}} = \dfrac{(9 \times 0.043)^2}{0.29} = 0.52 \text{m/s}^2$

在图 3-12(c) 上按上式继续作加速度多边形，图中 $\overline{p'd'}$ 即代表所求的 a_D，其大小为

$$a_D = \overline{p'd'} \mu_a = 1 \times 0.29 = 0.29 \text{m/s}^2 \quad (沿\ \overline{p'd'}\ 方向)$$

例 3.9（西南交通大学）图 3-13(a) 所示的钻探机构中已知各杆长度 l_{AD}, l_{AB}, l_{BC}，设杆 2 的角速度为 ω_2（逆时针），角加速度为 α_2（逆时针），求杆 1 与机架的夹角为 θ 时 C 和 D 的速度 v_C, v_D 和加速度 a_C, a_D（比例尺任选）。

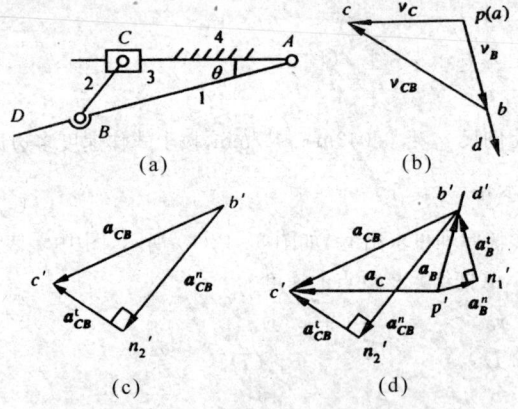

图 3-13

解题过程　取比例尺 μ_l 作出机构运动简图如图 3-13(a) 所示。

(1) 速度分析。

$$v_C \quad = \quad v_B \quad + \quad v_{CB}$$

方向　// AC　　⊥ AB　　⊥ BC

大小　　？　　　　？　　　　✓

其中 $v_{CB} = \omega_2 l_{BC}$，其方向垂直于 BC，并根据 ω_2 的转向可知是由右下方指向左上方。

取 μ_v 作上式的速度图，由于由极点 p 引出的两个绝对速度 v_B 和 v_C 大小均未知，因而难以接着添加代表 v_{CB} 的矢量 $\overrightarrow{bc}$。但这时可先作出矢量 $\overrightarrow{bc}$ 表示 v_{CB}，再在 c 点和 b 点分别作 v_C 和 v_B 的方向线 cp 和 bp，这两条直线的交点即为速度图的极点 p，如图 3-13(b) 所示。再根据速度影像原理在图 3-13(b) 上求出 d 点，则

$v_B = \mu_v \overline{pb}$　（沿 pb 方向）　　$v_C = \mu_v \overline{pc}$　（沿 pc 方向）

$v_D = \mu_v \overline{pd}$　（沿 pd 方向）

(2) 加速度分析。

$$\begin{array}{cccccc} \boldsymbol{a}_C & = & \boldsymbol{a}_B^n & + & \boldsymbol{a}_B^t & + & \boldsymbol{a}_{CB}^n & + & \boldsymbol{a}_{CB}^t \end{array}$$

方向　// AC　　$B \to A$　　$\perp AB$　　$C \to B$　　$\perp BC$

大小　?　　v_B^2/l_{AB}　　?　　$\omega^2 l_{BC}$　　$a_2 l_{BC}$

由于从极点 p' 引出的两个绝对加速度 $\boldsymbol{a}_C$ 和 $\boldsymbol{a}_B$ 的大小均未知，致使随后的作图发生困难。这时可以由 p' 点先引出 $\boldsymbol{a}_C$ 的方向线 (// AC)，再作 $\boldsymbol{a}_B^n$，得 n_1' 点，再由 n_1' 点作 $\boldsymbol{a}_B^t$ 的方向线 ($\perp AB$)，如图 3-13(d) 所示。

由于加速度方程中的 $\boldsymbol{a}_{CB}^n$ 和 $\boldsymbol{a}_{CB}^t$ 的大小和方向均是已知的，它们的合成矢量即为 $\boldsymbol{a}_{CB}$，如图 3-13(c) 所示。现在在图 3-13(d) 中，设法在 $\boldsymbol{a}_C$ 的方向线和 $\boldsymbol{a}_B^t$ 的方向线之间，把图 3-13(c) 所示的已知矢量 $\triangle b'c'n_2'$ 镶嵌进去，使 b' 点落在 $\boldsymbol{a}_B^t$ 的方向线上，使 c' 点落在 $\boldsymbol{a}_C$ 的方向线上，如图 3-13(d) 所示，再根据加速度影像原理求出 d' 点，由图可得

$\boldsymbol{a}_C = \mu_a \overline{p'c'}$　（沿 $p'c'$ 方向）　　$\boldsymbol{a}_D = \mu_a \overline{p'd'}$　（沿 $p'd'$ 方向）

例 3.10　试用解析法对图 3-14 所给的机构进行运动分析。写出机构运动的位置、速度及加速度方程。

解题过程　对机构取坐标系及各构件矢量的方向如图 3-14 所示，就可按两个矢量封闭形 $ABDEA$ 和 $EDCFE$，写出以下四个方程式

$$\left.\begin{array}{l} s_3\cos\theta_3 + l_4\cos\theta_4 = h_2 + l_1\cos\theta_1 \\ s_3\sin\theta_3 + l_4\sin\theta_4 = h_1 + l_1\sin\theta_1 \\ l_3\cos\theta_3 + l_4\cos\theta_4 - s_C = 0 \\ l_3\sin\theta_3 + l_4\sin\theta_4 = h \end{array}\right\} \quad ①$$

然后将上式对时间求一次、二次导数，并写成矩阵形式，即得以下速度和加速度方程式

$$\begin{bmatrix} \cos\theta_2 & -s_3\sin\theta_3 & -l_4\sin\theta_4 & 0 \\ \sin\theta_3 & s_3\cos\theta_3 & l_4\cos\theta_4 & 0 \\ 0 & -l_3\sin\theta_3 & -l_4\sin\theta_4 & 1 \\ 0 & l_3\cos\theta_3 & l_4\cos\theta_4 & 0 \end{bmatrix} \begin{bmatrix} \dot{s}_3 \\ \omega_3 \\ \omega_4 \\ \dot{s}_C \end{bmatrix} = \omega_1 l_1 \begin{bmatrix} -\sin\theta_1 \\ \cos\theta_1 \\ 0 \\ 0 \end{bmatrix} \quad ②$$

$$\begin{bmatrix} \cos\theta_3 & -s_3\sin\theta_3 & -l_4\sin\theta_4 & 0 \\ \sin\theta_3 & s_3\cos\theta_3 & l_4\cos\theta & 0 \\ 0 & -l_3\sin\theta_3 & -l_4\sin\theta_4 & 1 \\ 0 & l_3\cos\theta_3 & l_4\cos\theta_4 & 0 \end{bmatrix} \begin{bmatrix} \ddot{s}_3 \\ \alpha_3 \\ \alpha_4 \\ \ddot{s}_C \end{bmatrix} =$$

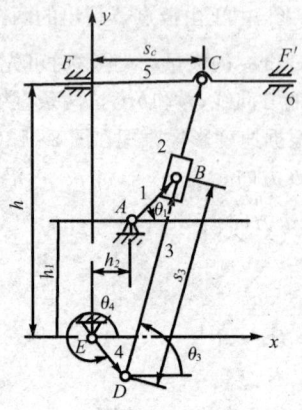

图 3-14

$$\begin{bmatrix} \sin\theta_3 & s_3\cos\theta_3 & l_4\cos\theta_4 & 0 \\ -\cos\theta_3 & s_3\sin\theta_3 & l_4\sin\theta_4 & 0 \\ 0 & l_3\cos\theta_3 & l_4\cos\theta_4 & 0 \\ 0 & l_3\sin\theta_3 & l_4\sin\theta_4 & 1 \end{bmatrix} \begin{bmatrix} 2\omega_3\dot{s}_3 \\ \omega_3^2 \\ \omega_4^2 \\ 0 \end{bmatrix} + \omega_1^2 l_1 \begin{bmatrix} -\cos\theta_1 \\ -\sin\theta_1 \\ 0 \\ 0 \end{bmatrix} \qquad ③$$

在给定其运动机构尺寸参数和原动件运动参数后,便可通过编程并应用计算机进行求解。方程①需要用数值逼近法进行迭代求解,而方程式②及③可用高斯消元法求解。

例 3.11 试求图 3-15 所示各机构在图示位置时全部瞬心的位置(用符号 P_{ij} 直接标注在图上)。

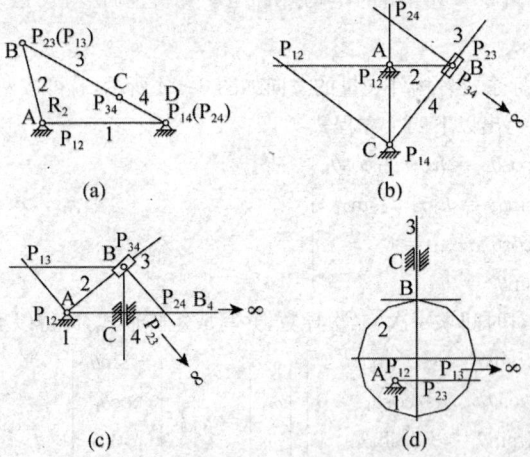

图 3-15

知识点窍 确定瞬心位置,三心定理。

例 3.12 在图 3-16(a) 所示的机构中,设已知各构件的长度 $l_{AD}=85\text{mm}, l_{AB}=25\text{mm}, l_{CD}=45\text{mm}, l_{BC}=70\text{mm}$,原动件以等角速度 $\omega_1=10\text{rad/s}$ 转动,试用图解法求图示位置时点 E 的速度 v_E 和加速度 a_E 以及构件 2 的角速度 ω_2 及角加速度 α_2。

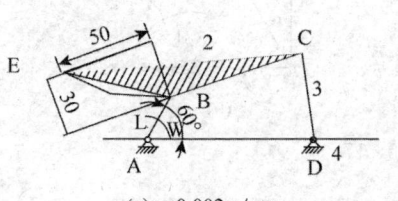

(a) μ_l=0.002m/mm　　(b) μ_v=0.005(m/s)/mm　　(c) μ_a=0.005(m/s²)/mm

图 3-16

知识点窍　矢量方程图解法,速度、加速度影像原理,注意字母顺序一致性。

解题过程　(1) 以 $\mu_l=0.002\text{m/mm}$ 作机构运动简图(图 a)

(2) 速度分析。根据速度矢量方程: $v_C=v_B+v_{CB}$,以 $\mu_v=0.005(\text{m/s})/\text{mm}$ 作其速度多边形(图 b)。(继续完善速度多边形图,并求 v_E 及 ω_2。)根据速度影像原理,作 $\triangle bce \sim \triangle BCE$,且字母顺序一致得点 e,由图得:

$v_E = \mu_v \cdot \overline{pe} = 0.005 \times 62 = 0.31\text{m/s}$

$\omega_2 = \mu_v \cdot \overline{bc}/l_{BC} = 0.005 \times 31.5/0.07 = 2.25\text{m/s}(顺时针)$

$\omega_3 = \mu_v \cdot \overline{pc}/l_{CD} = 0.005 \times 33/0.045 = 3.27\text{m/s}(逆时针)$

3) 加速度分析。根据加速度矢量方程:

$a_C = a_C^n + a_C^t = a_B + a_{CB}^n + a_{CB}^t$

以 $\mu_a=0.005(\text{m/s}^2)/\text{mm}$ 作加速度多边形(图 c)。(继续完善加速度多边形图,并求 a_E 及 α_2。)

根据加速度影像原理,作 $\triangle b'c'e' \sim \triangle BCE$,且字母顺序一致得点 e',由图得:

$a_E = \mu_a \cdot \overline{p'e'} = 0.05 \times 70 = 3.5\text{m/s}^2$

$\alpha_2 = a_{CB}^t/l_{BC} = \mu_a \cdot \overline{n_2'C'}/l_{BC} = 0.05 \times 27.5/0.07 = 19.6\text{rad/s}^2(逆时针)$

例 3.13 在图 3-17(a) 所示示双滑块机构中,两导路互相垂直,滑块 1 为主动件,其速度为 100mm/s,方向向右,$l_{AB}=500\text{mm}$,图示位置时 $x_A=250\text{mm}$。求构件 2 的角速度和构件 2 中点 C 的速度 v_C 的大小和方向。

知识点窍　建立机构的矢量封闭方程。

解题过程　取坐标系 αxy 并标出各杆矢量如图 3-17(b) 所示。

(1) 位置分析。机构矢量封闭方程为:

$\vec{l_{OC}} = \vec{x_A} + \vec{l_{AC}}$

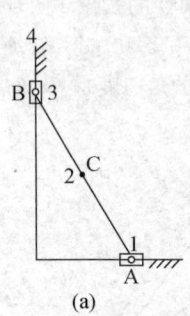
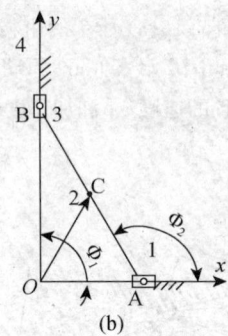

图 3-17

$$\frac{l_{AB}}{2}e^{i\varphi_1} = x_A + \frac{l_{AB}}{2}e^{i\varphi_2} \qquad \varphi_2 = 180° - \varphi_1$$

$$x_C = -\frac{l_{AB}}{2}\cos\varphi_2 = x_A + \frac{l_{AB}}{2}\cos\varphi_2$$

$$y_C = -\frac{l_{AB}}{2}\sin\varphi_2$$

(2) 速度分析。

$$x'_C = \frac{l_{AB}}{2}\omega_2\sin\varphi_2 = v_A - \frac{l_{AB}}{2}\omega_2\sin\varphi_2$$

$$y'_C = -\frac{l_{AB}}{2}\omega_2\cos\varphi_2$$

当 $v_A = 100\text{mm/s}, x_C = 50\text{mm/s}$

$\varphi_2 = 120°, \omega_2 = 0.2309\text{rad/s}$(逆时针)$y_C = 28.86\text{m/s}$,

$v_C = \sqrt{x'^2_C + y'^2_C} = 54.74\text{mm/s}$ 像右下方偏 $30°$

例 3.14 在图 3-18 所示机构中,已知 $\varphi_1 = 45°, \omega_1 = 100\text{rad/s}$,方向逆时针方向,$l_{AB} = 40\text{mm}, \gamma = 60°$。求构件 2 的角速度和构件 3 的速度。

知识点窍 建立机构的矢量封闭方程。

解题过程 建立坐标系 Axy,并标示出村矢量如图所示:

(1) 位置分析。机构矢量封闭方程

$$\vec{l} = \vec{s_D} + \vec{l_{DB}}$$

$$l_1 e^{i\varphi_1} = s_C + l_{DB}e^{i(\pi-\gamma)}$$

$$\left.\begin{array}{l} l_1\cos\varphi_1 + l_{DB}\cos\gamma = s_C \\ l_1\sin\varphi_1 = l_{DB}\sin\gamma \end{array}\right\}$$

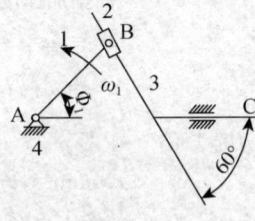

图 3-18

(2) 速度分析。消去 l_{DB},求导,$w_2 = 0$

$$v_C = l_1 w_1[\cos\varphi_1\cot\gamma - \sin\varphi_1]$$
$$= -1195.7\text{mm/s}$$

例 3.15 试求图 3-19 所示各机构在图示位置时全部瞬心。

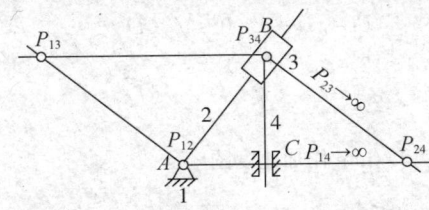

图 3-19

知识点窍 转动副瞬心在交点处,移动副瞬心位于无穷远处。

例 3.16 如图 3-20 所示各机构中,设已知各构件的尺寸,原动件以等角速度 ω_1 顺时针方向转动;试以图解法求机构在图示位置时构件 3 上 C 点的速度及加速度。

知识点窍 求 B 点的速度、加速度,然后利用速度、加速度矢量方程求解。

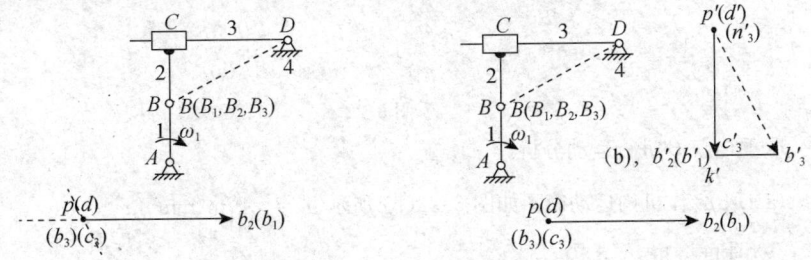

图 3-20   图 3-21

解题过程 (1) 取 μ_l 作机构运动简图,如图 3-21 所示。$\mu_l = \dfrac{l_{AB}}{AB}$ m/mm

(2) 速度分析,

取 B 为重合点:$B(B_1, B_2, B_3)$

$v_{B2}(= v_{B1}) \to v_{B3} \to v_{C3}$

1) 求 v_{B2}

$v_{B2} = v_{B1} = \omega_1 l_{AB}$

2) 求 $\boldsymbol{v}_{B3}$ = $\boldsymbol{v}_{B2}$ + $\boldsymbol{v}_{B3B2}$

方向: $\perp BD$ $\perp BA$ $//\ CD$

方向: ?   √   ?

3) 求 v_{C3}:用速度影像法

取 $\mu_v = \dfrac{v_{B1}}{pb_1}$ (m/s)/mm 作速度图 $v_{C3} = 0$ 同时可求得 $\omega_3 = \dfrac{v_{C3}}{l_{CD}} = 0$

(3) 加速度分析 $a_{B2}(= a_{B1}) \to a_{B3} \to a_{C3}$

1) 求 a_{B2}

$a_{B2} = a_{B1} = a_{B1A}^n = \omega_1^2 l_{AB}$ 方向:$B \to A$

2) 求 a_{B3}

$$a_{B3} = a_{B3D}^n + a_{B3D}^t = a_{B2} + a_{B3B2}^k + a_{B3B2}^r$$

方向： $B{\to}D$ $\perp BD$ $B{\to}A$ 0 $/\!/ CD$

大小： √   ?   √   0   ?

其中 $a_{B3B2}^k = 2\omega_2 v_{B3B2} = 0$

取 $\mu_a = \dfrac{a_{B1}}{\overline{p'b'_1}}$ (m/s^2)/mm 作加速度图

3) 求 a_{C3}：用加速度影像法 $a_{C3} = \mu_a \overline{P'c'_3}$

例 3.17 如图 3-22(a) 所示各机构中,设已知各构件的尺寸,原动件以等角速度 ω_1 顺时针方向转动;试以图解法求机构在图示位置时构件 3 上 C 点的速度及加速度。

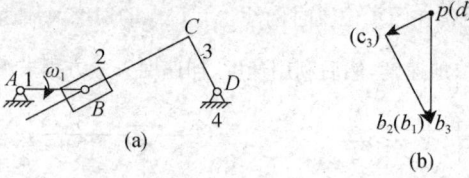

图 3-22

知识点窍 取重合点 B 进行运动分析。

解题过程 (1) 取 μ_l 作机构运动简图如图 3-22(b) 所示 $\mu_l = \dfrac{l_{AB}}{\overline{AB}}$ m/mm

(2) 速度分析。

取 B 为重合点：$B(B_1, B_2 \cdot B_3)$

$v_{B2}(=v_{B1}) \to v_{B3} \to v_{C3}$

1) 求 v_{B2}

$$v_{B2} = v_{B1} = \omega_1 l_{AB}$$

2) 求 v_{B3}

$$v_{B3} = v_{B2} + v_{B3B2}$$

方向：$\perp BD$ $\perp BA$ $/\!/ CB$

大小：?   √   ?

取 $\mu_v = \dfrac{v_{B1}}{\overline{pb_1}}$ (m/s)/mm 作速度图

3) 求 v_{C3}：用速度影像法

$v_{C3} = \mu_v \overline{pc_3}$

$\because \dfrac{\overline{pc_3}}{DC} = \dfrac{\overline{pb_3}}{DB} \Rightarrow \overline{pc_3} = \dfrac{DC}{DB}\overline{pb_1}$

$\therefore v_{C3} = \dfrac{l_{CD}}{l_{BC}} v_B = \dfrac{l_{CD}}{l_{BC}} \cdot l_{AB}\omega_1$

思考题及练习题详解

3-1 在用矢量方程图解法分析机构的运动时,首先根据合成原理列出机构速度(加速度)的矢量方程,然后按方程选定比例尺作图。所作的图即称为速度(加速度)多边形。在速度(加速度)多边形中,由极点 P 向外放射的矢量,代表构件上相应点的绝对速度(加速度),而联接两绝对速度(加速度)终端的矢量,则代表构件上相应两点间的相对速度(加速度)。而相对加速度又可分为法向加速度和切向加速度。

3-2 将同一构件上各点间的相对速度(相对加速度)矢量构成的图形称为该构件图形的速度(加速度)影像。

当已知某构件上两点的速度或加速度时,该构件上其他任一点的速度或加速度便可利用速度或加速度影像原理来求解。

还应注意的是,速度影像和加速度影像原理只适合于构件,而不适合整个机构。

3-3 速度影像原理。

在速度多边形中,用由极点 p 向外放射的矢量代表构件上相应点的绝对速度,用连接两绝对速度矢端的矢量代表构件上相应两点的相对速度。

(a) 速度多边形如图 3-23(a) 所示。

(b) 首先根据三心定理确定构件 3 的绝对瞬心 P_{13},位于无穷远外,v_E 的方向应该与 $P_{13}E$ 垂直,从而确定 v_E 的方向如图 3-23(b) 所示。进而做出速度多边形如图 3-23(c) 所示。

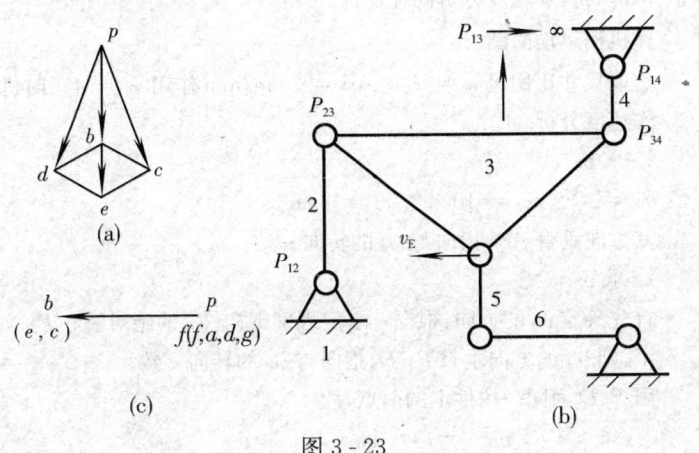

图 3-23

3-4 科氏加速度的存在条件及分析、计算。

a. (1) 图 3-24(a) 中 B 点存在科氏加速度,而图 3-24(b) 中不存在。

(2) 图(a)中科氏加速度为零时相应的机构位置图如图3-25所示。当曲柄 AB 处于 $AB^{(1)}$ 或 $AB^{(3)}$ 的位置时,因 $\omega_3 = 0$,则 $a^k_{B_2B_3} = 0$;当曲柄 AB 处于 $AB^{(2)}$ 或

$AB^{(4)}$ 的位置时,因 $v_{B2B3}=0$,故 $a_{B2B3}^k=0$。

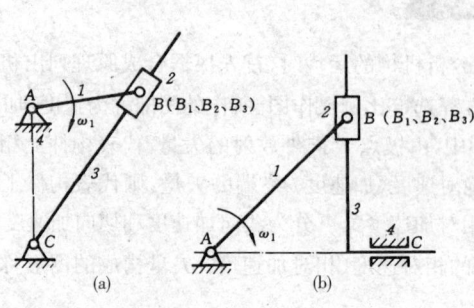

图 3-24

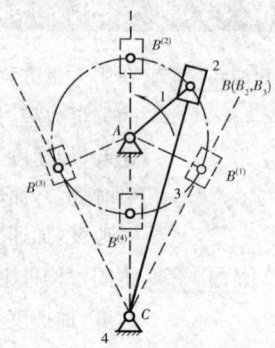

图 3-25

b.(1) 如果机构中存在具有转动的两构件组成的移动副时,则机构中存在科氏加速度;如果两构件组成的移动副作平动运动时,则因牵连角速度 $\omega_3=0$,故机构中不存在科氏加速度。

(2) 根据上一条,机构的任何位置科氏加速度为零。

(3) 对;因为构件 2 与 3 组成移动副。有 $\omega_2=\omega_3$, $a_{B2B3}^k=2\omega_3 v_{B2B3}$,所以有 $a_{B2B3}^k=2\omega_2 v_{B2B3}$。

3-5 知识点窍 图解法进行机构速度、加速度分析;速度、加速度影像原理。

逻辑推理 解题的关键在于根据已知条件确定运动分析的步骤、顺序,比如速度分析应依次为 v_B、v_D、v_E、ω_2,加速度分析同理进行。

解题过程 (1) 作机构运动简图。

选取尺寸比例尺 $\mu_l = l_{AB}/\overline{AB} = 2\text{mm/mm}$ 作用 $\varphi_1 = 45°$ 时机构运动简图。

(2) 作速度分析。

1) 求 v_B

$v_B = \omega_1 \times l_{AB} = 10 \times 0.03 = 0.3\text{m/s}$

其方向垂直 AB,指向与 ω_1 的转向一致。

2) 求 v_D

首先确定 v_D 的方向:根据三心定理确定构件 2 的绝对瞬心 P_{24} 如图 3-26(a)中所示,则 v_D 的方向垂直 $P_{24}D$,指向与 ω_1 的转向一致。

因 B、D 为同一构件上的两点,故

v_D = v_B + v_{DB}

方向: $\perp P_{24}D$ $\perp AB$ $\perp BD$

大小: ? √ ?

用图解法求解上式。

取点 p 作为速度图的极点,速度比例尺 $\mu_v = 0.01(\text{m/s})/\text{mm}$。

速度图如图 3-26(b) 所示。

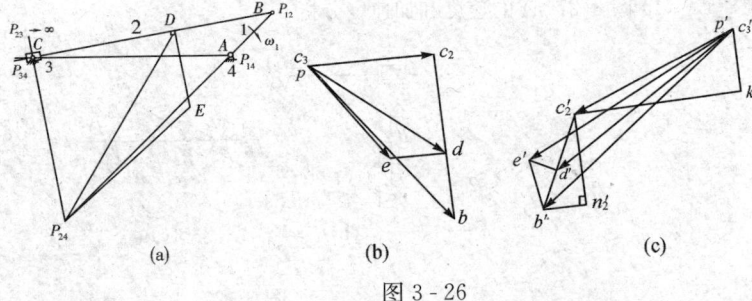

图 3-26

$v_D = \mu_v \times \overline{pd} = 0.01 \times 22.6 \text{m/s} = 0.226 \text{m/s}$

3) 求 v_E

由于点 B、D、E 同在构件 2 上，而 v_B、v_D 已知，故可利用速度影像求得 v_E。e 应位于过 d 点 bd 线的垂线上，又因为 pe 垂直与 $P_{24}E$，两直线相交，e 点位置可以确定。

$v_E = \mu_v \times \overline{pe} = 0.01 \times 17.3 \text{m/s} = 0.173 \text{m/s}$

4) 求 ω_2

$\omega_2 = v_{BD}/l_{BD} = \mu_v \times \overline{bd}/l_{BD} = (0.01 \times 10/0.05)\text{rad/s} = 2\text{rad/s}$

其方向为顺时针方向。

(3) 作加速度分析。

1) 求 a_B

$a_B = a_{BA}^n = \omega_1^2 l_{AB} = 10^2 \times 0.03 \text{m/s}^2 = 3\text{m/s}^2$

a_B 的方向由 B 指向 A。

2) 求 a_D

根据点 D 相对于点 B 的运动关系，可得

$\boldsymbol{a}_D = \boldsymbol{a}_B + \boldsymbol{a}_{DB} = \quad \boldsymbol{a}_B \quad + \quad \boldsymbol{a}_{DB}^n \quad + \quad \boldsymbol{a}_{DB}^t$

方向：　　$D \to P_{24}$　　$B \to A$　　$D \to B$　　$\perp BD$

大小：　　？　　　　　　√　　　　　$\omega_2^2 l_{BD}$　　？

取点 p' 为加速度图的极点，加速度比例尺 $\mu_a = 1(\text{m/s}^2)/\text{mm}$。

加速度图如图 3-26(c) 所示。

$a_D = \mu_a \overline{p'd'} = 2.63 \text{m/s}^2$

3) 求 a_E

与速度分析一样，可利用加速度影像得 a_E。

$a_E = \mu_a \overline{p'e'} = 0.5 \times 15.4 = 2.87 \text{m/s}^2$

4) 求 α_2

$\alpha_2 = a_{DB}^t/l_{DB} = 8.36 \text{rad/s}^2$

其方向为顺时针。

3-6 解题过程 （1）图 3-27(a)的速度和加速度分析

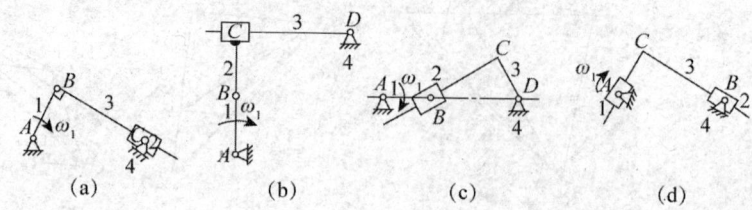

图 3-27

① 速度分析

a. 由图中可得

$$v_B = \omega_1 l_{AB}（垂直于 AB，指向与 \omega_1 一致）$$

b. 取 C 点处重合点 C_2、C_3 分别位于构件 2 和构件 3 上，构件 3 上 B 与 C_3 两点间运动关系为

$$\boldsymbol{v}_{C3} = \boldsymbol{v}_B + \boldsymbol{v}_{C3B}$$
方向： ⊥AB　　⊥BC
大小： √　　　 ?

c. 重合点 C_2、C_3 间运动关系为

$$\boldsymbol{v}_{C3} = \boldsymbol{v}_{C2} + \boldsymbol{v}_{C3C2}$$
方向：　　　　　　//BC
大小：　　 0　　　 ?

联立以上两式得

$$\boldsymbol{v}_{C3} = \boldsymbol{v}_B + \boldsymbol{v}_{C3B} = \boldsymbol{v}_{C2} + \boldsymbol{v}_{C3C2}$$
方向： ⊥AB　　⊥BC　　　　 //BC
大小： √　　　 ?　　　 0　　 ?

d. 如图 3-28(a1)所示，由图解法得

$$v_{C3} = v_B = \omega_1 l_{AB}（方向垂直于 AB，指向与 \omega_1 转向一致）$$

② 加速度分析

a. B 点加速度为

$$a_B = \omega_1^2 l_{AB}（方向由 B 指向 A）$$

b. 根据点 C_3 相对于点 B 的加速度关系可得

$$\boldsymbol{a}_{C3} = \boldsymbol{a}_B + \boldsymbol{a}_{C3B}^n + \boldsymbol{a}_{C3B}^t$$
方向：　 B→A　　C→B　　⊥BC
大小：　　 √　　　 0　　 ?

c. 由两构件重合点的加速度关系可得

$$\boldsymbol{a}_{C3} = \boldsymbol{a}_{C2} + \boldsymbol{a}_{C3C2}^k + \boldsymbol{a}_{C3B2}^r$$
方向：　　　　　　　　　　//BC
大小：　　 0　　　 0　　 ?

联立以上两式得

$$a_{C3} = a_B + a_{C3B}^n + a_{C3B}^r = a_{C2} + a_{C3C2}^k + a_{C3B2}^r$$

方向：　　　　$B \to A$　　$C \to B$　　$\perp BC$　　　　　　　　　$//BC$
大小：　　　　　√　　　　　0　　　　　?　　　　0　　　0　　　?

d. 如图 3-28(a2) 所示，由图解法得

$$a_{C3} = 0$$

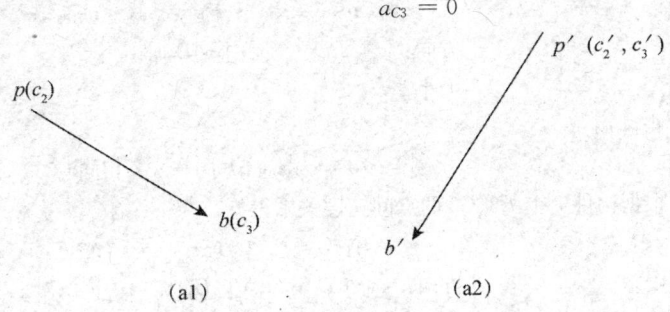

(a1)　　　　　　　　　　(a2)

图 3-28

(2) 图 3-27(b) 的速度和加速度分析

① 速度分析

a. 取构件 2 和构件 3 上重合点 B_2、B_3，由已知可得 B_2 速度为

$$v_{B2} = v_{B1} = \omega_1 l_{AB}（垂直于 AB，指向与 \omega_1 一致）$$

b. 由两构件重合点的速度关系得

$$v_{B3} = v_{B2} + v_{B3B2}$$

方向：　　$\perp BD$　　　$\perp AB$　　　$//CD$
大小：　　　?　　　　　　√　　　　　　?

c. 如图 3-28(b1) 所示，由图解法得：$v_{B3} = 0$，则有

$$v_{C3} = \omega_3 l_{CD} = 0$$

② 加速度分析

由 ① 得 $a_{C3} = \mu \overline{p'c_3'} = 0$，其加速度图如图 3-28(b2) 所示。

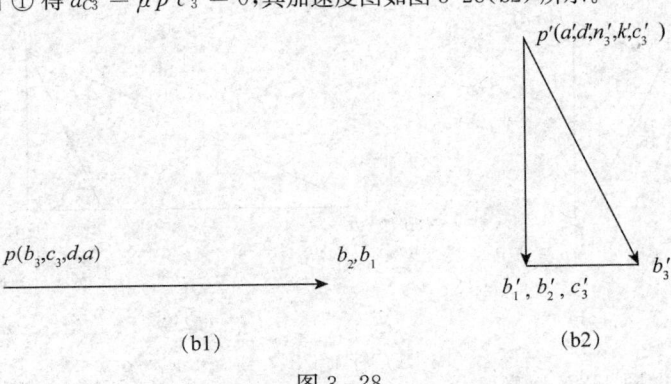

(b1)　　　　　　　　　　(b2)

图 3-28

(3) 图 3-27(c) 的速度和加速分析

① 速度分析

a. 取构件 2 和构件 3 上重合点 B_2、B_3，点 B_2 的速度为

$$v_{B2} = v_{B1} = \omega_1 l_{AB}（垂直于 AB，指向与 \omega_1 转向一致）$$

b. 由两构件重合点的速度关系得

$$\boldsymbol{v}_{B3} = \boldsymbol{v}_{B2} + \boldsymbol{v}_{B3B2}$$

方向：　　⊥ BD　　⊥ AB　　∥ BC

大小：　　　?　　　　√　　　　?

解得

$$v_{B3} = v_{B2} = \omega_1 l_{AB}（方向与 v_{B2} 相同）$$

c. 根据构件 3 上 B_3、C_3 两点间速度关系得

$$\boldsymbol{v}_{C3} = \boldsymbol{v}_{B3} + \boldsymbol{v}_{C3B3}$$

方向：　　⊥ CD　　⊥ BD　　⊥ BC

大小：　　　?　　　　√　　　　?

d. 如图 3-28(c1) 所示，由图解法得

$$v_{C3} = v_{B3} \times \frac{\overline{pc_3}}{\overline{pb_3}} = 0.47\omega_1 l_{AB}（垂直于 CD，逆时针方向）$$

② 加速度分析

a. 由以上分析可得

$$v_{C3B3} = v_{B3} \frac{\overline{c_3 b_3}}{\overline{pb_3}} = 0.89\omega_1 l_{AB}（方向垂直于 BC，逆时针方向）$$

则

$$\omega_3 = v_{C3B3}/l_{BC} = 0.89\omega_1 \frac{l_{AB}}{l_{BC}}（逆时针方向）$$

b. 取点 P' 为加速度图极点，作其加速度图，如图 3-28(c2) 所示。则

$$a_{C3} = a_{C3D}^n = \omega_3^2 l_{CD} = 0.79\omega_1^2 \frac{l_{AB}^2 l_{CD}}{l_{BC}^2}（方向由 C 指向 D）$$

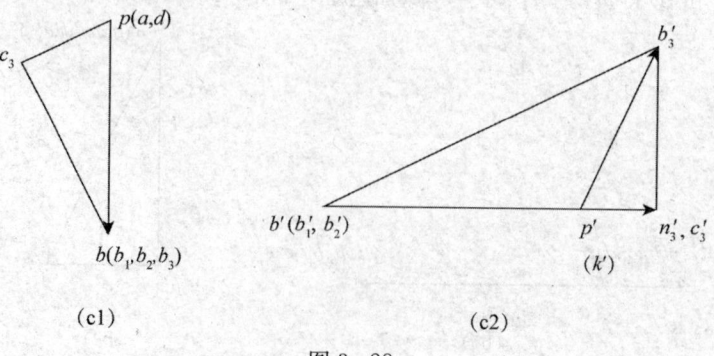

(c1)　　　　　　　　　　(c2)

图 3-28

(4) 图 3-27(d) 略。

3-7 知识点窍 图解法中两种情况的处理：同一构件上两点间的运动分析；两构件上重合点的运动分析。

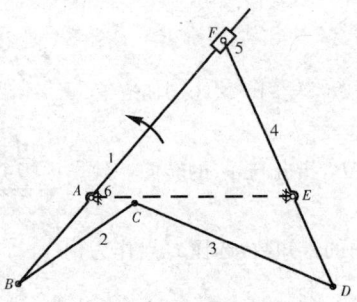

图 3-29

逻辑推理 解题的关键在于根据已知条件确定合理的运动分析的步骤、顺序。

解题过程 (1) 作机构运动简图。

选取尺寸比例尺 $\mu_l = l_{AB}/\overline{AB} = 1\text{mm/mm}$

作出 $\varphi_1 = 50°$ 时的机构运动简图,如图 3-29 所示。

(2) 速度分析。

选取 F 点,则有 $v_{F5} = v_{F1} + v_{F5F1}$

以 μ_v 作速度多边形如图 3-30 所示

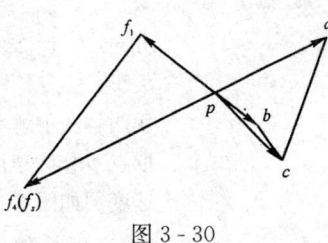

图 3-30

然后利用速度影像法可求得 b 及 d 点。

最后 $v_C = v_D + v_{CD} = v_B + v_{CB}$,继续作速度图,$\overline{PC}$ 取为 v_c。

(3) 加速度分析。

由 $a_{F4} = a_{F4}^n + a_{F4}^t = a_{F1} + a_{F5F1}^k + a_{F5F1}^r$

可以 μ_a 作加速度多边形如图 3-31 所示,得到 f'_4 点,再利用加速度影像法求得 b' 和 d' 两点。

再根据 $a_C = a_B + a_{CB}^n + a_{CB}^t = a_D + a_{CD}^n + a_{CD}^t$

继续作图,得到 $\overline{P'C'}$,即代表 a_C

$v_C = \mu_v \cdot \overline{PC} = 0.04 \times 17.14 \text{m/s} = 0.69 \text{m/s}$,方向如右图 $\overline{PC}$ 所示。

$a_C = \mu_a \cdot \overline{P'C'} = 3 \text{m/s}^2$,方向沿图示 $\overline{P'C'}$ 方向。

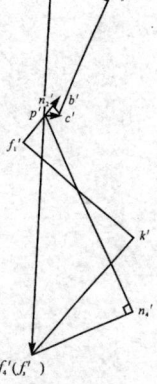

图 3-31

3-8 知识点窍 高副低代；用图解法处理两构件上重合点的运动分析。

逻辑推理 运动分析前,为简化起见,首先对高副机构进行高副低代；用图解法处理两构件上重合的运动分析时,注意合理选择重合点。

解题过程 (1) 为简化运动分析,首先对机构进行高副低代,选取尺寸比例尺 $\mu_l = l_{AB}/AB =$

1mm/mm,作出 $\varphi_1 = 90°$ 时的机构运动简图如图 3-32 所示。

(2) 作速度分析

1) 求 v_{B1}

$v_{B1} = \omega_1 \times l_{AB} = 10 \times 0.015 \text{m/s} = 0.15 \text{m/s}$

其方向垂直 AB,指向与 ω_1 的转向一致。

2) 求 v_{B2}

为减少方程中的未知数,选择 B 点作为构件 2、4 的重合点来

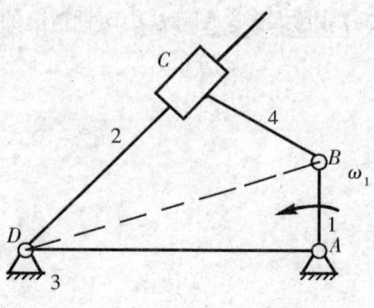

图 3-32

分析,而 $v_{B4} = v_{B1}$,所以

	v_{B4}	=	v_{B1}	=	v_{B2}	+	v_{B4B2}
方向:	$\perp AB$				$\perp BD$		$// CD$
大小:	√				?		?

用图解法求解上式。

取点 p 作为速度图的极点,速度比例尺 $\mu_v = 0.001 \text{(m/s)/mm}$。

速度图如图 3-33 所示。

$v_{B2} = \mu_v \times \overline{pb_2} = 0.001 \times 1.22 \text{m/s} = 0.12 \text{m/s}$

其方向垂直沿 pb_2 方向。

3) 求 ω_2

$\omega_2 = v_{B2}/l_{BD} = v_{B2}/(\mu_l \times \overline{BD})$

$= [0.12/(1 \times 0.052)] \text{rad/s} = 2.3 \text{rad/s}$

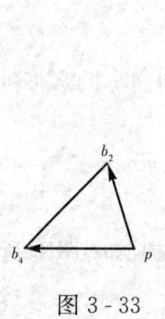

图 3-33   图 3-34

(3) 作加速度分析

求 a_{B4}, $a_{B4} = a_{B1} = a_{BA}^n = \omega_1^2 \times l_{AB} = 10^2 \times 0.015 \text{m/s}^2 = 1.5 \text{m/s}^2$

其方向由 B 指向 A。

1) 求 a_{B2}^t

| a_{B2} | = | a_{B4} | + | a_{B2B4}^k | + | a_{B2B4}^r | = | a_{B2D}^n | + | a_{B2D}^t |

方向：　　// AB　　⊥ CD　　// CD　　$B \to D$　　⊥ BD
大小：　　√　　$2\omega_2 v_{B2B4}$　　?　　$\omega_2^2 l_{BD}$　　?

取点 p' 为加速度图的极点,加速度比例尺 $\mu_a = 0.02 (\text{m/s}^2)/\text{mm}$。根据上式作图 3-34,可得

$a_{B2D}^n = \omega_2^2 l_{BD} = 0.286 \text{m/s}^2, a_{B2B4}^k = 2\omega_2 v_{B2B4} = 0.48 \text{m/s}^2$

2) 求 α_2

$\alpha_2 = a_{B2D}/l_{BD} = 9.27 \text{rad/s}^2$(顺时针)

3-9 [解题过程] 由理论力学知识可知,互作平面相对运动的两构件上瞬时速度相等的重合点即为此构件的速度瞬心。若速度瞬心处的绝对速度为零,则该瞬心称为绝对瞬心,否则称为相对瞬心。相同点：瞬时速度相等。不同点：绝对瞬心处绝对速度为零,相对瞬心处绝对速度不为零。

3-10 [解题过程] 所谓三心定理是指三个彼此作平面平行运动的构件的三个瞬心必位于同一直线上。对于不通过运动副直接相连的两构件间的瞬心位置,可借助三心定理来确定。

3-11 [知识点窍] 利用瞬心定义、三心定理确定瞬心的位置。

[解题过程] 各机构各瞬心位置及 E 点的速度方向如图 3-35 所示。

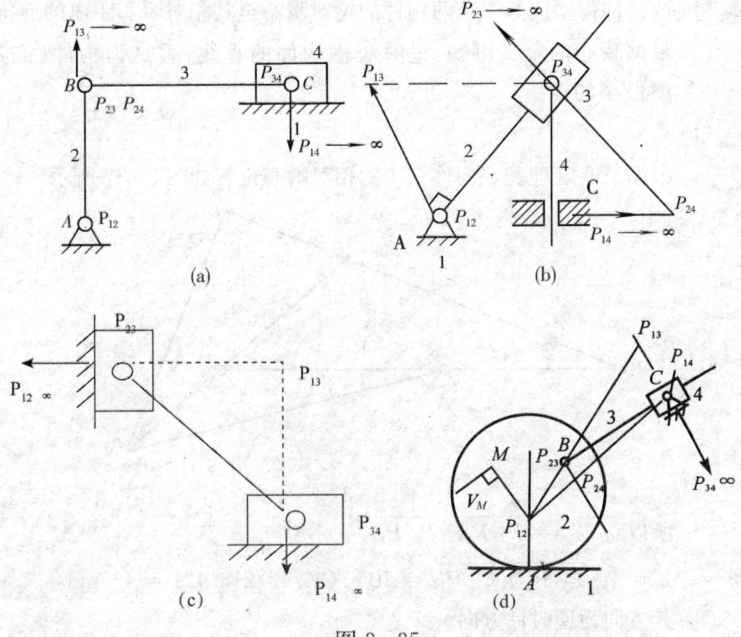

图 3-35

3-12 知识点拨 瞬心位置的确定；瞬心法进行机构的速度分析。

逻辑推理 该传动比等于该两构件的绝对瞬心至其相对瞬心距离的反比。因此，解题的关键在于确定齿轮 1、3 的绝对瞬心和相对瞬心。

解题过程 齿轮 1、3 的绝对瞬心分别为图 3-36 中 P_{16}、P_{36}；根据三心定理，过瞬心 P_{12}、P_{23} 的连线与过 P_{16}、P_{36} 的连线的交点 P_{13} 即为齿轮 1、3 的等速重合点，即相对瞬心。所以

$$\omega_1/\omega_3 = \overline{P_{13}P_{36}}/\overline{P_{13}P_{16}} = 66\text{mm}/119.5\text{mm} = 0.55$$

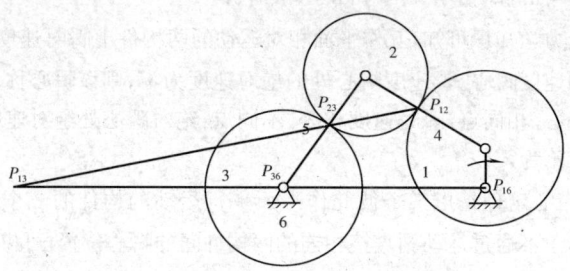

图 3-36

3-13 知识点拨 瞬心位置的确定；瞬心法进行机构的运动分析。

逻辑推理 (1) 两构件传动比等于该两构件的绝对瞬心至其相对瞬心距离的反比。

(2) 根据瞬心的定义可知，过瞬心做构件的垂线，垂足为构件（或延长线）上速度最小的点。

解题过程 (1) 求 v_C

根据三心定理确定构件 2、4 的相对瞬心位置如图 3-37 所示。

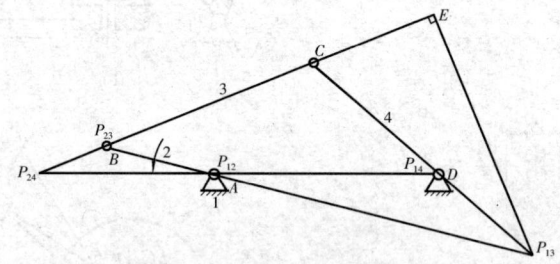

图 3-37

所以 $\omega_2/\omega_4 = \overline{P_{24}P_{14}}/\overline{P_{24}P_{12}}$

$\omega_4 = \omega_2 \overline{P_{24}P_{12}}/\overline{P_{24}P_{14}} = 10 \times (96.42/216.42) = 4.5\text{rad/s}$

其方向为逆时针方向。

$v_C = \omega_4 \times l_{CD} = 4.5 \times 0.09\text{m/s} = 0.4\text{m/s}$

其方向垂直 CD，指向与 ω_4 转向一致。

(2) 根据三心定理确定构件 1、3 的相对瞬心 P_{13} 位置如图 3-37 所示。由相对瞬心的定义可知构件 1、3 在此点等速，又因为 1 为机架，绝对速度为零，因此可将构件 3

视为绕此点的转动。过 P_{13} 做 BC 垂线,垂足为 E,即为构件 3 的 BC 线上速度最小的点。

下面求解 v_E:

先求 ω_3:$\omega_2/\omega_3 = \overline{P_{13}P_{23}}/\overline{P_{12}P_{23}}$

$\omega_3 = \omega_2 \dfrac{\overline{P_{12}P_{23}}}{\overline{P_{13}P_{23}}} = 10 \times (60/236.37) = 2.5\,\text{rad/s}$

其方向为逆时针方向。

再求 v_E:$v_E = \omega_3 \times \overline{P_{13}E} = 2.5 \times 0.142\,\text{m/s} = 0.36\,\text{m/s}$

其方向垂直 $P_{13}E$,指向与 ω_3 转向一致。

由(2) 的分析可知,当 CD 垂直 BC,即 C、E 重合时,$v_C = 0$。

因此,以 BC、CD 垂直时 BD 的长度为半径做圆,与以 AB 为半径的圆相交于 B_1、B_2 两点,如图 3-38 所示两个位置。分别连接 A、B_1、C、D 和 A、B_2、C、D 便得到 $v_C = 0$ 时机构两个位置。

由图中可测量 $\varphi_1 = 25.5°$,$\varphi_2 = 222°$。

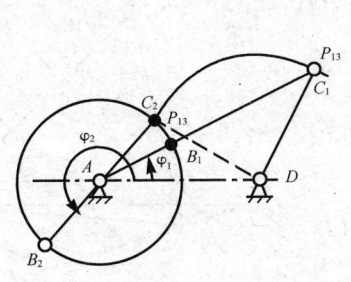

图 3-38

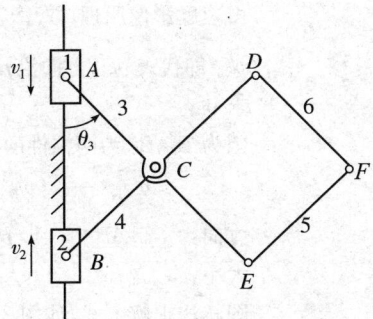

图 3-39

3-14 知识点窍 如图 3-39 所示,由运动合成原理可知,连杆 3 上 C 点的运动可认为是随基点 A 作平动与绕基点 A 作相对转动的合成。

解题过程 速度分析

$$v_C \quad = \quad v_A \quad + \quad v_{CA}$$

大小 ? v_1

方向 $\perp AB$ 竖直 $\perp AE$

当 $\theta_3 = 45°$ 时,速度分析如图 3-40 所示,由任意一点 P 作代表 v_A 的矢量 $\overline{Pb}$,再分别过 b 点和 P 点作代表 v_{CA} 的方向线 bc 和代表 v_C 的方向线 PC,两者交于 C 点。故 C 点的速度大小为 $v_C = v_A$,方向与 v_A 方向垂直。

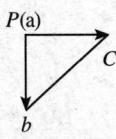

图 3-40

由已知 $l_{AC} = l_{BC} = l_{CD} = l_{CE} = l_{DF} = l_{EF} = 20\,\text{mm}$,结合平面几何知识可知,$F$ 点的速度大小是 C 点的 3 倍,方向与 C 点运动方向相同,则,$v_F = 3v_C$。

故 $v_F/v_1 = 4$

3-15 知识点拨 图解法对机构进行运动分析；变换原动件法。

逻辑推理 本题目要求采用图解法求解，采用变换原动件法较为简单。

解题过程 机构在 $\varphi_1 = 135°$ 时的位置（见图3-41所示）设 DE 杆为原动件，且取构件4的角速度 ω_4 以顺时针等速回转。

(1) 求 v_{D3}

$v_{D3} = v_{D4} = \omega_4 l_{DE}$，　其方向由 D 指向 E。

(2) 求 v_{C3}

因为 C_3、D_3 为同一构件两点，所以

v_{C3}　=　v_{D3}　+　v_{C3D3}

方向：　$// CF$　　$\perp DE$　　$\perp CD$

大小：　?　　　√　　　?

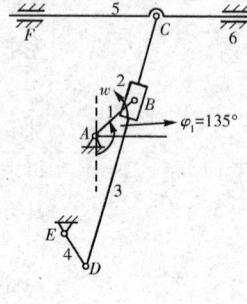

图 3-41

用图解法求解上式，如图3-42所示。

(3) 求 v_{B3}

由速度影像原理，取 $\overline{c_3 b_3} / \overline{c_3 d_3} = \overline{CB}/\overline{CD}$

$\overrightarrow{pb_3}$ 即代表 v_{B3}，方向沿 $\overrightarrow{pb_3}$。

(4) 求 v_{B2}

因为 B_2、B_3 为两构件的重合点，所以

v_{B2}　=　v_{B3}　+　v_{B2B3}

方向：　$\perp AB$　　$\overrightarrow{pb_3}$　　$// CD$

大小：　?　　　√　　　?

图解法求解上式，如图3-42所示。

$\overrightarrow{pb_2}$ 代表 v_{B2}。

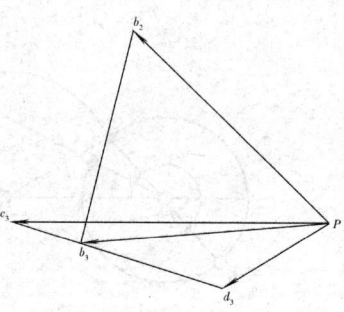

图 3-42

(5) 求 v_C，因为 $v_C = v_{C3}$，$v_{C3}/v_{B2} = \overline{pc_3}/\overline{pb_2} = 1.13$，

又 $v_{B2} = v_{B1} = \omega_1 l_{AB} = 5\text{rad/s} \times 200\text{mm} = 1\text{m/s}$

所以　$v_C = v_{C3} = 1.13 v_{B2} = 1.13 \times 1\text{m/s} = 1.13\text{m/s}$。

其方向平行于 CF。

3-16 解题过程 (1) 以 μ_l 为比例尺作机构运动简图，如图3-43所示。

(2) 速度分析

此机构可视为 123 和 345 两机构串联而成

所以：　$v_C = v_B + v_{CB}$

　　　　$v_E = v_C + v_{EC}$

以此作速度多边形如图3-44，则 $v_E = \mu_v \overline{Pe}\text{m/s}$

取齿轮3与齿轮4的啮合点为点 P，根据速度影像原理，

作 $\triangle dcp \backsim \triangle DCP$

然后分别以 c、e 为圆心，$\overline{cp}$、$\overline{ep}$ 为半径作圆，得到圆 g_3 和圆 g_4。

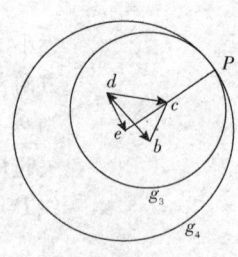

图 3-43

其中圆 g_3 代表齿轮 3 的速度影像,圆 g_4 代表齿轮 4 的速度影像。

3-17 [知识点窍] 综合法对机构进行运动分析。

[逻辑推理] 首先根据三心定理确定杆件的瞬心位置,从而确定杆件上点的运动速度的方向,进一步用图解法进行求解。

[解题过程] (1) 根据三心定理确定各瞬心位置,如图 3-44 所示。

(2) 求 v_D

因为 B_1、B_2 为两构件的重合点,所以有

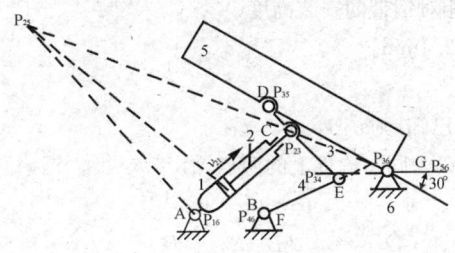

图 3-44

$$v_{B_2} = v_{B_1} + v_{B_2 B_1}$$

方向:$\perp P_{26}B \quad \perp AB \quad \parallel AB$

大小:? ? v_{21}

用图解法求解上式。

选取适当的 μ_v,作速度图如图 3-45 所示。

因为 B_2、C 为同一构件上两点,故有

$$v_C = v_{B_2} + v_{CB_2}$$

方向:$\perp P_{36}C \quad \perp P_{26}B \quad \perp BC$

大小:? $\mu_v \overline{pb_2}$?

因为 C、D 为同一构件上两点,故有

$$v_D = v_C + v_{DC}$$

方向:$\perp DG \quad \perp P_{36}C \quad \perp CD$

大小:? $\mu_v \overline{pc}$?

图解法求解。

$$v_D = \mu_v \overline{pd} = \frac{v_{B_2 B_1}}{\overline{b_1 b_2}} \overline{pd}$$

$$= (\overline{pd}/\overline{b_1 b_2}) v_{21} = 1.625 v_{21}$$

其方向沿 $\overrightarrow{pd}$。

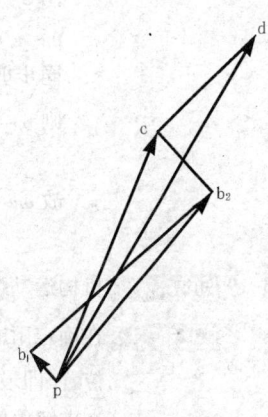

图 3-45

(3) 求 ω_5, $\omega_5 = v_D / l_{DG} = 1.625 v_{21}/l_{DG}$(顺时针)

3-18 知识点窍 机构运动特殊位置的确定；图解法对机构进行速度分析。

逻辑推理 首先根据剪切条件做出两切刀接触时的机构运动简图，然后用图解对机构进行速度分析，即可求解。

解题过程 (1) 确定安装高度 H

选取尺寸比例尺 $\mu_l = l_{AB}/AB = 10\text{mm/mm}$，根据剪切条件做出两切刀相接触即剪切完成时刻的机构运动简图，如图 3-46 所示。

则剪床相对钢带的安装高度 $H = 712.4\text{mm}$。

(2) 求 ω_1

假设 ω_1 已知，则 $v_B = \omega_1 \times l_{AB}$

因为 B、C 为同一构件上的两点，故

$$\boldsymbol{v}_C = \boldsymbol{v}_B + \boldsymbol{v}_{CB}$$

方向： $\perp CD$ $\quad \perp AB \quad \perp BC$

大小： ? $\quad \surd \quad$?

用图解法求解上式。

速度图如图 3-47 所示。

利用速度影像原理，做出 E 点的速度影像，如图 3-47 中 $\overline{pe}$。

$$v_B = v_E^n + v_E^t$$

同步剪切，即 $\boldsymbol{v}'_E = \boldsymbol{v}_5$

则 $v_B = v_5 \overline{pb}/\overline{e^t} = 0.5\text{m/s} \times 50\text{mm}/37.7\text{mm}$
$= 0.66\text{m/s}$

故 $\omega_1 = v_B/l_{AB} = (0.66\text{m/s})/(130\text{mm})$
$= 5.1\text{rad/s}$

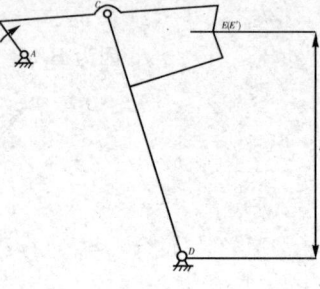

图 3-46

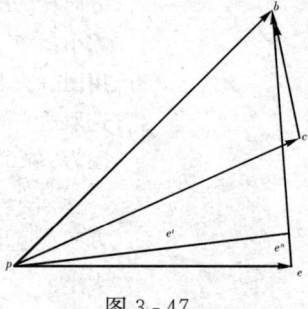

图 3-47

3-19 知识点窍 机构运动情况分析及极限位置确定；高副低代；图解法对机构进行运动分析。

逻辑推理 在确定雨刷的摆程角时，首先应明确当曲柄转角分别为 $0°$ 和 $180°$ 时雨刷处于极限位置，即最大摆程角位置，从而可求解。

在求解雨刷的角速度和角加速度时，首先对机构进行高副低代，然后正确选择两构件重合点，对问题进行求解。

解题过程 (1) 求雨刷的摆程角。

以 μ_l 作机构的运动简图，如图 3-48 所示分别作出曲柄 AB 在极限位置 AB_1 和 AB_2 时的位置，C_1、C_2 分别为两位置时齿条和齿轮分度圆切点，即接触点，所以可得雨刷摆程解

$$\theta = (\overline{B_2C_2} - \overline{B_1C_1})/r_3 = 159.4°$$

其中测得 $\overline{B_1C_1} = 37.23, \overline{B_2C_2} = 70.51\text{mm}$

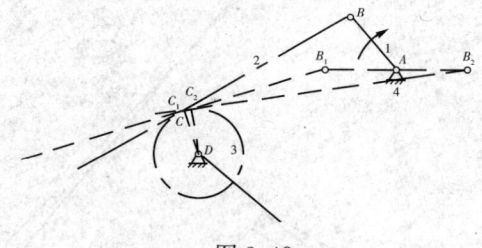

图 3-48

(2) 求雨刷的角速度。

高副低代得机构运动简图,如图 3-49 所示。

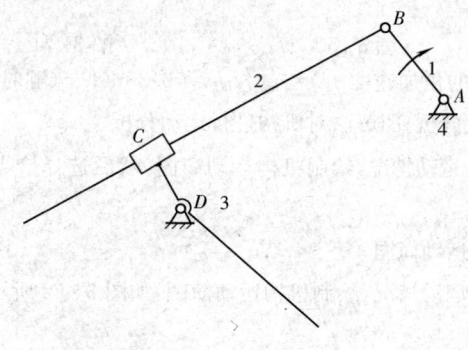

图 3-49

$$\boldsymbol{v}_{B3} = \boldsymbol{v}_{B2} + \boldsymbol{v}_{B3B2} = \boldsymbol{v}_{B1} + \boldsymbol{v}_{B3B2}$$

方向: $\perp BD$ $\perp AB$ $\parallel BC$
大小: ? v ?

其中 $v_{B2} = v_{B1}$ $v_{B2} = v_{B1} = \omega l_{AB} = 18\text{mm/s}$

选 $\mu_v = 1(\text{mm/s})/\text{mm}$ 作速度图,如图 3-50 所示。

$v_{B3} = u_v \overline{Pb_3} = 3.13\text{mm/s}$,方向为 $\overline{Pb_3}$。

所以,雨刷角速度

$$\omega_3 = v_{B3}/l_{BD} = v_{B3}/(u_l \overline{BD})$$
$$= 0.06\text{rad/s}(沿逆时针方向)$$

(3) 求雨刷的角加速度

$$\boldsymbol{a}_{b3} = \boldsymbol{a}_{B3}^n + \boldsymbol{a}_{B3}^t = \boldsymbol{a}_{B2} + \boldsymbol{a}_{B3B2}^k + \boldsymbol{a}_{B3B2}^r$$

方向: $B \to D$ $\perp BD$ $B \to A$ $D \to C$ $\parallel BC$
大小: $\omega_3^2 l_{BD}$? √ $2v_{B3B2}\omega_2$?

选取 $u_a = 0.1(\text{mm/s}^2)/\text{mm}$,作加速度图,如图 3-51 所示。

其中 $a_{B2} = \omega_r^2 l_{AB} = 0.018\text{m/s}^2, a_{B3} = \omega_3^2 l_{BD} = 0.00018\text{m/s}^2$

$a_{B2B3}^k = 2\omega_2 v_{B2B3} = 0.0021\text{m/s}^2$

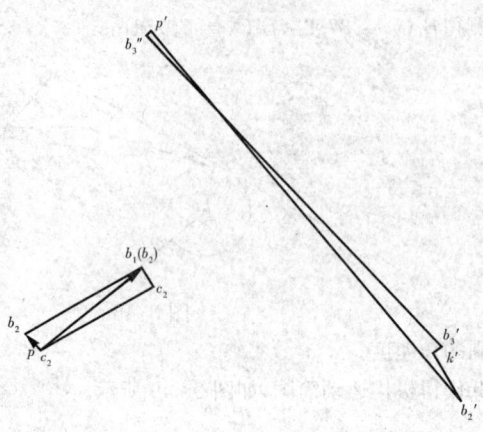

图 3-50 图 3-51

所以雨刷的角加速度 $\alpha_3 = a_{B3}/l_{BD} = 0.38 \text{rad/s}^2$（顺时针）

3-20 知识点窍 机构运动情况分析；图解法对机构进行运动分析。

逻辑推理 首先分析机构运动情况，绘制机构运动简图，然后选择恰当的点进行分析，用图解法对机构求解。

解题过程 (1) 绘制机构运动简图。

分析机构运动情况，绘制机构运动简图，如图 3-52 所示。

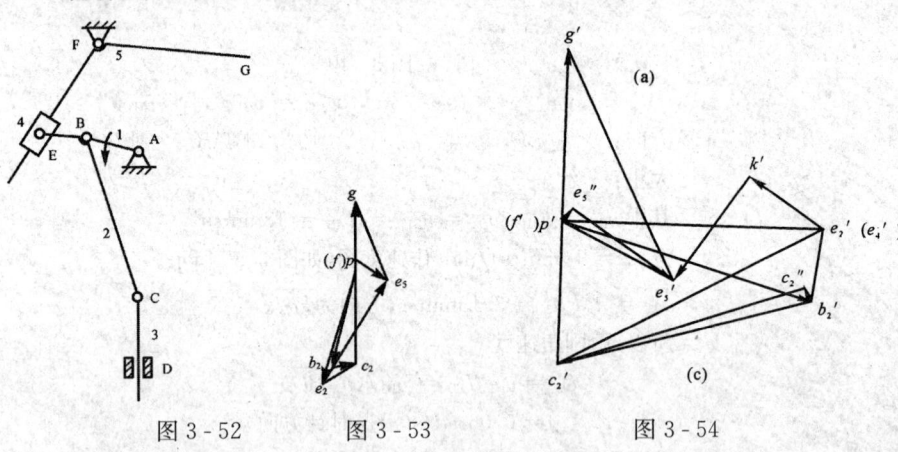

图 3-52　　　图 3-53　　　图 3-54

(2) 求针头的速度 v_G。

求 $v_B = \omega_1 l_{AB} = 5 \text{rad/s} \times 32 \text{mm} = 160 \text{mm/s}$

求 v_G，

因为 B、C 为同一构件上的两点，所以有

$$v_{C2} = v_{B2} + v_{C2B2}$$

方向：　∥CD　⊥AB　⊥BC

大小：　　?　　　√　　　?

取 p 点作为速度图 3-53 的极点,选取 $\mu_v = 10(\mathrm{mm/s})/\mathrm{mm}$,

$$v_{E5} + v_{E4} = v_{E5E4}$$

大小: ?   √   ?
方向: ⊥ EF   √   // EF

继续作图求得 v_{E5},再根据速度影像原理,求得 v_G。

$$v_G = \mu_v \overline{pg} = 87.5\,\mathrm{mm/s}$$

(3) 加速度分析:

$$a_{C2} = a_{B2}^n + a_{C2B2}^n + a_{C2B2}^t$$

大小: ? $\omega_1^2 l_{AB}$ $\omega_2^2 l_{BC}$?
方向: // AC   B→A   C→B   ⊥ BC

以 μ_a 作加速度多边形如图 3-54 所示,再利用加速度影像求得 e'_2,然后利用重合点 E 建立方程

$$a_{E5}^n + a_{E5}^t = a_{E4} + a_{E5E4}^k + a_{E5E4}^r$$

继续作图,则矢量 $\overrightarrow{p'd_5}$ 就代表了 a_{E5},再利用加速度影像求得 g'。

$$a_G = \mu_a \overline{p'g'} = 0.53\,\mathrm{m/s^2}$$

3-21 知识点窍 机构运动情况分析及极限位置的确定;综合法对机构进行运动分析。

逻辑推理 首先分析机构运动情况,找出运动的极限位置,从而求解最长行程和最短行程。然后运用综合法对机构进行速度分析和加速度分析。

解题过程 分析机构运动情况,绘制机构运动简图,$\mu_l = 5\,\mathrm{mm/mm}$,如图 3-55 所示。其中杆件 7 为调节螺杆,其长度可调,用虚线表示。

(1) 求发动机的最短行程和最长行程

求最短行程

绘制 $l_{DH} = 125\,\mathrm{mm}$ 时机构运动的极限位置图,如图 3-56 所示。发动机的最短行程 $l_{F_3F_4} = \mu_l \overline{F_3F_4} = 2.7\,\mathrm{mm}$。

求最长行程

绘制 $l_{DH} = 55\,\mathrm{mm}$ 时机构运动的极限位置图,如图 3-57 所示。发动机的最长行程 $l_{F_1F_2} = \mu_l \overline{F_1F_2} = 66.8\,\mathrm{mm}$

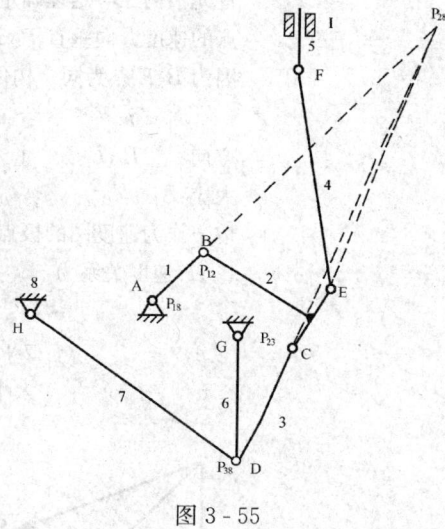

图 3-55

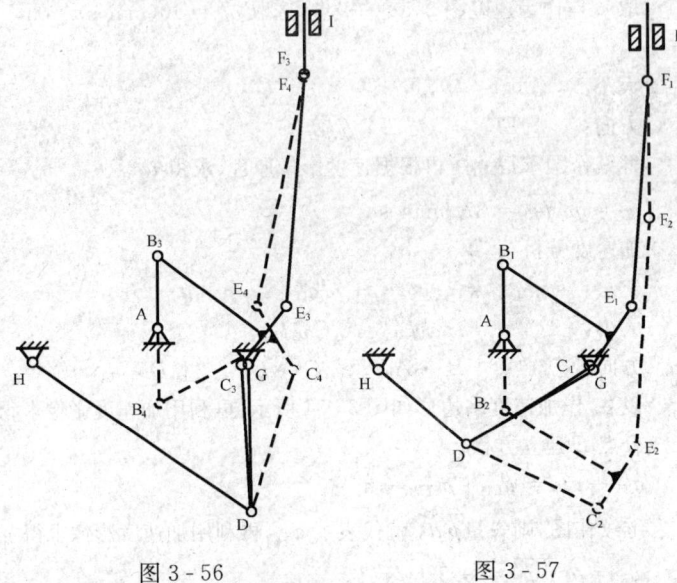

图 3-56   图 3-57

(2) 求 v_5

首先根据三心定理确定构件 2 和构件 8 的瞬心 P_{28},如图 3-55 所示,从而确定 E 点的速度方向垂直 $P_{28}E$。

因为 B、E 点为同一构件上的两点,故有

$$v_E \;=\; v_B \;+\; v_{EB}$$

方向: $\perp P_{28}E \quad \perp AB \quad \perp BE$

大小: $? \quad \omega_1 l_{AB} \quad ?$

取 p 作为速度图的极点,选择合适的比例 μ_v,作速度图如图 3-58 所示,构件 4 上 E_4、F 速度关系为

$$v \;=\; v_{E_4} \;+\; v_{FE_4}$$

方向: $//FI \quad \perp EP_{28} \quad \perp EF$

大小: $? \quad \checkmark \quad ?$

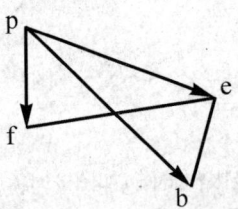

图 3-58

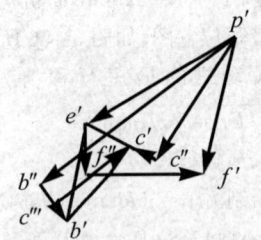

图 3-59

则活塞 5 的速度

$$v_F = \mu_v \overline{pf} = 2.5 \times 32.02 \text{mm/s} = 80.05 \text{mm/s}$$
$$v_5 = v_F = 80.05 \text{mm/s}, \text{其方向平行于} FI。$$

(3) 求 a_5
$$\omega_2 = v_{E2}/l_{P_{28}E} = (\mu_v \overline{pe_2})/(\mu_l \overline{P_{28}E}) = 1.1 \text{rad/s}$$

因为 B、$E2$ 点为同一构件上的两点,故有
$$a_{E2} = a_B + a_{EB}$$

有 $\quad a^n_{E2} \quad + \quad a^t_{E2} \quad = \quad a^n_B \quad + \quad a^t_B \quad + \quad a^n_{EB} \quad + \quad a^t_{EB}$

方向：$E \to P_{28} \quad \perp P_{28}E \quad B \to A \quad \perp AB \quad E \to B \quad \perp BE$

大小： $\checkmark \qquad ? \qquad \checkmark \qquad \checkmark \qquad \checkmark \qquad ?$

其中
$$a^n_{E2} = \omega_2^2 l_{EP_{28}} = 169.9 \text{mm/s}^2$$
$$a^n_B = \omega_1^2 l_{AB} = 875 \text{mm/s}^2$$
$$a^t_B = \alpha_1 l_{AB} = 175 \text{mm/s}^2$$
$$a^n_{EB} = \omega_2^2 l_{BE} = 78.65 \text{mm/s}^2$$

选 μ_a 作加速度图如图 3-59 所示。

又因为 E、F 点为同一构件上的两点,故有
$$a_F = a_E + a_{FE}$$

有 $\quad a_F \quad = \quad a^n_E \quad + \quad a^t_E \quad + \quad a^n_{FE} \quad + \quad a^t_{FE}$

方向：$\| FI \quad E \to P_{28} \quad \perp P_{28}E \quad F \to E \quad \perp EF$

大小： $? \qquad \checkmark \qquad \checkmark \qquad \omega_4^2 l_{EF} \qquad ?$

其中 $\omega_4 = \dfrac{v_{FE}}{l_{EF}} = (\mu_v \overline{fe})/l_{EF} = 1.31 \text{rad/s}$

用图解法求解,加速度图如图 3-59 所示。
$$a_F = \mu_a \overline{p'f'} = 176 \text{mm/s}^2$$
$$a_5 = a_F = 176 \text{mm/s}^2$$

其方向平行于 FI。

3-22 知识点窍 较复杂机构的速度分析和加速度分析。

逻辑推理 首先分析机构运动情况,绘制机构运动简图。然后依照合理顺序进行运动分析,注意选择恰当的点使过程尽量简单。

解题过程 分析机构运动情况,选取 $\mu_l = 10 \text{mm/mm}$,绘制机构运动简图,如图 3-60 所示。

(1) 速度分析

因为 B_1、B_2 为构件 1、2 的重合点,故有

$$v_{B_2} \quad = \quad v_{B_1} \quad + \quad v_{B_2B_1}$$

方向： $\perp BC \qquad \perp AB \qquad \| AB$

大小： $? \qquad ? \qquad v_{21}$

图解法求解上式,选取 $\mu_v = 1(\text{mm/s})/\text{mm}$,

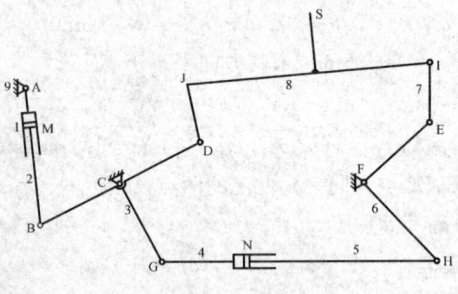

图 3 - 60

速度图如图 3 - 61 所示。

$v_{B_2} = \mu_v \overline{pb_2} = 1 \times 53.83 \text{mm/s} = 53.83 \text{mm/s}$

则 $\omega_3 = v_{B_2}/l_{BC} = 53.83/750 \text{rad/s} = 0.07 \text{rad/s}$ 因为 H_4、H_5 为构件 4、5 的重合点，故有：$v_{H_4} = v_{H_5} + v_{H_4H_5}$

又因 G、H_4 为同一构件上两点，有：$v_{H_4} = v_G + v_{H_4G}$

联立上两式有

$v_{H_4} \quad = \quad v_{H_5} \quad + \quad v_{H_4H_5} \quad = \quad v_G \quad + \quad v_{H_4G}$

方向： $\perp FH$ $\quad \parallel GH \quad$ $\perp CG$ $\quad \perp GH$

大小： ? $\quad v_{54} \quad$ $\omega_3 l_{CG}$ $\quad$?

图解法求解如图 3 - 61 所示。

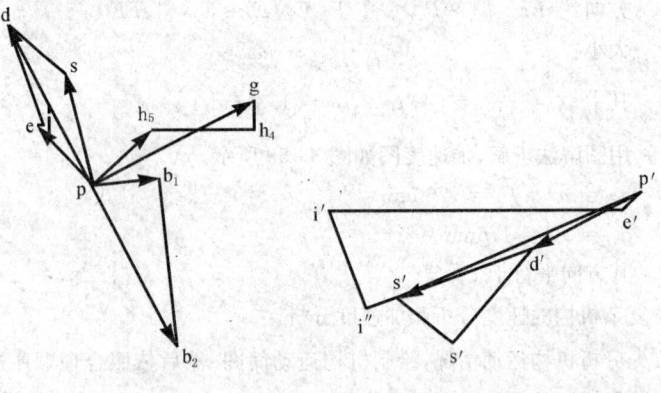

图 3 - 61 　　　　图 3 - 62

$v_{H_5} = \mu_v \overline{ph_5} = 1 \times 24.03 \text{mm/s} = 24.03 \text{mm/s}$

则 $\omega_6 = v_{H_5}/l_{FH} = 24.03/750 = 0.032 \text{rad/s}$

因为 D、I 和 I、E 分别为同一构件的两点，故有

$v_I \quad = \quad v_D \quad + \quad v_{ID} \quad = \quad v_E \quad + \quad v_{IE}$

方向： $\perp CD \quad \perp ID \quad \perp EF \quad \perp IE$

大小： $\omega_3 l_{CD}$ $\quad$? $\quad \omega_6 l_{EF} \quad$?

图解法求解如图 3 - 61 所示。

$$v_{ID} = \mu_v \overline{id} = 1 \times 31.77 \text{mm/s} = 31.77 \text{mm/s}$$

则 $\omega_8 = v_{ID}/l_{ID} = 31.77/200 = 0.159 \text{rad/s}$

因 S、D 为杆件 8 上两点，有

$$\boldsymbol{v}_S = \boldsymbol{v}_D + \boldsymbol{v}_{SD}$$

方向：　?　　　⊥ CD　　⊥ SD

大小：　?　　　$\omega_3 l_{CD}$　　$\omega_8 l_{SD}$

图解法求解得 $v_S = \mu_v \overline{ps} = 1 \times 42.3 = 42.3 \text{mm/s}$

其方向沿 $\overline{ps}$。

(2) 加速度分析。

$a_D = a_D^n = \omega_3^2 l_{CD} = 0.07^2 \times 750 \text{mm/s}^2 = 3.68 \text{mm/s}^2$

$a_E = a_E^n = \omega_6^2 l_{EF} = 0.032^2 \times 750 \text{mm/s} = 0.768 \text{mm/s}^2$

因 I、D 和 I、E 分别为同一构件上两点，故有

$$\boldsymbol{a}_I = \boldsymbol{a}_D^n + \boldsymbol{a}_{ID}^n + \boldsymbol{a}_{ID}^t = \boldsymbol{a}_E^n + \boldsymbol{a}_{IE}^n + \boldsymbol{a}_{IE}^t$$

方向：$D \to C$　　$I \to D$　　⊥ ID　　$E \to F$　　$I \to E$　　⊥ IE

大小：　√　　　√　　　?　　　√　　　√　　　?

图解法求解，加速度图如图 3-62 所示。

$\mu_a = 0.1 (\text{mm/s}^2)/\text{mm}$

$a_{ID}^t = \mu_a \overline{i'i''} = 0.1 \times 30 = 3 \text{mm/s}^2$

则 $\alpha_8 = a_{ID}^t/l_{ID} = 3/200 \text{rad/s} = 0.015 \text{rad/s}^2$

又 $\boldsymbol{a}_S = \boldsymbol{a}_D + \boldsymbol{a}_{SD}^n + \boldsymbol{a}_{SD}^t$

方向：　?　　　$D \to C$　　$S \to D$　　⊥ SD

大小：　?　　　√　　　$\omega_8^2 l_{SD}$　　$\alpha_8 l_{SD}$

图解法求解如图 3-62 所示。

$a_s = \mu_a \overline{p's'} = 0.1 \times 77.86 = 7.79 \text{mm/s}^2$

3-23 知识点窍　矢量解析法对机构进行运动分析。

逻辑推理　首先建立直角坐标系，写出位置矢量方程，然后将其对时间求导，进行速度分析和加速度分析。

解题过程　首先建立一直角坐标系，并标出各杆矢量及其方位角，如图 3-63 所示。

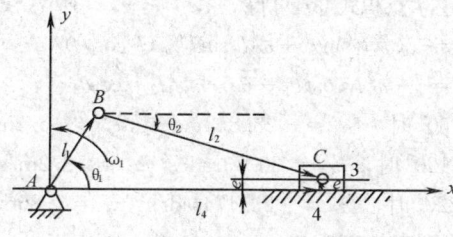

图 3-63

其中共有 2 个未知量 θ_2 和 l_4，利用封闭图形 $ABCDA$ 建立一个封闭矢量方程求解。

(1) 求 θ_2 和 l_4

由封闭图形 $ABCDA$ 可得：

$$l_1 + l_2 = l_4 + e \quad ①$$

分别用 l 和 l_j 点积式 ① 两端，有

$l_1\cos\theta_1 + l_2\cos\theta_2 = l_4$

$l_1\sin\theta_1 + l_2\sin\theta_2 = e$

联立上两式两得

$l_4 = [l_2^2 - (e - l_1\sin\theta_1)^2]^{1/2} + l_1\cos\theta_1$（舍去负值）

$\theta_2 = \arctan[(e - l_1\cos\theta_1)/(l_4 - l_1\cos\theta_1)]$

当 $\theta_1 = \varphi_1 = 60°$ 时，$l_4 = 344.6\text{mm}, \theta_2 = -3.9°$

θ_2 在第四象限。

当 $\theta_1 = \varphi_1 = 120°$ 时，$l_4 = 244.6\text{mm}, \theta_2 = 15.2°$

θ_2 在第一角限。

当 $\theta_1 = \varphi_1 = 220°$ 时，$l_4 = 208.2\text{mm}, \theta_2 = 20.5°$

θ_2 在第一象限。

(2) 速度分析

将式 ① 对时间取导数，有：$\dot{\theta}_1 l_1 e_1^t + \dot{\theta}_2 l_2 e_2^t = \dot{l}_4 l \quad ②$

分别用 e_2, J 点积式 ②，可得：$-\dot{\theta}_1 l_1 \sin(\theta_1 - \theta_2) = \dot{l}_4 \cos\theta_2$

$\dot{\theta}_1 l_1 \sin\theta_1 + \dot{\theta}_2 l_2 \sin\theta_2 = 0$

所以有：$\dot{l}_4 = v_3 = -[\omega_1 l_1 \sin(\theta_1 - \theta_2)]/\cos\theta_2$

$$\dot{\theta}_2 = \omega_2 = -\frac{l_1 \cos\theta_1}{l_2 \sin\theta_2}\omega_1$$

当 $\theta_1 = 60°, \theta_2 = -3.9°$ 时，$v_3 = -900.1\text{mm/s}, \omega_2 = 1.69\text{rad/s}$（顺时针）

当 $\theta_1 = 120°, \theta_2 = -15.2°$ 时，$v_3 = -1001.9\text{mm/s}$，$\omega_2 = 1.73\text{rad/s}$（逆时针）

③ 当 $\theta_1 = 220°, \theta_2 = 20.5°$ 时，$v_3 = 356.4\text{mm/s}, \omega_2 = 2.73\text{rad/s}$（逆时针）

(3) 加速度分析

将式 ② 对时间取导，可得

$\ddot{\theta}_1 l_1 e_1^t + \dot{\theta}_1^2 l_1 e_1^n + \ddot{\theta}_2 l_2 e_2^t + \dot{\theta}_2^2 l_2 e_2^n = \ddot{l}_4 i \quad ③$

分别用 e_2, j 点积式 ③，可得

$\ddot{\theta}_2 = \alpha_2 = -(\omega_1^2 l_1 \sin\theta_1 + \omega_2^2 l_2 \sin\theta_2)/(l_2 \cos\theta_2)$

$\ddot{l}_4 = a_3 = [-\omega_1^2 l_1 \cos(\theta_1 - \theta_2) + \omega_2^2 l_2]/\cos\theta_2$

当 $\theta_1 = 60°$ 时，$\alpha_2 = -28.842\text{rad/s}^2, a_3 = -5.25\text{m/s}^2$

当 $\theta_1 = 120°$ 时，$\alpha_2 = 30.73\text{rad/s}^2, a_3 = 1.72\text{m/s}^2$

当 $\theta = 220°$ 时，$\alpha_2 = -20.174\text{rad/s}^2, a_3 = 7.86\text{m/s}^2$

所求数据列表如表 3-1。

表 3-1

$\varphi_1(°)$	60	120	220
$\theta_2(°)$	349.125	349.125	18.316
$\omega_2/(rad/s)$	-1.679	1.679	2.690
$\alpha_2/(rad/s^2)$	-28.842	-28.842	20.174
$v_3/(m/s)$	-0.962	-0.770	0.389
$a_3/(m/s)$	-4.216	5.784	7.502

小结：注意矢量解析法的应用。关键在于位置矢量关系的求出，然后依次求导得速度和加速度的矢量关系。

3-24 **知识点窍** 解析法对机构进行运动分析。

逻辑推理 首先建立直角坐标系，列出位置矢量方程，然后将其对时间求导，进行速度分析和加速度分析。

解题过程 首先建立一直角坐标系，并标出各杆矢量及其方位角，如图 3-64 所示。

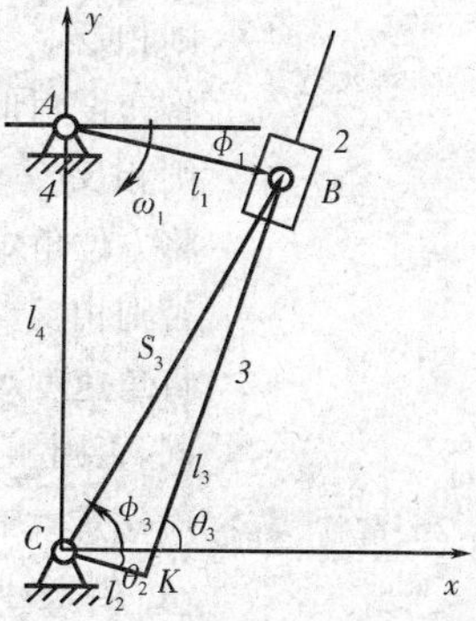

(1) 位置分析：机构矢量及方位角如图 3-64 所示。

$$\boldsymbol{l}_1 + \boldsymbol{l}_3 = \boldsymbol{l}_4 + \boldsymbol{l}_2 \qquad ①$$

分别向 x 轴，y 轴投影，得：

$$\left. \begin{array}{l} l_1\cos\varphi_1 + l_3\cos\theta_3 = l_2\cos\theta_2 \\ l_1\sin\varphi_1 + l_3\sin\theta_3 = l_4 + l_2\sin\theta_2 \end{array} \right\} \qquad ②$$

由此解得 $\theta_3 = \begin{cases} 90° + \theta_2\varphi_1 = 30° \\ \theta_2 - 290°\varphi_1 = 128 \end{cases}$

$$l_3 = \sqrt{l_1^2 + l_4^2 - 2l_1 l_4 \sin\varphi_1 - l_2^2} \qquad ③$$

由式 ② 可得：$l_3 \sin\theta_2 + l_2 \cos\theta_2 - l_1 \cos\varphi_1 = 0$

$$\tan\left(\frac{\theta_2}{2}\right) = \left(l_3 \pm \sqrt{l_3^2 + l_2^2 - l_1^2 \cos^2\varphi_1}\right)/(l_2 + l_1\cos\varphi_1) \qquad ④$$

图 3-64

(2) 速度分析：

式 ① 对时间 t 求一次导，得：$l_1\omega_1 \boldsymbol{e}_1^t + \dot{l}_3 \boldsymbol{e}_3 + l_3\dot{\theta}_3 \boldsymbol{e}_3^t = l_2\dot{\theta}_2 \boldsymbol{e}_2^t \qquad ⑤$

用 $\boldsymbol{e}_3^t$ 点积式 ⑤，求得：$\omega_3 = -l_1\omega_1\cos(\theta_3 - \varphi_1)/l_3 \qquad ⑥$

用 $\boldsymbol{e}_3$ 点积式 ⑤，消去 $\dot{\theta}_3$，$\dot{l}_3 = l_1\omega_1\sin(\varphi_1 - \theta_3) - l_2\dot{\theta}_2\sin(\theta_2 - \theta_3) \qquad ⑦$

(3) 加速度分析：将式 ⑤ 对时间 t 求一次导，得

$$l_1\omega_1^2 \boldsymbol{e}_1^n + \ddot{l}_3 \boldsymbol{e}_3 + 2\dot{l}_3\dot{\theta}_3 \boldsymbol{e}_3^t + l_3\ddot{\theta}_3 \boldsymbol{e}_3^t + l_3\dot{\theta}_3^2 \boldsymbol{e}_3^n = l_2\ddot{\theta}_2 \boldsymbol{e}_2^t + l_2\dot{\theta}_2^2 \boldsymbol{e}_2^n \qquad ⑧$$

用 $\boldsymbol{e}_3^t$ 点积式 ⑧，求得

$$\alpha_3 = [l_2\ddot{\theta}_2\sin(\theta_3 - \theta_2) - 2\dot{l}_3\dot{\theta}_3 - l_1\omega_1^2\sin(\theta_3 - \varphi_1)]/l_3 \qquad ⑨$$

所求数据列表如表 3-2 所示。

表 3-2

$\varphi_1/(°)$	30°	120°
$\theta_2/(°)$	16.164	316.397
$\omega_3/(\text{rad/s})$	−1.415	−2.413
$\alpha_3/(\text{rad/s}^2)$	−74.188	127.543

3-25 解题过程 在用解析法作运动分析时，根据方位角正弦值分子及分母的正负情况来判断各杆的方位角所在象限。

将杆矢量对时间求导得到速度，若值为正，表示速度方向与杆矢量方向相同，否则相反。

将速度对时间求导得到加速度，若值为正，表示加速度方向与速度方向相同，否则相反。

将方位角对时间求导得到角速度，若值为正，表示角速度方向与方位角方向相同，否则相反。

将角速度对时间求导得到角加速度，若值为正，表示角加速度方向与角速度方向相同，否则相反。

3-26 解题过程 应注意以下方面的问题：

(1) 合理建立直角坐标系，使位置方程尽量简单；

(2) 正确区分已知参数，未知参数；

(3) 保证求导过程的正确。

第四章
平面机构的力分析

学习要求

1. 了解机构中作用的各种力的分类及机构分析的任务、目的和方法。
2. 了解构件惯性力确定的两种方法,即一般力学法和质量代换法。
3. 会分析运动副(移运副和转动副)中的摩擦力,并了解考虑摩擦时机构的受力分析。
4. 了解构件组的静定条件,在不考虑机构摩擦时,会用图解法和解析法作机构的动态静力分析。

重难点提示

本章重点:转动副和移动副中摩擦的概念、摩擦力或摩擦力矩的计算以及运动副中总反力作用线的确定。

本章难点:平面机构中总反力作用线的确定,考虑摩擦时机构的受力分析。

内容提要

1 作用在机械上的力

(1) 驱动力　　驱动机械运动的力称为驱动力。驱动力与其作用点的速度方向相同或成锐角,其所作的功为正功,称为驱动功或输入功。

(2) 阻抗力　　阻止机械运动的力称为阻抗力。阻抗力与其作用点的速度方向相反或成钝角,其所作的功为负功,称为阻抗功。阻抗力又可分为两种
① 有效阻力,即工作阻力。克服有效阻力所完成的功称有效功或输出功。
② 有害阻力。克服这类阻力所作的功是一种纯粹的浪费,故称为损失功。

2 机构力分析的方法

(1) 静力分析是在不计惯性力条件下,对机械进行的力分析。此方法只适用于低速机械。
(2) 动态静力分析是将惯性力视为一般外力加于相应构件上,再按静力分析的方法进行分析的

力分析方法。

机构的动态静力分析步骤是：

① 计算各构件的惯性力；

② 确定机构动态静力学分析中的起始构件，并进行拆杆组；

③ 从离开起始构件最远的杆组进行力的计算，最后再推算到起始构件；

④ 对机构的一系列位置进行动态静力计算，求出各运动副中的反力和平衡力的变化规律。如需考虑运动副中摩擦，可在上述力分析的基础上加入摩擦力后多次计算而得，此法称逐步逼近法。

3 质量代换法

(1) 质量代换法：设想把物体的质量，按一定条件用集中于构件上某几个选定点的假想集中质量来代替的方法叫质量代换法。假想的集中的质量称为代换质量，代换质量所在的位置称为代换点。

(2) 为使构件在质量代换前后，构件的惯性力和惯性力偶矩保持不变应满足三个条件：

① 代换前后构件的质量不变；

② 代换前后构件的质心位置不变；

③ 代换前后构件对质心轴的转动惯量不变。

即满足 $\begin{cases} k = J_{s2}/(m_2 b) \\ m_B = m_2 k/(b+k) \\ m_K = m_2 b(b+k) \end{cases}$

同时满足三个公式的称为动代换。通常只满足前两个公式称为静代换。

4 运动副中的摩擦

表 4-1

运动副	接触方式	摩擦＜摩擦力矩＞		当量摩擦系数	参数说明
移动副	平面接触	$F_{f21} = fF_{N21}$		$f_v = f$	F_{f21} 摩擦力，F_{N21} 法向反力；f 摩擦系数
	槽面接触	$F_{f21} = fF_{N21} = f_v G$		$f_v = f/\sin\theta$	G 外载荷；θ 槽形半角
	圆柱面接触	$F_{f21} = f_v G$		$f_v = kf$	N'_{21} 沿全接触面各法向反力的数量总和；k 与接触面接触有关的系数 $k = 1 \sim \dfrac{\pi}{2}$
	矩形螺纹螺旋副	拧紧 $M = Gd_2 \dfrac{\tan(\alpha+\varphi)}{2}$		$f_v = f$	G 轴向载荷；d_2 螺纹半径；α 螺纹中径 d_2 上的螺纹升角；φ 摩擦角 $\tan\varphi = f$
		放松 $M' = Gd_2 \dfrac{\tan(\alpha-\varphi)}{2}$			
	三角形螺纹螺旋副	拧紧 $M = Gd_2 \dfrac{\tan(\alpha+\varphi_v)}{2}$		$f_v = f/\cos\beta$	φ_v 当量摩擦角 $\varphi_v = \arctan f_v$；β 螺纹牙型半角
		放松 $M' = Gd_2 \dfrac{\tan(\alpha-\varphi_v)}{2}$			
转动副	轴颈	$M_f = f_v Gr = F_{R21}\rho$		$f_v \approx (1-\dfrac{\pi}{2})f$	ρ 摩擦圆半径 $\rho = f_v r$；F_{R21} 转动副总反力 $F_{R21} = \overline{F_{f21}} + \overline{F_{N21}}$
	轴端	新轴端 $M_f = \dfrac{2}{3}fG\dfrac{(R^3-r^3)}{(R^2-r^2)}$		$f_v = f$	R 轴端摩擦面外径；r 轴端摩擦面内径
		跑合轴端 $M_f = fG\dfrac{(R+r)}{2}$			

5 不考虑摩擦时机构的力的分析

(1) 构件组的静定条件

构件组静定的条件为：

$$3n = 2p_l + p_h$$

式中，n 为构件个数，p_l 为低副个数，p_n 为高副个数。

(2) 用图解法作机构的动态静力分析

用图解法作机构动态静力分析的步骤为：

① 对机构作运动分析以确定在所要求位置时各机构的角加速度和质心加速度。

② 求出各构件的惯性力，并把惯性力视为加于构件上的外力。

③ 根据各基本杆组列出一系列力平衡矢量方程。

④ 选取力比例尺 μ_f 作图求解。

(3) 用解析法作机构的动态静力分析

机构力分析的解析方法很多，其共同点都是根据力平衡条件列出各力之间的关系式后再求解。常用的方法有复习数矢量法和矩阵法。

6 考虑摩擦时机构的受力分析

机构受力分析常分为以下三种：

① 考虑运动副中的摩擦，而不计惯性力；

② 不考虑摩擦及构件惯性力；

③ 二者均考虑在内。

我们重点了解前两种情况，第三种情况要综合前两种来处理。

典型例题分析

例 4.1 图 4-1 所示摇块机构中，已知曲柄的角度 $\angle ABC = 90°$，曲柄的长度 $l_{AC} = 200\text{mm}$，$l_{AB} = 100\text{mm}$，$l_{BS_2} = 86\text{mm}$，连杆的质量 $m_2 = 2\text{kg}$，连杆对过其质心轴的转动惯量 $J_{S_2} = 0.0074\text{kg} \cdot \text{m}^2$，曲柄等角速度转动 $\omega_1 = 40\text{rad/s}$。求连杆的总惯性力及其作用线。

知识点窍 连杆的惯性力。

逻辑推理 首先作运动分析，画速度、加速度矢量多边形。因连杆 2 与滑块 3 在 C 处形成移动副，有相对移动，并且牵连运动为转动，所以存在科氏加速度。总惯性力是由连杆上的惯性力 F_2 和惯性力偶矩 M 合成的，其大小和方向应与通过质点的 F_2 相同，两者相距 h_2，$h_2 = M_2/F_2 (\text{m})$，同时，其方向必须使其对心 S_2 的力矩与惯性力矩 M_2 的方向一致。

解题过程 (1) $v_B = \omega_1 l_{AB} = 4\text{ms}^{-1}$

	v_{C2}	=	v_B	+	v_{C2B}	=	v_{C3}	+	v_{C2C3}
大小			4ms^{-1}		0		0		?
方向			$\perp AB$						$// CB$

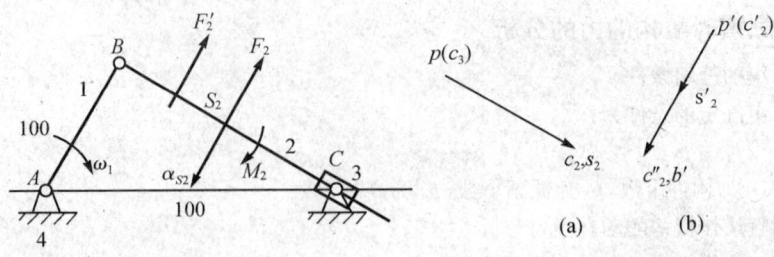

图 4-1　　　　　　　图 4-2

取 $\mu_v = 0.2\text{m·s}^{-1}/\text{mm}$，作速度图如图 4-2(a)示，得

$\omega_2 = \omega_3 = v_{C_2B}/l_{C_2B} = 0$

(2)　　$a_B = \omega_1^2 l_{AB} = 160\text{ms}^{-2}$

$a_{C_2} = a_B + a_{C_2B}^n + a_{C_2B}^t = a_{C_3} + a_{C_2C_3}^k + a_{C_2C_3}^r$

大小　160m/s^2　$\omega_2^2 l_{BC} = 0$　?　0　$2\omega_3 v_{C_2C_3} = 0$　?

方向　$B \to A$　$C_2 \to B$　$\perp BC$　　$\perp BC$　$// BC$

其中 $a_{C_2B}^n = \omega_2^2 l_{C_2B} = 0, a_{C_2} = 0, a_{C_2C_3}^k = 2\omega_3 v_{C_2C_3} = 0$。

取 $\mu_a = 8\text{m·s}^{-2}/\text{mm}$ 作加速度图如图 4-2(b)示，得

$a_{S_2} = \mu_a \overline{p's'_2} = 80\text{m/s}^2$

$a_{C_2B}^t = \mu_a \overline{c''_2c'_2} \approx 100\text{m/s}^2$

$\alpha = a_{C_2B}^t / l_{C_2B} = 160/\sqrt{l_{AC}^2 - l_{AB}^2} = 923.76\text{rad/s}^2$　逆时针方向

(3)　$F_2 = -m_2 a_{S_2} = -160\text{N}$　方向如图 4-1 所示

$M_2 = -J_{S_2}\alpha = -6.836\text{N·m}$　顺时针方向

$h_2 = M_2/F_2 = 0.0424\text{m}$

故连杆的总惯性力 $F'_2 = 160\text{N}$，作用在 S_2B 之间距 S_2 点 42.4mm 处，垂直于 BC，方向向上。

例 4.2　图 4-3(a) 所示为曲柄滑块机构。曲柄 1 上作用着驱动力矩 M_d，已知机构的尺寸、摩擦角 φ 及转动副 A、B、C 处虚线所示的摩擦圆。若不计各构件的重力和惯性力，试求机构处于图示位置时，滑块能克服的工作阻力 Q。

解题过程　(1) 曲柄 1 在驱动力矩 M_d 的作用下作逆时针转动，$\omega_1 = \omega_{14}$，夹角 α 将逐渐增大；其曲柄 1 与连杆 2 的夹角 β 将减小；而连杆 2 与机架的 4 的夹角 γ 将增大；滑块 3 向左运动。

(2) 连杆 2 为二力杆，只受力 F_{12} 与 F_{32}，其连杆 2 为受力杆。若不考虑转动副摩擦，这两个另应在 BC 中心的连线上。若考虑转动副摩擦时，F_{12} 与 F_{32} 应分别与转动副 B、C 处的摩擦圆相切，且两个力在同一条直线上。F_{12} 与 F_{32} 产生的摩擦力矩方向应分别与 ω_{21}、ω_{23} 的方向相反。

1) 确定 F_{12} 在转动副 B 处的方向。由于连杆 2 与曲柄的 1 夹角 β 逐渐减小，故连杆 2 相对曲柄 1 的角速度 ω_{21} 应为顺时针方向；F_{12} 为拉力，则 F_{12} 的大致方向应向左上

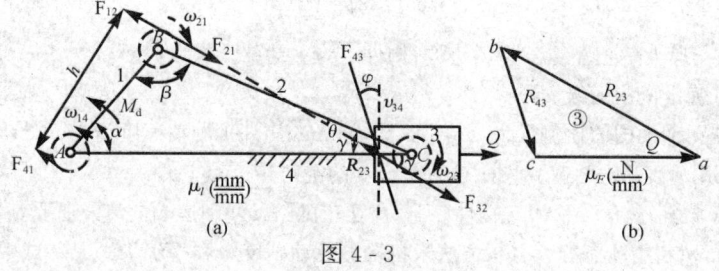

图 4-3

方且切于转动副 B 处摩擦圆的上方。

2) 确定 F_{32} 在转动副 C 处的方向。在 M_d 驱动下,连杆 2 与滑块 3 及其导路的夹角 γ 逐渐增大,故连杆 2 相对于滑块 3 的角速度 ω_{23} 应为顺时针方向;F_{32} 为拉力,它切于摩擦圆并且由此产生的摩擦力矩阻止 ω_{23} 的运动,因此 F_{32} 的方向应向右下方且切于转动副 C 处摩擦圆的下方。F_{12}、F_{32} 为一对大小相等,方向相反,作用于同一直线的两个力,因此,它们的作用线是转动副 B、C 处摩擦圆的一条内公切线。这样,就准确地确定了 F_{12}、F_{32} 的作用方向。

(3) 因曲柄 1 与机架 4 之间的夹角 α 在 M_d 的作用下逐步增加,故曲柄 1 相对机架 4 的角速度 ω_{41} 为逆时针方向,机架 4 对曲柄 1 的作用 F_{41} 应切于转动副 A 点的摩擦圆,并且由此产生的摩擦力矩阻止 ω_{41} 的变化。F_{41} 和 F_{21} 的大小相等,方向相反,二力相互平行所形成力偶的大小正好等于驱动力矩的大小,但方向相反。由于力臂 $H = \mu_l h$,可得 $HF_{21} = M_d$,故 $F_{21} = M_d/H$。

(4) 滑块 3 受三个力,三个力应交汇于一点,其合力为零,矢量方程为
$$F_{23} + F_{43} + Q = 0$$
滑块 3 相对于机架 4 向左运动,F_{43} 将阻止 v_{34} 的运动,与相对速度 v_{34} 形成 $90° + \varphi$ 的钝角,且方向向右下方,又因为三个力构成封闭的矢量三角形,所以可得滑块 3 上的工作阻力 $Q = \mu_F \overline{ca}$。

例 4.3 (国防科技大学) 如图 4-4 所示为一机床的矩形—V 形导轨副。拖板 1 与导轨 2 组成复合移动副。已知拖板 1 的运动方向垂直纸面,重心在 S 处,几何尺寸如图所示,各接触面的滑动摩擦系数 $f = 0.1$。试求该导轨副的当量摩擦系数 f_v。

解题过程 设拖板所受的总负荷为 Q,将 Q 分解成作用在两导轨上的力,即 $Q_1 = Q_2 = Q/2$。各导轨所受的摩擦力分别为:
$$F_1 = fQ_1 = fQ/2$$
$$F_2 = f_{v0}Q_2 = fQ/(2\sin 45°)$$
拖板所受的总摩擦力为:
$$F = F_1 + F_2 = (1 + 1/\sin 45°)fQ/2$$
该导轨副的当量摩擦系数为:

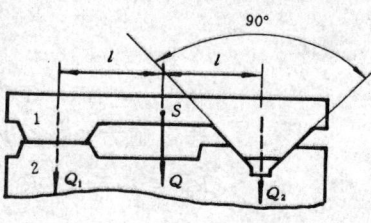

图 4-4

$$f_v = F/Q = (1 + 1/\sin 45°)f/2 = 0.121$$

例 4.4 （西南交通大学）图 4-5 所示机构，构件 1 为主动件。
(1) 试确定机构的级别；
(2) 若图示机构的比例尺为 $\mu_l = 0.002\text{m/mm}$，构件 1 的角速度为 10rad/s 顺时针方向转动。试用速度瞬心法确定图示位置构件 3 的绝对转速 ω_3；
(3) 若平衡力矩 T_0 作用于构件 5 上，且已知机构尺寸和运动变量及所受其他外力（图上未画出），拟利用动态静力分析方法求机构的运动副反力和平衡力矩 T_0。试拆出机构中所包含的静定杆组。

知识点窍 瞬心法，虚位移原理，静定杆的受力。

逻辑推理 (1) 利用瞬心法求构件 3 的角速度，需要确定瞬心 P_{13}，这是一个平面低副六杆机构，其瞬心数 $N = \dfrac{6(6-5)}{2} = 15$；求平衡力矩可通过瞬心 P_{15} 利用虚位移原理求出。

(2) 基本杆组均为静定杆组，其各构件处于平稳状态，可列出平衡方程，用力矢量方程，图解法求解。当外运动副总反方向未知时，可先将其分解为 R^t 和 R^n。

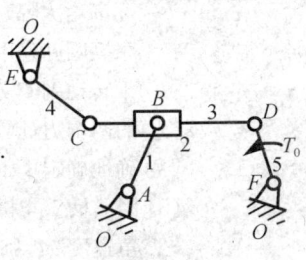

图 4-5

解题过程 (1) 构件 4、3、2、5 组成一个 Ⅲ 级杆组，该机构为 Ⅲ 级机构，拆出静定杆组如图 4-6(a) 所示。

(2) 瞬心 P_{04} 在 E 点，P_{34} 在 C 点，P_{01} 在 A 点，P_{12} 在 B 点，P_{23} 在过 B 点的 CD 垂线上，P_{35} 在 D 点，P_{50} 在 F 点。$\overline{P_{04}P_{34}}$ 与 $\overline{P_{35}P_{50}}$ 延长线交点为 P_{30}，$\overline{P_{01}P_{30}}$ 与 $\overline{P_{12}P_{23}}$ 交点为 P_{13}；$\overline{P_{35}P_{13}}$、$\overline{P_{01}P_{50}}$ 交点为 P_{15}，如图 4-6(b) 所示。

$$\omega_1 l_{\overline{P_{01}P_{13}}} = \omega_3 l_{\overline{P_{30}P_{13}}} \qquad \omega_3 = \omega_1 l_{\overline{P_{01}P_{13}}} / l_{\overline{P_{30}P_{13}}} \approx 1.63\text{rad/s}$$

(3) 以静定杆组 4、3、2、5 为分离体，三个外副反力中 R_{04} 沿 EC 向（杆 4 为二力杆，受拉）$R_{05} \perp DF$，$R_{12} \perp BA$，方向如图 4-6(c) 所示。$R_{12} = \dfrac{T_1}{l_{AB}}$，$T_1$ 为驱动力矩，方向为顺时针方向。

$$\mathbf{R}_{12} + \mathbf{R}_{04} + \mathbf{R}_{05} = 0$$

大小　　T_1/l_{AB}　　?　　?
方向　　$\perp AB$　　EC　　$\perp DF$

选 μ_P 画力矢量多边形如图 4-6(c) 所示。

$R_{04} = \mu_P \overline{bc}$　　$R_{05} = \mu_P \overline{ca}$

再在力多边形上作 $db \perp CD$，$ad // CD$ 得交点 d，$\overrightarrow{db}$ 代表 $\mathbf{R}_{23}$，$R_{23} = \mu_P \overline{db}$。

其它运动反力　$R_{01} = R_{12}$，$R_{43} = R_{04}$，$R_{53} = R_{05}$。

$$T_0 = R_{53} l_{DF}$$

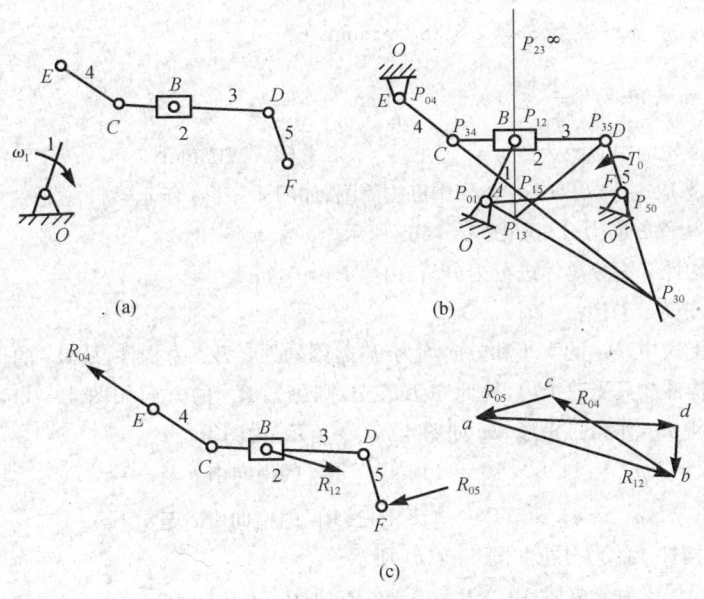

图 4-6

例 4.5 在图 4-7(a) 所示机构中,已知两齿轮的模数 $m = 2\text{mm}, z_1 = 38, z_4 = 64, \alpha = 20°, l_{AB} = 25\text{mm}, l_{BC} = 127\text{mm}, l_{CD} = 76\text{mm}, l_{DE} = 50\text{mm}, \varphi = 30°$。设 ω_1 为顺时针方向,作用在构件 3 上的总惯性为 $\boldsymbol{P}_{13} = 450\text{N}, l_{CF} = 20\text{mm}$。其余构件上的惯性力以及各构件的重力均忽略不计。求各运动副中反力和需加于构件 1 的平衡力偶矩 M_b。

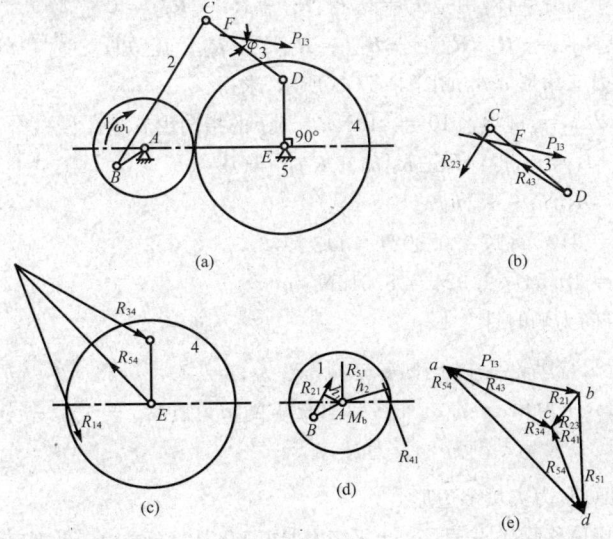

图 4-7

解题过程 ① $r_1 = \frac{1}{2}mz_1 = \frac{1}{2} \times 2 \times 38 = 38\text{mm}$

$r_2 = \frac{1}{2}mz_2 = \frac{1}{2} \times 2 \times 64 = 64\text{mm}$

两齿轮的中心距为 $a = r_1 + r_2 = 38 + 64 = 102\text{mm}$

② 选取 $\mu_l = 0.002\text{m/mm}$ 作机构简图,如图 4-7(a) 所示。

③ 构件 3 的力分析如图 4-7(b) 所示。

以构件 3 为分离体进行力分析。由 $\sum P = 0$,得

$P_{13} + R_{23} + R_{43} = 0$

在上式中,P_{13} 的大小和方向均为已知,因构件 2 为二力构件,故 R_{23} 的作用线沿 BC 线。因构件 3 只受三个力,故此三力汇交,则可知 R_{43} 的方向如图 4-7(b) 所示。取 $\mu_F = 10\text{N/mm}$ 作力三角形 abc 如图 4-7(e) 所示。由图得

$R_{23} = \overline{bc}\mu_F = 14.8 \times 10 = 148\text{N}$ R_{23} 的指向由 b 至 c

$R_{43} = \overline{ca}\mu_F = 41.8 \times 10 = 418\text{N}$ R_{43} 的指向由 c 至 a

④ 构件 4 的力分析如图 4-7(c) 所示。

以构件 4 为分离体,由 $\sum P = 0$,得:$R_{34} + R_{14} + R_{54} = 0$

上式中 $R_{34} = -R_{43}$ 为已知,R_{14} 的作用线为沿齿轮 1 和 4 的啮合线,由三力汇交可知 R_{54} 的方向,则可由上式继续作力三角形 acd,如图 4-7(e) 所示,得

$R_{14} = \overline{cd}\mu_F = 31 \times 10 = 310\text{N}$ R_{14} 的指向由 c 至 d

$R_{54} = \overline{da}\mu_F = 69 \times 10 = 690\text{N}$ R_{54} 的指向由 d 至 a

⑤ 构件 1 的力分析如图 4-7(d) 所示。

以构件 1 为分离体,由 $\sum P = 0$,得:$R_{41} + R_{21} + R_{51} = 0$

上式中,$R_{41} = -R_{14}$,$R_{21} = -R_{12} = R_{32} = -R_{23}$ 为已知,

故可作力三角形 dcb,如图 4-7(e) 所示,求得

$R_{51} = \overline{bd}\mu_F = 41.8 \times 10 = 418\text{N}$ P_{51} 的指向由 b 至 d

再取 $\sum M_A = 0$,得:$M_b - R_{41}h_2 + R_{21}h_1 = 0$

故:$M_b = R_{41}h_2 - R_{21}h_1$

$= 310 \times (17 \times 0.002) - 148 \times (6.5 \times 0.002)$

$= 10.54 - 1.924 = 8.616\text{N} \cdot \text{m}$

M_b 的方向为顺时针。

例 4.6 在图 4-8 所示行星轮系中,已知各轮的齿数为 $z_1 = 20, z_2 = 30, z_2' = 15, z_3 = 65$,模数均为 $m = 2\text{mm}$,压力角 $\alpha = 20°$。加在系杆 H 上的阻力矩 $M_H = 5\text{N} \cdot \text{m}$。求应加在齿轮 1 上的平衡力偶矩 M_b 及运动副 B 的反力 R_{2H}。

知识点窍 虚位移原理,力矢量多边形。

逻辑推理 ① 利用虚位移原理,先直接求出平衡力偶矩 M_b,从而再求出运动副反力 R_{12},最后求出 R_{2H}。

② 齿轮啮合间高副的反力方位在啮合线上。

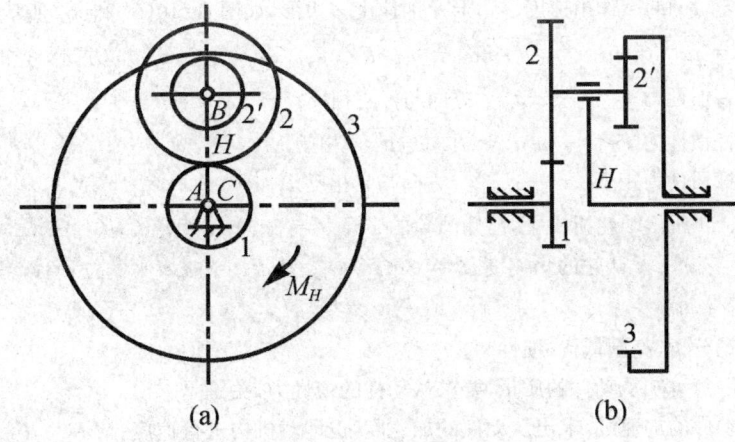

图 4-8

解题过程 因为各传动比为

$$i_{13}^H = \frac{\omega_1 - \omega_H}{\omega_3 - \omega_H} = 1 - i_{1H} = -\frac{z_2 z_3}{z_1 z_2'}$$

$$i_{1H} = 1 + \frac{z_2 z_3}{z_1 z_2'} = 7.5 \quad \omega_1 \text{ 与 } \omega_H \text{ 同向}$$

由虚位移原理得:$M_H \omega_H + M_b \omega_1 = 0$

所以得到平衡力矩为 $M_b = -M_H \omega_H / \omega_1 \approx -0.667\text{N·m}$ 方向与 M_H 相反,与 ω_1 同向 R_{2H} 可直接由 M_H 求得运动副反力为:

$$R_{2H} = R_{H2} = \frac{M_H}{r_H} = \frac{M_H}{\frac{1}{2}m(z_1+z_2)} = 100\text{N}, R_{2H} \text{ 对 } A \text{ 点力矩与 } M_H \text{ 反向。}$$

例 4.7 图 4-9 所示曲柄滑块机械(运动简图)中,已知构件的尺寸 l_{AB}、l_{BC} 及 l_{BS_2},曲柄每分钟转数 n_1,活塞的质量 m_3,连杆的质量 m_2,连杆对其质心 S_2 的转动惯量 J_{S2}。试确定连杆和活塞的惯性力。

知识点窍 惯性力,惯性力偶矩,运动分析。

逻辑推理 作平面运动的构件产生的惯性力系可简化为一个加在质心 S 上的惯性力 F 和一个惯性力偶矩:$F = -ma_S, M = -J_{sa}$

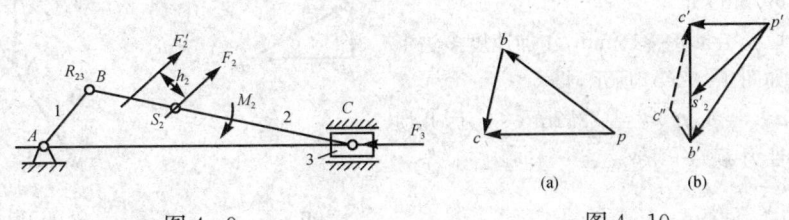

图 4-9　　　　　　　图 4-10

解题过程　$\omega_1 = 2\pi n_1/60 = \pi n_1/30(\text{rad/s})$

选定 μ_v 和 μ_a 作出速度多边形及加速度多边形,如图 4-10(a) 和 (b) 所示。

$a_C = \mu_a \overline{p'c'}, a_S = \mu_a \overline{p's'_2}, a_2 = a'_{CB}/l_{CB} = \mu_a \overline{a''c'}/l_{CB} (\text{rad/s}^2)$ 方向为逆时针;

活塞惯性力 $\boldsymbol{F}_3 = -m_3 \boldsymbol{a}_c$ 方向与 $\overline{p'c'}$ 相反;

连杆惯性力 $\boldsymbol{F}_2 = -m_2 \boldsymbol{a}_S$ 方向与 $\overline{p's'_2}$ 相反;

连杆惯性力矩 $M_2 = -\alpha J_{S_2}$ 方向与 α 相反。

例 4.8 在图 4-11 所示凸轮机构中,已知凸轮的半径 $R = 200\text{mm}$,距离 $l_{OA} = 100\text{mm}$,从动杆的质量 $m_2 = 20\text{kg}$ 及凸轮的角速度 $\omega_1 = 20\text{rad} \cdot \text{s}^{-1}$。当 OA 线在水平的位置时,求从动杆的惯性力。

知识点窍 运动分析,高副低代,惯性力。

逻辑推理 由题意可知从动件的质量,要求从动件的惯性力,关键是求出从动件的加速度。求出从动件的加速度,也即对机构进行速度分析和加速度分析。可直接对凸轮高副机构进行运动分析,也可将高副低代,对低代后的低副机构进行运动分析。此机构中有科氏加速度,因为 B_2 与 B_1 点间有相对速度 $v_{B_2B_1}$,且牵连运动为回转运动 ω_1,所以二者之间有科氏加速度。

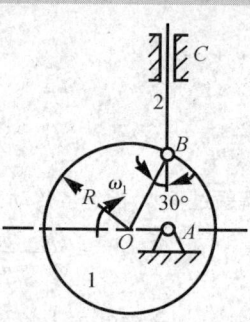

图 4-11

解题过程 对高副机构进行运动分析。

$$\boldsymbol{v}_{B2} = \boldsymbol{v}_{B1} + \boldsymbol{v}_{B2B1}$$

大小   ? $\omega_1 l_{AB}$?

方向   // BC   ⊥ AB   // BO

其中:$V_{B1} = \omega_1 l_{AB} = \omega_1 R\cos30° = 3.464\text{m/s}$。

取 $\mu_a = 0.2\text{m} \cdot \text{s}^{-1}/\text{mm}$ 画速度多边形如图 4-12(a) 所示,得

$v_{B2B1} = \mu_v \overline{b_1 b_2} = 4\text{m/s}$

又根据重合点加速度关系

$$\boldsymbol{a}^n_{B2} = \boldsymbol{a}_{B1} + \boldsymbol{a}^n_{B2B1} + \boldsymbol{a}^k_{B2B1} + \boldsymbol{a}^t_{B2B1}$$

大小   ? $\omega_1^2 l_{AB}$ $\omega_1^2 l_{OB}$? $2\omega_1 v_{B2B1}$

方向 // BC   B→A   B→O   ⊥ BO   // BO

其中:$\boldsymbol{a}^n_{B2} = \omega_1^2 l_{OB} = 80\text{m} \cdot \text{s}^{-2}, a^k_{b_2 b_1} = 2\omega_1 v_{B_2B_1} = 160\text{m} \cdot \text{s}^{-2}, a_{B_1} = \omega_1^2 l_{AB} = 69.3\text{m} \cdot \text{s}^{-2}$

取 $\mu_a = 4\text{m} \cdot \text{s}^{-2}/\text{mm}$,作加速度多边形如图 4-12(b) 所示,得

$a_{B_2} = \mu_a \overline{p'b'_2} = 23.2\text{m} \cdot \text{s}^{-2}$,因此惯性力 $F = -m_2 a_{B_2} = -494\text{N}$。

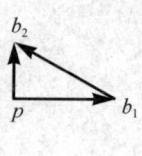
(a)

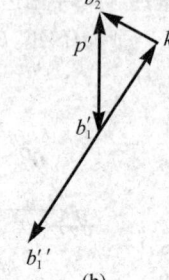
(b)

图 4-12

思考题及练习题详解

4-1 动态静力学分析指将惯性力视为一般外力加于相应构件上,再按静力学分析的方法进行分析。

对机构进行动态静力学分析的一般步骤:
(1) 计算各构件的惯性力;
(2) 确定机构动态静力学分析中的起始构件(一般把作用未知外力的连架构件作为起始构件),并进行拆分杆组(如有高副,应先低代);
(3) 从离开起始构件最远的杆组进行力的计算,最后再推算到起始构件;
(4) 对机构的一系列位置进行动态静力计算,求出各运动副中的反力和平衡力的变化规律。如需考虑运动副中的摩擦,可在上述力分析的基础上加入摩擦力后多次重复计算而得,此法称逐步逼近法。

4-2 质量代换法设想把构件的质量,按一定条件用集中于构件上某几个选定点的假想集中质量来代替的方法叫质量代换法。

质量代换法的目的:质量代换法只需求各集中质量的惯性力,而无需求惯性力偶矩,从而达到简化惯性力确定的目的。

动代换满足条件:(1) 各代换质量的总和应等于原来构件的质量。
(2) 代换前后构件的质心位置不变。
(3) 代换前后构件对质心轴的转动惯量不变。

　　优点:代换后,构件的惯性力和惯性力偶都不会发生改变。
　　缺点:一代换点确定后,另一代换点位置不能随意选择,给工程计算带来不便。

静代换满足条件:(1) 代换前后构件的质量不变;
(2) 代换前后构件的质心位置不变。

　　优点:使用上简便,常为工程上所采纳。缺点:代换后,构件的惯性力偶会产生一定误差。静代换时,两代换点与构件质心必在一条直线上,因为两代换点的质心在两代换的连线上,如果两代换点不与构件质心在一条直线上,则无法满足代换前后构件的质心位置不变这个条件。

4-3 平衡力和平衡力矩:与作用在机构各构件上的已知外力和惯性力相平衡的,作用在某构件上的未知外力或力矩叫平衡力或平衡力矩。平衡力不总是驱动力。驱动力是驱使机械运动的力。平衡力与已知外力平衡,可以驱使外力运动,成为驱动力,也可阻碍机械运动成为阻抗力。

4-4 构件组的静定条件:$3n = 2p_l + p_h$,其中 n 为构件组中构件数目,p_l 为低副个数,p_h 为高副个数。由于基本杆组应符合 $3n - 2p_l - p_h = 0$,所以基本杆组都满足静定条件,都是静定杆组。

4-5 ①引入当量摩擦系数 f_v 及当量摩擦力 φ_v 的意义在于简化计算,统一计算公式,不论运动副元素的几何形状如何,均将其摩擦力的计算式表达为如下形式 $F_{f21} = f_v G$,当

量摩擦角 $\varphi_v = \arctan f_v$。

② 不对，f_v 与 f 不同。这是因为两物体接触面几何形状的改变，引起摩擦力大小的改变。f 与物体的材料有关，而与形状无关。f_v 是为了计算摩擦力方便，把运动副元素几何形状对运动副摩擦力的影响计入后的摩擦系数，不是真正的摩擦系数。

4-6 【解题过程】不正确，只有轴颈相对于轴承滑动，轴承对轴颈的总反力才始终切于摩擦圆。当轴颈相对于轴承无滑动时，没有摩擦力，总反力不能切于摩擦圆。

4-7 【知识点窍】本题考查不考虑摩擦时机构的力分析。

【解题过程】
(1) 铆钉机（教材图 4-7 图(a)）的机械效益

铆钉机的机构运动简图如图 4-13(1) 所示，分别对构件 3 和构件 1 进行力分析，分别如图 4-13(2)、4-13(3) 所示，可得平衡矢量方程

$$F_r + F_{N23} + F_{N43} = 0$$
$$F_d + F_{N21} + F_{N41} = 0$$

因 $F_{N23} = F_{21}$，故选择合适比例尺分别作力的封闭三角形，如图 4-14 所示。可得机械增益为

$$\Delta = \frac{F_r}{F_d}$$

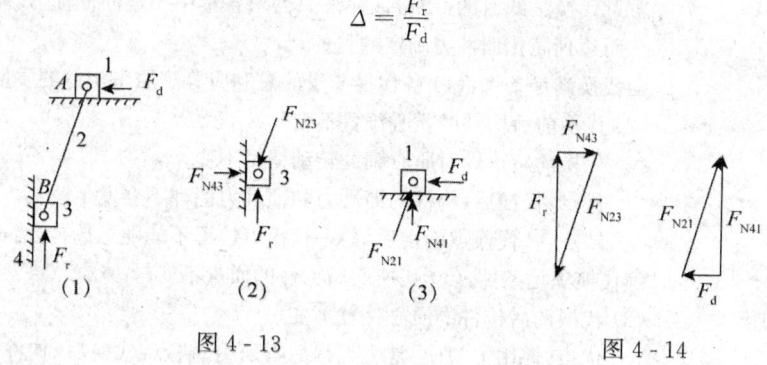

图 4-13   图 4-14

(2) 压力机（教材习题 4-7 图(b)）的机械效益

作机构运动简图，如图 4-15(1) 所示。

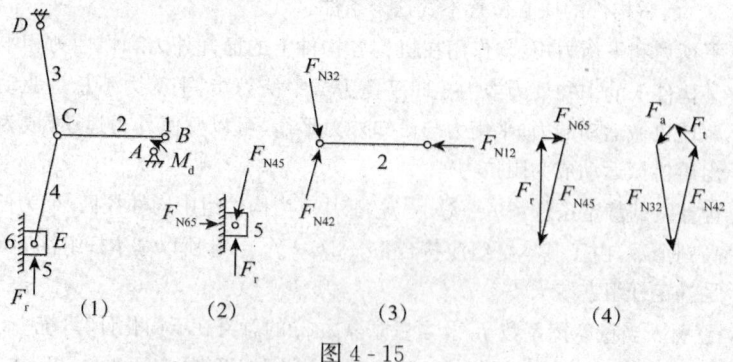

图 4-15

分别对构件 5 和构件 2 进行力分析如图 4-15(2)、4-15(3) 所示，可得平衡矢量方程

$$F_r + F_{N45} + F_{N65} = 0$$
$$F_{N12} + F_{N32} + F_{N42} = 0$$

其中，$F_{N42} = F_{N45}$。

将 F_{N12} 分解为垂直构件上的圆周力 F_t 和沿着构件 1 的径向力 F_n，并选择合适比例尺分别作力的封闭三角形，如图 4-15(4) 所示。

由题可知：$F_t l_{AB} = M_d$，则机械增益为

$$\Delta = \frac{F_r}{F_t} = \frac{F_r}{M_d} l_{AB}$$

(3) 剪刀机（教材题 4-7 图(c)）的机械效益

作机构运动简图，如图 4-16(1) 所示。

在不计摩擦、构件重力及惯性力的前提下，构件 1、3 的受力分析如图 4-16(2)、4-16(3) 所示。

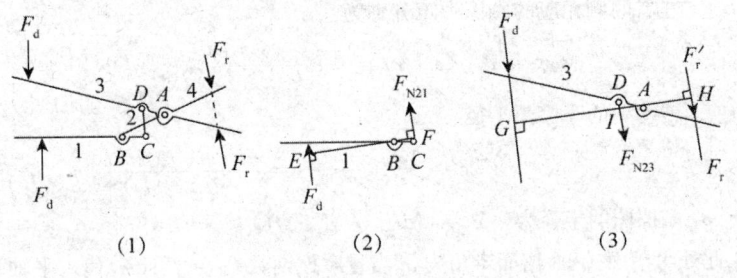

图 4-16

由 $\sum M_B = 0$ 得

$$F_d l_{BE} = F_{N21} l_{BF}$$

即

$$F_1 = \frac{F_d \overline{BH}}{\overline{BF}}$$

由 $\sum M_A = 0$ 得

$$F_d l_{AG} + F_{N23} l_{AI} = F_r' l_{AH}$$

其中，$F_{N21} = F_{N23}$，$F_v' = F_r$。

联立以上两式可得机械增益为

$$\Delta = \frac{F_r}{F_d} = \frac{l_{AG} + \dfrac{l_{BE}}{l_{BF}} l_{AI}}{l_{AH}}$$

4-8 【知识点窍】(a) 本题考查了 f_v 的概念。

【逻辑推理】分别求出 $F_左$ 和 $F_右$，由 $F_左 + F_右 = G f_v'$，得出 f_v'。

【解题过程】$G_左 = G l_2/(l_1 + l_2)$，$G_右 = G l_1(l_1 + l_2)$

左侧为槽形接触,$f_{v\text{左}} = f/\sin\theta$,右侧为平面接触 $f_{v\text{右}} = f_0$

$F_{\text{左}} = G_{\text{左}} f_{v\text{左}}, F_{\text{右}} = G_{\text{右}} f_{v\text{右}}$

对整个导轨副来说 $F_{\text{左}} + F_{\text{右}} = Gf'_v$,所以 $f'_v = \dfrac{F_{\text{左}} + F_{\text{右}}}{G}$

知识点窍 (b) 本题考查了摩擦圆半径 ρ 的概念。

逻辑推理 求出 $M_{f\text{左}}$ 和 $M_{f\text{右}}$,由 $\rho = (M_{f\text{左}} + M_{f\text{右}})/G$ 即可得出。

解题过程 (1) 确定支反力 $G_{R\text{左}} = Gl_2/(l_1 + l_2), G_{R\text{右}} = Gl_1/(l_1 + l_2)$,

则 $f_v G = F_{f\text{左}} + F_{f\text{右}}, f_v = \dfrac{f(l_a/\sin\theta + l_1)}{l_1 + l_2}$

(2) 教材题 4-8 图(b)所示,在外载荷 G 作用下,两侧运动副上载荷分别为

$$G_{\text{左}} = Gl_2/(l_1 + l_2), G_{\text{右}} = Gl_1/(l_1 + l_2)$$

根据接触情况,左右两侧当量摩擦因数分别为

$$f_{v\text{左}} = \frac{\pi}{2}f, f_{v\text{右}} = f$$

左右两侧相应的摩擦力矩分别为

$$M_{v\text{左}} = F_{f\text{左}}(e+r) = \frac{\pi f G l_2(e+r)}{2(l_1+l_2)}, M_{v\text{右}} = F_{f\text{右}}r = \frac{fGl_1 r}{l_1+l_2}$$

转动副的摩擦圆半径

$$\rho = \frac{M_{f\text{左}} + M_{f\text{右}}}{G} = \frac{\pi l_2(e+r) + 2l_1 r}{2(l_1+l_2)}f$$

(3) 摩擦圆的半径为 $\rho = (M_{f\text{左}} + M_{f\text{右}})/G$

4-9 解题过程 此处为槽面接触,槽面半角为 α。当量摩擦因数 $f_v = f/\sin\alpha$,代入平轴端轴承的摩擦力矩公式得

(1) 新轴端 $M_f = \dfrac{2}{3} \cdot \dfrac{Gf(r_2^3 - r_1^3)}{(r_2^2 - r_1^2)\sin\alpha}$

(2) 旧轴端 $M_f = \dfrac{Gf(r_2 + r_1)}{2\sin\alpha}$

4-10 知识点窍 转动副中总反力方位的确定:

(1) 在不考虑摩擦的情况下,根据力的平衡条件,确定不计摩擦时的总反力的方向;

(2) 考虑摩擦时的总反力应与摩擦圆相切;

(3) 轴承 2 对轴颈 1 的总反力 $\boldsymbol{F}_{R21}$ 对轴颈中心之矩的方向必与轴颈 1 相对于轴承 2 的相对角速度 ω_{12} 的方向相反。

逻辑推理 先判断 AB 受拉还是受压,判断出 ω_{21}, ω_{23} 的方向,由以上中的 2、3,再结合 $\boldsymbol{F}_{R12}$ 与 $\boldsymbol{F}_{R32}$ 大小相同,方向相反,即可确定 $\boldsymbol{F}_{R12}$ 和 $\boldsymbol{F}_{R32}$。

解题过程 (1) 在转动副 A 处,1、2 夹角在逐渐减小,ω_{21} 为顺时针,又因连杆受压力,故 $\boldsymbol{F}_{12}$ 应切于摩擦圆下方。在 B 处,2、3 夹角逐渐增大,ω_{23} 为顺时针,$\boldsymbol{F}_{32}$ 应切于摩擦圆上方。由于构件 2 在 $\boldsymbol{F}_{R12}$ 和 $\boldsymbol{F}_{R32}$ 作用下仍处于平衡状态,故二力平衡。

(2) 方法步骤类似(1),不过此题中 ω_{21} 顺时针,ω_{23} 逆时针。

(3) 方法步骤类似(1)，此题中 ω_{21} 为顺时针，ω_{23} 为顺时针，且 AB 受拉，如图 4-17 所示。

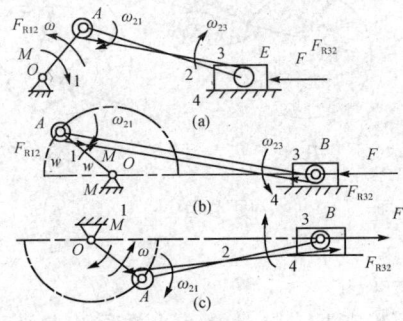

图 4-17

4-11 [知识点窍] (1) 转动副中总反力方位的确定；

(2) 平面高副中摩擦力的确定。总反力 F_{R21} 的方向与法向反力偏斜一摩擦角，偏斜的方向与构件 1 相对于构件 2 的相对速度 v_{12} 的方向相反。

[逻辑推理] 确定 R_{12}，通过三力交汇确定 R_{32}，且根据 R_{32} 切于摩擦圆，R_{32} 对轴颈中心距的方向与 ω_{23} 相反。通过二力平衡确定 R_{31}。

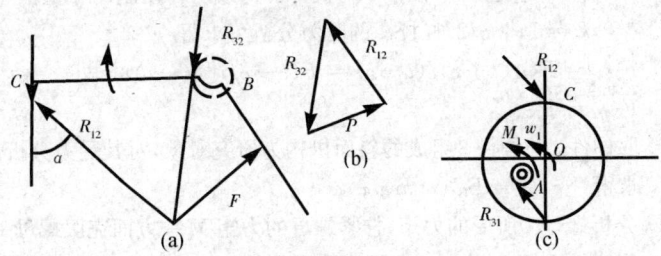

图 4-18

[解题过程] 确定 R_{12} 后，由三力交汇知 R_{32} 方向向下（如图 4-18(a) 所示），且 R_{32} 对轴心矩与 ω_{23} 方向相反，则 R_{32} 切摩擦圆左边，即可确定 R_{32} 方向（如图 4-18(b) 所示）。通过二力平衡确定 R_{31} 的方向为斜向上（如图 4-18(c) 所示），且 R_{31} 对 A 的矩与 ω_{13} 相反，则 R_{31} 切于摩擦圆下方（如图 4-18(c) 所示）。

4-12 [解题过程] 先根据已知条件确定转动副的摩擦圆半径 $\rho_1 = k_1 f_1 R$，$\rho_2 = kfr$，并作出各转动副中的摩擦圆（如图 4-19 中虚线小圆所示），再确定各运动副处总反力的方位。

取构件受力分析，总反力都应切于摩擦圆，此时构件 2 所受两总反力 F_{R12} 和 F_{R32} 处于平衡，故应共点。

取 1 为分离体，由 1 应在 F_{R21}、F_{R4} 及驱动力 M 的作用下平衡，根据力平衡条件 $F_{R41} = -F_{R21}$，取杆 3 为分离体，其上作用有力 F_3、F_{R23} 及 F_{R43} 三个力，且此三力汇于一点。

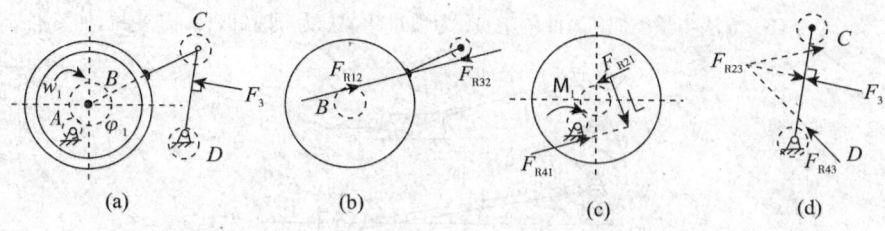

图 4-19

$M_1 = F_{R21} \cdot L$

$F_{R21} = -F_{R12} = F_{R32}$

由图 4-19(d) 可确定 F_{R23} 与 F_3 的大小关系,由此便可确定驱动力 M_1 的大小。

4-13 **知识点窍** 考查三角形螺纹拧紧时所需力矩。

逻辑推理 由工件 5 受力平衡求出 F_{NC},由杠杆定理,且 $l_{AB} = l_{BC}$ 得出 F_{NA},即可得 M。

解题过程 (1) 取工件 5 为受力体,杠杆 4 对工件 5 主要为压紧作用,磨擦力忽略不计。$\varphi = \arctan f$。根据工件 5 的力平衡条件可求得

$$F_{N54} = F_{N45} = F/\tan\varphi \qquad ①$$

(2) 取工件 4 为受力体,杠杆 4 与机体 6 构成的转动副的摩擦圆半径为 $\rho = f_v r = kfr, k = 1 \sim \pi/2$,杠杆 4 的受力分析可求得

$$F_{N34} = F_{N54}(l+\rho)/(l-\rho) = F(l+\rho)/[(l-\rho)\tan\varphi]$$

$$F_{N43} = F_{N34} \qquad ②$$

(3) 取构件 2 与构件 3 组成的斜面机构为研究对象,对其受力分析做出力多边形,可求得 $\qquad G = F_{N43}/\tan(\alpha - \varphi - \varphi_v) \qquad ③$

(4) 分析螺母 1 所受的力矩,拧紧螺母的力矩 M 一方面克服螺母 1 与 2 之间的螺旋副摩擦力矩 M_1,另一方面还要克服螺母 1 与机体 6 之间的轴端摩擦所产生的摩擦力矩 M_2,则

$$M = M_1 + M_2 = \frac{Gd_2\tan(\alpha_1 + \varphi_{v1})}{2} + \frac{2}{3}\frac{fG(R_0^3 - r_0^3)}{R_0^2 - r_0^2} \qquad ④$$

其中 α_1 为螺纹中径处的螺纹升角,φ_{v1} 为螺旋副摩擦的当量摩擦角。

将式 ②,式 ③ 代入式 ④ 中,可得在螺母 1 上施加的拧紧力矩 M 为

$$M = F(l+\rho)\frac{\frac{d_2\tan(\alpha_1+\varphi_{v1})}{2} + \frac{2}{3}\frac{f(R_0^3-r_0^3)}{R_0^2-r_0^2}}{(l-\rho)\tan\varphi\tan(\alpha-\varphi-\varphi_v)}$$

4-14 **知识点窍** 此题是求惯性力的问题。作平面运动的构件产生的惯性力系可简化为一个加在质心 S 上的惯性力 F 和一个惯性力偶矩:$F = -ma_S, M = -J_{S}\alpha$,式中 m 为构件质量,a_S 为构件质心 S 的加速度,α 为构件的角加速度,J_S 为构件对过其质心轴的转动惯量。式中负号是表示 F 与 M 分别与 a_S 和 α 的方向相反。

逻辑推理 由速度多边形,加速度多边形可求出 a_{S_2},a_C,即可求出惯性力 F_2,F_3。

解题过程 做速度多边形,如图 4-20 所示。

$\mu_l = 0.01\text{m/mm}$ $\omega_1 = 2\pi n_1/60 = \pi n_1/30 = 157\text{rad/s}$

$v_B = \omega_1 l_{AB} = 157 \times 0.1 = 15.7\text{m/s}$ $\mu_v = 1(\text{m/s})/\text{mm}$

$\quad\quad \boldsymbol{v}_C \quad = \quad \boldsymbol{v}_B \quad + \quad \boldsymbol{v}_{BC}$

方向 √ √ √

大小 ? √ ?

$v_{BC} = \omega_2 l_{BC} = \overline{bc} \times \mu_v = 11 \times 1 = 11\text{m/s}$

$\omega_2 = \dfrac{11}{0.33} = 33.3\text{rad/s}$

$\quad\quad \boldsymbol{a}_C \quad = \quad \boldsymbol{a}_B \quad + \quad \boldsymbol{a}^t_{BC} + \boldsymbol{a}^n_{BC}$

方向 √ √ √ √

大小 ? √ ? √

其中 $a_B = \omega_1^2 l_{AB} = 2464.9\text{m/s}^2$

$a^n_{BC} = \omega_2^2 l_{BC} = 365.9\text{m/s}^2, \mu_a = 36.59(\text{m/s}^2)/\text{mm}$

由图 4-21 得

$a_c = \overline{p'c'}\mu_a = 47 \times 36.59 = 1719.73\text{m/s}^2$

$a_{S_2}' = \overline{p's_2'} \times \mu_{a'} = 57 \times 36.59 = 2085.63\text{m/s}^2$

活塞的惯性力 $F_3 = m_3 a_C = \dfrac{G_3}{g}a_C = \dfrac{21}{9.8} \times 1719.73 = 3685.1\text{N}$

方向与 a_C 相反。

连杆的总惯性力 $F_2 = m_2 a_{S_2}' = \dfrac{G_2}{g}a_{S_2}' = \dfrac{25}{9.8} \times 2085.63 = 5320\text{N}$

方向与 a_{S_2} 相反。

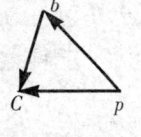

图 4-20

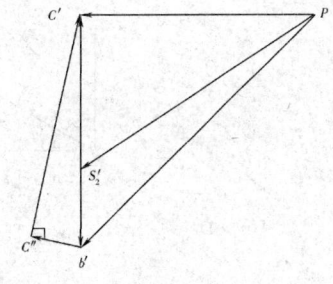

图 4-21

4-15 知识点窍 此题可用静代换。

$m_B = m_2 c/(b+c) = \dfrac{G_2}{g} \times \dfrac{2}{3}$

$m_C = m_2 b/(b+c) = \dfrac{G_2}{g} \times \dfrac{1}{3}$

把 BC 的质量分解到 B 点和 C 点上。

逻辑推理 分别求出 B 点和 C 点的惯性力, 再合成即可得到 BC 的惯性力。

解题过程 用静代换法将连杆重用 B,C 两点的重量代替得

$G_B = 2G_2/3, G_C = G_2/3$

$F_{1B} = m_B l_{AB}\omega_1^2 = \dfrac{G_B}{g}l_{AB}\left(\dfrac{\pi n}{30}\right)^2 = 417.3\text{N},$ 方向 $A \to B$。

$F_{1C} = m_C a_{C2} = \dfrac{G_C}{g}a_{C2} = 1462.4\text{N},$ 方向向右。

连杆 2 的合惯性力为

$F_{12}' = \sqrt{F_{1B}^2 + F_{1C}^2 - 2F_{1B}F_{1C}\cos135°} = 5332.6\text{N}, F_{12}'$ 指向右上方, 与水平方向夹角约为 33.82°, 偏离 S_2 点左侧 0.058m。

4-16 知识点窍 考查机构的运动分析和受力分析。

逻辑推理 通过运动分析解出3的加速度,从而得出3的惯性力。然后通过对3、2、1的受力分析,即可得到构件1上的平衡力矩 M_b。

解题过程 用解析法求 a_3。取 $\mu_l = 0.02$m/mm 画机构简图,如图4-22所示。

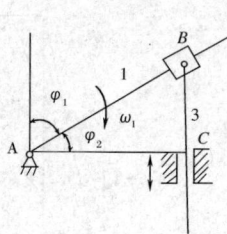

图 4-22   图 4-23

由于 $AB\sin\varphi_1 = AB\cos\varphi_2 = h, AB\sin\varphi_2 = BC$

所以 $BC = h\tan\varphi_2$

BC 对 t 求导 $v_3 = (h\tan\varphi_2)' = h\omega_1\sec^2\varphi_2$

已知 $h = 500$mm, $\omega_1 = 10$rad/s, $\varphi_1 = 30°$

所以 $v_3 = 500 \times 10 \times \sec^2 30° = 6667$mm/s

v_3 对 t 求导

$v'_3 = a_3 = (h\omega_1\sec^2\varphi_2)', h$ 和 ω_1 均为常数,因此

$a_3 = 2h\omega_1^2\tan\varphi_2\sec\varphi_2 = 2 \times 500 \times 10^2 \times \tan 30° \times \sec 30° = 65.5$m/s²

对构件组2、3为分离体进行受力分析,如图4-23和图4-24所示。

惯性力 $F_{I3} = -\dfrac{G_3}{g}a_3 = -67$N

因为 $\boldsymbol{F}_{R12} + \boldsymbol{F}_r + \boldsymbol{F}_{I3} + \boldsymbol{F}'_{R43} + \boldsymbol{F}''_{R43} = 0$

以 $\mu_F = 2$N/mm 作力多边形图,得

$F_{R21} = F_{R12} = \mu_F \overline{ad} = 38$N

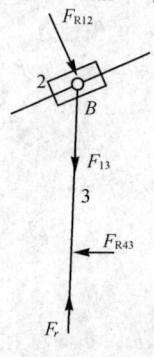

图 4-24

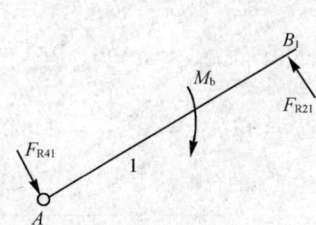

图 4-25

以构件 1 为分离体(见图 4-25),有

$$F_{R21}l_{AB} - M_b = 0 \quad F_{R41} = F_{R21}$$

$$M_b = F_{R21}l_{AB} = F_{R21}\mu_l \overline{AB} = 15.59\text{N}\cdot\text{m},\text{顺时针方向}。$$

4-17 知识点窍 用图解法作机构的动态分析,如图 4-26 所示。

逻辑推理 确定 R_{12} 的方向后,由 $\sum M_{O_2} = 0$ 得出 R_{12},再分析 2 即可得 R_{32}。分析 1 即可得 R_{31} 和 M_b。

解题过程 在不计摩擦力的情况下,R_{12} 沿着高副的公法线方向。

对于 2 有 $\sum M_{O_2} = 0$ 得: $R_{12}h_2 + F'_{12}h_1 = F_r h_3$

$$R_{12} = \frac{F_r h_3 - F'_{12} h_1}{h_2}$$

再根据 2 的 $\sum P = R_{12} + F'_{12} + F_r + R_{32} = 0$,按选定的比例尺 μ_F 作它的力多边形如图 4-27 所示,那么矢量 $\overrightarrow{da}$ 就代表 R_{32},即运动副中的反力。

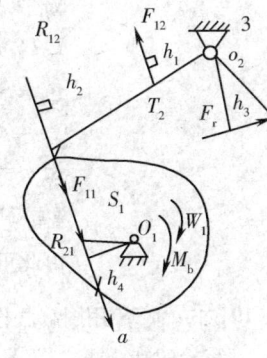

图 4-26

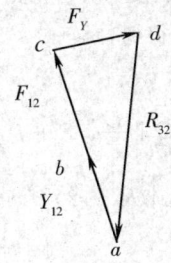

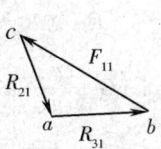

图 4-27   图 4-28

由于 $R_{21} = -R_{12}$ 则加在凸轮上的平衡力矩为 $M_b = R_{21}h_4$,方向如图 4-28。最后,根据凸轮 1 的 $\sum F = F_{21} + F'_{11} + F_{31} = 0$,作力多边形如图 4-27 所示,其大小矢量 $\overrightarrow{ab}$ 代表转动副 O_1 中的反力 R_{31},$R_{31} = \mu_F \overline{ed}$。

4-18 知识点窍 速度多边形杠杆法的应用;用图解方法把作用在机构上的所有外力(包括平衡力)和惯性力对该机构转向速度多边形的极点取矩,而直接求解出作用在原动件上的平衡力或平衡力矩。

逻辑推理 先进行速度分析,再应用速度多边形杠杆法求 F_b。

解题过程 (1) 速度分析 $v_{B_2} = v_{B_3} + v_{B_2B_3}$

式中三项方向均已知,任取比例 μ_v 画转向速度图,如图 4-29 所示。

利用影像法确定 D 点。

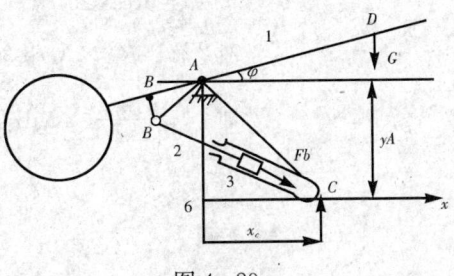

图 4-29

(2) 将所有外力作用在相应点上，对 P 点取矩，以比例尺 $\mu_l = 0.5\text{m/mm}$ 作机构简图 4-30。

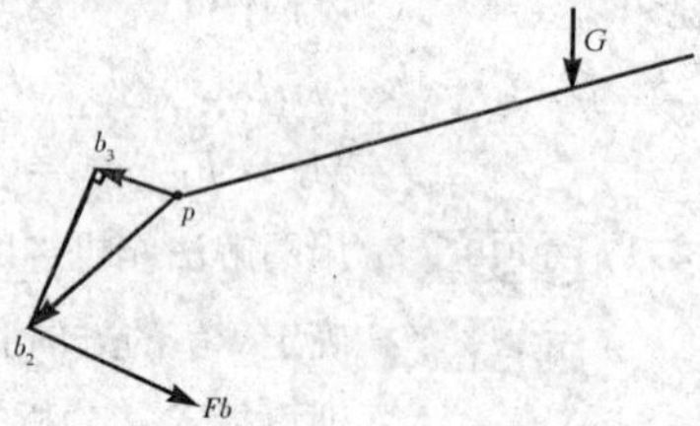

对 P 点取矩

$$F_b(\overline{b_2 b_3}) = G(\overline{Pd})\cos\varphi$$

$$F_b = G(\overline{Pd})\cos\varphi、\overline{Pb_2}\cos a$$

$$= Gl_{AD}\cos\varphi/l_{AB}\cos a$$

当 $\varphi = 0°$ 其平衡力最大，

$$a = \arctan[(x_c + l_{AB})/(y - l_{BB'})] - \arctan(l_{BB}/l_{AB}) = 49.87°$$

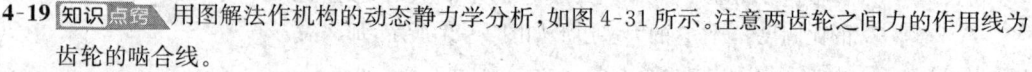

图 4-30

由此可计算得 $\quad F_{bmax} = \dfrac{Gl_{AD}}{l_{AB}\cos a} = 3923.7\text{N}$

4-19 知识点拨 用图解法作机构的动态静力学分析，如图 4-31 所示。注意两齿轮之间力的作用线为齿轮的啮合线。

逻辑推理 对 2 进行受力分析得到 R_{21}，再对 1 进行受力分析得到 M_{10}，在 M_1 取消时，由 1 得出 R_{12}，再对 2 进行分析得到新的 a，即可得到 t。

解题过程 (1) 对 2 受力分析

$$\sum M_B = 0 \quad R_{12} \times R_2\cos20° = \left(G + \dfrac{G}{g}a\right)R + J_2 a_2$$

得 $R_{12} = \left[\left(G + \dfrac{G}{g}\cdot a\right)R + J_2 a_2\right]/R_2\cos20°$

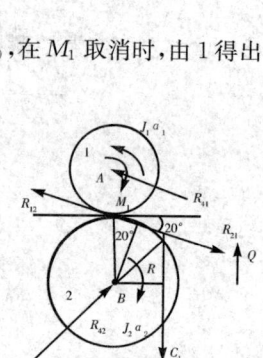

(2) 对 1 受力分析

$$\sum M_A = 0, M_1 = R_{21} \times R_1\cos20° = J_1 a,$$

又 $i_{12} = w_1/w_2 = a_1/a_2 = R_2/R_1$

$a_1 = i_{12}a_2, a_2 = a/R$

得 $M_1 = J_1 i_{12}\dfrac{a}{R} + \dfrac{(G+\dfrac{G}{g}a)R}{i_{12}} + \dfrac{J_2 a}{R \cdot i_{12}}$

图 4-31

(3) 当 M_1 取消后，$J_1 a_1 + R_{21}R_1\cos20° = 0$

$$R_{21} = -\dfrac{J_1 a_1}{R_1\cos20°}，与图示方向相反$$

对 2 有 $\quad R_{12} \times R_2\cos20° + J_2 a_2 + \left(G + \dfrac{G}{g}a\right)R = 0$

即 $\quad \dfrac{J_1 a_1}{R_1\cos20°} \times R_2\cos20° + J_2 a_2 + \left(G + \dfrac{G}{g}a\right)R = 0$

$$J_1 \cdot \dfrac{i_{12}a}{R}\cdot i_{12} + J_2 \dfrac{a}{R} + \dfrac{aGR}{g} + GR = 0$$

解得

$$a = -\dfrac{GgR^2}{(J_1 i_{12}^2 + J_2)g + GR^2}（负号表示方向与图示方向相反）$$

由 $h = v_0 t + \frac{1}{2} at^2$，其中 $v_0 = \omega_2 R$，得重物下落时间 t_0 为

$$t_0 = \frac{\omega_2 R + \sqrt{\omega_2^2 R^2 - 2GgR^2 h/[(J_1 i_{12}^2 + J_2)g + GR^2]}}{GgR^2/[(J_1 i_{12}^2 + J_2)g + GR^2]} (舍去另一个值)$$

4-20 知识点拨 对结构进行正确的速度分析，应用虚位移原理进行求解。

逻辑推理 通过速度分析得出 v_C, v_{T2}, v_E, v_{T4}，由机构处于平衡状态，其上作用的所有外力的瞬时功率等于零即可求解。

结构简图如图 4-32 所示。

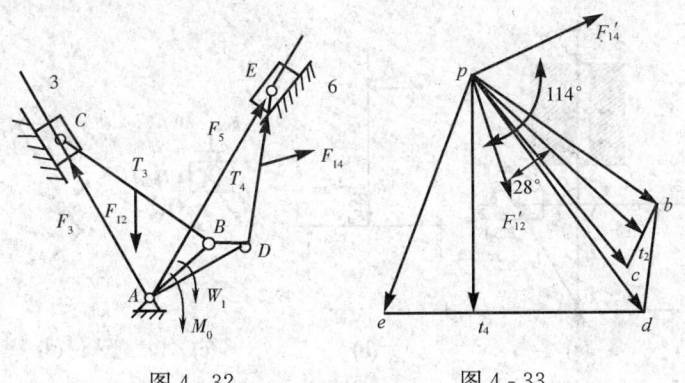

图 4-32　　　　　图 4-33

解题过程 $v_B = \omega_1 l_{AB} \mu_l = \omega_1 \times 12 \times 0.01 = 0.12\omega_1 \,(m/s)$

$$v_C = v_B + v_{BC}$$

方向：　√　　　√　　　BC 方向
大小：　?　　　$\perp AB$　　　?

取 $\mu_v = \dfrac{0.12\omega_1 \,\mathrm{m/s}}{20\mathrm{mm}} = 0.006\omega_1 \,(m/s)/mm$

由速度投影定理可得

$v_{T_2} = \overline{pt_2} \times \mu_v = 15 \times 0.006\omega_1 = 0.09\omega_1 \,(m/s)/mm$

作其速度图如解图 4-33 所示。

$v_c = 15 \times 0.006\omega_1 = 0.09\omega_1 \,(m/s)/mm$

$v_D = \omega_1 l_{AB} \mu_l = \omega_1 \times 15 \times 0.01 = 0.15\omega_1 \,(m/s)$

$$v_E = v_D + v_{ED}$$

方向　　√　　√　　√
大小　　?　　√　　√

$v_{T_4} = \overline{pt_4} \times \mu_v = 17 \times 0.006\omega_1 = 0.102\omega_1 \,(m/s)/mm$

$v_E = \overline{pe} \times \mu_v = 19 \times 0.006\omega_1 = 0.114\omega_1 \,(m/s)/mm$

由 $\sum F_i v_i \cos\alpha_i = 0$，

$M_b \omega_1 - F_3 v_C - F_5 v_5 + F'_{12} v_{T2} \cos\alpha_{T2} + F'_{14} v_{T4} \cos\alpha_{T4} = 0$ 可得

$$M_b = \frac{\mu_l \overline{AB}}{\overline{PB}}[F_3\,\overline{pc} + F_5\,\overline{pe} - F_{12}'\,\overline{pt_2}\cos\alpha_{T2} - F_{14}'\,\overline{pt_4}\cos\alpha_{T4}]$$

$$= 82.55\text{N·m}(顺时针方向)$$

4-21 【解题过程】受力如图 4-34 所示。

(1) 运动分析

滑块 2 $v_{C2} = l_1\omega_1\,(\text{m/s}),\quad a_{C2} = l_1\omega_1^2\,(\text{m/s}^2)$

滑块 3 $s_3 = l_1\sin\varphi\,(\text{m}),\quad v_3 = l_1\cos\varphi_1\,(\text{m/s}^2)$

$\qquad\qquad a_3 = -l_1\omega_1^2\sin\varphi_1\,(\text{m/s}^2)$

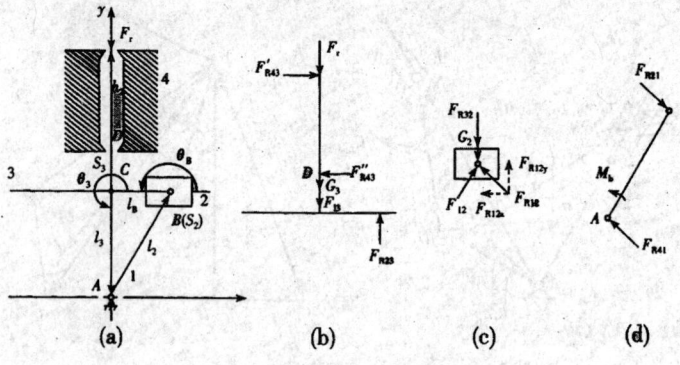

图 4 - 34

(2) 确定惯性力

$F_{12} = m_2 a_{C2} = (G_2/g)l_1\omega_1^2(\text{N}),\quad \boldsymbol{F}_{12} = F_{12}\angle\varphi_1(\text{N})$

$F_{13} = m_3 a_2 = (G_3/g)l_1\omega_1^2\sin\varphi_1(\text{N}),\quad \boldsymbol{F}_{13} = F_{13}\boldsymbol{j}(\text{N})$

(3) 受力分析

$\boldsymbol{F}_{R43C} = -F_{R43x}\boldsymbol{i},\ \boldsymbol{F}_{R43D} = F_{R43x}\boldsymbol{i} \qquad \boldsymbol{F}_{R23} = F_{R23}\boldsymbol{j} = -F_{R23}\boldsymbol{i}$

$\boldsymbol{F}_{R12} = F_{R12x}\boldsymbol{i} + F_{R12y}\boldsymbol{j} = -F_{R21x}\boldsymbol{i} - F_{R21y}\boldsymbol{j} \qquad \boldsymbol{F}_{R41} = F_{R41x}\boldsymbol{i} + F_{R41y}\boldsymbol{j}$

取移动副为首解副

① 取构件 3 为分离体，并对 C 点取矩

由 $\sum F_y = 0$ 得，$\qquad F_{R23} = F_r - F_{13}$

由 $\sum F_x = 0$ 得，$\qquad F_{R43D} = F_{R43C}$

由 $\sum M_c = 0$ 得，$\qquad F_{R43D} = F_{R23}l_1\cos\varphi_1/h_2$

② 取构件 2 为分离体

由 $\sum F_x = 0$ 得，$\qquad F_{R12x} = F_{12}\cos\varphi_1$

由 $\sum F_y = 0$ 得，$\qquad F_{R12y} = F_{R32} - F_{12}\sin\varphi_1$

③ 取构件 1 为分离体，并对 A 点取矩

由 $\sum F_x = 0$ 得，$\qquad F_{R41x} = F_{R12x}$

由 $\sum F_y = 0$ 得，$\qquad F_{R41y} = F_{R12y}$

由 $\sum M_A = 0$ 得，$\qquad M_b = F_{R32}l_1\cos\varphi_1$

所求数据列表如表 4-2 所示。

表 4-2

φ_1	60°	150°	220°
F_{R43C}/N	194.77	-377.78	-445.83
F_{R43D}/N	194.77	-377.78	-445.83
F_{R23}/N	311.63	348.98	465.59
F_{R12x}/N	-20.41	35.35	31.27
F_{R12y}/N	276.28	328.57	727.95
F_{R41x}/N	-20.41	35.35	31.27
F_{R41y}/N	276.28	328.57	727.95
$M_b/(N \cdot m)$ 方向	15.58 逆时针	-35.69 顺时针	-35.67 顺时针

4-22 解题过程 由于量取尺寸和角度有误差，所以计算结果可能有所不同，故在此提供解题思路。

(1) 对传动销受力分析，如图 4-35 所示，假设传动销在槽内纯滑动，其所受摩擦力为滑动摩擦。

$$\varphi = \arctan 0.1 = 5.7°$$

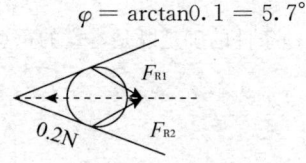

图 4-35

(2) 取一半受力分析，如图 4-36 所示，由于各处摩擦乎略，所以三力平衡可算出 $F_夹$。

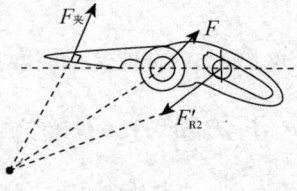

图 4-36

第五章
机械的效率和自锁

学习要求

1. 能对运动副中的摩擦进行分析和计算。
2. 能确定简单机械的机械效率及自锁条件。

重难点提示

机械效率的计算和机械自锁条件的确定既是本章的重点,同时也是本章的难点。

内容提要

1 机械的效率

(1) 机械效率为机械的输出功 W_r 与输入功 W_d 之比。

表达式形式为

① $\eta = \dfrac{W_r}{W_d} = 1 - \dfrac{W_f}{W_d}$,式中 W_r, W_d, W_f 分别表示机构的输出功、输入功和损失功。

② $\eta = \dfrac{P_r}{P_d} = 1 - \dfrac{P_f}{P_d}$,式中 P_d, P_r, P_f 分别表示机械的输入功率、输出功率和损失功率。

③ $\eta = \dfrac{F_0}{F} = \dfrac{M_0}{M}$,式中 F_0, M_0 分别为机械的理想驱动力、理想驱动力矩;F, M 分别为机械的实际驱动力,实际驱动力矩。

(2) 对于整台机械或由许多机器组成的机组,机组的总效率按下列三种不同的组成方式分别计算:

① 串联 $\quad \eta = \dfrac{P_r}{P_d} = \eta_1 \eta_2 \eta_3 \cdots$

② 并联 $\quad \eta = \dfrac{\sum P_{ri}}{\sum P_{di}} = \dfrac{P_1 \eta_1 + P_2 \eta_2 + \cdots P_k \eta_k}{P_1 + P_2 + \cdots + P_k}$

③ 混联 $\eta = \sum P_r / \sum P_d$

2 机械的自锁

(1) 有些机械,就其结构是可以运动的,但由于摩擦的存在,却会出现无论如何增大驱动力,也无法使其运动的现象,这种现象为机械的自锁。

(2) 判断机械是否自锁的方法

1) 根据运动副的自锁条件判定运动副是否自锁:

① 移动副的自锁条件为驱动力作用于摩擦角之内,即 $\beta \leqslant \varphi$,其中 β 为传动角;

② 转动副的自锁条件为驱动力作用于摩擦圆之内,即 $a \leqslant \rho$,其中 a 为驱动力臂长;

③ 螺旋副的自锁条件为螺纹升角 α 小于或等于螺旋副的摩擦角或当量摩擦角,即 $\alpha < \varphi_v$。

2) 根据机械效率小于或等于零的条件来确定,即 $\eta \leqslant 0$。

3) 根据机械自锁时生产阻力 $G \leqslant 0$ 来确定。

4) 根据作用于构件上的驱动力的有效分力总是小于或等于由其所能引起的最大摩擦力的条件来确定。

典型例题分析

例 5.1 在如图 5-1(a) 所示的夹紧机构中,构件的尺寸如图所示,各转动副的轴颈直径均为 $d = 16\text{mm}$,楔块斜角 $\alpha = 6°$,滑动摩擦系数 $f = 0.1$,若不计各构件的重量。试求:

(1) 所需夹紧力为 $Q = 1000\text{N}$ 时,所需作用力 P 的大小;

(2) 该夹紧机构在夹紧时的机械效率 η;

(3) 该夹紧机构能正常工作的条件。

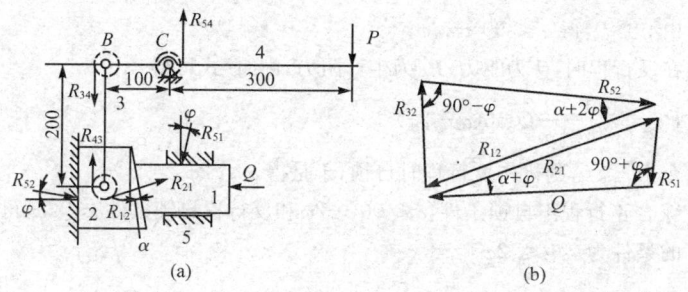

图 5-1

解题过程 (1) 先确定各运动副处总反力的作用线。由已知条件可求得各摩擦圆的半径 $\rho = f \dfrac{d}{2} = 0.1 \times \dfrac{16}{2} = 0.8\text{mm}$,各摩擦角为 $\varphi = \arctan f = \arctan 0.1 = 5.711°$。作出摩擦圆如图 5-8(a) 中的虚线小圆。分析各构件在驱动力 P 作用下的运动情况,可作出各运动副处总反力 $R_{51}, R_{21}(R_{12}), R_{52}, R_{32}, R_{34}, R_{54}$ 的作用线如图 5-1(a) 所示。

然后,分别取楔块1、2、4为分离体,列出各构件的力平衡条件为

楔块1 $Q + R_{51} + R_{21} = 0$

楔块2 $R_{12} + R_{52} + R_{32} = 0$

杠杆4 $R_{34}(100 + 2\rho) - P(300 - \rho) = 0$

根据上述方程式可作出力多边形如图5-8(b)所示。

由正弦定理得

$$Q = \frac{R_{21}\sin[90° - (\alpha + 2\varphi)]}{\sin(90° + \varphi)} = \frac{R_{21}\cos(\alpha + 2\varphi)}{\cos\varphi}$$

及 $R_{32} = \frac{R_{12}\sin(\alpha + 2\varphi)}{\sin(90° - \varphi)} = \frac{R_{12}\sin(\alpha + 2\varphi)}{\cos\varphi}$

因 $R_{21} = R_{12}$,所以可得:$R_{32} = Q\tan(\alpha + 2\varphi)$

又构件3为二力件,故 $R_{32} = R_{23} = R_{43} = R_{34}$,由此得

$$P = \frac{R_{34}(100 + 2\rho)}{300 - \rho} = \frac{100 + 2\rho}{300 - \rho}Q\tan(\alpha + 2\varphi) \qquad ①$$

将 $\alpha = 6°, \rho = 0.8\text{mm}, \varphi = 5.771°$ 代入上式得

$P = 107.3\text{N}$

(2) 在理想状态下,$f = 0, \varphi = 0, \rho = 0$,故理想驱动力为

$$P_0 = \frac{1}{3}Q\tan\alpha = \frac{1}{3} \times 1000 \times \tan 6° = 35.03\text{N}$$

机械效率 $\eta = \dfrac{P_0}{P} = \dfrac{35.03}{107.3} = 0.326$

(3) 要使机构正常工作,应使机构在驱动力 P 作用下(正行程)不发生自锁,而在反行程,即夹紧力 Q 为驱动力时应自锁。

正行程的效率 $\eta = \dfrac{P_0}{P} = \dfrac{300 - \rho}{3(100 + 2\rho)} \cdot \dfrac{\tan\alpha}{\tan(\alpha + 2\varphi)}$

由 $\eta > 0$,得 $\alpha < 90° - 2\varphi$。

在反行程时,Q 为驱力,P' 为生产阻力,由①式可得

$$P' = \frac{100 - 2\rho}{300 + \rho}Q\tan(\alpha - 2\varphi) \qquad ②$$

令 $P' \leqslant 0$,则机构反行程时自锁,于是得 $\alpha \leqslant 2\varphi$。

综合正行程不自锁条件,$\alpha < 90° - 2\varphi$ 和反行程自锁条件 $\alpha \leqslant 2\varphi$,可得机构正常工作的条件为 $\alpha \leqslant 2\varphi$

例5.2 图5-2(a)所示为一焊接用楔形夹具,利用这个夹具把两块要焊接的工件1和1′预先夹妥,以便焊接。图中2为夹具,3为楔块,如已知各接触面间的摩擦系数均为 f,试确定此夹具有自锁条件。

解题过程 此夹具的自锁条件可用三种方法来确定:

(1) 根据 $\eta \leqslant 0$ 的条件来确定。取楔块3为分离体,其受工件1(及1′)和夹具2作用的总反力 R_{13} 和 R_{23} 以及支持力 P'。各力的方向如图5-2(a)所示。根据楔块3的平衡条

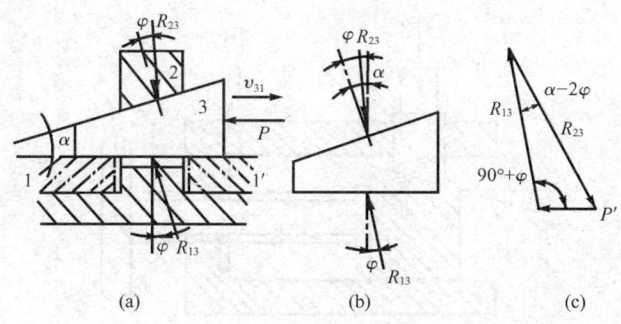

图 5-2

件,作力封闭三角形如图 5-2(c)所示。由正弦定理可得

$$R_{23} = \frac{P'\cos\varphi}{\sin(\alpha - 2\varphi)}$$

当 $\varphi = 0$ 时,$R_{230} = P'/\sin\alpha$,于是得此机构反行程的机械效率为

$$\eta' = \frac{R_{230}}{R_{23}} = \frac{\sin(\alpha - 2\varphi)}{\cos\varphi\sin\alpha}$$

令 $\eta' \leqslant 0$,可得自锁条件为 $\alpha \leqslant 2\varphi$。

(2) 根据生产阻力小于或等于零的条件来确定。根据楔块3的力三角形如图5-2(c)所示,由正弦定理有

$$P' = R_{23}\frac{\sin(\alpha - 2\varphi)}{\cos\varphi}$$

若楔块3不自动松脱,则应满足 $P' \leqslant 0$,即

$$\sin(\alpha - 2\varphi) \leqslant 0$$

得自锁条件为 $\alpha \leqslant 2\varphi$。

(3) 根据运动副的自锁条件来确定。如图5-2(b)所示,楔块3受有夹具2及工件1作用的总反力 $\boldsymbol{R}_{23}$ 和 $\boldsymbol{R}_{13}$。由图可知,当总反力 $\boldsymbol{R}_{23}$ 作用在相对边的摩擦角 φ 之内时,楔块3即发生自锁,即

$$\alpha - \varphi \leqslant \varphi \text{ 或 } \alpha \leqslant 2\varphi$$

例 5.3 (华南理工大学)图5-3所示螺旋顶升机构中,转动手轮 H,通过方牙螺杆2使楔块3向左移动,提升滑块4上的重物 Q。已知:$Q = 20\text{kN}$,楔块倾角 $\alpha = 15°$,各接触面间的摩擦系数 $f = 0.15$,方牙螺杆2的螺距为6mm,是双头螺杆,螺纹中径 $d_2 = 25\text{mm}$,不计凸缘处(螺杆2与楔块3之间)摩擦,求提升重物 Q 时需要加在手轮上的力矩和该机构的效率。

知识点窍　串联机构的效率问题。

逻辑推理　滑块4上升的方向为正行程。对滑块4来说,R_{34} 为驱动力,Q 及 R_{14} 为工作阻力;对滑块3来说,R_{23} 为驱动力,R_{43} 及 R_{13} 为工作阻力;对螺杆2来说,加在手轮上的力矩为驱动力,R_{12} 及 R_{32} 为工作阻力。机构的效率为这三个斜面滑块效率的乘积(螺旋副也相当于斜面滑块同时,机械的效率 $\eta = \dfrac{\text{无摩擦时的理想驱动力}}{\text{有摩擦时的实际驱动力}}$,无摩擦时也即摩擦角等于零。

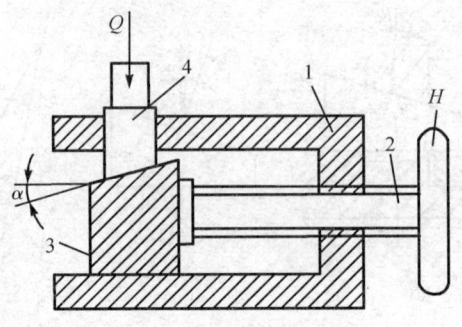

图 5-3

解题过程　(1) 摩擦角：$\varphi = \arctan 0.15 = 8.53°$

螺旋副螺纹升角：$\lambda = \arctan \dfrac{2l}{\pi d_2} = 8.687°$

取 $\mu_P = 1\text{kN/mm}$ 画构件 4、3、2 上的力矢量多边形，如图 5-4 所示。

$\boldsymbol{R}_{34} + \boldsymbol{R}_{14} + \boldsymbol{Q} = 0 \quad \boldsymbol{R}_{23} + \boldsymbol{R}_{43} + \boldsymbol{R}_{13} = 0 \quad \boldsymbol{R}_{32} + \boldsymbol{R}_{12} + \boldsymbol{P} = 0$

由此可知

$R_{34} = R_{43} = \mu_P \cdot \overline{ab} \approx 25\text{kN} \quad R_{23} = R_{32} = \mu_P \cdot \overline{fe} \approx 14\text{kN}$

$P = \mu_P \cdot \overline{gh} \approx 5\text{kN}$

$M = P\dfrac{d_2}{2} = 62.5\text{kN} \cdot \text{mm} = 62.5\text{N} \cdot \text{m}$

(2) 串联机构的总效率为　$\eta = \eta_2 \eta_3 \eta_4$

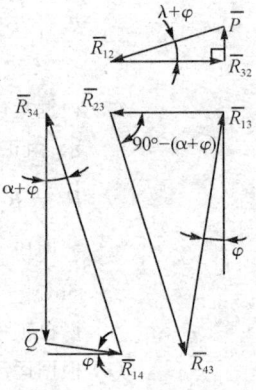

图 5-4

且又知 $\eta_2 = \dfrac{P_0}{P} = \tan\lambda / \tan(\lambda + \varphi)$

$\eta_4 = \dfrac{R_{34}^0}{R_{34}}$

$= \dfrac{Q/\cos\alpha}{Q\sin(90° + \varphi)/\sin[180° - (\alpha + \varphi) - (90° + \varphi)]}$

$= \dfrac{\cos(\alpha + 2\varphi)}{\cos\alpha \cos\varphi}$

$\eta_3 = \dfrac{R_{23}^0}{R_{23}} = \dfrac{R_{43}\sin\alpha}{R_{43}\sin(\alpha + 2\varphi)/\sin[90° - \varphi]} = \dfrac{\sin\alpha \cos\varphi}{\sin(\alpha + 2\varphi)}$

则 $\eta = \eta_2 \cdot \eta_3 \cdot \eta_4 = \dfrac{\tan\lambda}{\tan(\lambda + \varphi)} \cot(\alpha + 2\varphi) \tan\alpha = 0.211$

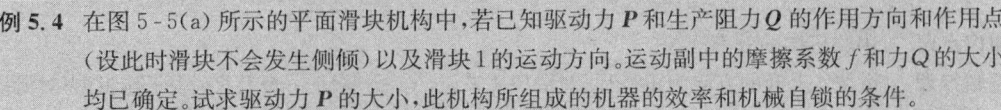

解题过程　本机构为只含移动副的机构，因已知 f，故 $\varphi = \arctan f$。

取滑块 1 为分离体，因滑块不发生倾侧，其上只作用三个力 $\boldsymbol{P}$、$\boldsymbol{Q}$ 和 $\boldsymbol{R}_{21}$，其中总反力 $\boldsymbol{R}_{21}$ 的作用线与相对运动速度 $\boldsymbol{v}_{12}$ 的方向成 $90° + \varphi$ 的钝解，并通过 $\boldsymbol{P}$ 和 $\boldsymbol{Q}$ 作用线的交点 M。

由平衡条件可得

$$Q + P + R_{21} = 0$$

由上式作力多边形如图 5-5(b) 所示,确定多边形的夹角后,可求得

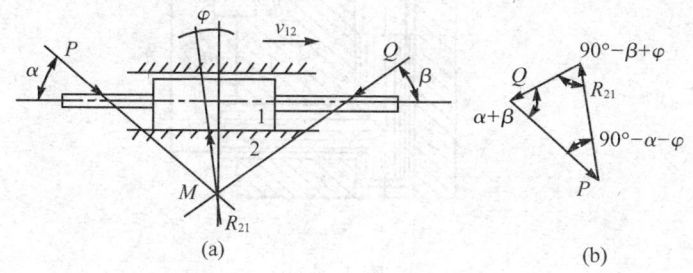

图 5-5

$$\frac{P}{\sin[90°-(\beta-\varphi)]} = \frac{Q}{\sin[90°-(\alpha+\varphi)]}$$

所以 $P = Q\dfrac{\cos(\beta-\varphi)}{\cos(\alpha+\varphi)}$

如在理想机械中,$f = 0$,即 $\varphi = 0$,故理想驱动力为 $P_0 = Q\dfrac{\cos\beta}{\cos\alpha}$,故机械效率

$$\eta = \frac{P_0}{P} = \frac{\cos\beta\cos(\alpha+\varphi)}{\cos\alpha\cos(\beta-\varphi)}$$

机械的自锁条件可用多种方法求得。

按移动副的自锁条件来确定时,P 为驱动力,由图可知传动角为 $90°-\alpha$,故自锁时,必须 $90°-\alpha \leqslant \varphi$,可得机械自锁的条件为 $\alpha \geqslant 90°-\varphi$

按机械效率小于或等于零的条件来确定时,可令

$$\eta = \frac{\cos\beta\cos(\alpha+\varphi)}{\cos\alpha\cos(\beta-\varphi)} \leqslant 0$$

求得 $\alpha+\varphi \geqslant 90°$ 时,机构自锁,即自锁条件为 $\alpha \geqslant 90°-\varphi$

按生产阻力 Q 等于或小于零的条件来确定时,可先求得 Q 的表达式

$$Q = P\frac{\cos(\alpha+\varphi)}{\cos(\beta-\varphi)}$$

并令 $Q \leqslant 0$,可得 $\alpha+\varphi \geqslant 90°$ 机构自锁,即自锁条件为 $\alpha \geqslant 90°-\varphi$

例 5.5 图 5-6 所示为一楔面夹紧机构。该夹紧机构通过拧紧螺母 1 使工件 5 被夹紧。设备接触面间的摩擦因数均为 f,螺纹工作面的牙形斜角 $\beta = 30°$。要求在夹紧后,工件在 F 力作用下不会滑脱。试问必须在螺母 1 上施加多大的拧紧力矩(所需尺寸可以图中量取)?试给出其表达式。

知识点窍　摩擦在工程实例中应用。
逻辑推理　本题中包含各种运动副的类型。对每种运动副逐一分析。
解题过程　(1) 取构件 5

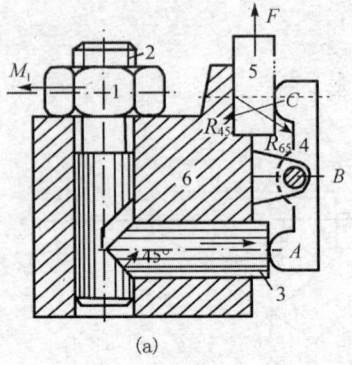

图 5-6

$$\varphi = \text{arctg} f$$
$$\vec{F} + \vec{R}_{65} + \vec{R}_{45} = 0$$

$$R_{45} = \frac{\cos\varphi}{\sin 2\varphi} F = R_{54}$$

（2）取构件 4

$$\vec{R}_{54} + \vec{R}_{34} + \vec{R}_{64} = 0$$

（3）取构件 2、3

$$P = R_{43} \text{tg}(45° + 2\varphi)$$

（4）取构件 1、2

$$M_1 = P d_2 / 2 \text{tg}(\alpha + \varphi_v)$$

其中：$\varphi_v = \text{arctg} f_v$
$f_v = f/\cos\beta$

例 5.6（北京理工大学）有一楔形滑块沿倾斜 V 型导路滑动，如图 5-7 所示，其中 $\theta = 60°$，$\alpha = 35°$，摩擦因数 $f = 0.13$，载荷 $Q = 1000\text{N}$，试求滑块等速上升和下降时的 P, P'，效率 η 和 η' 及反行程的自锁条件。

解题过程 当量摩擦系数 $f_v = f/\sin\theta = 0.15$
所以当量摩擦角 $\varphi_v = \arctan f_v = 8.54°$
当等速上升时
$$P = Q\tan(\alpha + \varphi_v) = 1000\tan(35° + 8.54°) = 950.3\text{N}$$

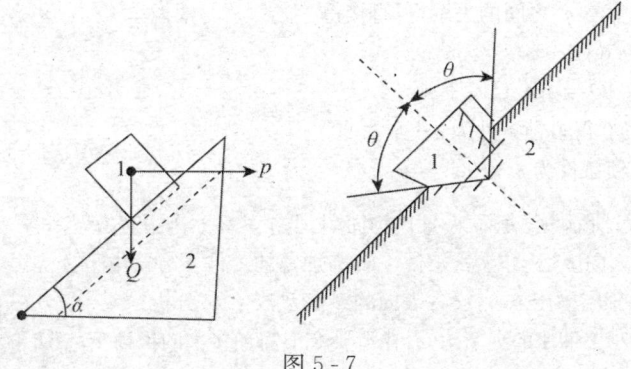

图 5-7

$\eta = \tan\alpha/\tan(\alpha+\varphi_v) = 0.737$

当等速下降时

$P' = Q\tan(\alpha-\varphi_v) = 1000\tan(35°-8.54°) = 497.7\text{N}$

$\eta' = \tan(\alpha-\varphi_v)/\tan\alpha = 0.711$

要反行程自锁,则 $\eta' \leqslant 0$

即 $\alpha \leqslant \varphi_v = 8.54°$

例 5.7 在图 5-8 所示的缓冲器中,若已知各楔块接触面间的摩擦系数 f 及弹簧的压力 Q,试求当楔块 2、3 被等速推开及等速恢复原位时力 P 的大小,该机构的效率以及此缓冲器正、反行程均不至发生自锁的条件。

知识点窍 根据机械效率小于或等于零的条件来确定,即 $\eta \leqslant 0$。要熟练掌握产生自锁的三种情况。

解题过程 2、3 被等速推开(正行程)

1. 缓冲器在 P 力作用下楔块

1) 确定各楔块间的相对运动方向

2) 确定各楔块间的总反力的方向;

如下两矢量式

3) 分别取楔块 2、1 为分离体,有

$\overline{Q} + \overline{R}_{12} + \overline{R}_{42} = 0$

$\overline{P} + \overline{R}_{21} + \overline{R}_{31} = 0$

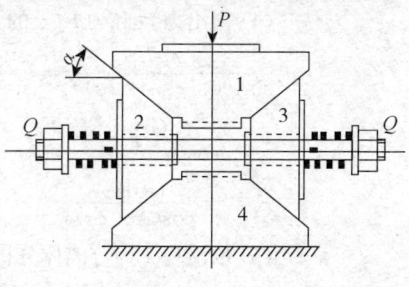

图 5-8

4) 作力多边形可得

$P = Q\text{ctg}(\alpha-\varphi)$

$P_0 = Q\text{ctg}\alpha$

$\eta = P_0/P = \text{tg}(\alpha-\varphi)/\text{tg}\alpha$

令 $\eta \leqslant 0$ 得自锁条件为 $\alpha \leqslant \varphi$,

故不自锁条件为 $\alpha > \varphi$。

2. 缓冲器在 Q 力作用下楔块 2、3 等速恢复原位(反行程)。利用正反行程时力 P 和 P' 以

及效率 η 与 η' 之间的关系,可直接得

$P' = Q\text{ctg}(\alpha+\varphi)$

$\eta' = Q_0/Q = \text{tg}\alpha/\text{tg}(\alpha+\varphi)$

令 $\eta' \leqslant 0$ 得自锁条件为 $\alpha+\varphi \geqslant 90°$,

故不自锁条件为 $\alpha < 90°-\varphi$。

例 5.8 如图示 5-9 所示为一斜面夹具机构简图。下滑块 2 上作用有力 F,推动滑块 3 向上运动,夹紧工件 4,G 为加紧的工件 4 给滑块 3 的反作用力(假定为已知),设各表面的摩擦系数 f。试分析:
1. 为产生对工件 4 的夹紧力 G,在滑块 2 上需加多大的推力 F;
2. 当撤掉 F 后,工件可能松脱,问:为防止松脱,至少应在滑块 2 上维持多大的力 F',如图 5-14 所示?
3. 滑块在 G 作用下的自锁条件。

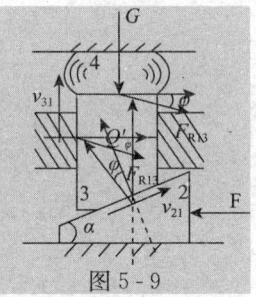

图 5-9

知识点窍 首先进行受力分析,分析每个物体的作用力与反作用力,整体受力分析与局部受力分析相结合,列出方程进行求解,根据产生自锁的条件,判断是否自锁。

解题过程 1.求夹紧工件所需的推力 F;
(1) 取滑块 3 为研究对象

在 F 的作用下,滑块 3 有向上滑动的趋势
(2) 列平衡方程式 $\overline{G}+\overline{F_{R13}}+\overline{F_{R23}} = 0$
(3) 作力封闭多边形图 5-10
(4) 列出力 G 和力 F_{R23} 的关系式

$$\frac{G}{\sin(90°-(\alpha+2\varphi))} = \frac{F_{R23}}{\sin(90°+\varphi)}$$

$$\frac{G}{\cos(\alpha+2\varphi)} = \frac{F_{R23}}{\cos\varphi}$$

$$F_{R23} = \frac{G\cos\varphi}{\cos(\alpha+2\varphi)}$$

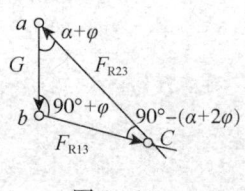

图 5-10

(5) 取滑块 1 为分离体分析受力,如图 5-11,图 5-12 所示。

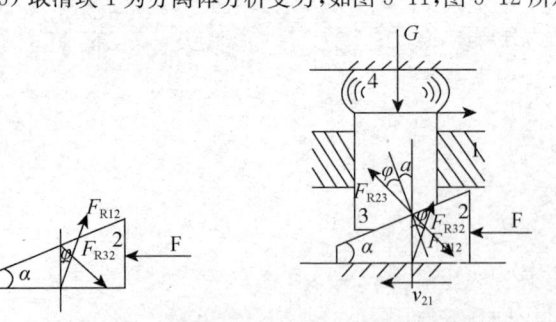

图 5-11　　　图 5-12　　　图 5-13

(6) 作力封闭多边形,如图 5-13 所示。

(7) 列出驱动 F 和力 F_{R32} 的关系式

$$\frac{F}{\sin(\alpha+2\varphi)} = \frac{F_{R32}}{\sin(90°-\varphi)}$$

$$F = \frac{F_{R32}\sin(\alpha+2\varphi)}{\cos\varphi}$$

$$F_{R32} = F_{R23} = \frac{G\cos\varphi}{\cos(\alpha+2\varphi)}$$

$$F = \frac{G\cos\varphi}{\cos(\alpha+2\varphi)} \cdot \frac{\sin(\alpha+2\varphi)}{\cos\varphi}$$

$$F = G\tan(\alpha+2\varphi)$$

2. 当撤掉 F 后，工件可能松脱，问：为防止松脱，至少应在滑块 2 上维持多大的力 F'（如图 5-14 所示）？

该问属于反行程问题，此时 G 为运动力，F' 为阻力。

由正行程力的表达式

$$F = G\tan(\alpha+2\varphi)$$

得出反行程力的表达式

$$F' = G\tan(\alpha+2\varphi)$$

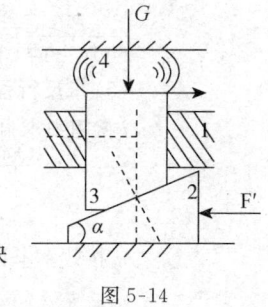

图 5-14

3. 滑块在 G 作用下的自锁条件。

$$\eta = \frac{\text{实际工人作阻力}}{\text{理想工作阻力}} = \frac{G\tan(\alpha-2\varphi)}{G\tan\alpha} < 0, \alpha < 2\varphi$$

例 5.9 图 5-15 所示示滑块在驱动力 P 作用下沿斜面上滑（此为正行程），当驱动力由 P 减小至 P' 时，滑块会在自重的作用下又沿斜面下滑的趋势。问：
1. 正行程时，滑块是否会自锁？
2. 反行程时滑块的自锁条件？

知识点窍 力多边形的确定，求得效率进行自锁条件判定。

解题过程 1.（1）分析受力如图 5-15 所示

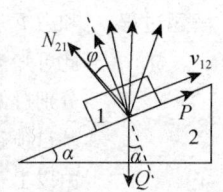

图 5-15

(2) 列力平衡方程式

$$\overline{P'} + \overline{Q} + \overline{N_{21}} = 0$$

(3) 作力封闭多边形图 5-16

(4) 列出驱动力 P 和阻力 Q 的关系式

$$\frac{P}{\sin(\alpha+\varphi)} = \frac{Q}{\sin(90°-\varphi)} \quad Q = \frac{P\cos\varphi}{\sin(\alpha+\varphi)}$$

因为 Q 不会小于等于零，故正行程不会自锁。

2. 求反行程时滑块的自锁条件当原驱动力由 P 减小至 P' 时，滑块将在其重力 Q 的作用下有沿斜面下滑的趋势（注意，此时 P' 为阻力，Q 为驱动力）

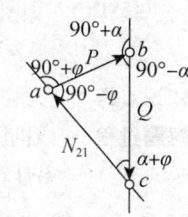

图 5-16

(1) 分析受力如图 5-17 所示

(2) 列力平衡方程式

$\overline{p'} + \overline{Q} + \overline{N_{21}} = 0$

(3) 作力封闭多边形图 5-18

(4) 列出驱动力 Q 和阻力 P' 的关系式

$$\frac{P'}{\sin(\alpha-\varphi)} = \frac{Q}{\sin(90°+\varphi)} \qquad p' = \frac{Q\sin(\alpha-\varphi)}{\cos\varphi}$$

(5) 求反行程自锁条件

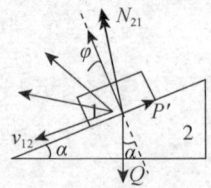

图 5-17

i 按阻力求自锁条件

令：$p' = \frac{Q\sin(\alpha-\varphi)}{\cos\varphi} < 0 \qquad \sin(\alpha-\varphi) < 0$

$(\alpha-\varphi) < 0$

ii 按效率求自锁条件 $\eta < 0$

实际工作阻力：$P' = \frac{Q\sin(\alpha-\varphi)}{\cos\varphi}$

理想工作阻力 $P'_0 = \frac{Q\sin(\alpha-\varphi)}{\cos\varphi} = \frac{Q\sin(\alpha-0)}{\cos 0} = Q\sin\alpha$

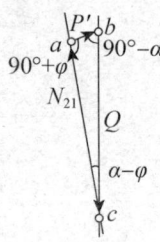

图 5-18

$\eta = \frac{实际工作阻力}{理想工作阻力} = \frac{P'}{P'_0} = \frac{Q\sin(\alpha-\varphi)}{\cos\varphi \cdot Q\sin\alpha} < 0,$ 即 $\alpha < \varphi$

例 5.10 图 5-19 所示一为偏心夹具,已知其摩擦圆半径为 ρ,楔紧角为 δ,偏心盘的外径为 D,偏心距为 e,分析保证其自锁的条件。

知识点窍 掌握产生自锁的条件。

解题过程 和力 F 后,偏心盘有沿逆时针方向转动放松的趋势,由此可知被压物体对夹具的作用力 R_{23} 如图 5-14 所示。分别过偏心盘的圆心和其回转中心作 R_{23} 的平行线。则基自锁条件为 R_{23} 与摩擦圆相切或相交,即 $s - s_1 \leqslant \rho$

由以上三角形的尺寸关系可得

$s_1 = (D\sin\varphi)/2$

$s = e\sin(\delta-\varphi)$

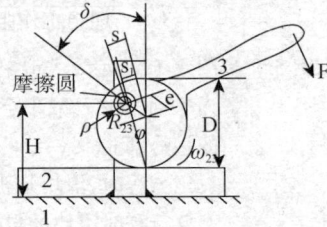

图 5-19

由以上三式可得,$e\sin(\delta-\varphi) - (D\sin\varphi)/2 \leqslant \rho$ 即为自锁条件。

例 5.11 在如图 5-20 所示的机构中,已知 $\eta_1 = 0.8, \eta_3 = 0.9, \eta_4 = 0.9$,并且 $N_{d1} = 50w$, $N_{d2} = 60w, N_{d3} = 80w, N_{d4} = 80w$,试求总的效率 η。

知识点窍 考察并联机构的效率计算。

解题过程 该机构是一个典型的并联机构,直接根据并联机构的效率计算方法来求。

$\eta = (N_{d1} \times \eta_1 + N_{d2} \times \eta_2 + N_{d3} \times \eta_3 + N_{d4} \times \eta_4)/(N_{d1} + N_{d2} + N_{d3} + N_{d4}) = 0.85926$

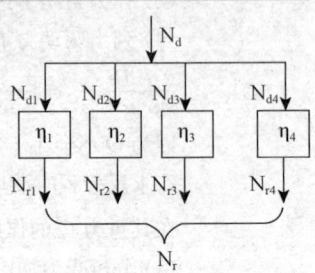

图 5-20

例 5.12 在如图 5-21 所示的机构中,已知 $\eta_1 = 0.8, \eta_2 = 0.9, \eta_3 = 0.8$,试求总的效率 η。

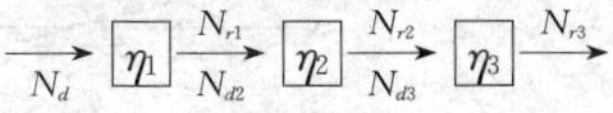

图 5-21

知识点窍 考察串联机构的效率计算。
解题过程 该机构是一个典型的串联机构,直接根据串联机构的 η 效率计算方法来求。
$$\eta = \eta_1 * \eta_2 * \eta_3 = 0.576$$

思考题及练习题详解

5-1 解题过程 $M1 \times 0.25$ 型螺纹,其螺纹中径 $d'_2 = 1 - 0.65 \times 0.25 = 0.8375 \text{mm}$

螺纹升角
$$\alpha' = \arctan \frac{p'}{d'_2} = \arctan \frac{0.25}{0.8375} = 5.43°$$

$M8 \times 1.25$ 型螺纹,其螺纹中径是
$$d''_2 = 8 - 0.65 \times 1.25 = 7.1875 \text{mm}$$

螺纹升角
$$\alpha'' = \arctan \frac{p''}{d''_2} = \arctan \frac{1.25}{7.1875} = 3.17° < \alpha'$$

由此可见,小螺纹升角通常大于螺纹升角,因此小螺纹不具有自锁性或自锁性差,更易发生松脱现象。

5-2 解题过程 (1) 外力作用在摩擦圆之外,则驱动力矩大于摩擦力矩,轴颈将加速转动。

外力作用线与摩擦圆相切,则驱动力矩等于摩擦力矩,轴颈在轴承中处于临界自锁状态,轴颈作等速转动(如果原来轴颈是转动的)或静止不动(若轴颈原来就未转动)。

外力作用线与摩擦圆相割,即驱动力小于最大摩擦力矩,轴颈发生自锁。

(2) 会,当 $M_{外} < M_f$ 时发生自锁。

5-3 解题过程 错误。自锁机械本身可以运动,它只有在满足自锁条件的情况下才不能运动。自锁常用于螺旋千斤顶、斜面压榨机、偏心类器具等。

5-4 解题过程 通过对串联机组及并联机组的效率计算,得出只要机组中任一机器的效率很低就会使整个机组的效率极低。且串联机器的数目越多,机械效率也越低。而要提高并联机组的效率,应着重提高传递功率大的传动路线的效率。

5-5 知识点窍 (1) 考虑摩擦时机构的力分析;(2) 不考虑摩擦时机构的力分析。

逻辑推理 通过受力分析求出考虑摩擦时的有效阻力 F_3 和不考虑摩擦时的有效阻力 F_{30},则机械效率为 $\eta = \dfrac{F_3}{F_{30}}$。

机构受力分析如图 5-22(a) 所示;滑块受力分析如图 5-22(b) 所示。

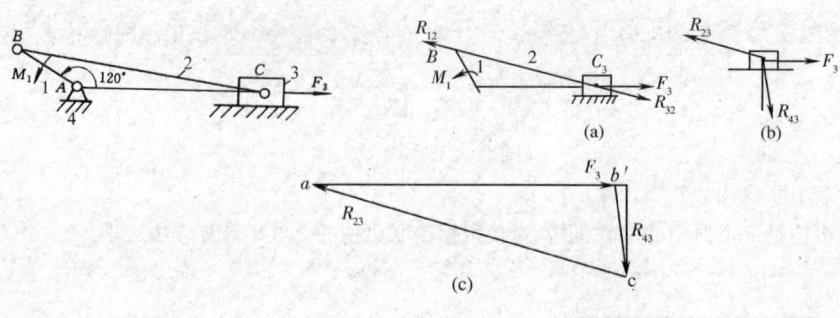

图 5-22

解题过程 (1) 考虑摩擦时

$\varphi = \arctan f = \arctan 0.15 = 9°$ 取 $\mu_l = 0.01\text{m/mm}$

$\rho = f_v \cdot r = 1\text{mm}$，摩擦圆较小可忽略。

因 $M_1 = R_{21} h \times 0.01 = 20$ 所以 $R_{21} = 250\text{N} = R_{23}$

取 $\mu_F = 5\text{N/mm}$，力三角形为 abc

$F_3 = \overline{ab} \times \mu_F = 50.61 \times 5 = 253.03\text{N}$

(2) 当不计摩擦时

$R_{21} \approx 250\text{N}$，力三角形变为 abc，力三角形如图 5-22(c)所示

得 $F_{30} = \overline{ab} \times u_F = 50.87 \times 5 = 284.4\text{N}$

(3) 计算机械效率

由公式 $\eta = F_3/F_{30}$，得 $\eta = 0.89 = 89\%$。

5-6 知识点窍 应用知识点：串联机组的机械效率为 $\eta = \dfrac{P_r}{P_d} = \eta_1 \eta_2 \cdots \eta_k$。

逻辑推理 由 $\eta = \eta_1 \eta_2 \eta_3$ 得出 η，由 $\eta = \dfrac{P_r}{P_d} = \dfrac{F_r}{F_d}$ 得出 P_d。

解题过程 $\eta = \eta_1 \eta_2 \eta_3 = 0.95 \times 0.97^2 \times 0.92 = 0.82$

$\eta = \dfrac{Fv}{P_d}$ $P_d = \dfrac{Fv}{\eta} = \dfrac{5500 \times 1.2}{0.82} = 8048.8\text{W}$

5-7 知识点窍 应用知识点：混联 $\eta = \dfrac{\sum P_r}{\sum P_d}$。

逻辑推理 由 P_A 和 η_A 求出 P_{rA}，同理求出 P_{rB}，再求出 $P_{dA}, P_{dB}, P_d = P_{dA} + P_{dB}$。

解题过程 $P_{rA} = \dfrac{P_A}{\eta_A} = \dfrac{5000}{0.8} = 6250\text{W}$

$P_{rB} = \dfrac{P_B}{\eta_B} = \dfrac{1000}{0.5} = 2000\text{W}$， $P_{dA} = \dfrac{P_{rA}}{\eta_3 \eta_1 \eta_l} = \dfrac{6250}{0.92 \times 0.97 \times 0.97} = 7220\text{W}$

$P_{dB} = \dfrac{P_{rB}}{\eta_3 \eta_1 \eta_l} = \dfrac{2000}{0.92 \times 0.97 \times 0.97} = 2310\text{W}$， $P_d = Pd_A + Pd_B = 9530\text{W}$

5-8 知识点窍 此题是判定机构的自锁条件。

逻辑推理 对 3 进行受力分析，只要 R_{23} 作用在摩擦角 φ 之内，楔块即发生自锁。

解题过程 （a）本题这里提供两种解法

① 方法一　根据运动副的自锁条件来确定。
如图 5-23(a) 所示。

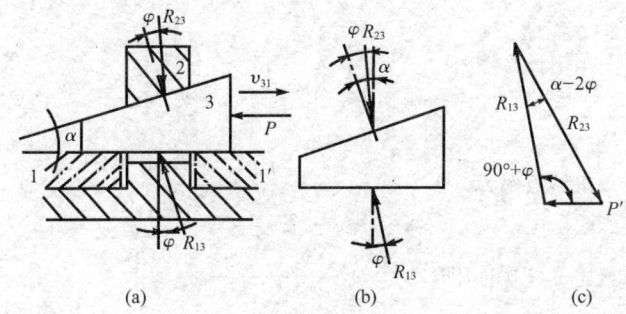

图 5 - 23

2 及工件 1 作用的总反力 R_{23} 和 R_{13}，由图可知，当总反力 R_{23} 作用在相对边的摩擦角 φ 之内时，楔块 3 即自锁。
即 $\alpha - \varphi \leqslant \varphi$ 或 $\alpha \leqslant 2\varphi$

② 方法二　根据 $\eta \leqslant 0$ 的条件来确定。
取楔块 3 分离体，所受各力如图 5-23(b) 所示。
根据楔块 3 的平衡条件作封闭三角形，如图 5-23(c) 所示。
由正弦定理可得　$R_{23} = P'\cos\varphi/\sin(\alpha - 2\varphi)$
当 $\varphi = 0$ 时，$R_{230} = P'/\sin\alpha$
于是反行机械效率　　$\eta' = \dfrac{R_{230}}{R_{23}} = \sin(\alpha - 2\varphi)/\cos\varphi\sin\alpha$
由自锁条件 $\eta = 0$ 得，$\alpha \leqslant 2\varphi$。

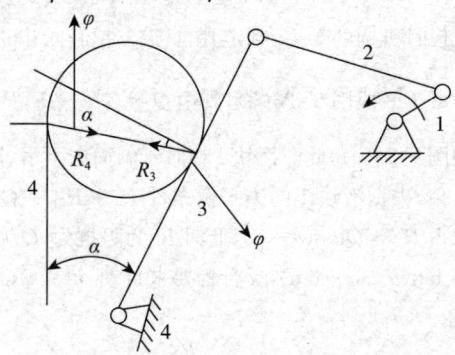

图 5 - 24

（b）设矿石的重量为 G，矿石与颚板间的摩擦因数为 f，则摩擦角为
$$\varphi = \arctan f$$
矿石有向上被挤出的趋势，其受力如图 5-24 所示，由力平衡条件知

$$2R_3 \sin\left(\frac{\alpha}{2} - \varphi\right) - G = 0$$

变形得

$$R_3 = \frac{G}{2\sin\left(\frac{\alpha}{2} - \varphi\right)}$$

当不计摩擦时

$$R_3^0 = \frac{G}{2\sin\frac{\alpha}{2}}$$

机械效率为

$$\eta = \frac{R_3^0}{R_3} = \frac{\sin\left(\frac{\alpha}{2} - \varphi\right)}{\sin\frac{\alpha}{2}}$$

当 $\eta \leqslant 0$ 时,即

$$\frac{\alpha}{2} - \varphi \leqslant 0$$

需要满足矿石不被挤出,即自锁条件为 $\alpha \leqslant 2\varphi$

5-9 知识点窍 考查自锁条件。

逻辑推理 由上题结论知 $\alpha > 2\varphi$ 可得。

解题过程 在半圆最高点处缝隙最大,等于 $R - h = 10\text{mm}$

所以 $d < 10\text{mm}$

又 $\alpha > 2\varphi$,所以 $\cos\alpha > \cos2\varphi, \varphi = \arctan f = 4.57°$。故由图 5-25 可知

$$\frac{h}{R-d} > 0.9873, \frac{R-d}{h} > 1.012863365$$

$R - d < 40.515, d > 9.424$,所以 $9.424 < d < 10$。

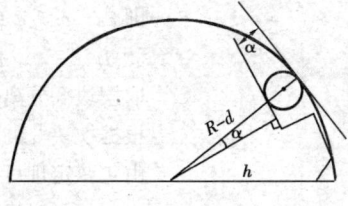

图 5-25

5-10 知识点窍 考查自锁条件的应用和机械效率的求法。

逻辑推理 先分析反行程时机构的受力,判定其自锁条件,再求出正行程的效率。

解题过程 图 5-26(a) 可等效成图 5-26(b),其中 $Q = G - \frac{\sqrt{2}}{2}F, P_2 = \frac{\sqrt{2}}{2}F$ 作出机构反行程时受力分析如图 5-26(c),此时滑块 1 相对于斜面向下滑,所以总反力 R_{21} 相对于 $n-n$ 向上偏斜 φ 角,根据滑块 1 的力平衡条件 $P' + R_{21} + Q = 0$ 作出力三角形如图 5-26(d),可求得 $P' = Q\tan(\alpha - \varphi)$,此时 P' 为阻抗力,Q 为驱动力。反行程机械效率 $\eta' = Q_0/Q = \tan(\alpha - \varphi)/\tan\alpha$,反行程要求自锁,$\eta' \leqslant 0$,得 $\alpha \leqslant \varphi = \arctan f = 11.3°$ 时滑块自锁。

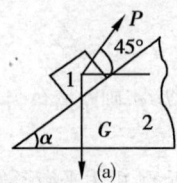 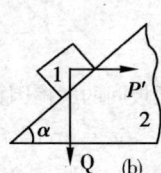 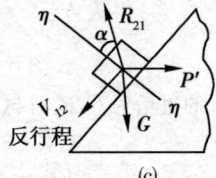 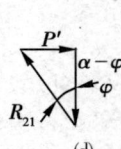

(a) (b) (c) (d)

图 5-26

提示：正行程时滑块 1 相对于斜面向上滑，总反力 R_{21} 相对于 $n-n$ 向下偏斜 φ 角。正反行程滑块 1 受力的区别仅是总反力 R_{21} 的偏斜方向不同，故要求正行程时驱动力 P，可直接从反行程受力 $P'=Qg(\alpha-\varphi)$ 中将摩擦角 φ 变号即可，这时算出 $\eta=P_0/P \geqslant 50\%$。

结论：斜面机构反行程自锁时，正行程的机械效率未必小于等于 50%。它随驱动力的方向在变化，合理地安排工作行程驱动力方向，可提高机械效率。

5-11 **知识点窍** 考查偏心夹具自锁条件。

逻辑推理 如图 5-27 所示，1 由偏心夹具自锁条件 $e\sin(\delta-\varphi)-(D\sin\varphi)/2\leqslant\rho$，且 e,φ,D,ρ 皆已知或易求出，所以可得出 $\delta_{\max}$，与 $h=H-(\dfrac{D}{2}+e\cos\delta)$ 联立即可得 $h_{\max}$。又易知 $\delta_{\min}=0$，即可得 $h_{\min}$。

解题过程 $\varphi=\text{arctg}f$。由 $e\sin(\delta-\varphi)-(D\sin\varphi)/2\leqslant\rho$

$\sin(\delta-\varphi)\leqslant\dfrac{\rho+(D\sin\varphi)/2}{e}$，解得 $0\leqslant\delta\leqslant 76.4565°$

$h_{\max}=H-(\dfrac{D}{2}+e\cos\delta)=100-(60+3.51)$

$=36.49\text{mm}$

$\delta_{\min}=0, h_{\min}=100-(60+15)=25\text{mm}$

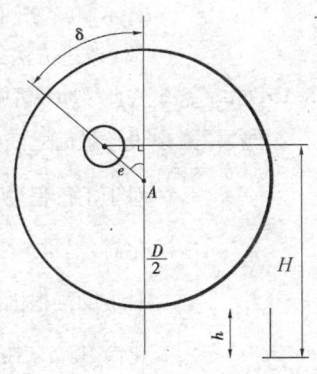

图 5-27

5-12 **知识点窍** 考查自锁条件。

逻辑推理 如图 5-28 所示，对 5 进行受力分析，只要 5 能满足自锁条件即可。

解题过程 只要 $\alpha\leqslant\varphi$ 即可，如图 5-29 所示。

即 $\cos\alpha\geqslant\cos\varphi \quad \dfrac{b}{l_2}\geqslant\cos(\arctan f) \quad \dfrac{l_2}{b}\leqslant\dfrac{1}{\cos(\arctan f)}, l_2\leqslant\dfrac{b}{\cos(\arctan f)}$，同时

$l_2\geqslant b \quad$ 则 $b\leqslant l_2\leqslant\dfrac{b}{\cos(\arctan f)}$

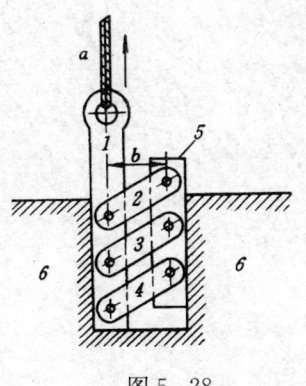

图 5-28

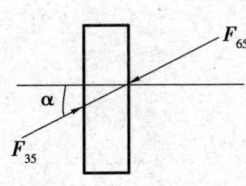

图 5-29

5-13 【知识点窍】考查机械效率的定义，$\eta = \dfrac{P_2}{P_1}$。

【解题过程】曲线 2 为真正的效率曲线。

原因：① 在起点处 $P_2 = 0, \eta = P_2/P_1 = 0$，1 不适合效率 η；

② 输入功率 $P_1 \neq 0$ 时，电枢电流 $I_a \neq 0$，转速 $n \neq 0$，曲线 1 适合 n。

5-14 【解题过程】(1) 发生故障的可能原因：当螺纹升角小于或等于螺旋副的摩擦角时，螺杆中的螺旋副满足自锁条件，导致该送丝装置在运行过程中，将会由于自锁使送丝头上下运行不顺畅，严重时电动机会发热甚至烧毁。

(2) 改进方法：选择螺纹升角大于螺旋副摩擦角的螺杆，避免螺旋副发生自锁。

5-15 【知识点窍】在此缓冲装置中，要求正反行程均不得自锁，即要求正、反行程时机构效率 $\eta > 0, \eta' > 0$。

【解题过程】设接触面之间接摩擦角为 φ。

对于正行程，机械效率为：$\eta = \dfrac{\tan(\alpha - 2\varphi)}{\tan\alpha} > 0$

化简，得 $\alpha > 2\varphi$，此为正行程不自锁的几何条件。

对于反行程机械效率为：$\eta' = \dfrac{\tan\alpha}{\tan(\alpha + 2\varphi)} > 0$

化简，得 $\alpha < 90° - 2\varphi$，此为反行程不自锁的几何条件。

综上所述，其正反行程均不自锁的条件为 $2\varphi < \alpha < 90° - 2\varphi$。

第六章

机械的平衡

学习要求

1. 掌握刚性转子静动平衡的原理和方法。
2. 了解平面四杆机构的平衡原理。

重难点提示

本章重点:掌握刚性转子的静平衡、动平衡的原理及计算方法,理解动静平衡的区别及联系。静平衡只能平衡惯性力,而动平衡要使惯性力和惯性力矩均平衡。

本章难点:动平衡的原理及计算方法。

内容提要

1 机械平衡的目的及内容

(1) 机械平衡的目的就是设法将构件的不平衡惯性力加以平衡,从而消除或减小惯性力的不良影响。

(2) 机械平衡的内容

对于绕固定轴转动的回转构件(即转子),可以就其本身加以平衡;对于做往复移动或平面运动的构件必须就整个机构进行研究。因此,机械的平衡问题分为转子的平衡和机构在机座上的平衡两类。

2 刚性转子的静平衡和动平衡

(1) 动平衡和静平衡的比较,如表 6-1 所示。

表 6-1

内容	静平衡	动平衡
适用对象	对于轴向尺寸较小的盘状转子(宽径比 $b/D<0.2$)它们的质量可以近似认为分布在垂直于轴线的同一平面内	对于轴向尺寸较大的转子($b/D\geqslant 0.2$),其质量就不能被认为分布在同一平面内
概念	这种转子的不平衡是因为其质心位置不在回转轴线上,且其不平衡现象在转子静止时就能够显示出来,故称为静不平衡。对于这种不平衡转子,只须重新分布其质量,使质心移到回转轴线上即可达到平衡,这种平衡称为静平衡	这种转子的不平衡,除了存在静不平衡外,还会存在力偶的不平衡。其不平衡在转子运转的情况下才能完全显示出来,故称为动不平衡。对于动不平衡的转子,须选择两个垂直于轴线的平衡基面,并在这两个面上适当加上(或除去)两个平衡质量,使转子所产生的惯性力和惯性力偶矩都达到平衡,这种平衡称为动平衡
平衡条件	静平衡的条件为:其惯性力的矢量和应等于零,或质径积的矢量和应等于零;即 $\sum P=0$ 或 $\sum m_i r_i =0$	动平衡的条件为:其惯性力的矢量和等于零,其惯性力矩的矢量和也应等于零,即 $\sum P=0$ 和 $\sum M_i=0$

(2) 转子的动平衡计算

① 首先在适当位置选择两个垂直于轴线的平衡基面,两平衡基面内应可增加或除去平衡质量,二者之间距离应适当大些。

② 根据一个力可分解为与其相平行的两个力的原理,将所有的离心惯性力分别分解到两个平衡基面内。

③ 分别在两个平衡基面内加(减)平衡质量,进行静平衡时,该转子便达到了动平衡,即其所有的离心惯性力的合力及合力矩都为零。

3 平衡实验

转子的静平衡实验是借助于导轮式静平衡实验装置,将转子的静平衡方位显示出来,再经过反复试加(减)平衡质量,直至转子的静不平衡现象消失为止。

转子的动平衡实验则需在专用的动平衡机上进行,并且由电子仪器显示出转子的两个平衡基面上应加的平衡质量大小和方向。

4 平面机构的平衡

(1) 平面机构平衡的条件是:通过机构质心的总惯性力 F 和总惯性力偶矩 M 分别为零,即
$$F = 0 \quad M = 0$$
但在实际的平衡计算中,总惯性力偶矩对基座的影响应当与外加的驱动力和阻抗力矩一并研究,单独平衡总惯性力偶矩往往没有意义。

(2) 机构惯性力的平衡方法:

1) 完全平衡:使机构的总惯性力恒为零。可采用下述措施:
① 利用对称机构平衡; ② 利用平衡质量平衡;

2) 部分平衡:只平衡掉机构总惯性力的一部分。可采用下述措施:
① 利用非完全对称机构平衡; ② 利用平衡质量部分平衡;
③ 利用弹簧平衡。

典型例题分析

例 6.1 如图 6-1(a) 所示为一装有皮带轮的滚筒轴。已知带轮上有一不平衡质量 $m_1 = 0.5\text{kg}$,滚筒上有三个不平衡质量 $m_2 = m_3 = m_4 = 0.4\text{kg}$,其回转半径 $r_1 = 80\text{mm}$, $r_2 = r_3 = r_4 = 100\text{mm}$,各不平衡质量的分布如图 6-1(a)。试对该滚筒进行动平衡设计。

解题过程 (1) 选择滚筒轴的两个端面 T'、T'' 为平衡面。将不平衡质量 m_1、m_2、m_3、m_4 分别分解到平衡平面 T'、T'' 上。

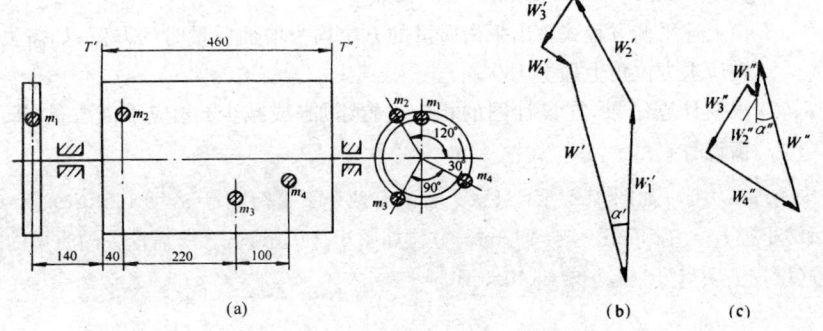

图 6-1

在 T' 平面内
$m_1' = 600/460 \times 0.5\text{kg} = 0.652\text{kg}$ $m_2' = 420/460 \times 0.4\text{kg} = 0.365\text{kg}$
$m_3' = 200/460 \times 0.4\text{kg} = 0.174\text{kg}$ $m_4' = 100/460 \times 0.4\text{kg} = 0.087\text{kg}$

在 T'' 平面内
$m_1'' = 140/460 \times 0.5\text{kg} = 0.152\text{kg}$ $m_2'' = 40/460 \times 0.4\text{kg} = 0.035\text{kg}$
$m_3'' = 260/460 \times 0.4\text{kg} = 0.226\text{kg}$ $m_4'' = 360/460 \times 0.4\text{kg} = 0.313\text{kg}$

(2) 各不平衡质径积的大小

$W_1' = m_1'r_1 = 0.652 \times 80 \text{kg} \cdot \text{mm} = 52.16 \text{kg} \cdot \text{mm}$

$W_1'' = m_1''r_1 = 0.152 \times 80 \text{kg} \cdot \text{mm} = 12.16 \text{kg} \cdot \text{mm}$

$W_2' = m_2'r_1 = 0.365 \times 100 \text{kg} \cdot \text{mm} = 36.5 \text{kg} \cdot \text{mm}$

$W_2'' = m_2''r_2 = 0.035 \times 100 \text{kg} \cdot \text{mm} = 3.5 \text{kg} \cdot \text{mm}$

$W_3' = m_3'r_3 = 0.174 \times 100 \text{kg} \cdot \text{mm} = 17.4 \text{kg} \cdot \text{mm}$

$W_3'' = m_3''r_3 = 0.226 \times 100 \text{kg} \cdot \text{mm} = 22.6 \text{kg} \cdot \text{mm}$

$W_4' = m_4'r_4 = 0.087 \times 100 \text{kg} \cdot \text{mm} = 8.7 \text{kg} \cdot \text{mm}$

$W_4'' = m_4''r_4 = 0.313 \times 100 \text{kg} \cdot \text{mm} = 31.3 \text{kg} \cdot \text{mm}$

(3) 确定平衡平面 T'、T'' 上需加平衡质量。

对平面 T' $m_b'r_b' + m_1'r_1 + m_2'r_2 + m_3'r_3 + m_4'r_4 = 0$

取比例尺 $\mu_W = 1 \text{kg} \cdot \text{mm/mm}$，作图 6-2(b) 可得

则 m_b' 的质径积为 $m_b'r_b' = W' \cdot \mu_W = 67 \text{kg} \cdot \text{mm}$

方向为 $\alpha' = 17°$

对平面 T'' $m_b''r_b'' + m_1''r_1 + m_2''r_2 + m_3''r_3 + m_4''r_4 = 0$

同样取 $\mu_W = 1 \text{kg} \cdot \text{mm/mm}$，作图 6-2(c) 可得

m_b'' 的质径积为 $m_b''r_b'' = W'' \cdot \mu_W = 45 \text{kg} \cdot \text{mm}$

方向为 $\alpha'' = 18°$

(4) 先确定 r_b'、r_b''，便可计算出平衡质量 m_b'、m_b''。

设定 $r_b' = r_b'' = 100 \text{mm}$

可得 $m_b' = 0.67 \text{kg}, m_b'' = 0.45 \text{kg}$

由上述平衡方程式算出平衡质量的方位均为增加质量时的方位，如需去除质量应在所求方位角上加上 180°。

(5) 根据计算结果，在设计图的相应位置添加（或减少）相应平衡质量，即可完成平衡设计。

例 6.2（华南理工大学）如图 6-2 所示盘状滚子上有两个不平衡质量 $m_1 = 1.5 \text{kg}, m_2 = 0.8 \text{kg}$，其回转半径 $r_1 = 140 \text{mm}, r_2 = 180 \text{mm}$，方位如图 6-3 所示。试求所需挖去的质量的大小和方位（设挖去质量处半径 $r_b = 140 \text{mm}$）。

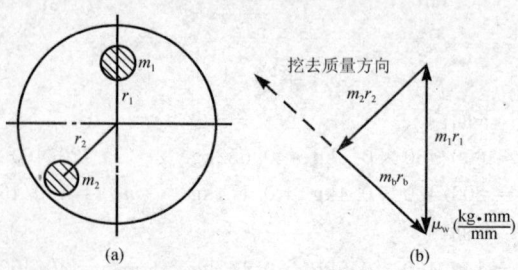

图 6-2

知识点窍	带有不平衡质量的问题。
逻辑推理	首先求出不平衡质量的质径积,列出静平衡矢量方程,然后通过比例作图得出平衡质量。
解题过程	(1) 各不平衡质量的质径积为

$$m_1 r_1 = 210 \text{kg} \cdot \text{mm} \quad m_2 r_2 = 144 \text{kg} \cdot \text{mm}$$

(2) 列出静平衡矢量方程

静平衡条件为 $m_1 \boldsymbol{r}_1 + m_2 \boldsymbol{r}_2 + m_b \boldsymbol{r}_b = 0$

(3) 按比例作图 6-3(b),解得 $m_b r_b = 140 \text{kg} \cdot \text{mm}$

由此可得应加平衡质量为 $m_b = 140/140 \text{kg} = 1 \text{kg}$

挖去的质量应在 $m_b r_b$ 矢量的反方向 140mm 处挖去 1kg 质量。

例 6.3 图 6-3 所示非均质转子中,已知偏心质量为 $m_1 = 3\text{g}, m_2 = 4\text{g}, m_3 = 5\text{g}$;它们的位置半径为 $r_1 = r_2 = r_3 = 100\text{mm}$;轴向分布尺寸为 $l_1 = 100\text{mm}, l_2 = 120\text{mm}, l_3 = 320\text{mm}, l_4 = 340\text{mm}$;角度参数为:$\alpha_1 = 60°, \alpha_2 = 130°, \alpha_3 = 240°$。取平衡的配重基面为 Ⅰ 和 Ⅱ,配重质量的质心回转半径为 $r_{\text{Ⅰ}} = r_{\text{Ⅱ}} = 100\text{mm}$。试求平衡配重质量 $m_{\text{Ⅰ}}$ 和 $m_{\text{Ⅱ}}$ 的大小和平衡方位(允许采用图解法或解析法求解)。

逻辑推理 此题属动平衡计算问题。实现动平衡的条件是在平衡基面Ⅰ、Ⅱ内所加平衡质量及偏心质量 m_1、m_2、m_3 所产生的惯性力的矢量之和为零,且它们所构成的力偶矩矢量和也为零。

解题过程 质径积分解:$L = l_1 + l_2 + l_3 + l_4 = 880\text{mm}$

$$W_{1\text{Ⅰ}} = m_{1\text{Ⅰ}} r_{\text{Ⅰ}} = m_1 r_1 (l_2 + l_3 + l_4)/L = 26.6 \text{g} \cdot \text{cm}$$

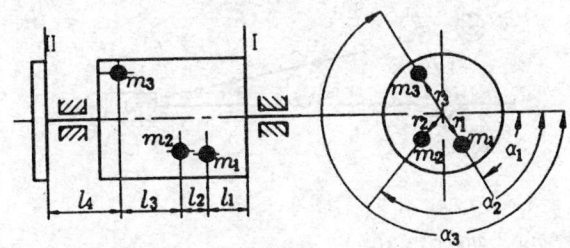

图 6-3

$$W_{1\text{Ⅱ}} = m_{1\text{Ⅱ}} r_{\text{Ⅱ}} = m_1 r_1 l_1/L = 3.41 \text{g} \cdot \text{cm}$$

$$W_{2\text{Ⅰ}} = m_{2\text{Ⅰ}} r_{\text{Ⅰ}} = m_2 r_2 (l_3 + l_4)/L = 30 \text{g} \cdot \text{cm}$$

$$W_{2\text{Ⅱ}} = m_{2\text{Ⅱ}} r_{\text{Ⅱ}} = m_2 r_2 (l_1 + l_2)/L = 10 \text{g} \cdot \text{cm}$$

$$W_{3\text{Ⅰ}} = m_{3\text{Ⅰ}} r_{\text{Ⅰ}} = m_3 r_3 l_4/L = 19.32 \text{g} \cdot \text{cm}$$

$$W_{3\text{Ⅱ}} = m_{3\text{Ⅱ}} r_{\text{Ⅱ}} = m_3 r_3 (l_1 + l_2 + l_3)/L = 30.68 \text{g} \cdot \text{cm}$$

平衡基面Ⅰ、Ⅱ上的质径积矢量平衡方程:

$$\boldsymbol{W}_{1\text{Ⅰ}} + \boldsymbol{W}_{2\text{Ⅰ}} + \boldsymbol{W}_{3\text{Ⅰ}} + \boldsymbol{W}_{b\text{Ⅰ}} = 0 \quad \boldsymbol{W}_{1\text{Ⅱ}} + \boldsymbol{W}_{2\text{Ⅱ}} + \boldsymbol{W}_{3\text{Ⅱ}} + \boldsymbol{W}_{b\text{Ⅱ}} = 0$$

取 $\mu_\omega = 1\text{g} \cdot \text{cm/mm}$ 画平衡基面Ⅰ、Ⅱ上的质径积矢量多边形如图 6-4 所示。由图得:

$$W_{b\text{Ⅰ}} = 32.5 \text{g} \cdot \text{cm} \quad m_{\text{Ⅰ}} = 3.25 \text{g} \quad \text{方向角 } \alpha_{b\text{Ⅰ}} = 298°$$

$W_{bⅡ} = 24.5g \cdot cm \quad m_Ⅱ = 2.45g \quad$ 方向角 $\alpha_{bⅡ} = 40°$

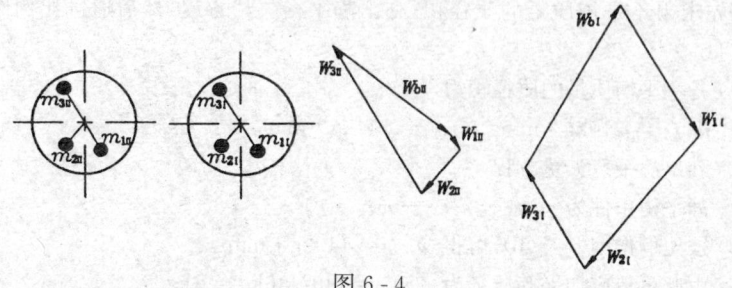

图 6-4

例 6.4 在图 6-5 所示的曲柄滑块机构中,已知各构件的尺寸为 $l_{AB} = 100mm, l_{BC} = 400mm$,连杆 2 的质量 $m_2 = 12kg$,质心 C_2 在 $l_{BC_2} = l_{BC}/3$ 处;滑块 3 的质量 $m_3 = 20kg$,质心在 C 点处;曲柄 1 的质心与 A 点重合。今欲利用平衡质量法对该机构进行平衡。试问若对机构进行完全平衡和只平衡滑块 3 处往复惯性力的 50%,需加多大的平衡质量(取 $l_{BC'} = l_{AC''} = 50mm$)及平衡质量应加在什么地方?

知识点窍 平衡质量法对机构进行平衡。

逻辑推理 分为完全平衡和部分平衡进行考虑。

解题过程 (1)完全平衡 需两个平衡质量,各加在连杆 C' 点和曲柄 C'' 点处的平衡质量大小为

$$m'_b = \frac{m_2 l_{BC_2} + m_3 l_{BC}}{l_{BC'}} = (12 \times 40/3 + 20 \times 40)/5 = 192kg$$

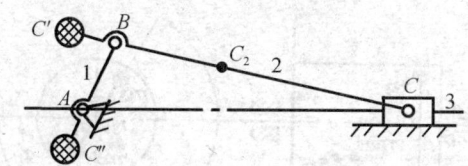

图 6-5

$$m''_b = \frac{(m'_b + m_2 + m_3) l_{AB}}{l_{AC''}} = (192 + 12 + 20) \times 10/5 kg = 448kg$$

(2)部分平衡 需要一个平衡质量,加在曲柄延长线上 C'' 点处。平衡质量的大小用 B、C 为代换点将连杆质量作静代换得

$$m_{2B} = m_2 l_{CC_2}/l_{BC} = 12 \times 2/3 kg = 8kg$$
$$m_{2C} = m_2 l_{BC_2}/l_{BC} = 12/3 kg = 4kg$$
$$m_B = m_{2B} = 8kg \quad m_C = m_{2C} + m_3 = 14kg$$

故平衡质量为: $m = (m_B + \frac{1}{2} m_C) l_{AB}/l_{AC''} = \frac{(8 + 24/2) \times 10}{5} kg = 40kg$

(3)两种平衡方法各需加的总平衡质量如下:

平衡方法	完全平衡	部分平衡
总平衡质量/kg	640	40

例 6.5 图 6-6(a)所示为一回转体,其上有不平衡质量 $m_1 = 1\text{kg}, m_2 = 2\text{kg}$,与转动轴线的距离分别为 $r_1 = 300\text{mm}, r_2 = 150\text{mm}, m_1r_1, m_2r_2$ 与 x 轴正向的夹角分别为 $45°$ 和 $315°$。试计算在 P, Q 两平衡校正面上应加的平衡质径积 $(m_br_b)_P$ 和 $(m_br_b)_Q$ 的大小和方位。

逻辑推理 首先这是动平衡问题。动平衡的计算就是把空间力系转化为平面汇交力系的问题,即把不平衡力分解到两个平衡基面上,再按静平衡的方法计算。

解题过程 先把不平衡力向两个平衡基面上分解。

$m_1r_1 = 1 \times 300 = 300\text{kg}\cdot\text{mm}$ $m_2r_2 = 2 \times 150 = 300\text{kg}\cdot\text{mm}$

P 面:$m_1r_1 200 = m_1'r_1' 300, m_1'r_1' = 300/300 \times 200 = 200\text{kg}\cdot\text{mm}$

$m_2r_2 100 = m_2'r_2' 300, m_2'r_2' = 300/300 \times 100 = 100\text{kg}\cdot\text{mm}$

Q 面:$m_1r_1 100 = m_1''r_1'' 300, m_1''r_1'' = 300/300 \times 100 = 100\text{kg}\cdot\text{mm}$

$m_2r_2 200 = m_2''r_2'' 300, m_2''r_2'' = 300/300 \times 200 = 200\text{kg}\cdot\text{mm}$

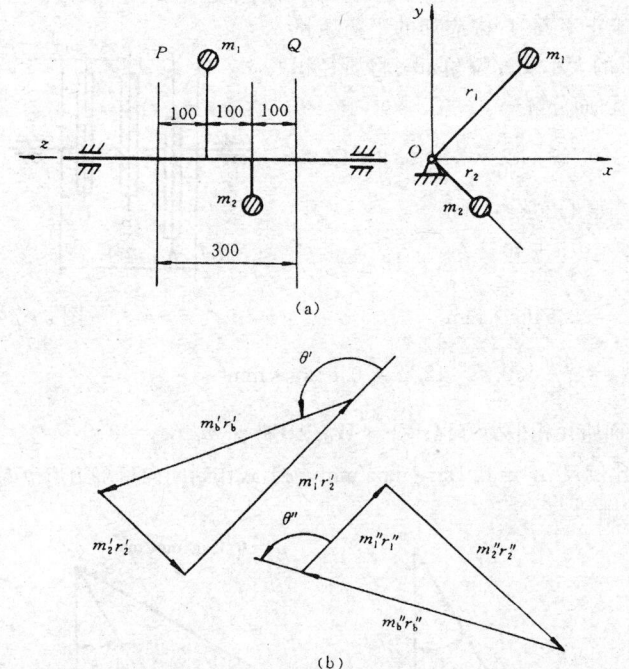

图 6-6

(1) 用图解法。取作图比例 $\mu_{mr} = 5 \dfrac{\text{kg}\cdot\text{mm}}{\text{mm}}$,作图如图 6-6(b) 所示。由图量得

$m_b'r_b' = (m_br_b)_P = 224\text{kg}\cdot\text{mm}$ $m_b''r_b'' = (m_br_b)_Q = 224\text{kg}\cdot\text{mm}$

方位角如图所示:$\theta' = 153.4°, \theta'' = 116.8°$。

(2) 用解析法。设 α 表示与 x 轴正向的解。

在 P 面上有:$(m_b'r_b')_x = -(m_1'r_1'\cos45° + m_2'r_2'\cos315°) = -150\sqrt{2}$

$(m_b'r_b')_y = -(m_1'r_1'\sin45° + m_2'r_2'\sin315°) = -50\sqrt{2}$

$m_b'r_b' = \sqrt{(m_b'r_b')_x^2 + (m_b'r_b')_y^2} = 223.61 \text{kg} \cdot \text{mm}$

与 x 轴正向夹角为:$\theta_x' = \arctan[(m_b'r_b')_y/(m_b'r_b')_x] = 198.43°$

在 Q 面上有:$(m_b''r_b'')_x = -(m_1''r_1''\cos45° + m_2''r_2''\cos315°) = -150\sqrt{2}$

$(m_b''r_b'')_y = -(m_1''r_1''\sin45° + m_2''r_2''\cos315°) = 50\sqrt{2}$

$m_b''r_b'' = \sqrt{(m_b''r_b'')_y^2 + (m_b''r_b'')_y^2} = 223.61 \text{kg} \cdot \text{mm}$

与 x 轴正向夹角为:$\theta_x'' = \arctan[(m_b''r_b'')_y/(m_b''r_b'')_x] = 161.57°$

例 6.6 高速水泵的凸轮轴系由 3 个互相错开 120° 的偏心轮所组成,每一偏心轮的质量为 0.4kg,其偏心距为 12.7mm,设在平衡平面 I 和 II 中各装一个平衡质量 m_p^{I} 和 m_p^{II} 使之平衡,其回转半径 $r_p^{I} = r_p^{II} = 10$mm,其它尺寸如图 6-7 所示(单位:mm)。求所加平衡质量 m_p^{I} 和 m_p^{II} 的大小的位置。

解题过程 (1) 求校正平面 I 内应加的平衡质量 m_p^{I} 的大小及方位角 α^{I}。将质径积向 I 面分解

$W_A^{I} = \dfrac{75+75+40}{230} \times 0.4 \times 12.7$

$= 4.20 \text{kg} \cdot \text{mm}$

$W_B^{I} = \dfrac{75+40}{230} \times 0.4 \times 12.7$

$= 2.54 \text{kg} \cdot \text{mm}$

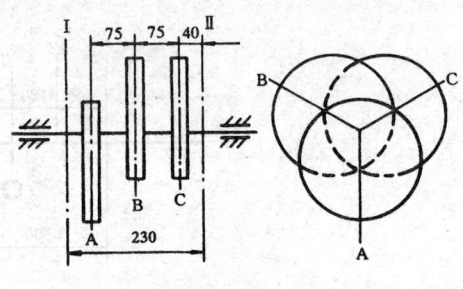

图 6-7

$W_C^{I} = \dfrac{40}{230} \times 0.4 \times 12.7 = 0.88 \text{kg} \cdot \text{mm}$

I 面质径积平衡方程:$\boldsymbol{W}_A^{I} + \boldsymbol{W}_B^{I} + \boldsymbol{W}_C^{I} + m_p^{I} \boldsymbol{r}_p^{I} = 0$

取比例尺 $\mu_W = 0.1 \text{kg} \cdot \text{mm/mm}$,按上式作封闭向量多边形 $pabcp$,如图 6-8(a) 所示。则

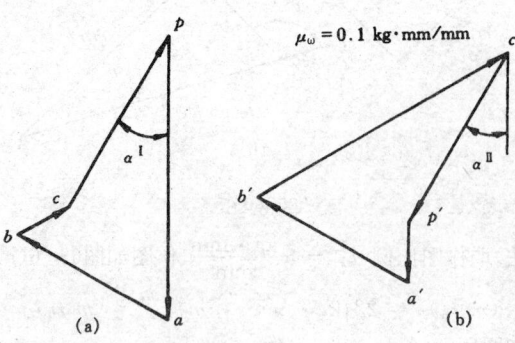

图 6-8

$$m_\mathrm{p}^\mathrm{I} = \frac{m_\mathrm{p}^\mathrm{I} r_\mathrm{p}^\mathrm{I}}{r_\mathrm{p}^\mathrm{I}} = \frac{\overline{cp}\mu_W}{r_\mathrm{p}^\mathrm{I}} = \frac{29 \times 0.1}{10} = 0.29\mathrm{kg}$$

$$\alpha^\mathrm{I} = 30°$$

(2) 求校正平面 Ⅱ 内应加的平衡质量 m_p^II 的大小及方位角 α^II。将质径积向 Ⅱ 面分解

$$W_A^\mathrm{II} = \frac{40}{230} \times 0.4 \times 12.7 = 0.88\mathrm{kg} \cdot \mathrm{mm}$$

$$W_B^\mathrm{II} = \frac{40+75}{230} \times 0.4 \times 12.7 = 2.54\mathrm{kg} \cdot \mathrm{mm}$$

$$W_C^\mathrm{II} = \frac{40+75+75}{230} \times 0.4 \times 12.7 = 4.20\mathrm{kg} \cdot \mathrm{mm}$$

Ⅱ 面质径积平衡方程:$\boldsymbol{W}_A^\mathrm{II} + \boldsymbol{W}_B^\mathrm{II} + \boldsymbol{W}_C^\mathrm{II} + m_\mathrm{p}^\mathrm{II} \boldsymbol{r}_\mathrm{p}^\mathrm{II} = 0$

取 $\mu_W = 0.1\mathrm{kg} \cdot \mathrm{mm/mm}$,按上式作封闭向量多边形 $p'a'b'c'p'$,如图 6-8(b) 所示。则

$$m_\mathrm{p}^\mathrm{II} = \frac{m_\mathrm{p}^\mathrm{II} r_\mathrm{p}^\mathrm{II}}{r_\mathrm{p}^\mathrm{II}} = \frac{\overline{c'p'}\mu_W}{r_\mathrm{p}^\mathrm{II}} = \frac{29 \times 0.1}{10} = 0.29 \quad \mathrm{kg} \quad \alpha^\mathrm{II} = 30°$$

例 6.7 在图 6-9 所示的铰链四杆机构中,已知:$l_{AB} = 120\mathrm{mm}$,$l_{BC} = 400\mathrm{mm}$,$l_{CD} = 280\mathrm{mm}$,$l_{DA} = 450\mathrm{mm}$,各杆的质量及质心 S_1, S_2, S_3 的位置分别为:$m_1 = 0.1\mathrm{kg}$,$l_{BS_1} = 75\mathrm{mm}$;$m_2 = 0.8\mathrm{kg}$,$l_{BS_2} = 200\mathrm{mm}$;$m_3 = 0.4\mathrm{kg}$,$l_{DS_3} = 150\mathrm{mm}$。试对该机构进行平衡设计,以使其运转时机构惯性力完全平衡。

逻辑推理 为了使该机构惯性力完全平衡,既可采用质量静替代法,也可采用对称机构平衡法。本题采用质量静替代法,通过在两连架杆 BA 和 CD 延长线上各加一个平衡质量使其达到完全平衡。设 $r_{e1} = 100\mathrm{mm}$,$r_{e3} = 200\mathrm{mm}$,求得 m_{e1}, m_{e3},并求出机构平衡后的总质量 m 及总质心位置 S。

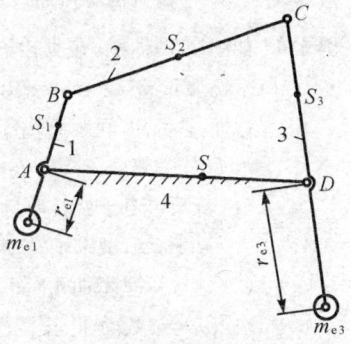

图 6-9

解题过程 (1) 用质量静替代的方法将构件 1,2,3 的质量分别代替到铰链 A, B, C, D 的中心上,得;

$$m_{1A} = \frac{l_{BS_1}}{l_{AB}} m_1 = \frac{(120-75)}{120} \times 0.1 = 0.0375\mathrm{kg}$$

$$m_{1B} = \frac{l_{AS_1}}{l_{AB}} m_1 = \frac{75}{120} \times 0.1 = 0.0625\mathrm{kg}$$

$$m_{2B} = \frac{l_{CS_2}}{l_{BC}} m_2 = \frac{200}{400} \times 0.8 = 0.4\mathrm{kg}$$

$$m_{2C} = \frac{l_{BS_2}}{l_{BC}} m_2 = \frac{200}{400} \times 0.8 = 0.4\mathrm{kg}$$

$$m_{3C} = \frac{l_{DS_3}}{l_{CD}} m_3 = \frac{150}{280} \times 0.4 = 0.214\mathrm{kg}$$

$$m_{3D} = \frac{l_{CS_3}}{l_{CD}} m_3 = \frac{(280-150)}{280} \times 0.4 = 0.186 \text{kg}$$

$$m_B = m_{1B} + m_{2B} = 0.4 + 0.0625 = 0.4625 \text{kg}$$

$$m_C = m_{2C} + m_{3C} = 0.4 + 0.214 = 0.614 \text{kg}$$

(2) 为平衡 m_B 所引起的惯性,应有:$m_{e1} \cdot r_{e1} = m_B \cdot l_{AB}$

则曲柄 1 的平衡质量:$m_{e1} = \frac{m_B \cdot l_{AB}}{r_{e1}} = \frac{0.4625 \times 120}{100} = 0.555 \text{kg}$

同理,为平衡 m_C 所引起的惯性力,应有:$m_{e3} \cdot r_{e3} = m_C \cdot l_{CD}$

则摇杆 3 的平衡质量:$m_{e3} = \frac{m_C \cdot l_{CD}}{r_{e3}} = \frac{0.614 \times 280}{200} = 0.860 \text{kg}$

(3) A 点的质量

$$m_A = m_{1A} + m_B + m_{e1} = 0.0375 + 0.4625 + 0.555 = 1.055 \text{kg}$$

D 点的质量 $m_D = m_C + m_{3D} + m_{e3} = 0.614 + 0.186 + 0.860 = 1.66 \text{kg}$

$$l_{AS} : l_{DS} = m_D : m_A = \frac{1.66}{1.055} = 1.57 \quad 450 - l_{DS} = 1.57 l_{DS}$$

则机构总质心 S 的位置为 $l_{DS} = 175 \text{mm}$

(4) 机构的总质量 $m = m_A + m_D = 1.055 + 1.66 = 2.715 \text{kg}$

因此,当机构运动时,机构的总质心处于 S 点静止不动,此时该机构达到惯性力的完全平衡。

该机构也可通过加平衡机构的方法使其惯性力完全平衡。

例 6.8 如图 6-10 所示,盘类转子 A 与轴类转子 B 安装在同一轴上,并在截面 Ⅰ 和 Ⅱ 上分别有不平衡质量 $m_A = m_B = 2 \text{kg}$,且 m_A 与 m_B 位于同一轴截面上。又知 $r_A = 20 \text{mm}$,$r_B = 30 \text{mm}$,截面 Ⅰ 和 Ⅱ 间距离 $L_{ⅠⅡ} = 200 \text{mm}$,截面 Ⅱ 与轴承 C 处距离 $L_{ⅡC} = 600 \text{mm}$,截面 Ⅰ 与轴承 D 处距离 $L_{ⅠD} = 200 \text{mm}$。

(1) 若限定由于旋转质量的惯性力及其力偶而在轴承 C 处产生的动压力 R_C 的最大值 $R_{Cmax} = 160 \text{N}$,试求轴转动角速度的最大值为多少?

(2) 选定一垂直轴的平面 Ⅲ 为平衡面,在其上加平衡质量 m_b。现给定平衡半径 $r_b = 40 \text{mm}$,那么 $m_b = ?$ 截面 Ⅲ 至截面 Ⅱ 的距离 $L_{ⅡⅢ} = ?$ 并在图中标出截面 Ⅲ 的位置。

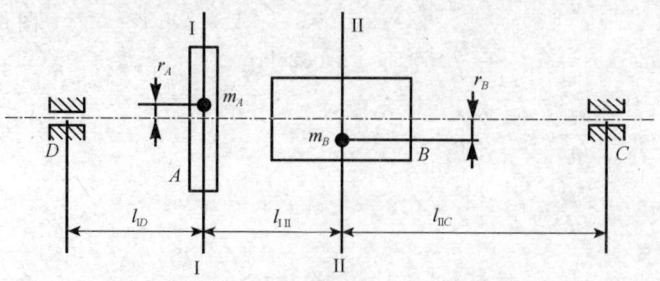

图 6-10

知识点窍　惯性力的平衡,力矩平衡。

逻辑推理　(1) 所有的惯性力在轴承支座处的反力为动压力。不平衡质量在旋转时产生的惯性力 $F_i = m_i\omega^2 r_i$。

(2) 惯性力的不平衡,不但会使平衡质量 m_b 产生的惯动力与 m_A、m_B 的惯性力相平衡,还使其力矩平衡。

解题过程　(1) 惯性力　　$F_A = m_A\omega^2 r_A = 0.04\omega^2 \text{N}(方向向上)$

$F_B = m_B\omega^2 r_B = 0.06\omega^2 \text{N}(方向向下)$

又因为　　$\sum M_D = F_A \cdot l_{\text{I}D} - F_B(l_{\text{I}D} + l_{\text{I II}}) + F_C(l_{\text{I}D} + l_{\text{I II}} + l_{\text{II}c}) = 0$

所以　　$F_C = \dfrac{F_B(l_{\text{I}D} + l_{\text{I II}}) - F_A l_{\text{I}D}}{l_{\text{I}D} + l_{\text{I II}} + l_{\text{II}C}} = 0.016\omega^2$

则角速度的最大值为 $\omega_{\max} = \sqrt{R_{C\max}/0.016} = 100 \text{rad/s}$

(2) 因为 m_A 与 m_B 位于同一轴截面上,$F_b + F_A = F_B$,所以 $F_b = 0.02\omega^2 \text{N}$,(方向向上);

又因为 $F_b = m_b\omega^2 r_b$,所以 $m_b = 0.02\omega^2/0.04\omega^2 = 0.5\text{kg}$。

又因为 $\sum M_C = 0$,即 $F_A(l_{\text{I II}} + l_{\text{II}C}) - F_B l_{\text{II}C} + F_b(l_{\text{II}C} - l_{\text{II III}}) = 0$

则得 $l_{\text{II III}} = 400\text{mm}$

截面 III 在 II 面与 C 之间,距 II 面 400mm。

例 6.9　在图 6-11 所示的盘形转子中,有四个偏心质量位于同一回转平面内,其大小及回转半径分别为 $m_1 = 5\text{kg}, m_2 = 7\text{kg}, m_3 = 8\text{kg}, m_4 = 10\text{kg}, r_1 = r_4 = 10\text{cm}, r_2 = 20\text{cm}, r_3 = 15\text{cm}$,方位如图 6-11 所示。又设平衡质量 m_b 的回转半径 $r_b = 15\text{cm}$。试求平衡质量 m_b 的大小及方位。

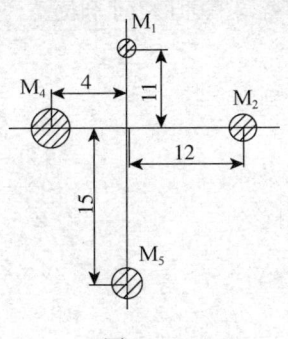

图 6-11

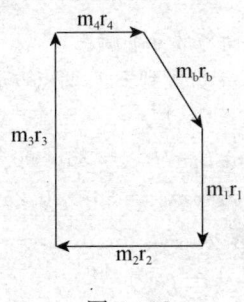

图 6-12

知识点窍　质径积平衡条件。

解题过程　根据静平衡条件有

$m_b\vec{r}_b + m_1\vec{r}_1 + m_2\vec{r}_2 + m_3\vec{r}_3 + m_4\vec{r}_4 = 0$

以 $\mu_W = 5(\text{rad/s})/\text{mm}$ 作质径积多边形图 6-12,故得

$m_b = \mu_W w_b/r_b = 5 \times 16.1/15 = 5.37(\text{kg})$

$\theta_b = 119.7°$

例 6.10 如图 6-13 所示盘形回转件上存在 3 个偏置质量，已知 $m_1 = 10\text{kg}, m_2 = 15\text{kg}, m_3 = 10\text{kg}, r_1 = 50\text{mm}, r_2 = 100\text{mm}, r_3 = 70\text{mm}$，设所有不平衡质量分布在同一回转平面内，问应在什么方位上加多少平衡质径积才能达到平衡？

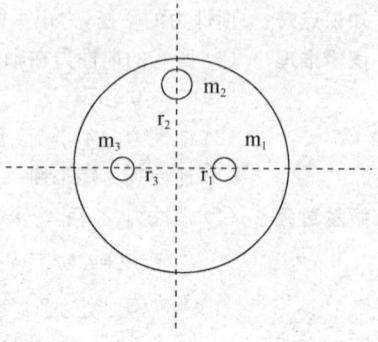

图 6-13

知识点窍 静平衡计算。

解题过程 本题是一个典型的静平衡计算问题。

$m_1 r_1 = 10 \times 50 = 500(\text{kg} \cdot \text{mm})$

$m_2 r_2 = 15 \times 100 = 1500(\text{kg} \cdot \text{mm})$

$m_3 r_3 = 10 \times 70 = 700(\text{kg} \cdot \text{mm})$

r_1 与 r_3 共线，可代数相加得：

$m_3 r_3 - m m_1 r_1 = 700 - 500 = 200(\text{kgmm})$，方向与 $\vec{r_3}$ 相同

质径积多边形如图 6-14 所示

平衡条件：$m_b \vec{r_b} + m_1 \vec{r_1} + m_2 \vec{r_2} + m_3 \vec{r_3} = 0$

由此可得 $m_b r_b = \sqrt{200^2 + 1500^2} = 1513.275(\text{kgmm})$

$\theta = 270° + \text{arctg} 200/1500 = 277.595°$

θ 为平衡质径积与轴正向的夹角。

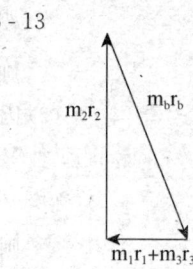

图 6-14

例 6.11 图 6-15 所示的铰链四杆机构中，已知 $L_{AB} = 48\text{mm}, L_{BC} = 160\text{mm}, L_{CD} = 105\text{mm}, L_{AD} = 200\text{mm}$，各构件的质量分别为 $m_1 = 10\text{kg}$，质心在 A 点；$m_2 = 36\text{kg}, L_{BS2} = 90\text{mm}; m_3 = 25\text{kg}, L_{DS3} = 80\text{mm}$。如在曲柄 AB 和摇杆 CD 上设置配重，$r_{f1} = 50\text{mm}$ $r_{f3} = 80\text{mm}$。使机构的惯性力达到完全平衡，求配重的大小和位置。

知识点窍 完全平衡与部分平衡。

解题过程 （1）将 m_2 分配到 $B、C$ 两点，$m_{B2}、m_{C2}$ 分别为

$m_2 L_{BS2} = m_{C2} L_{BC}$

$m_{C2} = m_2 L_{BS2}/L_{BC} = 36 \times 90/160 = 20.25\text{kg}$

$m_{B2} = 36 - m_{C2} = 36 - 20.25 = 15.75\text{kg}$

（2）计算 $m_{f1}、m_{f3}$

由 $m_{B2} L_{AB} = m_{f1} r_{f1}$ 得

$m_{f1} = m_{B2} L_{AB}/r_{f1} = 15.75 \times 48/50 = 15.12\text{kg}$

由 $m_{C2} L_{CD} + m_3 L_{DS3} = m_{f1} r_{f3}$ 得

$m_{f3} = (m_C L_{CD} + m_3 L_{DS3})/r_{f3} = (20.25 \times 105 + 25 \times 80)/80 = 51.578\text{kg}$

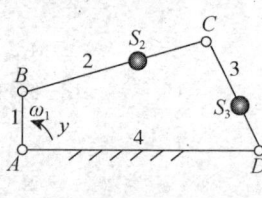

图 6-15

例 6.12 图 6-16 为一个刚性转子,在四个位置上存在不平衡质量,$m_1=10\text{kg}$,$r_1=150\text{mm}$,$\theta_1=0°$,$m_2=15\text{kg}$,$r_2=140\text{mm}$,$\theta_2=90°$,$y_2=200\text{mm}$,$m_3=20\text{kg}$,$r_3=200\text{mm}$,$\theta_3=180°$,$y_3=400\text{mm}$,$m_4=10\text{kg}$,$r_4=160\text{mm}$,$\theta_4=270°$,$y_4=600\text{mm}$。设增加平衡质量的校正平面为两个端面,平衡质量所在的半径 $r_\text{I}=r_\text{II}=200\text{mm}$,求平衡质量 $m_{\sum\text{I}}$ 与 $m_{\sum\text{II}}$ 的大小及其相位 $\varphi_{\sum\text{I}}$ 与 $\varphi_{\sum\text{II}}$。

知识点窍 列出静平衡方程。

解题过程 (1) 校正平面 I 上的惯性力与平衡

$P_{1\text{I}}=P_1$,$P_{2\text{I}}=P_2(y_4-y_2)/y_4$,$P_{3\text{I}}=P_3(y_4-y_3)/y_4$ 和 $P_{4\text{I}}=0$

$P_{1\text{I}}=P_1=m_1 r_1 \omega^2 = 10\times 0.15\times \omega^2 = 1.5\omega^2$

$P_{2\text{I}}=P_2(y_4-y_2)/y_4 = 15\times 0.14\times \omega^2 (0.6-0.2)/0.6 = 1.4\omega^2$

$p_{3\text{I}}=P_3(y_4-y_3)/y_4 = 20\times 0.20\times \omega^2 (0.6-0.4)/0.6 = 1.333\omega^2$

$P_{4\text{I}}=0$

$\vec{P}_{1\text{I}}+\vec{P}_{2\text{I}}+\vec{P}_{3\text{I}}+\vec{P}_{4\text{I}}+\vec{P}_{\sum\text{I}}=0$,$1.5\omega^2+1.4\omega^2+1.333\omega^2+P_{\sum\text{I}}=0$

$P_{\sum\text{I}}=\omega^2\sqrt{(1.5-1.33)^2+1.4^2}=1.410\omega^2$

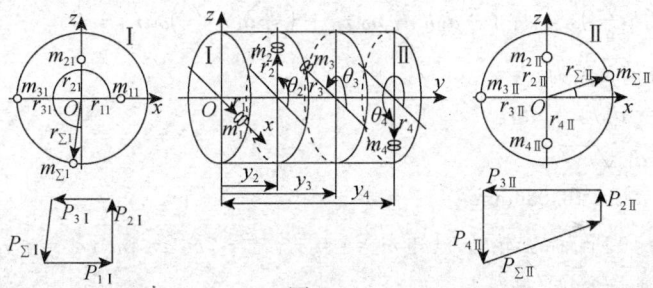

图 6-16

校正平面 I 上的平衡质量 $m_{\sum\text{I}}$ 与相位 $\varphi_{\sum\text{I}}$ 分别为

$P_{\sum\text{I}}=1.410\omega^2=m_{\sum\text{I}} r_{\sum\text{I}} \omega^2$

$m_{\sum\text{I}}=1.410/r_{\sum\text{I}}=1.410/0.2=7.05\text{kg}$

$\varphi_{\sum\text{I}}=270-\arctan[(1.5-1.333)/1.4]=263.197°$

(2) 校正面平面 II 上的惯性力与平衡

$P_{1\text{II}}=0$,$P_{2\text{II}}=P_2 y_2/y_4$,$P_{3\text{II}}=P_3 y_3/y_4$ 和 $P_{4\text{II}}=P_4$

$P_{1\text{II}}=0$

$P_{2\text{II}}=P_2 y_2/y_4 = 15\times 0.14\times \omega^2\times 0.2/0.6 = 0.7\omega^2$

$P_{3\text{II}}=P_3 y_3/y_4 = 20\times 0.20\times \omega^2\times 0.4/0.6 = 2.666\omega^2$

$P_{4\text{II}}=P_4=m_4 r_4 \omega^2=10\times 0.16\times \omega^2=1.6\omega^2$

$\vec{P}_{1\text{II}}+\vec{P}_{2\text{II}}+\vec{P}_{3\text{II}}+\vec{P}_{4\text{II}}=0$,$0.7\omega^2+2.666\omega^2+1.6\omega^2+P_{\sum\text{II}}=0$

$P_{\sum\text{II}}=\omega^2\sqrt{(1.6-0.7)^2+2.666^2}=2.814\omega^2$

校正平面 II 上的平衡质量 $m_{\sum\text{II}}$ 与相位 $\varphi_{\sum\text{II}}$ 分别为

$$P_{\Sigma\text{II}} = 2.814\omega^2 = m_{\Sigma\text{II}} r_{\Sigma\text{II}} \omega^2, m_{\Sigma\text{II}} = 2.814/r_{\Sigma\text{II}} = 2.814/0.2 = 14.07\text{kg}$$
$$\varphi_{\Sigma\text{II}} = \arctan[(1.6 - 0.7)/2.666] = 18.654°$$

例 6.13 图 6-17 为等厚圆盘中，在 A 处有一偏心凸出圆柱体，质量 $m_A = 2\text{kg}$，其凸出厚度与圆盘等厚，其直径 $d_1 = 15\text{mm}$，$r_A = 160\text{mm}$。在结构上要求在 B、C 处开两个圆孔以达到静平衡的目的，已知 $r_B = r_C = 140\text{mm}$，求这两个圆孔的直径 d_B、d_C 的大小。

知识点窍 质径积平衡条件。

解题过程 （1）力多边形如图 6-18 所示。

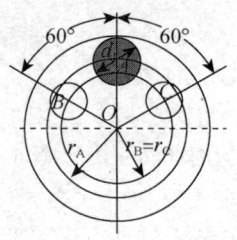
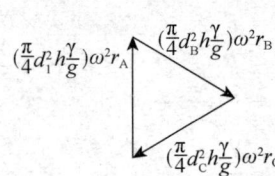

图 6-17　　　　　图 6-18

$$\left(\frac{\pi}{4}d_1^2 h \frac{\gamma}{g}\right)\omega^2 \vec{r}_A + \left(\frac{\pi}{4}d_B^2 h \frac{\gamma}{g}\right)\omega^2 \vec{r}_B + \left(\frac{\pi}{4}d_C^2 h \frac{\gamma}{g}\right)\omega^2 \vec{r}_C = 0$$

（2）几何关系为
$$d_1^2 r_A = d_B^2 r_B = d_C^2 r_C$$
$$d_B = d_1 \sqrt{r_A/r_B}$$
$$d_B = d_C = 16.036\text{mm}$$

例 6.14 如图 6-19 所示一凸轮轴，已知 $m_1 = m_2$，$r_1 = r_2$，$m_3 = 2m_1$，$r_0 = r_1/2$。试回答：
(1) 该轴是否静平衡？
(2) 该轴是否动平衡？为什么？
(3) m_1 将分解到平衡基面上的代换质量名为多少？

知识点窍 动平衡问题，列质径积平衡方程。

解题过程 本题是一个典型的动平衡计算问题。

(1) 是静平衡

(2) 偏心质径积 $m_1 r_1 = m_2 r_2 = m_3 r_3$，

分别分解到平衡平面 I 和 II 内，得：

$(m_1, r_1)_I = 3m_1 r_1/4$　$(m_1 r_1)_{II} = m_1 r_1/4$

$(m_2 r_2)_I = m_2 r_2/2$　$(m_2 r_2)_{II} = m_2 r_2/2$

$(m_0 r_0)_I = m_3 r_3/4$　$(m_0 r_0)_{II} = 3m_3 r_3/4$

$(m_1 r_1)_I = (m_2 r_2)_I + (m_3 r_3)_{II} \neq 0$

$(m_1 r_1)_{II} + (m_2 r_2)_{II} + (m_3 r_3)_{II} \neq 0$

所有该轴不是动平衡。

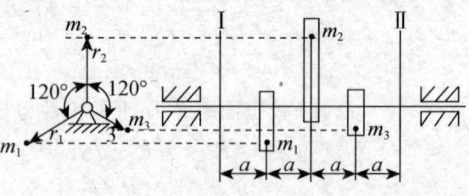

图 6-19

(3) 分别是 $3m_1/4$ 和 $m_1/4$。

思考题及练习题详解

6-1 解题过程　对于轴向尺寸较小的盘类转子(宽径比 $b/D < 0.2$)，其所有质量都可以认为在垂直于轴线的同一平面内，其不平衡的原因是其质心位置不在回转轴线上，回转时将产生不平衡的离心惯性力。对这种不平衡转子，只需设法将其质心移至回转轴线上，转子即可达到平衡状态。这种移动质心的平衡方法可在转子处于静止状态下进行，称静平衡。静平衡至少需一个平衡平面。刚性转子静平衡的条件为：对转子所增加(或减少)的平衡质量与原各偏心质量所产生的离心惯性力的矢量和为零，或其质径积的矢量和为零。即：

$$\sum F = \sum F_i + F_b = 0 \text{ 或 } \sum m_i r_i + m_b r_b = 0$$

式中 $F_i = m_i \omega^2 r_i$ 为各偏心质量所产生的离心惯性力；F_b 为所加(减)平衡质量 m_b 所产生的离心惯性力；r_i 表示第 i 个偏心质量的矢径；r_b 表示平衡质量 m_b 的矢径；$m_i r_i$ 和 $m_b r_b$ 分别为各偏心质量和平衡质量的质径积。

对于轴向尺寸较大的转子($b/D \geqslant 0.2$)，其所有质量就不能再被认为分布在同一垂直于轴线的平面内了，回转时各偏心质量产生的离心惯性力是一空间力系，将形成惯性力偶。由于这种惯性力偶只有在转子转动时才能表现出来，故需要在转子转动时达到平衡，所以把这种平衡称为动平衡。动平衡至少需要两个平衡平面。

刚性转子动平衡的条件为：各偏心质量与平衡质量所产生的惯性力矢量和为零，且其惯性力矩的矢量和也为零。即

$$F_I = 0, M_I = 0$$

6-2 知识点窍　考察对静平衡及动平衡概念的理解，以及在实际情况中对静平衡与动平衡状态的区别。

解题过程　由上题关于静平衡与动平衡的分析可知，由于动平衡的条件满足了静平衡的条件，即对转子所增加(或减少)的平衡质量与原各偏心质量所产生的离心惯性力的矢量和为零，所以动平衡的转子一定是静平衡的；但达到静平衡的转子却不一定满足动平衡惯性力矩的矢量和为零的条件，所以不一定是动平衡的。

分别对(a)、(b)所示曲轴进行离心惯性力分析与惯性力矩分析，

已知 $F_{I_1} = F_{I_2} = F_{I_3} = F_{I_4}$

(a)图 $\sum F = F_{I_1} - F_{I_2} - F_{I_3} + F_{I_4} = 0$

$\sum M = F_{I_1} \cdot d_1 - F_{I_2} \cdot d_2 + F_{I_3} \cdot d_3 - F_{I_4} \cdot d_4 = 0$

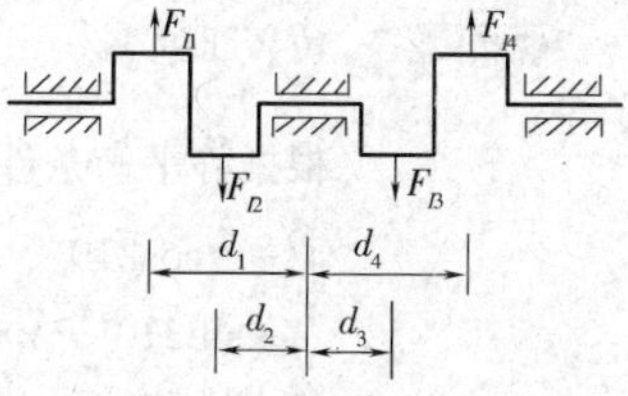

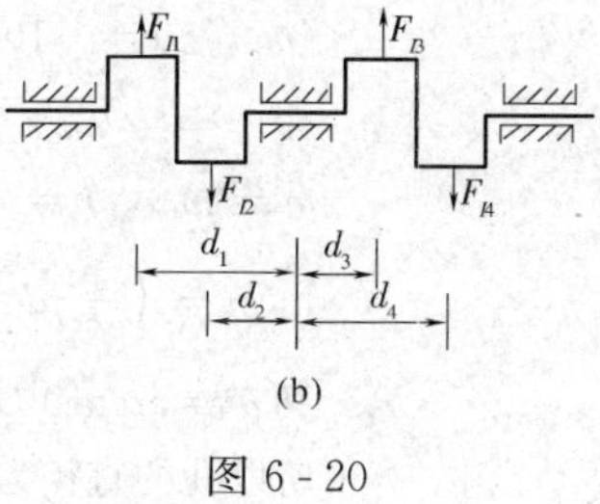

图 6-20

由图 6-20(a) 可知 $d_1 = d_4, d_2 = d_3$,

所以 $\sum M = 0$

所以(a) 处于动平衡状态。

(b) 图 $\sum F = F_{I_1} - F_{I_2} + F_{I_3} - F_{I_4} = 0$

$\sum M = F_{I_1}d_1 - F_{I_2}d_2 - F_{I_3}d_3 + F_{I_9}d_4$

由图 6-20(b) 可知 $d_1 = d_4, d_2 = d_3$,

所以 $\sum M \neq 0$

所以(b) 处于静平衡状态。

6-3 [解题过程] 由于这些构件制造精度不高,如果静不平衡,在做动平衡时会产生很大的离心力,严重时甚至会破坏机器,也方便确定构件的偏心质量。

6-4 [解题过程] 绕定轴转动的构件在运动中产生的惯性力之所以可以在构件本身加以平衡,是因为轴向尺寸较小盘状转子和轴向尺寸较大的曲轴等,其偏心质量所引起的离心惯性力的方向相对于构件本身是一定的(由旋转中心指向偏心质量的质心),所以只需通过增加或除去一部分质量的方法,使其质心与回转轴心重合即可。而对于机构中作往复运动或平面复合运动的构件,其各运动构件所产生的惯心力往往难以捕捉,所以不可能在构件本身设法加以平衡,当机构运动时,其各动构件所产生的惯性力可以合成为一个通过机构质心的总惯性力和一个总惯性力偶矩,这个总惯性力和总惯性力偶矩全部由机座承受,机构在基座上平衡的实质就是消除机构在机座上引起的动压力,设法平衡这个总惯性力和总惯性力偶矩,使作用于机构质心的总惯性力 F_I 和总惯性力偶矩 M 分别为零。

6-5 [知识点窍] 静平衡问题的分析与计算。

[解题过程] 位置 I 处 $m_1 = \left(\dfrac{\pi}{4}\varphi^2\right) \cdot b \cdot \rho = 0.77\text{kg}$

根据静平衡条件 $\sum m_i r_i = 0$,并在 x, y 轴上投影

$\begin{cases} G_2 r_2 \cos 210° - m_1 r_1 \cos 135° - (m_b r_b)x = 0 \\ Gr\sin 210° - m_1 r_1 \sin 135° - (m_b r_b)y = 0 \end{cases}$

代入数值,$(m_b r_b)x = -32.16\text{kg} \cdot \text{mm}$

$(m_b r_b)y = -104.45\text{kg} \cdot \text{mm}$

$m_b r_b = \sqrt{(m_b r_b)x^2 + (m_b r_b)y^2} = 109.29\text{kg} \cdot \text{mm}$

$m = m_b r_b / r = 0.55\text{kg}$

由 $m = \left(\dfrac{1}{4}\varphi d\right)\pi b\rho$,得 $\varphi d = 42.38\text{mm}$

又 $\alpha = \arctan[(m_b r_b)y/(m_b r_b)x] = 72.89°$

所以孔的直径为 42.38mm,质心与 x 轴正方向夹角 72.89°。

6-6 [知识点窍] 静平衡问题的分析与计算,以及在特殊情况下,平衡质量的分解方法。

解题过程 建立直角坐标系如图 6-21 所示：

根据静平衡条件 $\sum m_i r_i = 0$，并分别在 x 和 y 轴投影

$$\begin{cases} m_1 r_1 \cos 195° + m_2 r_2 \cos 310° + (m_b r_b)\cos\varphi = 0 \\ m_1 r_1 \sin 195° + m_3 r_2 \sin 310° + (m_b r_b)\sin\varphi = 0 \end{cases}$$

解得 $\varphi = 44.88°$

由风扇叶轮的结构可知，在 $\varphi = 44.88°$，$r_b = 200$m 时，平衡质量无法加在叶片上，所以将其分解在 Ⅰ、Ⅱ 两叶片上。

假设在叶片 Ⅰ 上，平衡质量加在 y 轴上，即 $\varphi_Ⅰ = 90°$。

$m_1 r_1 \cos 195° + m_2 r_2 \cos 310° + m_{bⅠ} r_b \cos 90° + m_{bⅡ} r_b \cos 330° = 0$

$m_1 r_1 \sin 195° + m_2 r_2 \sin 310° + m_{bⅠ} r_b \sin 90° + m_{bⅡ} r_b \sin 330° = 0$

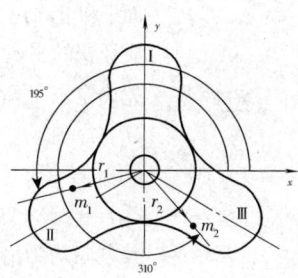

图 6-21

联立方程解得

$m_{bⅠ} = 608.38g, m_{bⅡ} = 446.54g$

经上所述，应在 $\varphi_Ⅰ = 90°$，$r_b = 200$m 处加 $m_{bⅠ} = 608.38g$

在 $\varphi_Ⅱ = 330°$，$r_b = 200$mm 处加 $m_{bⅡ} = 446.54g$。

6-7 **知识点拨** 动平衡问题的分析与计算。

逻辑推理 首先明确这是动平衡问题，动平衡问题就是把空间力系转化成平面汇交力系的问题，即把不平衡力分解到两平衡基面上，再按静平衡方法计算。

解题过程 (1) 先将动平衡问题转化为静平衡问题，即把不平衡、质轻积分解到两基准面内。

$m_1 r_1 = 400 \text{kg} \cdot \text{cm}, m_{1Ⅰ} r_{1Ⅰ} = 400 \text{kg} \cdot \text{cm}, m_{1Ⅱ} r_{1Ⅱ} = 0$

$m_2 r_2 = 450 \text{kg} \cdot \text{cm}, m_{2Ⅰ} r_{2Ⅰ} = \frac{2}{3} m_2 r_2 = 300 \text{kg} \cdot \text{cm}, m_{2Ⅱ} r_{2Ⅱ} = \frac{1}{3} m_2 r_2 = 150 \text{kg} \cdot \text{cm}$

$m_3 r_3 = 400 \text{kg} \cdot \text{cm}, m_{3Ⅰ} r_{3Ⅰ} = \frac{1}{3} m_3 r_3 = 133\frac{1}{3} \text{kg} \cdot \text{cm}, m_{3Ⅱ} r_{3Ⅱ} = 266\frac{2}{3} \text{kg} \cdot \text{cm}$

$m_4 r_4 = 300 \text{kg} \cdot \text{cm}, m_{4Ⅰ} r_{4Ⅰ} = 0, m_{4Ⅱ} r_{4Ⅱ} = 300 \text{kg} \cdot \text{cm}$

(2) 对 Ⅰ、Ⅱ 两基准平面分别利用 $\sum m_i r_i = 0$ 求解：

在 Ⅰ 平衡面内：

$m_{1Ⅰ} r_{1Ⅰ} \cos 120° + m_{2Ⅰ} r_{2Ⅰ} \cos 240° + m_{3Ⅰ} r_{3Ⅰ} \cos 300° + m'_{bⅠ} r'_{bⅠ} \cos a_{bⅠ} = 0$

$m_{1Ⅰ} r_{1Ⅱ} \sin 120° + m_{2Ⅰ} r_{2Ⅰ} \sin 240° + m_{3Ⅰ} r_{3Ⅰ} \sin 300° + m'_{bⅠ} r'_{bⅠ} \sin a_{bⅠ} = 0$

解得 $m_{bⅠ} = m'_{bⅠ} r'_{bⅠ} / 50 = 5.7 \text{kg}$

$a_{bⅠ} = 5.82°$

在 Ⅱ 平衡面内：

$m_{2Ⅱ} r_{2Ⅱ} \cos 240° + m_{3Ⅱ} r_{3Ⅱ} \cos 300° + m_{4Ⅱ} r_{4Ⅱ} \cos 30° + m'_{bⅡ} r'_{bⅡ} \cos a_{bⅡ} = 0$

$$m_{2\text{II}} r_{2\text{II}} \sin240° + m_{3\text{II}} r_{3\text{II}} \sin300° + m_{4\text{II}} r_{4\text{II}} \sin30° + m'_{b\text{II}} r'_{b\text{II}} \sin a_{b\text{II}} = 0$$

解得 $\quad m_{b\text{II}} = m'_{b\text{II}} r'_{b\text{II}} / 50 = 7.63 \text{kg}$

$\quad\quad\quad a_{b\text{II}} = 146.47°$

6-8 知识点窍 动平衡问题的分析与计算。

逻辑推理 由题分析可意知,这是一个刚性转子的平衡问题,现已选定滚筒左右两端面为平衡基面Ⅰ和Ⅱ,则就可将各不平衡质量的质径积向这两个平面分解,列出每个平衡基面的各质径积的平衡方程式,解这两个方程就可求出这两个平衡质量的大小和方位。

解题过程 先确定不平衡质量的质径积大小及方位,其方位为

$m_1 r_1 = 1 \times 250 = 250 \text{kg} \cdot \text{mm}$

$m_2 r_2 = 3 \times 300 = 900 \text{kg} \cdot \text{mm}$

$m_3 r_3 = 4 \times 200 = 800 \text{kg} \cdot \text{mm}$

其方向均为沿各自的矢半径。

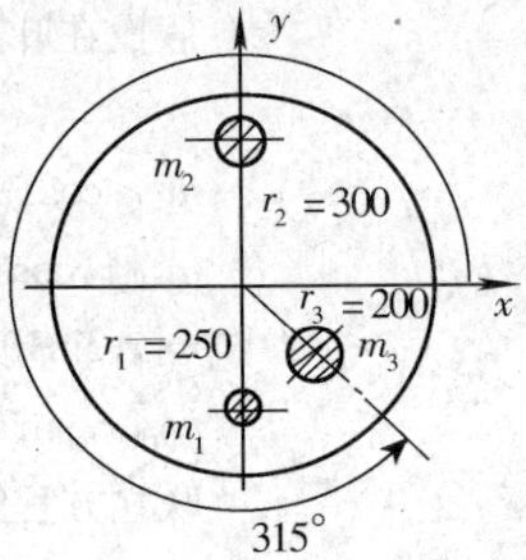

然后将这些不平衡质径积向平面Ⅰ和Ⅱ上分解,则在平面Ⅰ上有

$m_{1\text{I}} r_{1\text{I}} = \dfrac{-350}{1100} m_1 r_1 = -\dfrac{350}{1100} \times 250 = -79.55 \text{kg} \cdot \text{mm}$

$m_{2\text{I}} r_{2\text{I}} = \dfrac{150}{1100} m_2 r_2 = \dfrac{150}{1100} \times 900 = 122.73 \text{kg} \cdot \text{mm}$

$m_{3\text{I}} r_{3\text{I}} = \dfrac{950}{1100} m_3 r_3 = \dfrac{950}{1100} \times 800 = 690.91 \text{kg} \cdot \text{mm}$

在平面Ⅱ中有

$m_{1\text{II}} r_{1\text{II}} = \dfrac{1450}{1100} m_1 r_1 = \dfrac{1450}{1100} \times 250 = 329.55 \text{kg} \cdot \text{mm}$

$m_{2\text{II}} r_{2\text{II}} = \dfrac{950}{1100} m_2 r_2 = \dfrac{950}{1100} \times 900 = 777.27 \text{kg} \cdot \text{mm}$

$m_{3\text{II}} r_{3\text{II}} = \dfrac{150}{1100} m_3 r_3 = \dfrac{150}{1100} \times 800 = 109.09 \text{kg} \cdot \text{mm}$

图 6-22

再由静平衡条件的质径积平衡方程式 $\sum m_i \boldsymbol{r}_{i\text{I}} = 0$,利用解析法求解,如图 6-22 建立直角坐标系,则在平衡基面Ⅰ上

$m_{1\text{I}} \boldsymbol{r}_{1\text{I}} + n_2 \boldsymbol{r}_{2\text{I}} + m_{3\text{I}} \boldsymbol{r}_{3\text{I}} + m_{b\text{I}} \boldsymbol{r}_{b\text{I}} = 0$

分别取在 x 轴和 y 轴上的投影式可得

$m_{1\text{I}} r_{1\text{I}} \cos270° + m_{2\text{I}} r_{2\text{I}} \cdot \cos90° + m_{3\text{I}} r_{3\text{I}} \cdot \cos315° + (m_{b\text{I}} r_{b2})_x = 0$

$m_{1\text{I}} r_{1\text{I}} \sin270° + m_{2\text{I}} r_{2\text{I}} \sin90° + m_{3\text{I}} r_{3\text{I}} \sin315° + (m_{b\text{I}} r_{b\text{I}})_y = 0$

所以:$(m_{b\text{I}} r_{b\text{I}})_x = -(-79.55)\cos270° - 122.73\cos90° - 690.91\cos315°$

$\quad\quad\quad = -488.55 \text{kg} \cdot \text{mm}$

$(m_{b\text{I}} r_{b\text{I}})_y = -(-79.55)\sin270° - 122.73\sin90° - 690.91\sin315°$

$\quad\quad\quad = 286.27 \text{kg} \cdot \text{mm}$

$m_{b\text{I}} r_{b\text{I}} = [(m_{b\text{I}} r_{b\text{I}})_x^2 + (m_{b\text{I}} r_{b\text{I}})_y^2]^{1/2} = [(-488.55)^2 + (286.27)^2]^{1/2}$

$$= 566.24 \text{kg} \cdot \text{mm}$$

$$m_{bI} = m_{bI} r_{bI} / r_{bI} = 566.24/400 = 1.42 \text{kg}$$

$$\alpha_{bI} = \arctan[(m_b r_b)_y/(m_b r_b)_x] = \arctan[286.27/(-488.55)] = 149.63°$$

在平衡基面 II 上：$m_{1II} \boldsymbol{r}_{1II} + m_{2II} \boldsymbol{r}_{2II} + m_{3II} \boldsymbol{r}_{3II} + m_{bII} \boldsymbol{r}_{bII} = 0$

分别取在 x 轴和 y 轴上的投影可得

$$m_{1II} r_{1II} \cos 270° + m_{2II} r_{2II} \cos 90° + m_{3II} r_{3II} \cos 315° + (m_{bII} r_{bII})_x = 0$$

$$m_{1II} r_{1II} \sin 270° + m_{2II} r_{2II} \sin 90° + m_{3II} r_{3II} \sin 315° + (m_{bII} r_{bII})_y = 0$$

所以：$(m_{bII} r_{bII})_x = -329.55\cos 270° - 777.27\cos 90° - 109.09\cos 315°$

$$= -77.14 \text{kg} \cdot \text{mm}$$

$(m_{bII} r_{bII})_y = -329.55\sin 270° - 777.27\sin 90° - 109.09\sin 315°$

$$= -370.58 \text{ kg} \cdot \text{mm}$$

$$m_{bII} r_{bII} = [(m_{bII} r_{bII})_x^2 + (m_{bII} r_{bII})_y^2]^{1/2} = [(-77.14)^2 + (-370.58)^2]^{1/2}$$

$$= 378.52 \text{kg} \cdot \text{mm}$$

$$m_{bII} = m_{bII} r_{bII} / r_{bII} = 378.52/400 = 0.95 \text{kg}$$

$$\alpha_{bII} = \arctan[(m_{bII} r_{bII})_y/(m_{bII} r_{bII})_x]$$

$$= \arctan[(-370.58)/(-77.14)] + \pi = 258.24°$$

若将平衡基面 II 改选在带轮宽度的中截面上，则不平衡质径积向两平衡平面的结果将发生改变，但解题思路与方法并未改变。

将不平衡质径积向平面 I 和平面 II 上分解，则在平面 I 上有

$$m_{1I} r_{1I} = 0$$

$$m_{2I} r_{2I} = \frac{500}{1450} m_2 r_2 = \frac{500}{1450} \times 900 = 310.34 \text{kg} \cdot \text{mm}$$

$$m_{3I} r_{3I} = \frac{1300}{1450} m_3 r_3 = \frac{1300}{1450} \times 800 = 717.24 \text{kg} \cdot \text{mm}$$

在平面 II 中有

$$m_{1II} r_{1II} = m_1 r_1 = 250 \text{kg} \cdot \text{mm}$$

$$m_{2II} r_{2II} = \frac{950}{1450} m_2 r_2 = \frac{950}{1450} \times 900 = 589.66 \text{kg} \cdot \text{mm}$$

$$m_{3II} r_{3II} = \frac{150}{1450} m_3 r_3 = \frac{150}{1450} \times 800 = 82.76 \text{kg} \cdot \text{mm}$$

同理，仍利用静平衡条件的质径积平衡式 $\sum m_i r_i = 0$，利用解析法求解，在平衡基面 I 上可得 x 轴、y 轴上的投影式

$$m_{1I} r_{1I} \cos 270° + m_{2I} r_{2I} \cos 90° + m_{bI} r_{bI} \cos 315° + (m_{bI} r_{bI})_x = 0$$

$$m_{1I} r_{1I} \sin 270° + m_{2I} r_{2I} \sin 90° + m_{bI} r_{bI} \sin 315° + (m_{bI} r_{bI})_y = 0$$

所以：$(m_{bI} r_{bI})_x = 0 - 310.34\cos 90° - 717.24\cos 315°$

$$= -507.17 \text{kg} \cdot \text{mm}$$

$(m_{bI} r_{bI})_y = 0 - 310.34\sin 90° - 717.24\sin 315° = 196.83 \text{kg} \cdot \text{mm}$

$$m_{bI}r_{bI} = [(m_{bI}r_{bI})_x^2 + (m_{bI}r_{bI})_y^2]^{1/2}$$
$$= [(-507.17)^2 + 196.83^2]^{1/2} = 544.03 \text{kg} \cdot \text{mm}$$
$$m_{bI} = m_{bI}r_{bI}/r_{bI} = 544.03/400 = 1.36\text{kg}$$
$$\alpha_{bI} = \arctan[(m_{bI}r_{bI})_y/(m_{bI}r_{bI})_x]$$
$$= \pi - \arctan(196.83/507.17) = 158.79°$$

在平衡基面 II 上可得 x 轴、y 轴上的投影式
$$m_{1II}r_{1II}\cos270° + m_{2II}r_{2II}\cos90° + m_{3II}r_{3II}\cos315° + (m_{bII}r_{bII})_x = 0$$
$$m_{1II}r_{1II}\sin270° + m_{2II}r_{2II}\sin90° + m_{3II}r_{3II}\sin315° + (m_{bII}r_{bII})_y = 0$$
所以:$(m_{bII}r_{bII})_x = -250\cos270° - 589.66\cos90° - 82.76\cos315°$
$$= -58.52 \text{kg} \cdot \text{mm}$$
$(m_{bII}r_{bII})_y = -250\sin270° - 589.66\sin90° - 82.76\sin315°$
$$= -281.14 \text{kg} \cdot \text{mm}$$
$$m_{bII}r_{bII} = [(m_{bII}r_{bII})_x^2 + (m_{bII}r_{bII})_y^2]^{1/2}$$
$$= [(-58.52)^2 + (-281.14)^2]^{1/2} = 287.17\text{kg} \cdot \text{mm}$$
$$m_{bII} = m_{bII}r_{bII}/r_{bII} = 287.17/400 = 0.72\text{kg}$$
$$\alpha_{bII} = \arctan[(m_{bII}r_{bII})_y/(m_{bII}r_{bII})_x]$$
$$= \arctan[(-281.14)/(-58.52)] + \pi = 258.24°$$

综上可得,此题结果为

	m_{bI} (kg)	α_{bI} (°)	m_{bII} (kg)	α_{bII} (°)
平衡基面 II 选在滚筒端面时	1.42	149.63	0.95	258.24
平衡基面 II 选在带轮宽度中截面时	1.36	158.79	0.72	258.24

6-9 解题过程 查各种典型转子的平衡等级和许用不平衡量表,由题已知条件,取平衡等级 G6.3,亦即 $A = 6.3\text{mm/s}$。

已知 $n = 24000\text{r/min} = 800\pi\text{rad/s}$

由平衡精度表达式 $A = \dfrac{[e]\omega}{1000}(\text{mm/s})$

式中 ω 为转子转动角速度(rad/s)

$[e]$—许用偏心距(μm)

可得 $[e] = \dfrac{1000A}{\omega} = 2.5\mu\text{m}$

又 $[mr] = m[e] = (15 \times 10^3) \times (2.5 \times 10^{-3}) = 37.5\text{g} \cdot \text{mm}$

即以质径积法表示的转子许用不平衡量为 37.5g · mm。

将 $[mr] = 37.5\text{g} \cdot \text{mm}$ 分配到两端轴承面上

$$[mr]_I = \frac{1}{2}[mr] = 18.75\text{g}\cdot\text{mm}$$

$$[mr]_{II} = [mr]_I = 18.75\text{g}\cdot\text{mm}$$

6-10 知识点拨 动不平衡转子许用不平衡量的计算。

解题过程 由题中已知条件,取平衡等级 G6.3,亦即 $A = 6.3\text{mm/s}$。

已知 $n = 3000\text{r/min} = 100\pi\text{rad/s}$ 由平衡精度表达式

$$A = \frac{[e]\omega}{1000}(\text{mm/s})$$

可得 $[e] = \dfrac{1000A}{\omega} = \dfrac{1000\times 6.3}{100\pi} = 20.05\mu\text{m}$

$$[mr] = m[e] = (15\times 10^3)\times(20.05\times 10^{-3})$$
$$= 300.8\text{g}\cdot\text{mm}$$

将 $[mr] = 300.8\text{g}\cdot\text{mm}$ 分配到两平衡基面上,可得

$$[mr]_I = \frac{l_2}{l_1+l_2}\cdot[mr] = \frac{200}{300}\times 300.8 = 200.5\text{g}\cdot\text{mm}$$

$$[mr]_{II} = \frac{l_1}{l_1+l_2}\cdot[mr] = \frac{100}{300}\times 300.8 = 100.3\text{g}\cdot\text{mm}$$

当转速提高到 6000r/min 亦即 $200\pi\text{rad/s}$ 时,同理可得

$$[e] = \frac{1000A}{\omega} = \frac{1000\times 6.3}{200\pi} = 10.03\mu\text{m}$$

$$[mr] = m[e] = (15\times 10^3)\times(10.03\times 10^{-3}) = 150.4\text{g}\cdot\text{mm}$$

$$[mr]_I = \frac{l_2}{l_1+l_2}\cdot[mr] = \frac{200}{300}\times 150.4 = 100.3\text{g}\cdot\text{mm}$$

$$[mr]_{II} = \frac{l_1}{l_1+l_2}\cdot[mr] = \frac{100}{300}\times 150.4 = 50.1\text{g}\cdot\text{mm}$$

综上可得

	$[mr]_I$ (g·mm)	$[mr]_{II}$ (g·mm)
$n = 3000\text{r/min}$	200.5	100.3
$n = 6000\text{r/min}$	100.3	50.1

6-11 知识点拨 静不平衡转子许用不平衡量的计算。

解题过程 由题中已知条件,取中型电机转子的平衡等级为 G2.5,亦即 $A = 2.5\text{mm/s}$

已知 $n = 3000\text{r/min} = 100\pi\text{rad/s}$

由平衡精度表达式 $A = \dfrac{[e]\omega}{1000}(\text{mm/s})$

可得 $[e] = \dfrac{1000A}{\omega} = \dfrac{1000\times 2.5}{100\pi} = 7.96\mu\text{m}$

$$[mr] = m[e] = (50\times 10^3)\times(7.96\times 10^{-3}) = 397.9\text{g}\cdot\text{mm}$$

该中型电机转子的不平衡质径积为 $mr = 300\text{g}\cdot\text{mm}$，小于其许用不平衡质径积 $[mr] = 397.9\text{g}\cdot\text{mm}$，满足平衡精度要求。

6-12 知识点窍 平面机构的平衡问题，利用平衡质量平衡的完全平衡与部分平衡的求解计算。

解题过程 (1) 完全平衡，此时需要两个平衡质量，各加在连杆 c' 和曲柄 c'' 处的平衡质量大小为

$$m_c' = \frac{m_2 l_{BS_2} + m_3 l_{BC}}{l_{BC}'}$$

$$= \frac{12 \times 400/3 + 20 \times 400}{50} = 192\text{kg}$$

$$m_c'' = \frac{(m_c' + m_2 + m_3) l_{AB}}{l_{AC}''}$$

$$= \frac{(192 + 12 + 20) \times 100}{50} = 448\text{kg}$$

(2) 部分平衡，此时需一个平衡质量，应加在曲柄延长线上 C'' 点处平衡质量的大小 用 B、C 为代换点，将连杆质量作静代换，得

$$m_{2B} = m_2 l_{S_2C}/l_{BC} = 12 \times 2/3 = 8\text{kg}$$

$$m_{2C} = m_2 l_{BS_2}/l_{BC} = 12 \times 1/3 = 4\text{kg}$$

$$m_B = m_{2B} = 8\text{kg}$$

$$m_C = m_{2C} + m_3 = 4 + 20 = 24\text{kg}$$

故平衡质量为

$$m = (m_B + \frac{1}{2}m_C) l_{AB}/l_{AC}'' = (8 + \frac{1}{2} \times 24) \times 100/50 = 40\text{kg}$$

6-13 知识点窍 平面机构的平衡问题。

逻辑推理 该类问题的平衡方法是利用平衡质量将机构的质心分别移到固定轴 A、D 处，使机构的总质心位于 AD 线上一固定点。

解题过程 如图 6-23 所示，在 AB 反方向 B' 处（$AB = AB'$）加一平衡质量 m'，使 $m' = m_a = 10\text{kg}$，在 DC 反方向 C' 处（$DC = DC'$）加一平衡质量 m''，使 $m'' = m_b = 12\text{kg}$，则可使机构惯性力得到平衡。

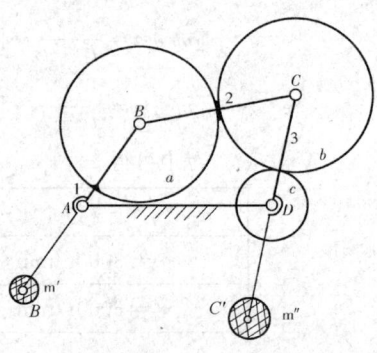

图 6-23

6-14 解题过程 (1)① 两偏心重同相位

任一时刻的位置如图 6-24(a) 所示，有

$$F_{I1} = F_{I2} = mr\omega^2 = mr(\pi n/30)^2 = 500 \times (\pi \times 150/30)^2 \text{N} = 12500\pi^2 \text{N}$$

总惯性力

$$F_{Ix} = F_{I1}\sin\theta - F_{I2}\sin\theta = 0$$

$$F_{Iy} = F_{I1}\cos\theta + F_{I2}\cos\theta = 2F_{I1}\cos\theta = 2500\pi^2\cos\theta \text{N}$$

惯性力矩

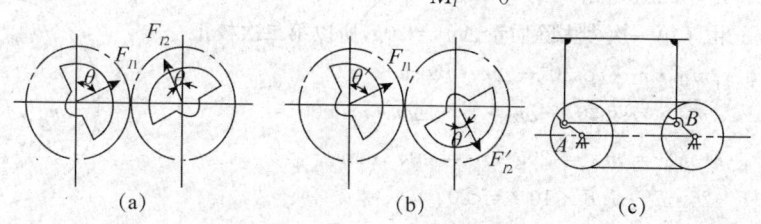

图 6-24

② 两偏心重相位差为 $180°$

任一时刻的位置如图 6-24(b) 所示,有
$$F'_{I1} = F'_{I2} = mr\omega^2 = 12500\pi^2 N$$

总惯性力
$$F'_{Ix} = F'_{I1}\sin\theta' + F'_{I2}\sin\theta' = 2F'_{I1}\sin\theta' = 2500\pi^2\sin\theta$$
$$F'_{Iy} = F'_{I1}\cos\theta' - F'_{I2}\cos\theta'$$

惯性力矩
$$M'_I = F'_{I1}d' = 12500\pi^2 \times 1 \times \cos\theta N \cdot m = 12500\pi^2\cos\theta N$$

如图 6-24(c) 所示,连接 AB 两点,由题意可知标定平台作平移运动,则平台的速度和加速度与 AB 连接上任一点的速度和加速度相同。

① 同步带轮的角速度计算

标定平台的向心加速度等于重力加速度有 $r\omega^2 = g$。

即
$$\omega = \sqrt{g/r} = \sqrt{9.81/0.15}\,\text{rad/s} = 8.09\,\text{rad/s}$$

② 设计中的注意事项

a. 两齿轮应保持同步旋转;

b. 同步带与齿轮啮合一致;

c. 标定平台与两个齿轮的铰接点位置应相同。

6-15 解题过程 不可行,因为在设计时已经平衡考虑的转子,由于制造和装配的不精确,材质不均匀等原因,又会产生新的不平衡。因此,需要用实验的方法来平衡。另外,轴可能存在较小的不平衡质量,将会使轴在高速回转过程中产生极大的惯性力矩。

6-16 解题过程 第一次校正正常去量 $m_b = 200g$,由于按 110% 去重

实际去重 $m'_b = 220g$,$\Delta m = m'_b - m_b = 20g$

由于结构的限制,用 m_{11} 和 m_{12} 代替 m_b

$$\begin{cases} m_{12} \cdot r_1 + m_{11}r_1\sin30° = m_b r\sin60° \\ m_{11} \cdot r_1\cos30° = m'_b r\cos60° \end{cases}$$

取 $m_{11} = m_{12} = 220g$,则 $r_1 = 20\sqrt{3}\,\text{mm}$

$$\pi \cdot \left(\frac{4}{2}\right)^2 \cdot h_1 \cdot 7.8 \times 10^{-3} = 220$$

$h_1 = 2245$mm

由于第一次多去除质量 $\Delta m = 20$g,所以第二次校正

$\begin{cases} m_{21} \cdot r_2 \cdot \cos30° - \Delta m \cdot r\cos60° = 0 \\ m_{21} \cdot r_2\sin30° + m_{22} \cdot r_2 - \Delta m \cdot m\sin60° = 0 \end{cases}$

取 $m_{21} = m_{22} = 20$g $r_2 = 20\sqrt{3}$mm

$\pi 2^2 \cdot h_2 \cdot 7.8 \times 10^{-3} = 20$

$h_2 = 204$mm

位置如图 6-25 所示。

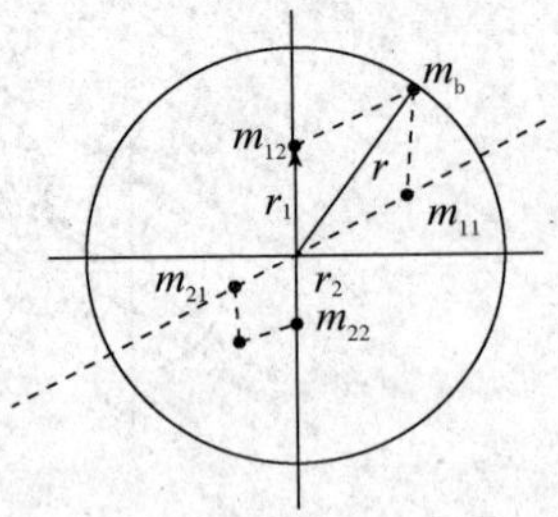

图 6-25

6-17 解题过程 $F_L = m_L\omega^2 r, m_L = F_L/\omega^2 r$

$F_R = m_R\omega^2 r, m_R = F_R/\omega^2 r$

第七章
机械的运转及其速度波动的调节

学习要求

1. 了解建立单自由度机械系统等效动力学模型及运动方程式的方法。
2. 能求解运动方程式。
3. 了解飞轮调速原理,掌握飞轮转动惯量的简易计算法。
4. 了解机械非周期速度波动调节的基本概念和方法。

重难点提示

本章重点:① 机械系统的等效力学模型的概念(等效构件既可为转动构件,也可为移动构件);
② 等效转动惯量、等效力矩、等效质量、等效力的概念及其计算方法;
③ 机械运转速度波动及其调节方法,飞轮的工作原理及设计计算。

本章难点:等效转动惯量(等效质量)、等效力矩(等效力)的计算;最大盈亏功 ΔW_{max} 的计算及飞轮转动惯量的确定。

内容提要

1 机械运转的三个阶段

一般机械运转过程都要经历起动、稳定运转、停车 3 个阶段。

(1) 起动阶段

驱动功 W_d 大于阻功 W_c,所以机械内积蓄了动能 E。根据动能定理,在起始阶段的功能关系可以表示为 $W_d = W_c + E$。

(2) 稳定运转阶段

对一个周期而言,机械的总驱动力与总阻抗功相等,即 $W_d = W_c$,这种稳定运转称为周期变速稳定运转;而另外一些机械,其原动件的角速度 ω 不变,称为等速稳定运转。

(3) 停车阶段

停车阶段，一般撤去驱动力即 $W_d = 0$。机械系统在阻抗力作用下，速度逐渐降低，最后停止即 $E = -W_c$。

2 机械的运动方程式

(1) 机械运动方程的一般表达式

若机械系统用某一组独立的坐标(参数)就能完全确定系统的运动,则这组坐标称为广义坐标。而完全确定系统运动所需的独立坐标的数目称为系统的自由度数目。

如果机械系统由几个构件组成,作用在构件上的作用力为 F_i，力矩为 M_i，力 F_i 作用点的速度为 v_i，构件的角速度为 ω_i，则机械运动方程的一般表达式为：

$$d\left[\sum_{i=1}^{n}(m_i v_{si}^2/2 + J_{si}\omega_i^2/2)\right] = \left[\sum_{i=1}^{n}(F_i v_i \cos\alpha_i \pm M_i\omega_i)\right]dt$$

式中，α_i 作用的构件上的外力 F_i 与该力作用点的速度 v_i 间的夹角；而"±"号的选取决定于作用在构件 i 上的力偶矩 M_i 与该构件角速度 ω_i 的方向是否相同。

(2) 机械系统的等效动力学模型

对一单自由度机械系统运动的研究可以简化为对该系统中某一个构件运动的研究,但该构件上的转动惯量应等于整个机械系统的等效转动惯量 J_e，作用于该构件上的力矩应等于整个系统的等效力矩 M_e，这样的假想构件称为等效构件,由此所建立的动力学模型称为原机械系统的等效动力学模型。

等效构件既可以是转动构件,也可为移动构件,所以等效转动惯量

$$J_e = \sum_{i=1}^{n}\left[m_i\left(\frac{v_{si}}{w}\right)^2 + J_{si}\left(\frac{w_i}{w}\right)^2\right]$$

等效力矩 $M_e = \sum_{i=1}^{n}\left[F_i\cos\alpha_i\left(\frac{v_i}{w}\right) \pm M_i\left(\frac{w_i}{w}\right)\right]$

或等效质量 $m_e = \sum_{i=1}^{n}m_i\left(\frac{v_i}{v}\right)^2 + \sum_{i=1}^{n}J_i\left(\frac{w_i}{v}\right)^2$

等效力 $F_e = \sum_{i=1}^{n}\left[F_i\cos\alpha_i\left(\frac{v_i}{v}\right) \pm M_i\left(\frac{w_i}{v}\right)\right]$

(3) 运动方程式的推演

建立等效功力学模型后,机械系统的运方程式化简为：

$$d(J_e\omega^2/2) = M_e\omega dt = M_e d\varphi$$

由此得到力矩形式的机械运动方程式：

$$J_e\frac{d(\omega^2/2)}{d\varphi} + \frac{\omega^2}{2}\frac{dJ_e}{d\varphi} = M_e$$

动能形式的机械运动方程式：

$$\frac{1}{2}J_e\omega^2 - \frac{1}{2}J_{e0}\omega_0^2 = \int_{\varphi_0}^{\varphi}M_e d\varphi$$

(4) 等效转动惯量及其导数的计算方法

在用数值法求解运动方程时,不一定需要知道等效转动惯量 J_e 和等效转动惯量的导数

$\mathrm{d}J_e/\mathrm{d}\varphi$ 的表达式,只需知道一个循环内若干离散位置上的 J_e 和 $\mathrm{d}J_e/\mathrm{d}\varphi$ 的数值即可。因此等效转动惯量数达式可写为

$$J_e = \sum_{j=1}^{n}\left[m_j\frac{v_{sjx}^2+v_{sjy}^2}{\omega^2}+J_j\left(\frac{\omega_j}{\omega}\right)^2\right]$$

对 φ 求导可得 $\mathrm{d}J_e/\mathrm{d}\varphi = 2/\omega^3 \sum_{j=1}^{n}[m_j(v_{sjx}a_{sjx}+v_{sjy}a_{sjy})+J_j\omega_j\alpha_j]$

3 机械运动方程式的求解

在求解机械运动方程式时,有以下几种常见情况:
① 等效转动惯量和等效力矩均为位置的函数。
② 等效转动惯量是常数,等效力矩是速度的函数。
③ 等效转动惯量是位置的函数,等效力矩是位置和速度的函数。

4 稳定运转状态下机械速度波动及其调节

(1) 速度波动的原因是其驱动功和阻抗功并不是时时相等,即其等效驱动力矩与等效阻力矩并不时时相等,其转动惯量也不能随等效力矩作相应的变化,致使机器出现盈功或亏功产生速度波动。

若在一个循环中等效驱动力矩作的功和等效阻力矩所作的功相等,机器动能增量为零,则等效构件的速度在一个运动循环的始末是相等的,机器的速度波动为周期性速度波动。

若等效驱动力矩和等效阻力矩的变化是非周期性的,则机器的速度波动为非周期性速度波动。

(2) 速度波动的调节

对周期性速度波动的调节方法是增加等效构件的质量或转动惯量,使等效构件的角加速度 α 减小,从而使机器的运转趋于平衡。通常用安装飞轮来实现。

对非周期性速度波动的调节是设法使驱动力矩和阻力矩恢复平衡关系。通常用调速器来调节非周期性速度波动。

5 飞轮转动惯量的计算

机械周期性速度波动的程度可用机械运转速度不均匀因数 δ 来表示,其定义为角速度波动的幅度 $\omega_{max}-\omega_{min}$ 与平均角速度 ω_m 之比,即 $\delta = (\omega_{max}-\omega_{min})/\omega_m$,其中 $\omega_m = (\omega_{max}+\omega_{min})/2$。

设计时,应使 δ 小于其允许值,$\delta \leqslant [\delta]$,则飞轮的转动惯量为

$$J_F \geqslant \Delta W_{max}/(\omega_m^2[\delta]) - J_e$$

式中,ΔW_{max} 为最大盈亏功,$\Delta W_{max} = E_{max} - E_{min}$;

如果 $J_e \leqslant J_F$,则 J_e 可以忽略不计,则

$$J_F \geqslant \Delta W_{max}/(\omega_m^2[\delta]) = 900\Delta W_{max}/(\pi^2 n^2[\delta])$$

式中,n 为额定转速(r/min)。

典型例题分析

例 7.1（东北大学）图 7-1 所示轮系中,已知各轮齿数 $z_1 = z'_2 = 20, z_2 = z_3 = 40$,各轮的转动惯量 $J_1 = J_{2'} = 0.01 \text{kg} \cdot \text{m}^2, J_2 = J_3 = 0.04 \text{kg} \cdot \text{m}^2$,作用在轴 O_3 上的阻力矩 $M = 40\text{N} \cdot \text{m}$。当取齿轮 1 为等效构件时,求机构的等效转动惯量 J_e 和等效阻力矩 M_{er}。

知识点窍 等效转动惯量,等效阻力矩。

逻辑推理 定轴轮系中,齿轮 2 与 2' 为同一构件,该构件转动惯量为二齿轮转动惯量之和。

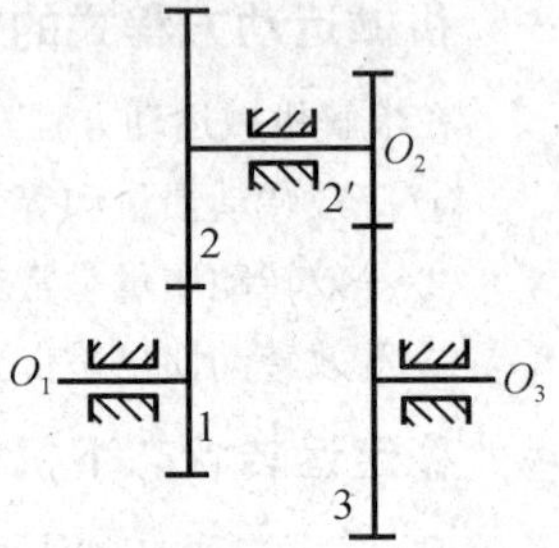

解题过程 因为在定轴轮系中

$$i_{31} = \frac{\omega_3}{\omega_1} = \frac{z_1 z_{2'}}{z_2 z_3} = \frac{1}{4}$$

$$i_{21} = \frac{\omega_2}{\omega_1} = -\frac{z_1}{z_2} = -\frac{1}{2}$$

由此可知该机构的等效转动惯量

$$J_{e1} = J_1 + (J_2 + J_{2'})(\frac{\omega_2}{\omega_1})^2 + J_3(\frac{\omega_3}{\omega_1})^2$$

$$= 0.01 + (0.01 + 0.04) \times (-\frac{1}{2})^2 + 0.04 \times (\frac{1}{4})^2 = 0.025 \text{kg} \cdot \text{m}^2$$

其等效阻力矩为

$$M_{er} = M(\frac{\omega_3}{\omega_1}) = M_1/4 = 10 \text{N} \cdot \text{m}$$

图 7-1

例 7.2 在图 7-2(a) 所示机构中,已知齿轮 1 和 2 的齿数分别为 $z_1 = 20, z_2 = 40$,各构件尺寸为 $l_{AB} = 0.1\text{m}, l_{AC} = 0.3\text{m}, l_{CD} = 0.4\text{m}$, 转动惯量分别为 $J_1 = 0.001 \text{kg} \cdot \text{m}^2, J_2 = 0.0025 \text{kg} \cdot \text{m}^2, J_{S_4} = 0.02 \text{kg} \cdot \text{m}^2$,构件 3,4 的质量分别为 $m_3 = 0.5 \text{kg}, m_4 = 2\text{kg}$(质心在 $S_4, l_{CS_4} = \frac{1}{2} l_{CD}$),作用在机械上的驱动力矩 $M_1 = 4\text{N} \cdot \text{m}$,阻抗力矩 $M_4 = 25\text{N} \cdot \text{m}$,试求图示位置处等效到齿轮 1 上的等效转动惯量和等效力矩。

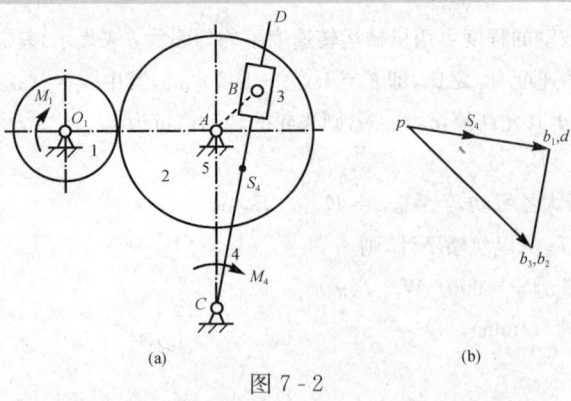

图 7-2

知识点窍　等效转动惯量，等效阻力矩。

逻辑推理　等效转动惯量和等效力矩与机构的传动比有关。当机构的位置发生变化时，机构的传动比也将变化，由此可知其等效转动惯量和等效力矩也将变化。同时，等效转动惯量和等效力矩与各构件的真实速度大小无关，即使原动件的角速度发生变化，J_e，M_e 也不会随之变化。

解题过程　在图示机构中，由题意可知，

$$\frac{\omega_3}{\omega_1}=\frac{\omega_2}{\omega_1}\frac{\omega_3}{\omega_2}=\frac{1}{2}\frac{v_{BA}/l_{BC}}{v_{B2}/l_{AB}}=\frac{1}{2}\frac{l_{AB}}{l_{BC}}\frac{\overline{pb_4}}{\overline{pb_2}}=\frac{1}{2}\times\frac{10}{38}\times\frac{24.2}{29.5}=0.11$$

且 $\dfrac{\omega_4}{\omega_1}=\dfrac{\omega_3}{\omega_1}=0.11$，$\dfrac{v_{B2}}{\omega_1}=\dfrac{\omega_2}{\omega_1}\dfrac{v_{B2}}{\omega_2}=\dfrac{1}{2}l_{AB}=0.05\text{m}$

又由图 7-2(b) 知

$$\frac{v_{S_4}}{\omega_1}=\frac{\omega_2}{\omega_1}\frac{v_{S_4}}{\omega_2}=\frac{1}{2}\times\frac{\overline{pS_4}}{\overline{pb_2}/l_{AB}}=\frac{1}{2}\times 0.1\times\frac{13}{29.5}=0.022\text{m}$$

故以齿轮 1 为等效构件时的等效转动惯量为

$$J_{e1}=J_1+J_2(\frac{\omega_2}{\omega_1})^2+m_4(\frac{v_{B2}}{\omega_1})^2+J_{S_4}(\frac{\omega_4}{\omega_1})^2+m_4(\frac{v_{S_4}}{\omega_1})^2$$

$$=0.001+0.0025\times(\frac{1}{2})^2+0.5\times 0.05^2+0.02\times 0.11^2+2\times 0.022^2$$

$$=0.004\text{kg}\cdot\text{m}^2$$

等效力矩为

$$M_{e1}=M_1-M_4(\frac{\omega_4}{\omega_1})=4-25\times 0.11=1.25\text{N}\cdot\text{m}$$

例 7.3　在图 7-3 所示的行星轮系中，已知各轮的齿数为 $z_1=30$，$z_2=20$，$z_3=70$，行星轮的个数为 3。各构件的质心均在其相对回转轴线上，它们相对于质心的转动惯量为 $J_1=0.02\text{kg}\cdot\text{m}^2$，$J_2=0.01\text{kg}\cdot\text{m}^2$，$J_H=0.16\text{kg}\cdot\text{m}^2$，行星轮 2 的质量为 $m_2=2\text{kg}$，模数 $m=8\text{mm}$，作用在行星架 H 上的力矩 $M_H=50\text{N}\cdot\text{m}$。试求以构件 1 为等效构件时的等效转动惯量 J_e 和等效力矩 M_e。

解题过程　在此轮系中，轮 1 和行星架 H 为定轴转动件，轮 2 为平面运动构件。因而以构件 1 为等效构件时，可得

$$J_e=J_1(\frac{\omega_1}{\omega_1})^2+3J_2(\frac{\omega_2}{\omega_1})^2+3m_2(\frac{v_{O2}}{\omega_1})^2+J_H(\frac{\omega_H}{\omega_1})^2$$

又因为该行星轮系中，$\omega_3=0$，故可得

$$i_{13}^H=\frac{\omega_1-\omega_H}{0-\omega_H}=1-\frac{\omega_1}{\omega_H}=-\frac{z_3}{z_1}=-\frac{70}{30}$$

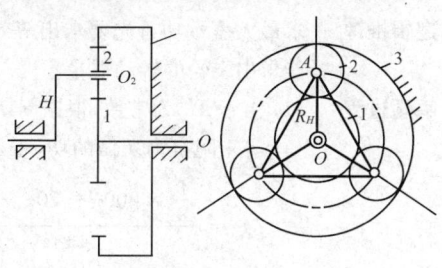

图 7-3

$$= -\frac{7}{3}$$

可解得：$\dfrac{\omega_H}{\omega_1} = \dfrac{3}{10}$

又因为在行星轮系中

$$i_{23}^H = \frac{\omega_2 - \omega_H}{0 - \omega_H} = 1 - \frac{\omega_2}{\omega_H} = \frac{z_3}{z_2} = \frac{70}{20} = \frac{7}{2}$$

将 $\omega_H = \dfrac{3}{10}\omega_1$ 代入上式可得：$\dfrac{\omega_2}{\omega_1} = -\dfrac{3}{4}$

而 $\dfrac{v_{O2}}{\omega_1} = \dfrac{\omega_H \cdot R_H}{\omega_1} = \dfrac{\omega_H}{\omega_1} \cdot \dfrac{m}{2}(z_1 + z_2) = \dfrac{3}{10} \cdot \dfrac{0.008}{2}(30 + 20) = 0.06\text{m}$

各速比求得后，可得构件等效转动惯量为

$$J_e = 0.02 + 3 \times 0.01 \times \left(\frac{-3}{4}\right)^2 + 3 \times 2 \times (0.06)^2 + 0.16 \times \left(\frac{3}{10}\right)^2$$
$$= 0.0729\text{kg} \cdot \text{mm}^2$$

以构件 1 为等效构件时，可得构件等效力矩为

$$M_e = M_H \frac{\omega_H}{\omega_1} = 50 \cdot \frac{3}{10} = 15\text{N} \cdot \text{m}$$

求得 M_e 为正值，表明其方向与 M_H 相同。

由于该轮系中的速比为常数，故 J_e 和 M_e 均为常数。

例 7.4 单缸四冲程发动机近似的等效输出转矩 M_d 如图 7-4(a) 所示。主轴为等效构件，其平均转速 $n_m = 1000\text{r/min}$，等效阻力矩 M_r 为常数。飞轮安装在主轴上，除飞轮以外其他构件的质量不计，要求运转速度不均匀系数 $\delta = 0.05$。试求：
(1) 等效阻力矩 M_r 的大小和发动机的平均功率；
(2) 稳定运转时 $\omega_{\max}$ 和 $\omega_{\min}$ 的位置及大小；
(3) 最大盈亏功 $\Delta W_{\max}$；
(4) 在主轴上安装的飞轮的转动惯量 J_F；
(5) 欲使飞轮的转动惯量减小 1/2，仍保持原有的 δ 值，应采取什么措施？

逻辑推理 求最大盈亏功首先要求出等效阻力矩 M_r，再画出能量指示图求出最大盈亏功，这样才能求出飞轮的转动惯量。

解题过程 (1) 由于 M_r 为常数，根据周期性速度波动的特点，在一个运动周期内驱动力所做的功等于阻抗力所做的功，于是

$$M_r = \frac{\frac{1}{2} \times 200\pi - 20\pi - 20\pi}{4\pi} = 15\text{N} \cdot \text{m}$$

则发动机的平均功率为 $M_r \omega_m = 15 \times \dfrac{1000 \times 2\pi}{60} = 1571\text{W} = 1.57\text{kW}$

(2) 画能量指示图 7-4(b) 所示，可以看出最大速度及最小速度出现的位置。$\omega_{\max}$ 位于 M_r 与 M_d 的交点 d'，斜线部分 $c'd$ 的方程为

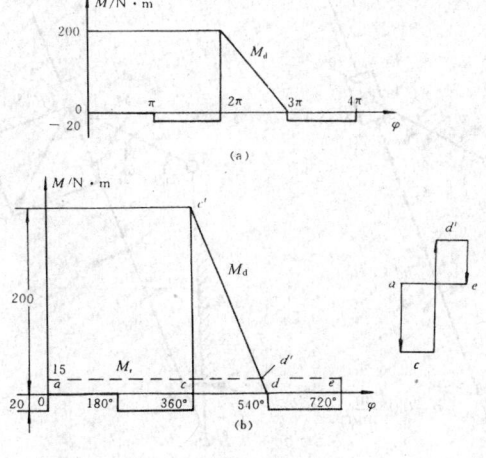

图 7-4

$$M_d = 600 - \frac{200}{\pi}\varphi$$

当 $M_d = M_r$,即 $600 - \frac{200}{\pi}\varphi = 15$ 时,有

$$\varphi_d' = 2.925\pi = 526.5°$$

ω_{min} 发生在 C 点,即 $360°$ 处。

又 $\omega_m = \pi n_m, \omega_m = (\omega_{max} + \omega_{min})/2, \delta = (\omega_{max} - \omega_{min})/\omega_m$,

当 $n_m = 1000\text{r/min}, \delta = 0.05$ 时,有

$$\omega_{max} = 107\text{rad/s}, \omega_{min} = 102\text{rad/s}$$

(3) $\Delta W_{max} = \frac{1}{2} \times (200 - 15) \times (2.925\pi - 2\pi) = 85.563\pi = 268.8\text{J}$

(4) $J_F = \frac{\Delta W_{max}}{\omega_m^2 \delta} = \frac{268.8}{(\frac{\pi \times 1000}{30})^2 \times 0.05} = 0.49\text{kg} \cdot \text{m}^2$

(5) 要减小飞轮的转动惯量,可把飞轮安装在转速为 n' 的高速轴上。

$$n' = \sqrt{\frac{J_F}{0.5 J_F} n_m^2} = \sqrt{2} n_m = 1410\text{r/min}$$

例 7.5 (东南大学) 图 7-5 所示在水平面内运动的导杆机构。已知 $l_{AB} = 200\text{mm}, l_{AC} = 400\text{mm}$, $\varphi = 60°$。各构件的质量为:$m_1 = 5\text{kg}$(质心 S_1 在 A 点),$m_2 = 3\text{kg}$(质心 S_2 在 B 点),$m_3 = 10\text{kg}$(质心在 S_3 点,$L_{CS_3} = 300\text{mm}$)。各构件转动惯量为:$J_{S_1} = 0.05\text{kg} \cdot \text{m}^2, J_{S_2} = 0.002\text{kg} \cdot \text{m}^2, J_{S_3} = 0.2\text{kg} \cdot \text{m}^2$。作用于从动件 3 上的工作阻力矩 $M_3 = 1000\text{N} \cdot \text{m}$。试求当取原动件 1 为等效构件时的等效转动惯量 J 和等效阻力矩 M_r。

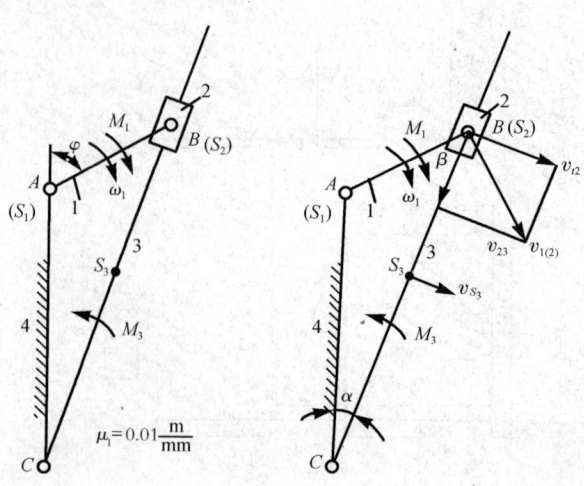

图 7-5

知识点窍 等效转动惯量,等效阻力矩。

逻辑推理 (1) 机器系统的等效力学模型是把作用在机器上的力所作的功以及机器的动能都转化到一个等效构件上,其转化的原则是:外力所作的功用作用在等效构件上的等效力(或等效力矩)所作的功来代替;机器的动能,用附加在等效构件上的等效质量(或等效转动惯量)所拥有的动能来代替。

(2) 因为等效质量、等效转动惯量都和机构的位置有关,所以都是变量,运动分析求出构件的速度或速度比是求等效转动惯量的前提。通常都是选机构的原动件为等效构件。

解题过程 (1) 等效转动惯量

$$J = J_{S_1} + J_{S_2}(\frac{\omega_2}{\omega_1})^2 + m_2(\frac{v_{S_2}}{\omega_1})^2 + J_{S_3}(\frac{\omega_3}{\omega_1})^2 + m_3(\frac{v_{S_3}}{\omega_1})^2$$

其中:$\omega_2 = \omega_3 = v_{t2}/l_{BC} = \omega_1 l_{AB}\cos\beta/l_{BC}$

$v_{S_2} = v_2 = v_{B1} = \omega_1 l_{AB}$ $v_{S3} = \omega_3 l_{CS_3} = \omega_1 l_{AB}\cos\beta \cdot L_{CS_3}/l_{BC}$

$l_{BC} = \sqrt{(l_{AB}\sin\varphi)^2 + (l_{AB}\cos\varphi + l_{AC})^2} = 0.52915\text{m}$

$\beta = 60° - \alpha = 60° - \arctan\dfrac{l_{AB}\sin 60°}{l_{AB}\cos 60° + l_{AC}} = 40.8934°$

由此可知机构的等效转动惯量为

$$J = J_{S_1} + J_{S_2}(\frac{l_{AB}\cos\beta}{l_{BC}})^2 + m_2 l_{AB}^2 + J_{S_3}(\frac{l_{AB}\cos\beta}{l_{BC}})^2 + m_3(\frac{l_{AB}l_{CS_3}\cos\beta}{l_{BC}})^2$$

$$\approx 0.26\text{kg} \cdot \text{m}^2$$

(2) 从动件 3 上的工作阻力矩 M_3 转化到等效构件 1 上的等效阻力矩为:

$$M_r = M_3(\frac{\omega_3}{\omega_1}) = M_3\frac{l_{AB}\cos\beta}{l_{BC}} = 285.7155\text{N} \cdot \text{m}$$

若等效构件 1 做变速转动,等效转动惯量还将产生等效阻力矩 $J\alpha_1$。

例 7.6 图 7-6(a) 所示为某多缸发动机转化到其曲柄销上的等效驱动力 F_d 和等效阻力 F_r 在一个运动循环中的变化线图。代表 F_r 的直线 AA 和代表 F_d 的曲线所包围的面积的大小如图 7-6(a) 中的数字所示,其单位为 mm^2。该线图的比例尺为 $\mu_F = 100\text{N/mm}$,$\mu_S = 0.01\text{m/mm}$。设曲柄轴的平均转速为 120r/min,且实际转速不超过平均转速的 $\pm 3\%$,求装在该曲柄轴上的飞轮的转动惯量(不计其他构件的质量和转动惯量)。

解题过程 为求等效转动惯量 J_F,需要求出最大盈亏功 $\Delta W_{\max}$。求 $\Delta W_{\max}$ 时,应先求得代表 $\Delta W_{\max}$ 的各块面积代数和的绝对值的最大值 a。因本题的 F_d 和 F_r 的变化情况复杂,就不应简单地将图形中某一块最大的封闭面积(如区域 AB 间的 580mm^2)作为 a,而是应该根据能量指示图来确定 a。由此可知,应按如下步骤求解。

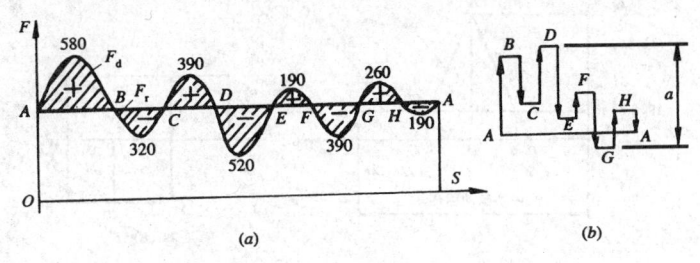

图 7-6

(1) 求 $\Delta W_{\max}$。

根据已知的 F—S 线图,作能量指示图如图 7-6(b) 所示。由图可见,能量最大处和能量最小处分别为 D 点和 G 点。故可知最大盈亏功在区间 D—E—F—G 段(或 G—H—A—B—C—D 段),故

$$a = |-520 + 190 - 390| = 720\text{mm}^2$$

由于可求得最大盈亏功,其为

$$\Delta W_{\max} = a\mu_F\mu_S = 720 \times 100 \times 0.01 = 720\text{N} \cdot \text{m}$$

(2) 由题意知 $n_m = 120$r/min,速度不均匀系数 $\delta = 2 \times 3\% = 0.06$,则等效转动惯量为

$$J_F = \frac{900\Delta W_{\max}}{\pi^2 n_m^2 \delta} = \frac{900 \times 720}{\pi^2 \times 120^2 \times 0.06} = 76\text{kg} \cdot \text{m}^2$$

例 7.7 (北京理工大学) 某机组主轴转一周为一个运动循环,取主轴为等效构件。已知等效驱动力矩 M_{vd} 为常数,其大小等于 19.6N·m,等效阻力矩 M_{vc} 在一个运动循环中的变化规律如图 7-7 所示,主轴的平均角速度 $\omega_m = 10$rad/s,为减小主轴的速度波动,在其上装有一转动惯量 $J_F = 9.8$kg·m^2 的飞轮。若不计机组中其他构件的质量和转动惯量,试求:(1) 最大盈亏功 W_y;(2) 不均匀系数 δ;(3) 主轴的最大和最小角速度 $\omega_{\max}$、$\omega_{\min}$ 发生在何处。

逻辑推理 本题首先应根据一个稳定运动循环中,等效驱动力矩作功等于等效阻力矩作功的条件,来计算 M_{vc} 的大小;其次是作能量指示图,计算最大盈亏功的大小;再按公式计算不均匀系数;最后根据能量指示图确定最大角速度和最小角速度发生的位置。

解题过程 (1) 由题意可知,在一个稳定运动循环中,等效驱动力矩功等于等效阻力矩功的条件得:

$$\int_0^{2\pi} M_{va}\,\mathrm{d}\varphi = \int_0^{2\pi} M_{vc}\,\mathrm{d}\varphi$$

所以 $19.6 \times 2\pi = \dfrac{1}{2} M_{vc\pi} \times \left(\dfrac{3\pi}{2} - \dfrac{\pi}{2}\right)$

$M_{vc\pi} = 78.4\,\mathrm{N \cdot m}$

将等效驱动力矩、等效阻力矩画在 $M_v—\varphi$ 坐标中,并标出等效驱动力矩曲线与等效阻力矩曲线的交点,如图 7-8(a) 所示。

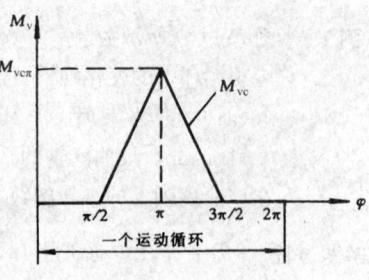

图 7-7

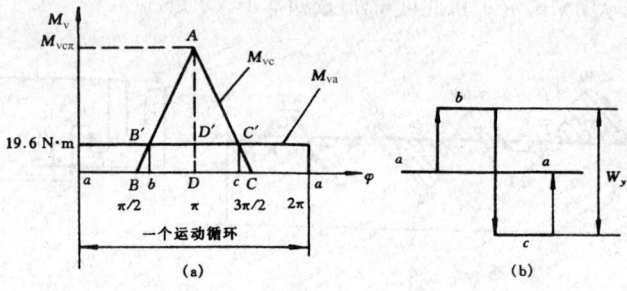

图 7-8

(2) 因为 $\triangle ABC \backsim \triangle AB'C'$

所以 $\dfrac{\overline{AD}}{\overline{AD'}} = \dfrac{\overline{BC}}{\overline{B'C'}}$

即 $\overline{B'C'} = \dfrac{\overline{AD'} \times \overline{BC}}{\overline{AD}} = \dfrac{(78.4 - 19.6)\left(\dfrac{3\pi}{2} - \dfrac{\pi}{2}\right)}{78.4} = \dfrac{3\pi}{4}$

$S_{\triangle AB'C'} = \dfrac{1}{2}(78.4 - 19.6)\dfrac{3\pi}{4} = 22.05\pi$

取比例尺 $\mu_N = \pi(\mathrm{N \cdot m/mm})$,作能量指示图 $abca$,如图 7-8(b) 所示。

从图中可以看出 $ab = 11.025\pi$ N·m
          $bc = -22.05\pi$ N·m
          $ca = 11.025\pi$ N·m

故最大盈亏功 $W_y = 22.05\pi$ N·m

(3) 求不均匀系数 δ

因为 $J_F = \dfrac{W_y}{\omega_m^2 \delta}$

所以不均匀系数 $\delta = \dfrac{W_y}{\omega_m^2 J_F} = \dfrac{22.05\pi}{10^2 \times 9.8} = 0.07$

(4) 求最大和最小角速度 $\omega_{\max}$, $\omega_{\min}$ 发生的位置

根据动能定理,当等效构件的等效转动惯量为常数时,最大动能处对应于最大速度

点,最小动能处对应于最小速度点。由图 7-8(b) 可知:最大动能发生在 b 点,最小动能发生在 c 点,故最大速度发生在 b 点,最小速度发生在 c 点。即

$$\varphi_{\omega_{\max}} = \varphi_b = \frac{\pi}{2} + \frac{\pi}{8} = \frac{5\pi}{8}$$

$$\varphi_{\omega_{\min}} = \varphi_c = \frac{3\pi}{2} - \frac{\pi}{8} = \frac{11\pi}{8}$$

例 7.8 机器一个稳定运动循环与主轴旋转相对应。以曲柄与连杆所组成转动副 A 的中心为等效力的作用点,等效阻力变化曲线 F_{vc} — s_A 如图 7-9 所示。等效驱动力 F_{va} 为常数,等效构件(曲柄)的平均角速度值 $\omega_m = 25 \text{rad/s}$,不均匀系数 $\delta = 0.02$,曲柄长 $l_{OA} = 0.5\text{m}$,求等效驱动力 F_{va} 的大小及装在主轴(曲柄轴)上的飞轮的转动惯量。

逻辑推理 本题首先应根据一个稳定运动循环中,等效驱动力作功等于等效阻力作功的条件,来计算等效驱动力的大小;其次是作能量指示图,计算最大盈亏功的大小;最后按公式计算飞轮转动惯量的大小。

解题过程 (1) 求等效驱动力 F_{va}

由题意知,在一个稳定运动循环中,等效驱动功等于等效阻力功的条件得:

$$\int_0^T F_{va} \, ds_A = \int_0^T F_{vc} \, ds_A$$

所以 $F_{va} \times 4\pi l_{OA} = 80 \times \left(\pi l_{OA} + \frac{\pi}{2} l_{OA}\right)$

即等效驱动力 $F_{va} = 30\text{N}$

将等效驱动力画在 F_v—s_A 坐标中,并标出等效驱动力曲线与等效阻力曲线的交点,如图 7-10(a) 所示。

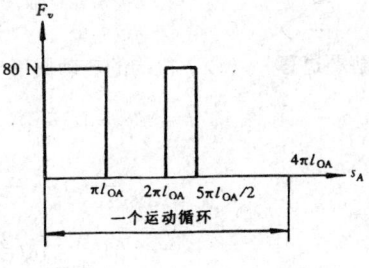

图 7-9

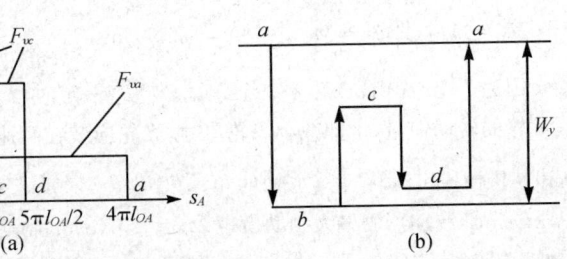

图 7-10

(2) 求最大盈亏功 W_y

取比例尺 $\mu_N = 2\pi l_{OA}$ (N·m/mm),作能量指示图 $abcda$,如图 7-10(b) 所示。

图中
$ab = -50\pi l_{OA}$ N·m
$bc = 30\pi l_{OA}$ N·m
$cd = -25\pi l_{OA}$ N·m
$da = 45\pi l_{OA}$ N·m

故最大盈亏 $W_y = 50\pi l_{OA}$ N·m

(3) 求飞轮的转动惯量 J_F

在不计机器中其它构件的质量和转动惯量时

$$J_F = \frac{W_y}{\omega_m^2 \delta} = \frac{50\pi \times 0.5}{25^2 \times 0.02} = 6.28 \text{kg} \cdot \text{m}^2$$

例 7.9 （哈尔滨工业大学）在图 7-11 所示减速器中已知各轮的齿数 $z_1 = z_3 = 25, z_2 = z_4 = 50$，各轮的转动惯量 $J_1 = J_3 = 0.04 \text{kg} \cdot \text{m}^2, J_2 = J_4 = 0.16 \text{kg} \cdot \text{m}^2$（忽略各轴的转动惯量），作用在 Ⅲ 轴上的阻力矩 $M_\text{Ⅲ} = 100\text{N} \cdot \text{m}$。

(1) 试求选取 Ⅰ 轴为等效构件时，该机构的转动惯量 J 和 $M_\text{Ⅲ}$ 的等效阻力矩 M_r。

(2) 若要加装飞轮，应该装在哪一个轴上，为什么？

知识点窍 等效转动惯量，等效阻力矩。

逻辑推理 各个齿轮均为转动件，计算等效转动惯量，都要涉及，其中由图可知齿轮 3 与 2 同轴，则 $\omega_3 = \omega_2$，齿轮 4 与 Ⅰ 轴之间 $\omega_4/\omega_1 \neq z_1/z_4$。

解题过程 (1) J 机构的转动惯量为

$$J = J_1 + J_2(\frac{\omega_2}{\omega_1})^2 + J_3(\frac{\omega_3}{\omega_1})^2 + J_4(\frac{\omega_4}{\omega_1})^2$$

$$= J_1 + J_2(\frac{z_1}{z_2})^2 + J_3(\frac{z_1}{z_2})^2 + J_4(\frac{z_1 z_3}{z_2 z_4})^2$$

$$= 0.04 + 0.16(\frac{25}{50})^2 + 0.04(\frac{25}{50})^2 + 0.16(\frac{25 \times 25}{50 \times 50})^2$$

$$= 0.1 \text{kg} \cdot \text{m}^2$$

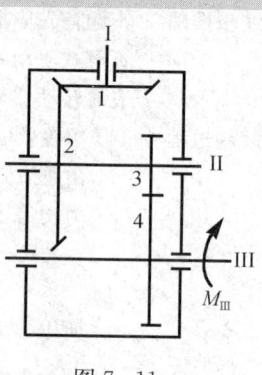

图 7-11

$M_\text{Ⅲ}$ 的等效阻力矩为

$$M_r = M_\text{Ⅲ}(\frac{\omega_3}{\omega_1}) = M_\text{Ⅲ}(\frac{z_1 z_3}{z_2 z_4}) = 25 \text{N} \cdot \text{m}$$

(2) 因为 $J_F \geq \Delta W_{max}/\omega_m^2[\delta]$，当 ΔW_{max} 与 $[\delta]$ 一定时，J_F 与 ω_m 的平方成反比，为减小飞轮的转动惯量，也即减小飞轮尺寸，飞轮应装在高速轴（Ⅰ 轴）上。

例 7.10 已知某机械稳定运转时其主轴的角速度 $\omega_1 = 100 \text{rad/s}$，机械的等效转动惯量 $J_e = 0.5 \text{kg} \cdot \text{m}^2$，制动器的最大制动力矩 $M_r = 20 \text{N} \cdot \text{m}$（制动器与机械主轴直接相联，并取主轴为等效构件）。设要求制动时间不超过 3s，试检验该制动器是否能满足工作要求。

知识点窍 机械运动方程的运用。

解题过程 因此机械系统的等效转动惯量 J_e 及等效力矩 M_e 均为常数，故可利用力矩形式的机械运动方程式 $M_e = J_e \frac{d\omega}{dt}$

其中：$M_e = -M_r = -20 \text{Nm}, J_e = 0.5 \text{kg} \cdot \text{m}^2$

$$dt = \frac{J_e}{-M_r} d\omega = -0.025 d\omega,$$ 将其作定积分得

$t=-0.025(w-w_s)=0.025w_s=2.5(s)$,得 $t=2.5s<3s$ 故该制动器满足工作要求。

例 7.11 在图 7-12 所示的行星轮系中,已知各轮的齿数 $z_1=z_{2'}=20, z_2=z_3=40$,各构件的质心均在其相对回转轴线上,且 $J_1=0.01\text{kg}\cdot\text{m}^2, J_{2'}=0.04\text{kg}\cdot\text{m}^2, J_2=0.01\text{kg}\cdot\text{m}^2, J_H=0.18\text{kg}\cdot\text{m}^2$;行星轮的质量 $m_2=2\text{kg}, m_{2'}=4\text{kg}$,模数均为 $m=10\text{mm}$。求由作用在行星架 H 上的力矩 $M_H=60\text{Nm}$ 换算到轮 1 的轴 O_1 上的等效力矩 M 以及换算到轴 O_1 上的各构件质量的等效转动惯量 J。

知识点窍 掌握等效力矩的方法。

解题过程
$$J = J_1 + (J_2+J_{2'})\left(\frac{w_2}{w_1}\right)^2 + (m_2+m_{2'})\left(\frac{v_2}{w_1}\right)^2 + J_H\left(\frac{w_H}{w_1}\right)^2$$

$$i_{13}^H = \frac{w_1-w_H}{-w_H} = \frac{z_2 z_3}{z_1 z_{2'}}$$

$$i_{1H} = \frac{w_1}{w_2} = 1-\frac{z_2 z_3}{z_1 z_{2'}}$$

$$i_{21}^H = \frac{w_2-w_H}{w_1-w_H} = -\frac{z_1}{z_2}$$

$$w_{2H} = 1+\left(1-\frac{w_1}{w_H}\right)\frac{z_1}{z_2} \qquad \frac{w_2}{w_1}=\frac{w_2}{w_H}\cdot\frac{w_H}{w_1}$$

$$v_2 = \frac{w_H m}{2}(z_1+z_2), \qquad J=0.14\text{kgm}^2$$

$$M = M_H\frac{w_H}{w_1} = -20\text{Nm}$$

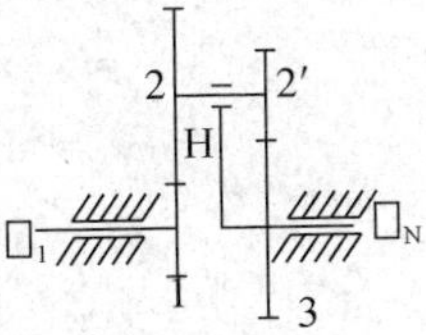

图 7-12

例 7.12 图 7-13(a) 为一偏置曲柄滑块机构。偏心距 $e=-0.15\text{m}$,曲柄 1 是圆盘上的一条线,杆长 $a=0.35\text{m}$,圆盘的质心在 A 点,质量 $m_1=80\text{kg}$,转动惯量 $J_1=0.07\text{kgm}^2$,角速度 ω_1 的平均值 $\omega_{1m}=16\text{rad/s}$,连杆 2 的杆长 $b=1.05\text{m}$,关于质心 C_2 的转动惯量 $J_{C2}=0.25\text{kg}\cdot\text{m}^2, DC_2=b_{C2}=0.65\text{m}$,质量 $m_2=100\text{kg}$,滑块 3 的质量 $m_3=120\text{kg}$,当滑块 3 的速度 $V_3\leqslant 0$ 时,滑块 3 上的工作阻力 $F_r=8000\text{N}$;当 $V_3>0$ 时,$F_r=0$,如图 7-13(b) 所示。若以曲柄 1 的角位移 φ 作为等效构件的角位移,安装在曲柄轴上的飞轮转动惯量 $J_F=100\text{kg}\cdot\text{m}^2$,忽略构件的等效转动惯量。试求

(1) 机构关于 A 点的等效转动惯量 J_{e1};

(2) 作用在等效构件上的等效阻 M_{er1};

(3) 若驱动力矩为常数,求驱动力矩 M_{d1} 的大小;

(4) 求最大盈亏功 $\Delta W_{\max}$。

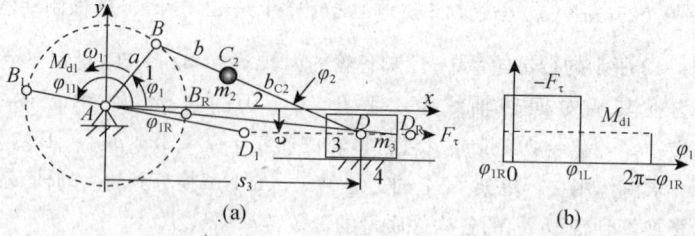

图 7-13

解题过程 (1) 机构的位移分析与速度分析

$a\cos\varphi_1 - b\cos\varphi_2 = S_3$

$a\sin\varphi_1 - e = b\sin\varphi_2$

$\varphi_2 = \arctan 2[a\sin\varphi_1 - e]/(-\sqrt{b^2 - (a\sin\varphi_1 - e)^2})$

$S_3 = a\cos\varphi_1 - b\cos\varphi_2 = a\cos\varphi_1 + \sqrt{b^2 - (a\sin\varphi_1 - e)^2}$

$-a\omega_1\sin\varphi_1 + b\omega_2\sin\varphi_2 = v_3$

$a\omega_1\cos\varphi_1 = b\omega_2\cos\varphi_2$

$\omega_2 = a\omega_1\cos\varphi_1/(b\cos\varphi_2)$

$v_3 = -a\omega_1\sin\varphi_1 + b\omega_2\sin\varphi_2 = -a\omega_1\sin\varphi_1 + (b\sin\varphi_2)a\omega_1\cos\varphi_1/(b\cos\varphi_2)$

$= -a\omega_1(\sin\varphi_1 - \cos\varphi_1\tan\varphi_2)$

连杆 2 上 C_2 点的速度 V_{xC2}、V_{yC2} 分别为

$x_{C2} = a\cos\varphi_1 - (b - b_{C2})\cos\varphi_2$

$y_{C2} = a\sin\varphi_1 - (b - b_{C2})\sin\varphi_2$

$v_{xC2} = -a\omega_1\sin\varphi_1 + (b - b_{C2})\omega_2\sin\varphi_2$

$v_{yC2} = a\omega_1\cos\varphi_1 - (b - b_{C2})\varphi_2\cos\varphi_2$

(2) 机构关于 A 点的等效动惯量 J_{e1}

$J_e(\varphi_1) = J_1 + m_2\left(\dfrac{v_{xC2}}{\omega_1}\right)^2 + m_2\left(\dfrac{v_{yC2}}{\omega_1}\right)^2 + J_{C2}\left(\dfrac{\omega_2}{\omega_1}\right)^2 + m_3\left(\dfrac{v_3}{\omega_1}\right)^2$

(3) 作用在等效构件上的等效阻力矩 M_{er1}

$M_{er1} = F_r V_3/\omega_1 = -a(\sin\varphi_1 - \cos\varphi_1\tan\varphi_2)F_r$

(4) 若驱动力矩为常数,求驱动力矩 M_{d1} 的大小

1) 曲柄 1 的工作区间 $[\varphi_{1R},\varphi_{1L}]$ 与非工作区间 $[\varphi_{1L},\varphi_{1R}]$

$\varphi_{1R} = \arctan[e/(a+b)] = \arctan[-0.150/(0.350 + 1.050)] = -6.1155°$

$\varphi_{1L} = 180° + \arctan[e/(-a+b)] = 180° + \arctan[-0.15/(-0.35 + 1.05)]$
$= 167.90524°$

$\varphi_{\text{wark}} = \varphi_{1L} - \varphi_{1R} = 167.90524 + 6.1155 = 174.02074° = 3.03723\,\text{rad}$

$\varphi_{\text{back}} = 360° - \varphi_{\text{wark}} = 360° - 174.02074° = 185.97926° = 3.24595\,\text{rad}$

2) 滑块 3 的行程 H

$S_{3R} = \sqrt{(a+b)^2 - e^2} = \sqrt{(0.350 + 1.050)^2 - 0.150^2} = 1.39194\,(\text{m})$

$$S_{3L} = \sqrt{(-a+b)^2 - e^2} = \sqrt{(-0.350+1.050)^2 - 0.150^2} = 0.683740(\text{m})$$

$$H = S_{3R} - S_{3L} = 1.39194 - 0.683740 = 0.7082(\text{m})$$

3) 曲柄1上的驱动力矩 M_{d1}

$$2\pi M_{d1} = F_r H + 0$$

$$M_{d1} = F_r H/(2\pi) = 8000 \times 0.7082/(2\pi) = 901.7 \text{N} \cdot \text{m}$$

(4) 求最大盈亏功 $\Delta W_{\max}$

$$\Delta W = \int_{\varphi_{1R}}^{\varphi_{1L}} (M_{d1} + M_{er1}) d\varphi_1 = \int_{\varphi_{1R}}^{\varphi_{1L}} [901.7 - a(\sin\varphi_1 - \cos\varphi_1 \tan\varphi_2) \cdot F_r] d\varphi_1$$

$$W_{\max} = 28.8696 \text{N} \cdot \text{m}, W_{\min} = -3027.5 \text{N} \cdot \text{m}$$

$$\Delta W_{\max} = W_{\max} - W_{\min} = 3056.3796 \text{N} \cdot \text{m}$$

例 7.13 一机器作稳定运动,其中一个运动循环中的等效阻力矩 M_r 与等效驱动力矩 M_d 的变化线如图 7-14 所示。机器的等效转动惯 $J = 1\text{kg} \cdot \text{m}^2$,在运动循环开始时,等效构件的角速度 $\omega_0 = 20\text{rad/s}$,试求:

(1) 等效驱动力矩 M_d;

(2) 等效构件的最大、最小角速度 $\omega_{\max}$ 与 $\omega_{\min}$,并指出其出现的位置;确定运转速度不均匀系数;

(3) 最大盈亏功 $\Delta W_{\max}$;

(4) 若运转速度不均匀系数 $\delta = 0.1$,则应在等效构件上加多大转动惯量的飞轮?

解题过程 本题很简单,直接根据相应的公式来做就可以了。

(1) 在一个运动循环的始末,驱动功等于阻抗功,即 $Md \times 2\pi = Mr \times (\pi/2)$

(2) 最大角速度在 $\varphi = \pi$ 处,最小角速度在 $\varphi = 3\pi/2$ 处。

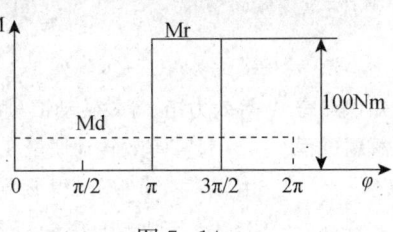

图 7-14

在速度最大处,机械能的增量为

$$\Delta E = (1/2)J(\omega_{\max}^2 - \omega_{\min}^2) = 25\pi$$

由此得 $\omega_{\max}^2 = 2 \times 25\pi + 20^2$

$\omega_{\max}^2 = 23.6 \text{rad/s}$

同理 $\omega_{\min} = 17.9 \text{rad/s}$

$\omega_{\min} = 17.9 \text{rad/s}$

$\omega_m = (\omega_{\max} + \omega_{\min})/2 = 20.75 \text{rad/s}$

$\delta = (23.6 - 17.9)/20.75 = 0.275$

(3) $\Delta W_{\max} = 25 \times (3\pi/2) = 37.5\pi = 117.81$

(4) $J_F = 117.81/(20.75^2 \times 0.1) - 1 = 1.736 \text{kg} \cdot \text{m}^2$

例 7.14 图 7-15(a)为一齿轮机构与余弦机构组合的平面六杆机构,已知齿轮 1 的齿数 $z_1 = 24$,转动惯量 $J_1 = 0.08 \text{kgm}^2$,角速度 ω_1 的平均值 $\omega_{1m} = 25.133 \text{rad/s}$;齿轮 2 的齿数 $z_2 = 52$,转动惯量 $J_2 = 0.15 \text{kgm}^2$;齿轮 2 上的 C 点到转动中心 B 点的距离 $b_2 = 0.200\text{m}$,滑块 3 及其销轴的质量 $m_3 = 40\text{kg}$,滑块 4 的质量 $m_4 = 120\text{kg}$。当滑块 4 的速度 $v_4 \leqslant 0$ 时,工作阻力 $F_r = 3000\text{N}$;当滑块 4 的速度 $v_4 > 0$,设驱动力矩 M_{d1} 为常数。

试求:

(1) 机构以齿轮 1 的角位移 φ_1 为等效构件角位移的等效转动惯量 J_{e1};

(2) 求驱动力矩 M_{d1};

(3) 求等效力矩 $M_{\max}$;

(4) 求最大盈亏功 $\Delta W_{\max}$;

(5) 无飞轮时,求齿轮 1 的速度波动不均匀系数 δ;

(6) 有飞轮时,设 $J_F = 10\text{kgm}^2$。求齿轮 1 的速度波动不均匀系数 δ_F。

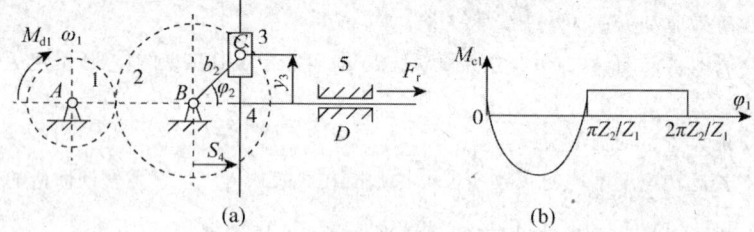

图 7-15

知识点窍 等效力矩、等效转动惯量的求解问题。

解题过程 (1) 计算等效转动惯量 J_{e1}

由 $\omega_1/\omega_2 = z_2/z_1$ 得 $\varphi_1 = (z_1/z_1)\varphi_2$, $\varphi_2 = (z_1/z_2)\varphi_1$, φ_2、φ_1 的变化区间分别为

$0 \leqslant \varphi_2 \leqslant 2\pi$, $0 \leqslant \varphi_1 \leqslant 2\pi$, $0 \leqslant 2\pi z_2/z_1$,

$S_4 = b_2 \cos\varphi_2 = b_2 \cos(z_1\varphi_1/z_2)$

$v_4 = -b_2\omega_2\sin\varphi_2 = -b_2(\omega_1 z_1/z_2)\sin(z_1\varphi_1/z_2)$

$v_3 = v_{C2} = \omega_2 b_2 = b_2(\omega_1 z_1/z_2)$

$J_{e1} = J_{elP}(\varphi_1) = J_1 + J_2\left(\dfrac{z_1}{z_2}\right)^2 + m_3\left(\dfrac{b_2 z_1}{z_2}\right)^2 + m_4\left(\dfrac{b_2 z_1}{z_2}\right)^2 \sin^2\left(\dfrac{z_1\varphi_1}{z_2}\right)$

$J_{elP} = J_1 + J_2\left(\dfrac{z_1}{z_2}\right)^2 + m_3\left(\dfrac{b_2 z_1}{z_2}\right)^2 + \dfrac{m_4}{2\pi}\left(\dfrac{b_2 z_1}{z_2}\right)^2\int_0^{2\pi z_2/z_1} \sin^2\left(\dfrac{z_1\varphi_1}{z_2}\right) d\left(\dfrac{z_1\varphi_1}{z_2}\right)$

$= J_1 + J_2\left(\dfrac{z_1}{z_2}\right)^2 + m_3\left(\dfrac{b_2 z_1}{z_2}\right)^2 + \dfrac{m_4}{2\pi}\left(\dfrac{b_2 z_1}{z_2}\right)^2\left[\dfrac{1}{2}\dfrac{z_1\varphi_1}{z_2} - \dfrac{1}{4}\sin\left(\dfrac{2z_1\varphi_1}{z_2}\right)\right]\Bigg|_0^{2\pi z_1}$

$= J_1 + J_2\left(\dfrac{z_1}{z_2}\right)^2 + m_3\left(\dfrac{b_2 z_1}{z_2}\right)^2 + \dfrac{m_4}{2}\left(\dfrac{b_2 z_1}{z_2}\right)^2$

$J_{elP} = 0.08 + 0.15\left(\dfrac{24}{52}\right)^2 + 40\left(\dfrac{0.2 \times 24}{52}\right)^2 + \dfrac{120}{2}\left(\dfrac{0.2 \times 24}{52}\right)^2 = 0.964\text{kgm}^2$

(2) 计算驱动力矩 M_{d1}

当 $0 \leqslant \varphi_2 \leqslant \pi$ 时,工作阻力 F_r 做负功 W_{Fr},此时,$0 \leqslant \varphi_1 \leqslant \pi z_2/z_1$;当 $\pi < \varphi_2 < 2\pi$ 时,工作阻力 $F_r = 0$,无负载功,此时,$\pi z_2/z_1 < \varphi_1 < 2\pi z_2/z_1$。设齿轮 2 上的驱动力矩为 M_2,则由

$M_2\omega_2 = -F_r V_4$ 得 M_2 为

$$M_2 = -F_r V_4/\omega_2 = F_r b_2 \sin\varphi_2 \qquad 0 \leqslant \varphi_2 \leqslant \pi$$
$$M_2 = 0 \qquad \qquad \pi \leqslant \varphi_2 \leqslant 2\pi$$

M_2 的平均值 M_{2P} 为

$$M_{2P} = \frac{1}{2\pi}\int_0^\pi F_r b_2 \sin\varphi_2 \, d\varphi_2 = -\frac{F_1 b_2}{2\pi}\cos\varphi_2 \Big|_0^\pi = \frac{F_1 b_2}{\pi}$$

由 $M_{d1}\omega_1 = M_2\omega_2$,$\omega_2/\omega_1 = z_1/z_2$,$\varphi_1 = (z_2/z_1)\varphi_2$ 得齿轮 1 上的驱动力矩 M_{d1}

$$M_{d1} = (\omega_2/\omega_1)M_2 = (z_1/z_2)F_1 b_2 \sin(z_1\varphi_1/z_2) \qquad 0 \leqslant \varphi_1 \leqslant \pi z_2/z_1$$
$$M_{d1} = 0 \qquad \qquad \pi z_2/z_1 \leqslant \varphi_1 \leqslant 2\pi z_2/z_1$$

M_{d1} 在一个周期 $0 \leqslant \varphi_1 \leqslant 2\pi z_2/z_1$ 内的平均值 M_{dP} 为

$$M_{dP} = \frac{1}{2\pi z_2/z_1}\int_0^{\pi z_2/z_1}\left(\frac{z_1}{z_2}\right)F_1 b_2 \sin\left(\frac{z_1}{z_2}\varphi_1\right)d\varphi_1 = \frac{z_1 F_f b_2}{2\pi z_2}\int_0^{\pi z_2/z_1}\sin\left(\frac{z_1}{z_2}\varphi_1\right)d\left(\frac{z_1}{z_2}\varphi_1\right)$$
$$= -\frac{z_1 F_1 b_2}{2\pi z_2}\cos\left(\frac{z_1}{z_2}\varphi_1\right)\Big|_0^{\pi z_2/z_1} = \frac{z_1 F_1 b_2}{\pi z_2}$$

(3) 计算等效力矩 M_{e1},如图 7-15(b) 所示。

工作阻力 F_r 转化到齿轮 1 上的等效阻力矩 M_{e1} 为

$$M_{er1} = -(z_1/z_2)F_r b_2 \sin(\varphi_1 z_1/z_2) \qquad 0 \leqslant \varphi_1 \leqslant \pi z_2/z_1$$
$$M_{er1} = 0 \qquad \qquad \pi z_2/z_1 < \varphi_1 < 2\pi z_2/z_1$$

齿轮 1 上的等效力矩 M_{e1} 为

$$M_{e1} = \frac{F_r b_2 z_1}{\pi z_2} - \frac{F_r b_2 z_1}{z_2}\sin\left(\frac{z_1}{z_2}\varphi_1\right) \qquad 0 \leqslant \varphi_1 \leqslant \pi z_2/z_1$$
$$M_{e1} = \frac{F_1 b_2 z_1}{\pi z_2} \qquad \qquad \pi z_2/z_1 < \varphi_1 < 2\pi z_2/z_1$$

(4) 求最大盈亏功 $\Delta W_{\max}$

在 $0 \leqslant \varphi_1 \leqslant \pi z_2/z_1$ 区间内,等效力矩 M_{e1} 所做的功 W_1 为

$$W_1 = \int_0^{\pi z_2/z_1}\left[\frac{F_r b_2 z_1}{\pi z_2} - \frac{F_1 b_2 z_1}{z_2}\sin\left(\frac{z_1}{z_2}\varphi_1\right)\right]d\varphi_1$$

$$W_1 = \frac{F_r b_2 z_1}{\pi z_2}\cdot\frac{\pi z_2}{z_1} - F_1 b_2\int_0^{\pi z_2/z_1}\sin\left(\frac{z_1}{z_2}\varphi_1\right)d\left(\frac{z_1}{z_2}\varphi_1\right)$$

$$W_1 = F_r b_2 + F_1 b_2 \cos\left(\frac{z_1}{z_2}\varphi\right)\Big|_0^{\pi z_2/z_1} = F_r b_2 - 2F_r b_2 = -F_r b_2$$

在 $\pi z_2/z_1 < \varphi_1 < 2\pi z_2/z_1$ 区间内,等效力矩 M_{e1} 所做的功 W_2 为

$$W_2 = \frac{F_r b_2 z_1}{\pi z_2}\cdot\frac{\pi z_2}{z_1} = F_r b_2$$

令功的初始值为零,$W_0 = 0$,$W_0 + W_1 = -F_r b_2$,$W_0 + W_1 + W_2 = 0$

最大盈亏功 $\Delta W_{\max}$ 为

$\Delta W_{\max} = F_r b_2$

(5) 求速度波动的不均匀系数 δ

曲柄 1 的速度波动不均匀系数 δ 为

无飞轮时,曲柄 1 的速度波动不均匀系数 δ 为

$\delta = \Delta W_{\max}/(\omega_{1m}^2 J_{eP})$

$\delta = \Delta W_{\max}/(\omega_{1m}^2 J_{eP}) = 3000 \times 0.2/(25.133^2 \times 0.964) = 0.9853$

有飞轮时,曲柄 1 的速度波动不均匀系数 δ_F 为

$\delta_F = \Delta W_{\max}/[\omega_{1m}^2 (J_{eP} + J_F)]$

$\Delta W_{\max} = F_r b_2 = 3000 \times 0.2 = 600\text{N}\cdot\text{m}$

$\delta_1 = \Delta W_{\max}/[\omega_{1m}^2 (J_{eP} + J_F)] = 3000 \times 0.2/[25.133^2 (0.964 + 10)] = 0.0866$

思考题及练习题详解

7-1 解题过程 等效转动惯量的等效条件为:具有等效转动惯量 $J_e(\varphi)$ 的等效构件动能等于原机械系统的动能之和。

等效力矩的等效条件为:作用于等效构件上的等力矩 $M_e(\varphi,\omega,t)$ 的瞬时功率等于作用在原机械系统上的所有外力在同一瞬时的功率和。

7-2 解题过程 作用在机械上的驱动力(力矩)和阻抗力(力矩)通常是变化的,在某一瞬时,其所做的驱动功与阻抗功一般是不相等的,即出现盈功或亏功,从而使机械的速度增加或减小,产生速度波动。若等效力矩 M_{ed}, M_{er} 的变化是周期性的,在 M_{ed}, M_{er} 和等效转动惯量 J_e 变化的公共周期内,驱动功等于阻抗功,机械动能增量为零,则等效构件的角速度在公共周期的始末是相等的,机械运转的速度波动将呈周期性,速度波动会导致在运动副中产生附加的动压力,并引起机械的振动,从而降低机械的寿命、效率和工作质量,这就需要对机械运转速度的波动及其调节的方法加以研究,以便设法将机械运转速度波动的程度限制在许可的范围之内。

对于周期性速度波动,在等效力矩一定的情况下,加大等效构件的转动惯量,将会使等效构件的角加速度 α 减小,即可以使机构的运转趋于均匀。因此,对于周期性速度波动,可以通过安装具有很大转动惯量的回转构件——飞轮来调节。

对于非周期性速度波动,其调节就是设法使驱动力矩 M_{ed} 和阻力矩 M_{er} 恢复平衡关系,对于选用电动机作为原动机的机械,其本身有自调性,即本身就可以使驱动力矩和工作阻力矩协调一致,能自动地重新建立能量平衡关系,而对于蒸汽机、内燃机等为原动机的机械,其调节非周期性速度波动的方法是安装调速器来实现。

7-3 解题过程 飞轮之所以能调速,是利用了它的储能作用。这是由于飞轮具有很大的转动惯量,因而要使其转速发生变化就要较大的能量,当机械出现盈功,飞轮轴的角速度只作微小上升,即可将多余的能量吸收存储起来;而当机械出现亏功时,机械运转速度减

慢,飞轮又可将其储存的能量释放,以弥补能量的不足,而其角速度只作小幅度下降。

非周期性速度波动往往靠安装调速器的方法来调节,而不能利用飞轮。这是因为非周期性速度波动与周期性速度波动是两种性质完全不同的现象,这时机械的驱动功和阻抗功已失去平衡,机械已不再是稳定运转,机械运转的速度将持续升高或持续下降,此时必须利用调速器从机器的外部来调节输入机器的能耗,而飞轮只能在机器内部起转化和调节功能的作用,即当机器出现盈功时把多余的能量吸收和储存起来而当机器出现亏功时又把储存的能量释放和补偿出来。

7-4 解题过程 飞轮实质上是一个能量储存器,它可以用动能的形式把能量储存或释放出来,而储能量与其转动惯量有关,交流电驱动的磁带录音机有大直径的飞轮,速度微小变动可存储更多能量,而便携式录音机飞轮尺寸小为了方便携带,减小尺寸。

7-5 解题过程 (1) 为计算出飞轮的转动惯量,首先要求出最大盈亏功 ΔW_{max}。

(2) 当 ΔW_{max} 与 ω_m 一定时,如[δ]取值很小。则飞轮的转动惯量就需很大,所以,过分追求机械运转速度的均匀性,将会使飞轮过于笨重。

(3) 由于 J_F 不可能为无穷大,而 ΔW_{max} 和 ω_n 又都是有限值,所以[δ]取值很小。则正轮的转动惯量就需很大,所以,过分追求机械运转速度的均匀性,将会便飞轮过于笨重。

(3) 由于 J_F 不可能为无穷大,而 ΔW_{max} 和 ω_n 又都是有限值,所以[δ]不可能为零,即安装飞轮后机械运转的速度仍有周期波动,只是波动的幅度减小了而已。

(4) 当 ΔW_{max} 与[δ]一定时,J_F 与 ω_m 的平方值成反比,所以为减小飞轮的转动惯量,最好将飞轮安装在机械的高速轴上。当然,在实际设计中还必须考虑安装飞轮轴的刚性和结构上的可行性等。

7-6 解题过程 造成机械振动的原因是多方面的,主要有:

(1) 机械运转的不平衡力形成扰动力,造成机械运转的振动。

(2) 作用在机械上的外载荷的不稳定引起机械的振动。

(3) 高副机械中的高副形状误差(如齿廓误差)引起的振动。

(4) 其他。如锻压设备引起的冲击振动、运输工具的颠簸摇摆等。

常用的用于控制、减小设备的振动和噪声的方法有:

(1) 减小扰动。即提高机械制造质量,改善机械内部的平衡性和作用在机械上的外载荷的波动幅度。

(2) 防止共振。通过改变机械设备的固有频率、振动频率,改变机械设备的阻尼等。

(3) 采用隔振、吸振、减振装置。

7-7 知识点窍 建立机械系统等效动力学模型时等效转动惯量的求解方法。

逻辑推理 利用公式 $J_e = \sum_{i=1}^{n}\left[m_i\left(\dfrac{v_{Si}}{\omega}\right)^2 + J_{Si}\left(\dfrac{\omega_i}{\omega}\right)^2\right]$ 求解。首先要根据运动学关系得出 $\dfrac{v_{Si}}{\omega}$ 和 $\dfrac{\omega_i}{\omega}$ 的表达式代入公式即可。

解题过程 由已知条件可知

$$J_e = J_1 + J_2\left(\frac{\omega_2}{\omega_1}\right)^2 + J_2'\left(\frac{\omega_2}{\omega_1}\right)^2 + J_3\left(\frac{\omega_3}{\omega_1}\right)^2 + \frac{G}{g}\left(\frac{v}{\omega_1}\right)^2$$

其中已知 $\frac{\omega_2}{\omega_1} = \frac{z_1}{z_2}$，又由 $\frac{\omega_3}{\omega_2} = \frac{z_{2'}}{z_3}$ 可得：$\frac{\omega_3}{\omega_1} = \frac{\omega_3}{\omega_2} \cdot \frac{\omega_2}{\omega_1} = \frac{z_{2'} z_1}{z_2 z_3}$

又由 $v = \omega_3 r_3$ 可得：$\frac{v}{\omega_1} = \frac{\omega_3 r_3}{\omega_1} = \frac{z_1}{z_3} \cdot r_3$

综上可得：$J_e = J_1 + (J_2 + J_2')\left(\frac{z_1}{z_2}\right)^2 + \left(J_3 + \frac{G}{g} \cdot r_3^2\right) \cdot \left(\frac{z_{2'} z_1}{z_2 z_3}\right)^2$

7-8 知识点窍 等效转动惯量的求解方法。

解题过程 $\omega_2/\omega_1 = z_1/z_2 = 25/45 = \frac{5}{9}$

$\omega_3/\omega_1 = \omega_2/\omega_1 = 5/9$

又 $v = \omega_3 l$，可得 $v/\omega_1 = \frac{\omega_3}{\omega_1} \cdot l = \frac{10^{-2}}{3}$ m

$$J_e = J_1 + J_2\left(\frac{\omega_2}{\omega_1}\right)^2 + J_3\left(\frac{\omega_2}{\omega_1}\right)^2 + m_4\left(\frac{v}{\omega_1}\right)^2$$

$$= 732 \times 10^{-6} + 768 \times 10^{-6} \times \left(\frac{5}{9}\right)^2 + 1.2 \times 10^{-3} \times \left(\frac{5}{9}\right)^2 + 355 \times \left(\frac{0.01}{3}\right)^2$$

$$= 5.28 \times 10^{-3} \text{ kg} \cdot \text{m}^2$$

7-9 知识点窍 运动学方程式的推演。

逻辑推理 经分析可知，主轴角速度 ω 随时间改变，本题的目的即利用已知的 J_e 和 M_r 以及初始时刻的角速度 ω_s 求得 $\omega(t)$ 的表达式，即 $\omega(t)$ 随 t 的变化规律。

解题过程 主轴在 dt 瞬间的动能变化量为 $dE = d\left[\frac{1}{2} J_e \omega^2(t)\right]$

制动力矩 M_r 在 dt 瞬间所作的功为 $dW = -M_r \omega(t) dt$

由动能定理可得：$dE = dW$

亦即：$d\left[\frac{1}{2} J_e \omega^2(t)\right] = -M_r \omega(t) dt$

$J_e \omega(t) d\omega(t) = -M_r \omega(t) dt$

$\dfrac{d\omega(t)}{dt} = -\dfrac{M_r}{J_e}$

又由已知条件 $t = 0$ 时 $\omega(t) = \omega_s$ 可得 $\omega(t) = -\dfrac{M_r}{J_e} \cdot t \omega_s$

令 $\omega(t) = 0$ 即可求得制动时间 $t = \dfrac{\omega_s}{M_r} \cdot J_e = \dfrac{100 \times 0.5}{20} = 2.5\text{s} < 3\text{s}$

所以该制动器能满足工作要求。

7-10 知识点窍 当等效转动惯量是常数，等效力矩是速度的函数时，机械运动方程式的求解。

解题过程 该机械工作时作等速稳定运转，此时电动机轴的角速度 ω_s 是容易求得的，因为此时

$$M_{ed} = M_{er}$$

亦即 $10000 - 100\omega_s = 8000$

$\omega_s = 20 \text{rad/s}$

对于题中的机械系统,确定运动规律的主要目的是探讨外加阻抗力矩后,主轴从初始角速度到稳定运转的过程。

等效力矩 M_e 可表示为

$M_{e\omega} = M_{ed\omega} - M_{er\omega} = 10000 - 100\omega - 8000 = 2000 - 100\omega$

由 $M_e(\omega) = J_e \, d\omega/dt$

将式中变量分离后,得

$dt = J_e d\omega/M_e(\omega) = 8d\omega/(2000-100\omega) = \dfrac{2}{500-25\omega}d\omega$

积分得 $t = \displaystyle\int_{\omega_0}^{\omega} \dfrac{2}{500-25\omega}d\omega = \dfrac{2}{25}\int_{\omega}^{100}\dfrac{1}{\omega-20}d\omega$

$= \dfrac{2}{25}[\ln(\omega-20)]_{\omega}^{100} = \dfrac{2}{25}[\ln 80 - \ln(\omega-20)]$

将上式改写为 $\ln(\omega-20) = \ln 80 - \dfrac{25}{2}t$

可解得 $\omega = 20 + \exp(\ln 80 - \dfrac{25}{2}t)$

所以运转过程中电动机轴的角加速度为

$\alpha = \dfrac{d\omega}{dt} = -\dfrac{25}{2}\exp[\ln 80 - \dfrac{25}{2}t]$

7-11 知识点窍 飞轮转动惯量的近似计算。

逻辑推理 根据能量守恒即可得出电动机所需平均功率,再结合 P-t 图求 $\Delta W_{\max}$,注意因为此题已知 P,所以并不像其他题一样必须由 M-φ 图求 $\Delta W_{\max}$。

解题过程 由驱动力和阻抗力一个周期内所做功相等,可知

$P_1 t_1 + P_2 t_2 = P_n t$

又 $t_1 = \dfrac{1}{3}t, t_2 = \dfrac{2}{3}t$,可得 $P_n = 2573.9 \text{W}$

由此作 P-t 图,如图 7-16 所示。
显然最大盈亏功
$\Delta W_{\max} = (P_n - P_1)t_1$
$= (2573.9 - 367.7) \times \left[\dfrac{2}{3}\pi/\left(\dfrac{1001 \cdot 2\pi}{60}\right)\right]$
$= 441.24 \text{J}$

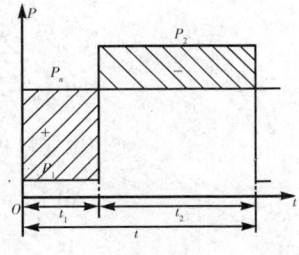

图 7-16

(1) 当飞轮装在曲柄轴上时,即 $n = 100\text{r/min}$
$J_F = 900\Delta W_{\max}/(\pi^2 n^2 [\delta]) = 900 \times 441.24/(\pi^2 \times 100^2 \times 0.05)$
$= 80.47 \text{kg} \cdot \text{m}^2$

(2) 当飞轮装在高速电动机轴上时,即 $n = 1440\text{r/min}$
$J_F = 900 \times 441.24/(\pi^2 \times 1440^2 \times 0.05) = 0.388 \text{kg} \cdot \text{m}^2$

7-12 知识点窍 周期性速度波动的调节，飞轮转动惯量的近似计算。

解题过程 （1） $n_m = (n_{max} + n_{min})/2$

$\delta = (n_{max} - n_{min})/n_m$

联立方程可得

$n_{max} = 623.1 \text{r/min}$

由在一个运动周期内驱动力所做的功等于阻抗力所做的功

可得 $M_r = \dfrac{\frac{1}{2} \times 200 \times \frac{\pi}{9} + 200 \times \frac{\pi}{6} + \frac{1}{2} \times 200 \times \frac{13}{18}\pi}{\pi}$

$= 116.67 \text{N} \cdot \text{m}$

由此可画出能量指示图，如图 7-17 所示。

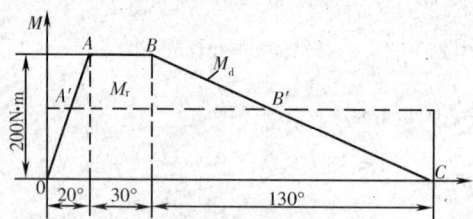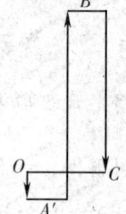

图 7-17

在 $0 \to A'$, $M_d < M_r$, 速度在减小；

$A' \to B'$, $M_d > M_r$, 速度在增大；

$B' \to C$, $M_d < M_r$, 速度又减小。

所以在 B' 处出现 n_{max}。

在 BC 处，$M_d = 276.92 - \dfrac{200}{130°}\varphi$

当 $M_d = M_r$ 时，即 $276.92 - \dfrac{200}{130°}\varphi = 116.67$，$\varphi'_B = 104.16°$

（2）由能量指示图可知

$\Delta W_{max} = \dfrac{1}{2} \times (200 - 116.67) \times (20 - 11.67) \times \dfrac{\pi}{180} + (200 - 116.67) \times 30 \times$

$\dfrac{\pi}{180} + \dfrac{1}{2} \times (200 - 116.67) \times (104.16 - 50) \times \dfrac{\pi}{180} = 89.07 \text{J}$

$J_1 = \dfrac{900 \Delta W_{max}}{\pi^2 n^2 [\delta]} = \dfrac{900 \times 89.07}{\pi^2 \times 620^2 \times 0.01} = 2.11 \text{kg} \cdot \text{m}^2$

7-13 解题过程 由驱动力所作功与阻抗力作功在一个周期内相等，结合图可得

$P_{rm} \cdot t_2 = P_{r1} \cdot t_1 + P_{r2}(t_2 - t_1)$

解得 $P_{r2} = 4.4 \text{kW}$

画能量指示图（图 7-18）

所以 $\Delta W_{max} = (P_{r1} - P_{rm}) \cdot t_1 = 65.2 \times 10^3 \text{N} \cdot \text{m}$

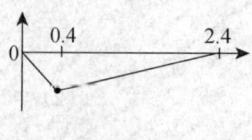

图 7-18

飞轮转动惯量
$$J_F = 900\Delta W_{max}/(\pi^2 n^2 [\delta])$$
代入数值得 $J_F = 472.35 \text{kg} \cdot \text{m}^2$

7-14 知识点窍 运动方程式的推演。

逻辑推理 因为对整个系统无外加驱动力矩和阻抗力矩，所以离合器接合前后系统动能不变，利用此条件即可求得接合后的公共角速度，但首先必须求出飞轮和转子的转动惯量，因啮合过程中离合器传递转距为常数，所以对任一构件列运动方程式均可推出转矩大小。

解题过程 轴 1 和飞轮的转动惯量
$$J_1 = \frac{1}{2} m_1 \rho_1^2 = \frac{1}{2} \times 100 \times (450 \times 10^{-3})^2 = 10.13 \text{kg} \cdot \text{m}^2$$

轴 2 和转子的转动惯量
$$J_2 = \frac{1}{2} m_2 \rho_2^2 = \frac{1}{2} \times 250 \times (625 \times 10^{-3})^2 = 48.83 \text{kg} \cdot \text{m}^2$$

由 $\frac{1}{2} J_1 \omega_1^2 + \frac{1}{2} J_2 \omega_2^2 = \frac{1}{2} (J_1 + J_2) \omega_3^2$ 可得

$$\frac{1}{2} \times 10.13 \times (\frac{100 \times 2\pi}{60})^2 + \frac{1}{2} \times 48.83 \times (\frac{20 \times 2\pi}{60})^2 = \frac{1}{2} (10.13 + 48.83) \omega_3^2$$

求得 $\omega_3 = 4.74 \text{rad/s}$

对飞轮列运动方程式有
$$d(J_1 \omega^2 / 2) = -M_r \omega dt$$
亦即 $J_1 d\omega = -M_r dt$

积分得 $\int_{\omega_1}^{\omega_3} J_1 d\omega = -\int_0^{t_0} M_r dt$

亦即 $J_1 (\omega_3 - \omega_1) = -M_r t_0$

$$M_1 = -\frac{J_1 (\omega_3 - \omega_1)}{t_0} = -\frac{10.13 \times (4.74 - \frac{100 \times 2\pi}{60})}{3}$$
$= 19.35 \text{N} \cdot \text{m}$

所以离合器传递的转矩为 $19.35 \text{N} \cdot \text{m}$。

7-15 知识点窍 机械运动方程式的求解。

解题过程 取电机轴为等效构件，可知等效转动惯量
$$J_e = J_1 + J_{2e} + J_5 (\frac{\omega_5}{\omega_1})^2$$

其中 $\frac{\omega_5}{\omega_1} = \frac{\omega_4}{\omega_1} = \frac{\omega_4}{\omega_3} \cdot \frac{\omega_3}{\omega_1} = \frac{z_3}{z_4} \cdot \frac{1}{i_2} = \frac{20}{52} \times \frac{1}{35} = \frac{1}{91}$

所以 $J_e = 0.018 + 0.015 + 144 \times (\frac{1}{91})^2 = 0.05 \text{kg} \cdot \text{m}^2$

通电传动阶段中其等效阻力矩

$$M_{er} = M_{r_1} + M_{r_5} \cdot (\frac{\omega_5}{\omega_1}) = 0.3 + 80 \times (\frac{1}{91}) = 1.18 \text{N} \cdot \text{m}$$

又有 $M_d \approx 2M_n = 2 \times 9550 \dfrac{P_n}{n_n} = 2 \times 9550 \times \dfrac{0.55}{1390} = 7.56 \text{N} \cdot \text{m}$

所以 $d(\dfrac{1}{2} J_e \omega_1^2) = (M_d - M_{er}) \omega_1 dt$

亦即 $J_e d\omega_1 = (M_d - M_{er}) dt$

积分可得：$\omega_1(t) = \dfrac{M_d - M_{er}}{J_e} t = \dfrac{7.56 - 1.18}{0.05} \times 0.15 = 19.14 \text{rad/s}$

又由 $d\varphi_1 = \omega_1 dt$

积分可得 $\varphi_1(t) = \int_0^t \dfrac{M_d - M_{er}}{J_e} t dt = \dfrac{M_d - M_{er}}{J_e} \cdot \dfrac{t^2}{2}$

所以当 $t = 0.15$s 时，电机轴转过的角度为

$$\varphi_1 = \dfrac{7.56 - 1.18}{0.05} \times \dfrac{0.15^2}{2} = 1.44 \text{rad}$$

断电停车阶段中其等效力矩为

$$M_{e12} = -M_{r1} - M_{r5}(\dfrac{\omega_5}{\omega_1}) = -1.179 \text{N} \cdot \text{m}$$

其运动时间为：$t_2 = -\dfrac{\omega_{11}}{\alpha_2} = -\dfrac{\omega_{11} J_{e1}}{M_{e12}} = \dfrac{19.14 \times 0.05}{1.179} = 0.812 \text{s}$

$\varphi_1 = \varphi_{11} + \omega_{11} t_2 + \dfrac{1}{2} \cdot \dfrac{M_{e12}}{J_{e1}} t_2^2 = 9.124 \text{rad}$

因此转盘 5 转过的角度为：$\varphi_5 = \varphi_1(\dfrac{z_3}{z_4} \cdot \dfrac{1}{l_2}) \dfrac{180}{\pi} = 5.73°$

7-16 解题过程 若储气罐中有较高的气压时，启动空气压缩机，电机带负载启动，阻抗转动矩很大，电机的电流过大，就会跳闸或烧保险丝，所以要放掉一些空气再启动，使阻抗转矩不是太大。

第八章
平面连杆机构及其设计

学习要求

1. 了解连杆机构传动的特点及其主要优缺点。
2. 了解平面四杆机构的基本形式、演化形式及平面四杆机构的一些应用实例。
3. 了解有关四杆机构的一些基本知识(对四杆机构有曲柄的条件、行程速比系数及急回作用、传动角及死点等应有明确的概念)。
4. 能按连杆的三个位置、两连架杆的三对对应位置及行程速比系数等条件,设计平面四杆机构。
5. 了解实现给定连杆曲线的平面四杆机构设计的实验法或图谱法。
6. 了解简单的空间连杆机构和平面多杆机构。

重难点提示

本章重点:平面四杆机构的基本形式及其演变;铰链四杆机构有曲柄的条件;急回运动、行程速度变化系数、传动角、死点以及平面四杆机构的基本设计方法。

本章难点:用图解法设计四杆机构,主要包括反转法和半角转动法(反转法为主)。

内容提要

1 连杆机构及其传动特点

连杆机构的共同特点是原动件的运动都要经过一个不与机架直接相连的中间构件,才能传动从动件。

连杆机构具有以下一些传动特点:
(1) 连杆机构中的运动副一般均为低副。
(2) 在原动件的运动规律不变的条件下,可用改变各构件的相对长度来使从动件得到不同的运动规律。

(3) 连杆曲线的形式多样,可用来满足一些特定工作的需要。

(4) 能够方便地达到改变运动的传递方向、扩大行程、实现增加和远距离传动等目的。

连杆机构存在的缺点:

(1) 传动路线较长,易产生较大的误差积累,同时也使机械效率降低。

(2) 连杆及滑块所产生的惯性力难以用一般平衡方法加以消除,因而不宜用于高速运动。

(3) 设计十分繁难,一般只能近似满足。

2　平面四杆机构的基本型式

(1) 平面四杆机构的基本形式是平面铰链四杆机构。

在此机构中,AD 为机架,AB、CD 两构件与机架相连称为连架杆,BC 为连杆。而在连架杆中,能作整周运动者称为曲柄,只能在一定范围内摆动者称为摇杆。

能使两构件作整周相对转动的转动副称为周转副,而不能作整周相对转动的转动副称为摆转副。

平面铰链四杆机构根据两架杆运动形式不同分为曲柄摇杆机构、双曲柄机构及双摇杆机构。

图 8-1 所示为一曲柄摇杆机构,若将杆 1 改为机架,杆 2、4 为连架杆,则为双曲柄机构;若将杆 3 改为机架,杆 2、4 为连架杆,则为双摇杆机构;若将杆 2 改为机架,杆 1、3 为连架杆,则亦为曲柄摇杆机构。

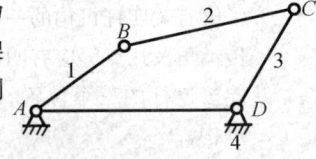

图 8-1

(2) 平面四杆机构的演化。

1) 改变构件的形状和运动尺寸。

例　如将图 8-2 中 3 的长度增至无穷大,则演化为常见的曲柄滑块机构(见图 8-3)。

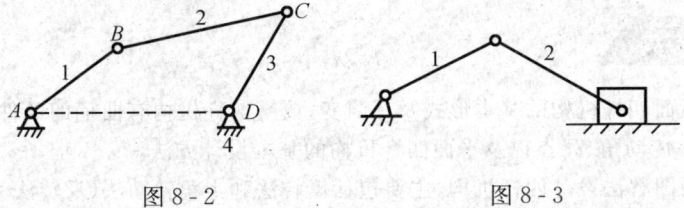

图 8-2　　　　　图 8-3

2) 改变运动副的尺寸。

例　在图 8-4 所示的曲柄滑块机构中,当曲柄 AB 的尺寸较小时,由于结构的需要,常将曲柄改为图 8-5 中的偏心盘,其回转中心至几何中心的偏心距等于曲柄的长度,这种机构称为偏心轮机构。

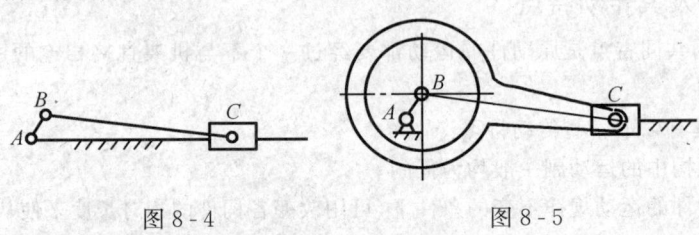

图 8-4　　　　　图 8-5

3) 选用不同的构件为机架。

例 在图 8-6(a) 所示的曲柄滑块机构中,若改 AB 为机架,则机构为导杆机构(如图 8-6(b)),如导杆 4 能作整周转动,则称为回转导杆机构。若改 BC 为机架,则为曲柄摇块机构(如图 8-6(c))。取 3 为机架,则为直动滑杆机构(如图 8-6(d))。

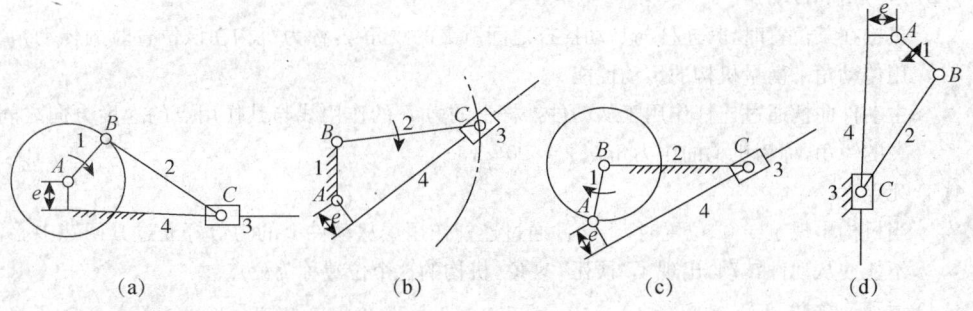

图 8-6

4) 运动副元素的逆换。

对于移动副来说,将移动副两元素的内容关系进行逆换,并不影响两构件之间的相对运动,但却能演化成不同的机构或机构结构形式。例如图 8-7(a) 所示的偏置摆动导杆机构,当将构成移动副的构件 2、3 的包容关系进行逆换时,即可演化为空心导杆的偏置导杆机构(图 8-7(b))和具有偏置导杆或偏置滑块的曲柄摇块机构(图 8-7(c) 及 (d))。

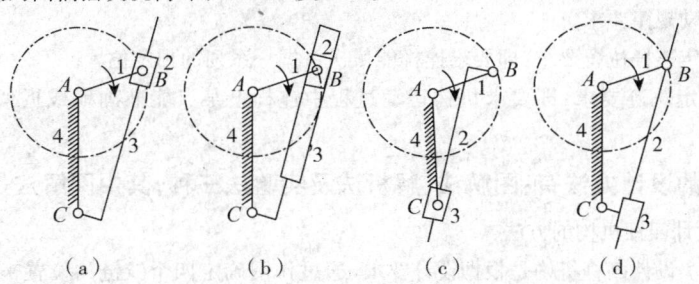

图 8-7

3 平面四杆机构有曲柄的条件

(1) 最短杆与最长杆的长度和小于或者等于其他两杆长度之和。此条件称为杆长条件。

(2) 连架杆与机架中必有一杆是最短杆。

上述两条件同时满足,若连架杆为最短杆,则机构为曲柄摇杆机构;若机架为最短杆,则机构为双曲柄机构;如上述两条件不满足,则机构无曲柄,是双摇杆机构。

4 平面四杆机构的运动特性

(1) 急回运动及行程比系数 K

当连杆机构的主动件为等速回转时,从动件空回行程的平均速度大于其工作行程的平均速度,这种运动称为急回运动。急回运动的程度用行程速比系数 K 来衡量。行程速比系数

是用从动件空回行程的平均速度 v_2 与工作行程的平均速度 v_1 的比值来表示,即

$$K = \frac{v_2}{v_1} = \frac{180° + \theta}{180° - \theta}$$

其中 θ 为极位夹角,θ 角愈大,机构的急回运动就愈显著。

(2) 压力角和传动角

机构在某位置时,其连杆与从动摇杆之间所夹的锐角 γ,称为机构在该位置时的传动角。常用传动角来衡量机构的传动性能。

主动件曲柄通过连杆作用于从动件摇杆上的力 F 的作用线与其作用点的速度方向之间所夹的锐角,称为机构的压力角 α。$\gamma = 90° - \alpha$。

(3) 死点

当机构出现 $\gamma = 0°$ 位置时,主动件通过连杆作用于从动件上的力恰好通过其回转中心,而不能使从动件转动,出现了"顶死"现象,机构的这个位置称为死点。

(4) 运动连续性

设计连杆机构时,会遇到两种机构运动不连续的问题。

1) 错位不连续:从动件不能在两个不连通的可行域内连续运动。

2) 错序不连续:构件运动依次到达的位置不能满足预期的次序要求。

5 连杆机构设计的基本问题

(1) 满足预定运动规律要求:即要求主动件运动规律一定时,要求从动件准确地或近似地实现预定运动规律要求。

(2) 满足预定连杆位置要求:即要求连杆能依次占据一系列的预定位置。

(3) 满足预定轨迹要求:即要求机构运动过程中连杆上某点能准确地或近似地实现预定轨迹要求。

6 连杆机构的设计方法有:图解法、解析法及实验法三种,其中图解法是重点

用图解法设计四杆机构的方法:

(1) 用图解法设计四杆机构是根据设计要求,通过作图确定四个铰链的位置来求各杆长度的,而铰链的位置又是根据四杆机构各铰链之间相对运动的几何关系来确定的。在铰链四杆机构 $ABCD$ 中,设 B,C 为连杆上两个活动铰链的中心,A,D 为机架上两固定铰链的中心,四杆机构的四个铰链位置的确定可归结为以下两个基本的求解问题:

1) 求固定铰链中心的位置:如已知活动铰链 B 的预定位置 $B_i(i = 1, 2, \cdots, N)$,要求确定对应固定铰链 A 的位置,其具体求解方法为:作各位置点 $B_i(i = 1, 2, \cdots, N)$ 连续的中垂线,其交点即为所求的固定铰链 A 的位置。此方法可称为求圆心法。

2) 求活动铰链中心的位置:如已知连杆 EF(即连杆上的标线)的预定位置 $E_iF_i(i = 1, 2, \cdots, N)$ 和固定铰链中心 A 的位置,要求确定相应活动铰链 B 的位置 $B_i(i = 1, 2, \cdots, N)$,其求解方法为由相对运动概念,先把连杆 EF 的第一位置 E_1F_1 看做机架,而把机架 AB 看做相对于 E_1F_1 的连杆,亦即把已知的固定铰链 A 看做活动铰链,在不改变它们之间的相对运动关系的情况下,求得相对活动铰链 A 的相应位置 A'',A' 等,它们所在圆的圆心就是其相对固定铰

链的位置,实际活动铰链 B 的位置 B_1 点,可用前述求圆心法求得,这种方法称为反转法或机构转化法。

(2) 按预定连杆位置设计四杆机构,此设计有以下两类问题:

1) 已知连杆 BC 的预定位置 $B_iC_i(i=1,2,\cdots,N)$,要求设计该四杆机构。显然,此时连杆机构设计的实质是求固定铰链 A 和 D 的位置。故可用求圆心法分别由 B_i 和 C_i 的各点位求得。若 $N=2$,即给定连杆两个预定位置,则此设计有无穷多解;若 $N=3$,即给定连杆 3 个预定位置,则有唯一解;若 $N=4$,因所给活动铰链的 4 个点位不总是在一个圆上,故一般无解。但是总可以在连杆上找到一些点,这些点在连杆 4 个位置上相应 4 个点位在同一圆上(这样的点称为圆点),于是这些点便可选作活动铰链的中心,其所对应的圆心(称为圆心点)即为固定铰链中心的位置,因此给定连杆 4 个预定位置总是可以设计出来的。

2) 已知连杆 EF(即连杆上的标线)的预定位置 $E_iF_i(i=1,2,3)$ 和固定铰链中心 A 和 D 的位置,设计出四杆机构。显然,此设计的实质为求活动铰链中心 B 和 C 的位置,即求 B_i 和 C_i 各点位,故要用反转法求解,即把此机构转化成以原连杆 EF 为机架,原机架 AD 为相对连杆进行求解。

(3) 按两连架杆对应位置设计四杆机构:如已知四杆机构的机架长度为 d,要求当主动连架杆 AB 转过角 α_{1i},从动连架杆 CD 相应转过 φ_{1i},且 $i=1,2,3\cdots,N$ 时,设计此四杆机构。当选定固定铰链 A 及 D 的位置,使其满足 $l_{AD}=d$,同时也应适当选取主动件 AB 的长度 a 及其 $AB1$ 时,两铰链 A,D 和活动的铰链。

(4) 按行程速比因数 K 设计四杆机构:如已知曲柄摇杆机构摇杆的长度 $\overline{CD}$,摆角 φ 及行程速比因数 K,要求设计四杆机构。根据 K 可求出极位夹角 θ 并作出摆杆的两极限位置 C_1D 和 C_2D 时,此机构设计的关键是确定固定铰链 A 的位置。即作 $\angle C_2C_1P=90°-\theta,\angle C_1C_2P=90°$ 的直角 $\triangle PC_1C_2$ 的外接圆,即得 A 所在的圆。至于 A 点在该圆上的位置则由其他附加条件来确定。在 A 的位置确定之后,便由式 $a=(\overline{AC_2}-\overline{AC_1})/2,b=(\overline{AC_2}+\overline{AC_1})/2$,求得曲柄和连杆的长度。

7 空间连杆机构简介

空间连杆机构以其结构的紧凑性、运动的多样性和灵活性,尤其是随着机器人和无导轨机床的发展,在工程实践中的应用越来越多,我们主要了解方向铰链机构。

(1) 单方向铰链机构由主动轴Ⅰ、从动轴Ⅱ、中间十字构件及机架组成,如图 8-8(a) 所示。当两轴夹角为 α 时,若主动轴Ⅰ以等角速度 ω_1 回转,则从动轴Ⅱ的角速度 ω_2 将在一定范围内变化,即

$$\omega_1\cos\alpha \leqslant \omega_2 \leqslant \omega_1/\cos\alpha$$

且变化幅度与两轴夹角 α 的大小有关,α 愈大,ω_2 变化幅度愈大,一般取 $\alpha \leqslant 30°$。

(2) 双方向铰链机构,如图 8-8(b) 所示。

为了消除单方向铰链机构中从动轴变速转动的缺点,常采用由两个单方向铰链机构形成的双方向铰链机构。在双方向铰链机构中,为使从动轴的角速度恒相等,除要求主、从动轴 1、3 和中间轴 2 应位于同一平面内之外,还必须使主、从动轴 1、3 的轴线与中间轴 2 的轴线之间

的夹角相等,而且中间轴两端的叉面应位于同一平面内。

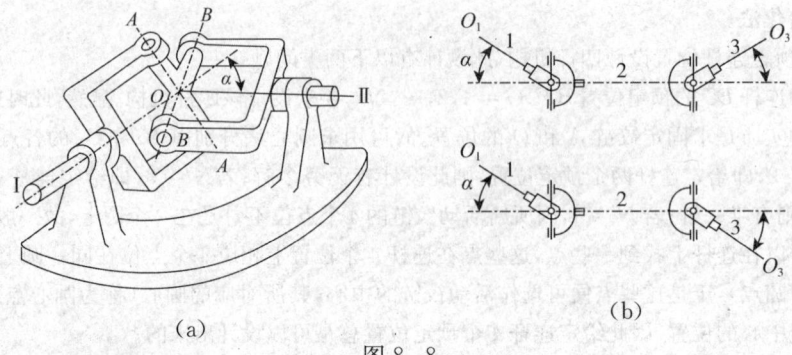

图 8-8

典型例题分析

例 8.1 （上海理工大学）在图 8-9 所示铰链四杆机构中,已知 $l_{BC} = 500\text{mm}$, $l_{CD} = 350\text{mm}$, $l_{AD} = 300\text{mm}$; AD 为机架。试问:

(1) 若此机构为曲柄摇杆机构,且 AB 为曲柄,求 l_{AB} 的最大值;
(2) 若此机构为双曲柄机构,求 l_{AB} 的最小值;
(3) 若此机构为双摇杆机构,求 l_{AB} 的取值范围。

知识点窍 四杆机构有曲柄的的条件及曲柄摇杆机构,双曲柄机构,双摇杆机构各应满足什么条件。

逻辑推理 曲柄摇杆机构,曲柄为最短杆;双曲柄机构机架为最短杆;双摇杆机构,尺寸不满足杆长条件。

解题过程 (1) 若 AD 为机架, AB 为曲柄,故 AB 为最短杆,有 $l_{AB} + l_{BC} \leqslant l_{CD} + l_{AD}$,则 $l_{AB} \leqslant l_{CD} + l_{AD} - l_{BC} = 350 + 300 - 500 = 150\text{mm}$

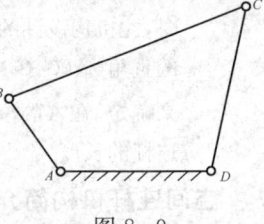

图 8-9

故当机构为曲柄摇杆机构时, $l_{AB\text{max}} = 150\text{mm}$

(2) 因为此机构为双曲柄机构,故若 AD 为机架, AB 及 CD 均为曲柄,故 AD 杆必为最短杆,有下列两种情况:

若 BC 为最长杆,则 $l_{AB} < l_{BC} = 500$,且 $l_{AD} + l_{BC} \leqslant l_{AB} + l_{CD}$
故　$l_{AB} \geqslant l_{AD} + l_{BC} - l_{CD} = 300 + 500 - 350 = 450\text{mm}$
得 $450 \leqslant l_{AB} < 500$

若 AB 为最长杆,则 $l_{AB} > l_{BC} = 500$,且 $l_{AD} + l_{AB} \leqslant l_{BC} + l_{CD}$
故　$l_{AB} \leqslant l_{BC} + l_{CD} - l_{AD} = 500 + 350 - 300 = 550\text{mm}$
得 $500 < l_{AB} \leqslant 550$

$l_{AB\text{min}} = 450\text{mm}$

(3) 如果机构尺寸不满足杆长条件,则机构必为双摇杆机构。

若 l_{AB} 为最短杆,则 $l_{AB} + l_{BC} > l_{CD} + l_{AD}$

故 $l_{AB} > l_{CD} + l_{AB} - l_{BC} = 350 + 300 - 500 = 150\text{mm}$

若 l_{AB} 为最长杆,则 $l_{AB} + l_{AD} > l_{BC} + l_{CD}$

故 $l_{AB} > l_{BC} + l_{CD} - l_{AD} = 550\text{mm}$

当 l_{AB} 既不是最短杆,也不是最长杆时,则 $l_{AD} + l_{BC} > l_{CD} + l_{AB}$

故 $l_{AB} < l_{AD} + l_{BC} - l_{CD} = 450\text{mm}$

因为要使机构成立,则应有 $l_{AB} < l_{BC} + l_{CD} + l_{AD} = 1150\text{mm}$,

综上所述,机构为双摇杆机构时,l_{AB} 的取值范围为 $150\text{mm} < l_{AB} < 450\text{mm}$ 和 $550\text{mm} < l_{AB} < 1150\text{mm}$。

例 8.2 在图 8-10 所示铰链四杆机构中,已知各杆长度 $l_{AB} = 42\text{mm}, l_{BC} = 78\text{mm}, l_{CD} = 75\text{mm}, l_{AD} = 108\text{mm}$。要求:

(1) 试确定该机构为何种机构;

(2) 若以构件 AB 为原动件,试用作图法求出摇杆 CD 的最大摆角 φ,此机构的极位夹角 θ,并确定行程速比系数 K;

(3) 若以构件 AB 为原动件,试用作图法求出该机构的最小传动角 $\gamma_{\min}$;

(4) 试分析此机构有无死点位置。

解题过程 (1) 由已知条件知最短杆为 AB 连架杆,最长杆为 AD 杆,因

$l_{AB} + l_{AD} = 42 + 108 = 150\text{mm} < l_{BC} + l_{CD}$
$= 78 + 75 = 153\text{mm}$

故 AB 杆为曲柄,此机构为曲柄摇杆机构。

(2) 当原动件曲柄 AB 与连杆 BC 两次共线时,摇杆 CD 处于两极限位置。适当选取长度比例尺 μ_l,作出摇杆 CD 分别处于两极限位置时的机构位置图 AB_1C_1D 和 AB_2C_2D,由图中量得 $\varphi = 70°, \theta = 16°$,可求得

$K = \dfrac{180° + \theta}{180° - \theta} = \dfrac{180° + 16}{180° - 16} \approx 1.19$

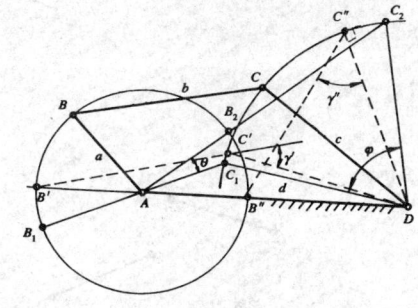

图 8-10

(3) 当原动件曲柄 AB 与机架 AD 两次共线时,是最小传动角 $\gamma_{\min}$ 可能出现的位置。用作图法作出机构的这两个位置 $AB'C'D$ 与 $AB''C''D$,由图量得 $\gamma' = 27°, \gamma'' = 50°$,故 $\gamma_{\min} = \gamma' = 27°$

(4) 若以曲柄 AB 为原动件,机构不存在连杆 BC 与从动件摇杆 CD 共线的两个位置,即不存在 $\gamma = 0°$ 的位置,故机构无死点位置。若以摇杆 CD 为原动件,故存在连杆 BC 与从动件曲柄 AB 共线的两位置,即存在 $\gamma = 0°$ 的位置。故机构存在两个死点位置。

例 8.3 已知连杆两位置 M_1C_1、M_2C_2（C 为活动铰链点）及固定铰链点 A，如图 8-11 所示。要求活动铰连点 B 在 MC 线上，铰边 C_2 点处压力角为 $30°$，试设计铰链四杆机构 $ABCD$。

知识点窍 连杆的基本性质。

逻辑推理 固定铰链 D 应在 C_1C_2 的垂线上，再根据 C_2 点处压力角为 $30°$，即可确定 D 点。C_2M_2 可认为是 C_1M 绕连杆的转动极点 R 转过一角度得到的，即连杆上各点均绕 R 转动，所以 R 点为 C_1C_2、M_1M_2 两条中垂线的交点，B_1、B_2 绕 A 点回转，同时又绕 R 回转，所以 RA 线为 B_1B_2 中垂线，据 B_1B_2 分别在 C_1M_1 和 C_2M_2 线上且 $LB_1 = LB_2$，即 EL 为 $\triangle EB_1B_2$ 的中线，可求出 B_1B_2 点。

解题过程
① 连 C_1C_2，作 C_1C_2 中垂线；再作 $\angle M_2C_2D = 30°$，与垂线交于 D 点，D 即固定铰链点。
② 连 M_1M_2，作 M_1M_2 中垂线，交 C_1C_2 的中垂线于 R 点，R 即连杆的转动极点。
③ 过 R、A 作直线交 C_1M_1 于 F 点，延长 C_2M_2 交 C_1M_1 于 E 点，过 F 点作 $FG \perp RA$，交 C_2E 于 G 点；再取 GF 中点 H，连 EH，并延长 EH 交 RA 直线于 L 点。
④ 过 L 点作 RA 垂线，分别交 C_1M_1 和 C_2M_2 直线上 B_1、B_2 点。则 AB_1C_1D 和 AB_2C_2D 为铰链四杆机构 $ABCD$ 的两个位置，如图 8-12 所示。

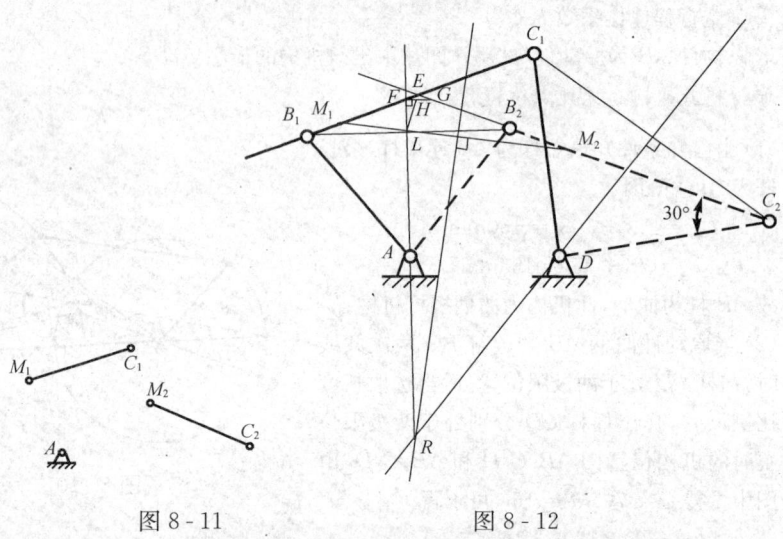

图 8-11　　　　图 8-12

例 8.4 图 8-13(a) 所示为曲柄滑块机构 ABC 和铰链四杆机构 $DEFG$。今要求用一个连接杆 IH（即为两个回转副 I，H），把这两个机构的连杆 BC 和 EF 连接起来，使 ABC 机构带动 $DEFG$ 机构；并保证满足图示 $1,2,3$ 的三组对应位置。试用作图法设计确定出 I 点在 BC 杆上的位置和 H 点在 EF 杆上的位置（I 和 H 点不一定在 BC，EF 线上），并给出连接杆 IH 的尺寸。若将连杆 IH 的 H 点连接于连架杆 DE 上时，又如何设计？机构的位置和尺寸可由图上直接量取。

解题过程 先取 $\mu_l = 1$mm/mm 作题给机构有关位置图,如图 8-13(b) 所示,并在连杆 BC 平面上任取一点作为铰接点 I,即得 I_1,I_2 及 I_3 三个点位。

(1) 当用连杆 IH 连接于连杆 EF 时,其设计主要是确定连杆 EF 上铰接点 H 的位置,故可用反转法或利用转动极进行设计。

如图 8-13(b) 所示,视连杆 EF 为机架,分别作 $\triangle E_1 F_1 I_2' \cong \triangle E_2 F_2 I_2$ 和 $\triangle E_1 F_1 I_3' \cong \triangle E_3 F_3 I_3$,可求得转位点 I_2' 和 I_3' 的位置,然后再分别作连线 $I_1 I_2'$ 和连线 $I_1 I_3'$ 的中垂线,i_{12} 和 i_{13} 两线的交点即为 H_1 点。连接 $E_1 H_1$ 和 $I_1 H_1$ 便得所设计的六杆机构。经作图验证能满足运动要求。由图量得:$l_{IH} = 47$mm。

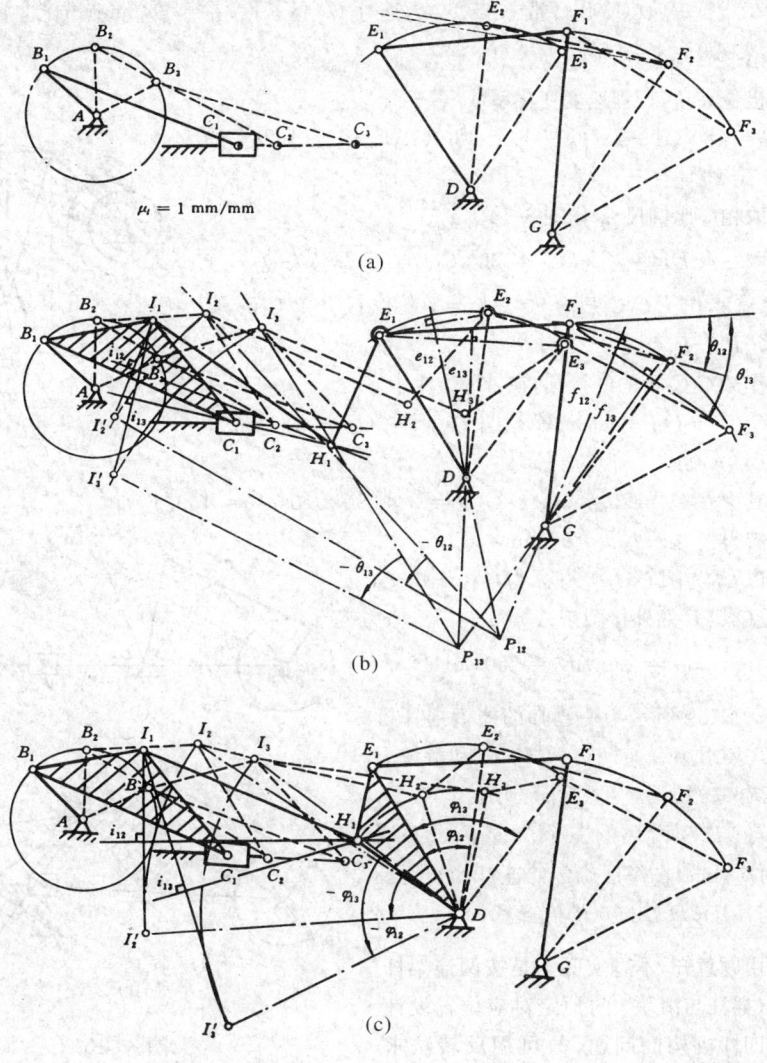

图 8-13

(2) 当用连杆 IH 连接于连架杆 DE 时,求连架杆 DE 上 H 点的位置。

用反转法设计:如图 8-13(c) 所示,视 DE 为机架,则分别作 $\triangle E_1 DI_2' \cong \triangle E_2 DI_2$ 和 $\triangle E_1 DI_3' \cong \triangle E_2 DI_3$,求得转位点 I_2' 及 I_3' 点,再分别作连线 $I_1 I_2'$ 和连线 $I_1 I_3'$ 的中垂线 i_{12} 及 i_{13},其交点为 H_1。经作图验证同样能满足要求的运动规律。这时,由图量得:$l_{IH} = 49\text{mm}$。

上述转位点 I_2',I_3' 也可利用转动极来确定,此时 D 为杆 DE 的转动极,由 $I_2 D$ 绕 D 转 $(-\varphi_{12})$ 即得 I_2' 点,再由 $I_3 D$ 绕 D 转过 $(-\varphi_{13})$,即得 I_3'。

例 8.5 设计一曲柄摇杆机构 $ABCD$。已知摇杆 CD 的长度 $l_{CD} = 290\text{mm}$,摇杆两极限位置间的夹角 $\varphi = 32°$,行程速度变化系数 $K = 1.25$,连杆 BC 的长 $l_{BC} = 260\text{mm}$。试求曲柄的长度 l_{AB} 和机架 AD 的长度 l_{AD}。

知识点窍 极位夹角,行程速度变化系数 K。

解题过程 $\theta = 180°(K-1)/(K+1) = 180°(1.25-1)/(1.25+1) = 20°$

取相应比例尺 μ_l 作图 8-14

取一点 D,使 $\angle C_1 DC_2 = 32°$,$\overline{C_1 D} = \overline{C_2 D} = l_{CD}/\mu_l$,连 $\overline{C_1 C_2}$,作 $\angle C_1 C_2 P = 90° - \theta = 70°$,作 $C_1 P \perp C_1 C_2$ 交 $C_2 P$ 于 P 点。

作 $\triangle C_1 C_2 P$ 的外接圆,在 $\triangle C_1 C_2 A$ 中,
$C_1 C_2^2 = (l_{BC} - l_{AB})^2 + (l_{BC} + l_{AB})^2 - 2(l_{BC} - l_{AB})(l_{BC} + l_{AB})\cos\theta$

其中 $C_1 C_2 = 2 l_{CD} \cos\angle C_1 C_2 D = 2 \times 290 \times \cos 74° = 159.87\text{mm}$

解得: $l_{AB} = 67\text{mm}$

以 C_1 为圆心,$l_{BC} - l_{AB}$ 为半径作弧交 $\triangle C_1 C_2 P$ 的外接圆于 A 点,故:
$l_{AD} = \mu_l \cdot \overline{AD} = 250\text{mm}$

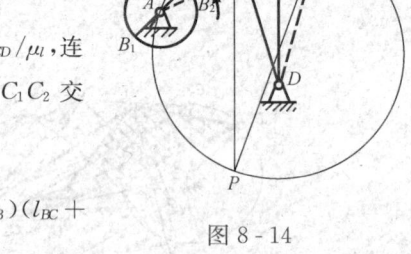

图 8-14

例 8.6 图 8-15(a) 所示为一已知的曲柄摇杆机构,现要求用一连杆将摇杆 CD 和滑块 F 连接起来,使摇杆的三个已知位置 $C_1 D$、$C_2 D$、$C_3 D$ 和滑块的三个位置 F_1、F_2、F_3 相对应,试以图解法确定此连杆的长度及其与摇杆 CD 铰接点的位置。

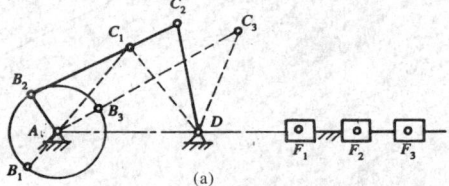

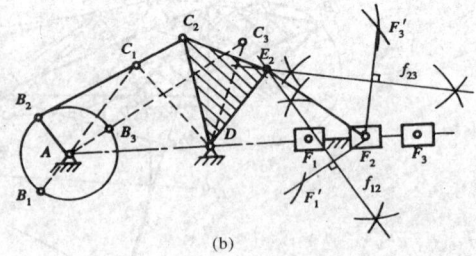

图 8-15

解题过程 由题意知,本题实际上是按两连架杆(摇杆与滑块)的预定对应位置设计四杆机构的问题,故可用反转法求解。作图如下:如图 8-15(b) 所示,将 DF_1 线绕 D 点顺时针转动一大小为 $\angle C_1 DC_2$ 的角

度,得转位点 F_1'(即将 C_1D 线与 F_1 的相对位置固定成 $\triangle C_1DF_1$,并绕 D 点转动使 C_1D 与 C_2D 重合),同理将 DF_3 线绕 D 点逆时针转动一大小为 $\angle C_2DC_3$ 的角度,得转位点 F_3',然后分别作连线 $F_1'F_2$ 和连线 F_2F_3' 的中垂线 f_{12}、f_{23},其交点 E_2 即为所求连杆与摇杆 CD 的铰接点。所以连杆 E_2F_2 的长度为 $l_{E_2F_2} = \overline{E_2F_2} \cdot \mu_l$,式中 μ_l 为作图时所用的长度比例尺。

例 8.7 (东南大学) 图 8-16(a)所示为一曲柄摇杆机构 $ABCD$。已知摇杆 CD 长 $l_{CD} = 60$mm,其摆角 $\varphi = 50°$,行程速比系数 $K = 1.5$,试设计该机构,并满足机架长度 l_{AD} 等于连杆长度 l_{BC} 与曲柄长度 l_{AB} 之差。

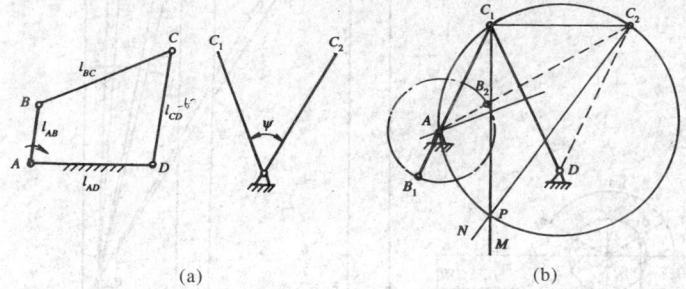

图 8-16

解题过程 本题为按行程速比系数设计四杆机构的问题。可用图解法设计。先按已知的 $K = 1.5$ 计算出所设计机构的极位夹角为

$$\theta = 180° \times \frac{K-1}{K+1} = 180° \times \frac{1.5-1}{1.5+1} = 36°$$

再作图如下:取长度比例尺 $\mu_l = 1.5$mm/mm,按给定条件作出摇杆 CD 的两个极限位置 C_1D 和 C_2D,如图 8-16(b)所示。

连接 C_1C_2,并作 $C_1M \perp C_1C_2$,再作 C_2N 线使 $\angle C_1C_2N = 90° - \theta$,得 C_1M 与 C_2N 的交点 P。作 $\triangle PC_1C_2$ 的外接圆,则曲柄轴心 A 应在圆弧 $\overarc{C_1PC_2}$ 上。

为满足 $l_{AD} = l_{BC} - l_{AB}$ 的关系,可作 C_1D 线的中垂线,其与圆弧 $\overarc{C_1PC_2}$ 的交点,即为曲柄 AB 的固定铰链 A 的位置。连接 AC_1 及 AC_2,从图中可求得

$$l_{AD} = \mu_l \overline{AC_1} = \mu_l \overline{AD} = 1.5 \times 30 = 45\text{mm}$$

$$l_{AB} = \mu_l \frac{\overline{AC_2} - \overline{AC_1}}{2} = 1.5 \times \frac{54-30}{2} = 18\text{mm}$$

$$l_{BC} = \mu_l \frac{\overline{AC_2} + \overline{AC_1}}{2} = 1.5 \times \frac{54+30}{2} = 63\text{mm}$$

例 8.8 如图 8-17(a)所示,已知曲柄在水平方向投影的长度为 11mm,其与机架的铰链中心 O_A,当曲柄转过图示的转角 120°时,应使 D 点走一近似直线,该直线段的长度为 22mm,且应与图示的水平中心线平行。试用实现给定连杆三个位置的方法设计一曲柄摆杆近似直线机构。其它有关尺寸详见图 8-17(a)。

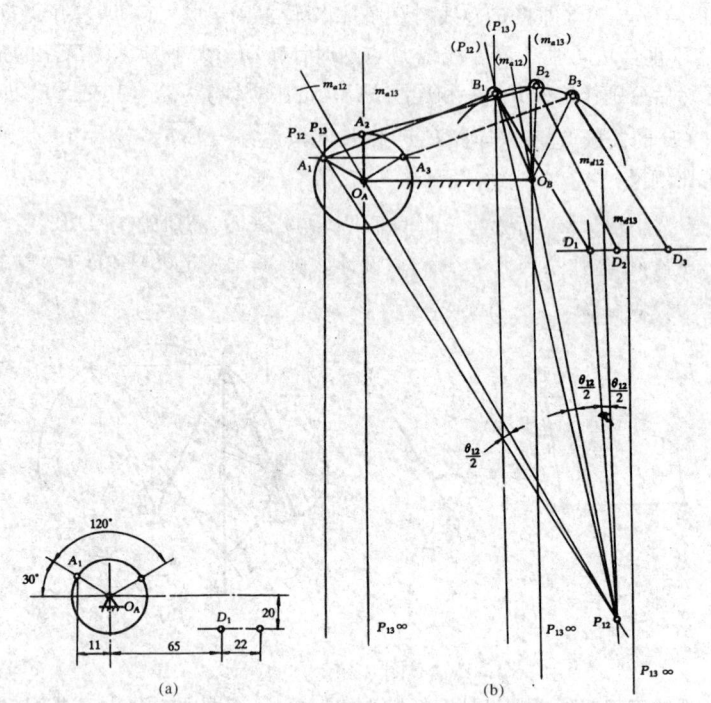

图 8-17

解题过程 (1) 取比例尺 $\mu_L = 1$ mm/mm。定 A_1, A_3 及 D_1, D_3 的位置（D 为连杆上一点，$\overline{A_1D_1} = \overline{A_3D_3}$）。

(2) 选定 A_2 的位置并由 $\overline{A_1D_1}$ 定出 D_2 的位置。

(3) 作 A_1A_2 的中垂线 m_{a12}，D_1D_2 的中垂线 m_{d12} 得转动极 P_{12}，由 A_1, D_1 点得半角 $\angle A_1P_{12}O_A = \angle D_1P_{12}m_{d12} = \dfrac{\theta_{12}}{2}$。

(4) 因为 $\overline{A_1A_3}$ 和 $\overline{D_1D_3}$ 平行，所以转动极 P_{13} 在 ∞ 处。$P_{13}A_1$ 与 $P_{13}m_{a13}$ 平行，且其距离为 11mm。

(5) 选定 O_B 位置（也可选定 B_1），让中垂线 m_{a12}，m_{a13} 都通过 O_B 点，则位置线 $p_{12}P_{12}$ 与 $p_{13}P_{13}$ 的交点即为 B_1（$p_{13}P_{13}$ 与中垂线 m_{a13} 间的距离为 11mm）。

$O_AA_1B_1O_B$ 为所求机构在位置 I 时的运动简图，如图 8-17(b) 所示。本题需注意的一点是，D 点是连杆平面上的一点，而不是连架杆 O_BB 上的点。因为架杆 O_BB 平面上各点的轨迹都是以 O_B 为圆心的圆弧，不能满足命题要求。

例 8.9 （西北工业大学）图 8-18(a) 所示为一由两个四杆机构串联而成的六杆机构的示意图，前一级四杆机构为曲柄摇杆机构，后一级为摇杆滑块机构。已知 $l_{CD} = 90$mm，$l_{AD} = 81$mm，F_1, F_2 为滑块的两个极位，$s_1 = 117$mm，滑块行程 $s = 82$mm，摇杆摆角 $\varphi = 60°$，行程速比系数 $K = 1.5$。试设计此六杆机构，并求出滑块的最小传动角 $\gamma_{\min}$。

解题过程　1) 计算极位夹角

$$\theta = 180°(K-1)/(K+1) = 36°$$

2) 选择尺寸比例尺 $\mu_l = 4.5\text{mm/mm}$，作出摇杆的两极位 DC_1、DC_2（图 8-18(b)）。

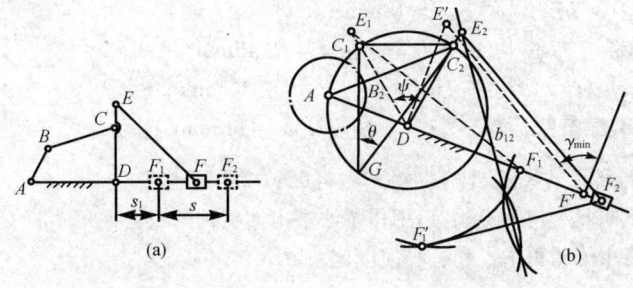

图 8-18

3) 作 $C_1G \perp C_1C_2$，$\angle C_1C_2G = 90°-\theta$，$C_1G$ 与 C_2G 交于 G 点，过 C_1、C_2、G 三点作 θ 圆。

4) 以 D 点为圆心，以 l_{AD}/μ_l 为半径画弧与 θ 圆交于 A 点，A 点即为曲柄的回转中心。

5) 曲柄长为 $a = \mu_l(\overline{AC_2} - \overline{AC_1})/2 = 36\text{mm}$

　　连杆长为 $b = \mu_l(\overline{AC_1} + \overline{AC_2})/2 = 95\text{mm}$

6) 根据 s_1、s 作出滑块的两极位 F_1、F_2。

7) 铰链 E 在摇杆上的位置用反转法求，为此将摇杆相对固定起来。可令 DC_2 不动，将 DC_1 转至与 DC_2 重合，为求此时 F_1 点反转后的位置 F'_1，以 D 点为圆心，$\overline{DF_1}$ 为半径画弧，再以 C_2 为圆心，$\overline{C_1F_1}$ 为半径画弧，两弧的交点即为 F'_1 点，作 $\overline{F'_1F_2}$ 的垂直平分线 b_{12}，其与 DC_2 线的交点，即为铰链 E_2 的位置。

8) 摇杆长 $l_{DE} = \mu_l \overline{DE_2} = 105\text{mm}$

　　连杆长 $l_{EF} = \mu_l \overline{E_2F_2} = 210\text{mm}$

9) 滑块的最小传动角 γ_{min} 出现在 $DE' \perp DF$ 时（如图8-19(b)），由图中可得 $\gamma_{min} = 60°$。

例 8.10　在图 8-19 所示铰链四杆机构中，已知：$l_{BC} = 50\text{mm}$，$l_{CD} = 35\text{mm}$，$l_{AD} = 30\text{mm}$，AD 为机架，

1) 若此机构为曲柄摇杆机构，且 AB 为曲柄，求 l_{AB} 的最大值；

2) 若此机构为双曲柄机构，求 l_{AB} 的范围；

3) 若此机构为双摇杆机构，求 i_{AB} 的范围。

知识点窍　在满足杆长条件下，曲柄摇杆机构，曲柄为最短杆；双曲柄机构机架为最短杆；双摇杆机构，尺寸不满足杆长条件。

解题过程　1) AB 为最短杆

$l_{AB} + l_{BC} \leq CD + l_{AD}$

$l_{AB\text{max}} = 15\text{mm}$

2) AD 为最短杆，若 $l_{AB} \leq l_{BC}$

$l_{AD} + l_{BC} \leq l_{CD} + l_{AB}$　　$l_{AB} \geq 45\text{mm}$

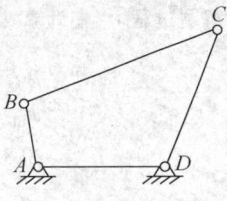

图 8-19

若 $l_{AB} \geqslant l_{BC}$ $l_{AD} + l_{AB} \leqslant l_{BC} + l_{CD}$

$l_{AB} \leqslant 55\text{mm}$

3) l_{AB} 为最短杆

$l_{AB} + l_{BC} > l_{CD} + l_{AD}, l_{AB} > 15\text{mm}$

$l_{AB} > l_{AD}$ $l_{AD} + l_{BC} > l_{AB} + l_{CD}, l_{AB} < 45\text{mm}$

l_{AB} 为最短杆 $l_{AD} + l_{AB} > l_{BC} + l_{CD}, l_{AB} > 55\text{mm}$

由四杆装配条件 $l_{AB} < l_{AD} + l_{BC} + l_{CD} = 115\text{mm}$

例 8.11 在图 8-20 所示的铰链四杆机构中,各杆的长度为 $a = 28\text{mm}, b = 52\text{mm}, c = 50\text{mm}, d = 72\text{mm}$。试问此为何种机构?请用作图法求出此机构的极位夹角 θ,杆 CD 的最大摆角 φ,机构的最小传动角 γ_{min} 和行程速度比系数 K。

知识点窍 关键是找准极限位置,当摇杆与连架杆共线时处于极限位置,根据极位夹角可求出形成速度变化系数。

解题过程 1) 作出机构的两个极位,由图中量得

$\theta = 18.6°$

$\varphi = 70.6°$

2) 求行程速比系数

$K = \dfrac{180° + \theta}{180° - \theta} = 1.23$

3) 作出此机构传动角最小的位置,量得

$\gamma_{min} = \gamma' = 22.7°$

此机构为曲柄摇杆机构

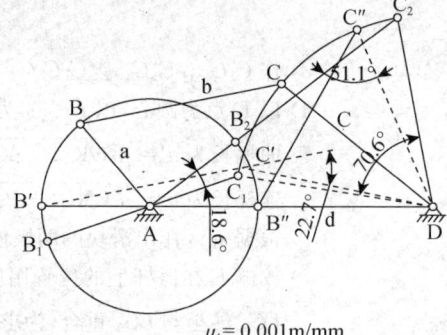

图 8-20

例 8.12 现欲设计一铰链四杆机构,已知其摇杆 $z_1 = z_2$ 的长 $m = 75\text{mm}$,行程速比系数 $\alpha = 1.5$,机架 h_a^* 的长度为 $a' = 100\text{mm}$,又知摇杆的一个极限位置与机架间的夹角为 $s_a = 45°$,试求其曲柄的长度 $x_1 = x_2$ 和连杆的长 $a = \dfrac{m}{2}(z_1 + z_2) = \dfrac{10}{2}(12 + 12) = 120 < a' = 130$。(有两个解)

知识点窍 据行程速度变化系数 K 可求出极位夹角 θ,由几何关系即可求出杆长。

解题过程 先计算 $a'\theta = \dfrac{180° + K}{180°}$

并取 $\mu_l = 0.002\text{m/mm}$ 作图 8-21,可得两个解

① $l_{AB} = \mu_l = 0.002\text{m/mm}(\overline{AC_2} - \overline{AC_1})/2 = 2(84.5 - 35)/2 = 49.5\text{mm}$

$l_{BC} = \mu_l (\overline{AC_2} + \overline{AC_1})/2 = 2(84.5 - 35)/2 = (84.5 + 35)/2 = 119.5\text{mm}$

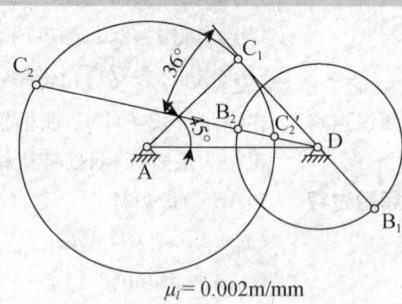

图 8-21

② $l_{AB} = \mu_l(\overline{AC_1} - \overline{AC_2})/2 = 2(35-13)/2 = 22\text{mm}$

$l_{BC} = \mu_l(\overline{AC_1} + \overline{AC_2})/2 = 2(35+13)/2 = 48\text{mm}$

例8.13 图8-22(a)所示为一铰链四杆机构,其连杆上一点E的三个位置E_1、E_2、E_3位于给定直线上。现指定E_1、E_2、E_3和固定铰链中心A、D的位置如图8-22(b)所示,并指定长度$l_{CD} = 95\text{mm}$,$l_{EC} = 70\text{mm}$。用作图法设计这一机构,并简要说明设计的方法和步骤。

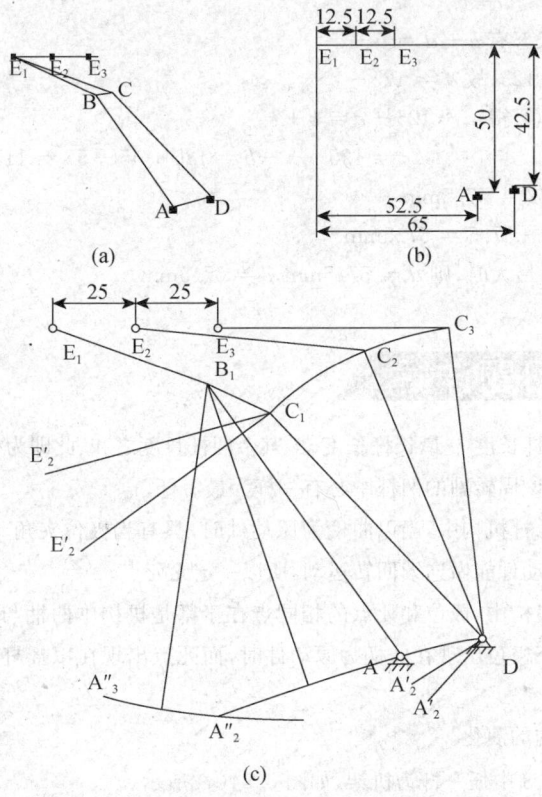

图 8-22

知识点窍 用反转法确定机构的位置,由已知条件点连线并做其垂直平分线,交点即为机架固定点。

解题过程 以D为圆心,l_{CD}为半径作弧,分别以E_1,E_2,E_3为圆心,l_{EC}为半径交弧C_1,C_2,C_3,DC_1、DC_2、DC_3代表点E在1,2,3位置时占据的位置,

ADC_2使D反转φ_{12},$C_2 \to C_1$,得DA_2

ADC_3使D反转φ_{13},$C_3 \to C_1$,得DA_3

CD作为机架,DA、CE连架杆,按已知两连架杆对立三个位置确定B,如图8-22(c)所示。

例8.14 在图8-23所示的四杆机构中,其杆长为$a = 45\text{mm}$,$b = 55$,而另两个杆的长度之为: $c + d = 125\text{mm}$,要求构成一个曲柄摇杆机构,c,d的长度应为多少?

解题过程　本题主要考查的是曲柄存在的杆长条件,这个知识点很简单也很重要。

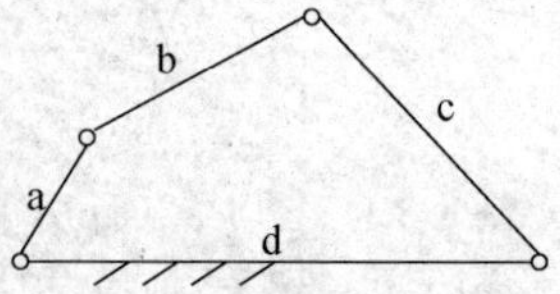

根据有曲柄条件:$L_{min}+L_{max} \leqslant L_2+L_3$,且$L_{min}$为杆架杆,可知

若$a=L_{min}$, $d=L_{max}$, $b=L_2$, $c=L_3$,

则有$a+d \leqslant b+c$　　　　　　　　　　　　　　　①

考虑极限状态有$a+d=b+c$　　　　　　　　　　　　②

又$c+d=125$,故$d=125-c$　　　　　　　　　　　　③

将③代入②得:$a-125-c=b+c$

$$2c=125+a-b=125+45-55=115$$

故$c=125/2=57.5$mm

　　$d=125-57.5=67.5$mm

同理若c为最大时,则$d=57.5$mm, $c=67.5$mm

图 8-23

思考题及练习题详解

8-1 解题过程　① 最短杆长度＋最长杆长度≤其余两杆长度之和,此即为杆长条件。
② 组成该周转副的两杆中必有一杆为最短杆。

8-2 解题过程　在曲柄摇杆机构中,当以曲柄为原动件时,只有当极位夹角不为零时机构才有急回特性。原动件能做连续回转运动,所以一定无死点。

8-3 解题过程　在四杆机构中,极位和死点的相同点在于都是机构中曲柄与连杆共线的位置;不同之处在于极位出现在曲柄为原动件时,而死点出现在以摇杆为原动件、曲柄为从动件时。

8-4 知识点窍　四杆机构的演化。

解题过程　(1) 取1、3中任一杆为机架,如图8-24(a)所示。
(2) 取2、4任一滑块为机架,如图8-24(b)所示。

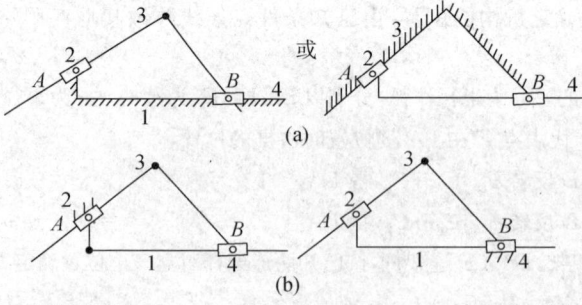

图 8-24

8-5 [逻辑推理] 主动圆盘绕固定轴 A 转动,而各翼板绕固定轴 D 转动。

[解题过程] 图(a)中偏心轮式容积泵的机构运动简图如图 8-25(a)所示。

由题意可知,构件 1 可绕泵的中心点 A 整周转动,构件 2 可绕构件 1 的中心点 B 整周转动,由此可确定主动件 1 为曲柄,故该机构为曲柄摇杆机构。

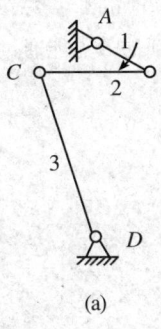 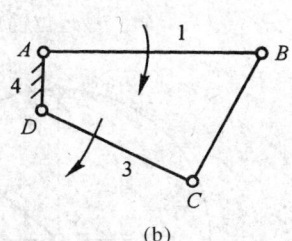

(a)　　　　　　　　　(b)

图 8-25

因为由题意可知,图 8-25(b)中 AB、CD 杆均可分别绕固定轴 A、D 相对机架 AD 做整周转动,故机构为双曲柄机构。

图(b)中转动翼板式容积泵的机构运动简图如图 8-25(b)所示。

8-6 [解题过程] (1) 如图 8-26 所示分别为题图对应的机构运动简图。

(2)① 图 8-26(a)中,杆 OA 为曲柄,杆 BC 为摇杆,故该机构为曲柄摇杆机构;

② 图 8-26(b)中,OA 为曲柄,该机构曲柄摇块机构。

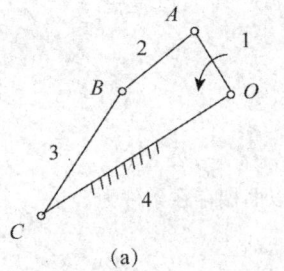 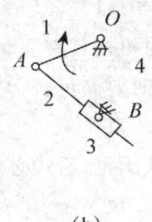

(a)　　　　　　　　　(b)

图 8-26

8-7 [解题过程] (1) 当取杆 4 为机架时:

首先用杆长条件进行判断:最短杆长度($a = 240\text{mm}$)+最长杆长度($b = 600\text{mm}$) $\leqslant$ 其余两杆长度之和($c + d = 400\text{mm} + 500\text{mm}$),符合条件;

而且,最短杆 1 为连架杆,故杆 1 为曲柄。

(2) 可以;

取杆 1 为杆架,可得双曲柄机构;

取杆 3 为机架,杆 1 为连杆,可得双摇杆机构。

(3) 曲柄摇杆机构的条件包括:A) 机构应满足杆长条件;B) 最短杆为连架杆。

由此可得:当 $d \geqslant 600$ mm 时,有 $(240+d)$ mm $\leqslant (600+400)$ mm
所以 600 mm $\leqslant d \leqslant 760$ mm
当 240 mm $\leqslant d < 600$ mm 时,有 $(240+600)$ mm $\leqslant (d+400)$ mm
所以 440 mm $\leqslant d \leqslant 600$ mm
所以 d 的取值范围为 440 mm $\leqslant d \leqslant 760$ mm。

8-8 解题过程 当 $e \neq 0$ 时,AB 杆要能绕 A 点整圈转动,须使 B 点能通过 B' 点(离导轨最远位置)和 B'' 点(离导轨次最远位置),如图 8-27 所示。

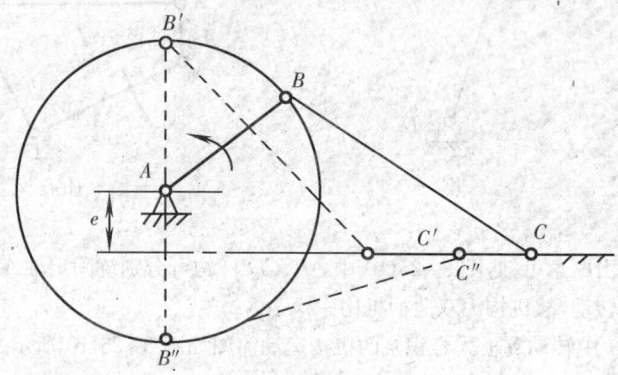

图 8-27

在 B' 点时要满足 $AB+e < BC$

极限情况

$AB+e = BC$

因此此时机构具有运动不确定性。

在 B'' 点时要满足

$AB-e < BC$

因为前式满足,后式必然满足,所以曲柄存在条件为

$AB+e \leqslant BC$

当 $e=0$ 时,由上式知 $AB \leqslant BC$

8-9 解题过程 (1) 首先做出极位时的机构运动简图,如图 8-28(a) 所示。

$$\theta = \arccos \frac{(l_1+l_2)^2+l_4^2-l_3^2}{2l_4(l_1+l_2)} - \arccos \frac{(l_2-l_1)^2+l_4^2-l_3^2}{2l_4(l_2-l_1)}$$

$$= \arccos \frac{(28+52)^2+72^2-50^2}{2 \times 72 \times (28+52)} - \arccos \frac{(52-28)^2+72^2-50^2}{2 \times 72 \times (52-28)}$$

$$= 19°$$

$$\varphi = \arccos \frac{l_3^2+l_4^2-(l_1+l_2)^2}{2l_3 l_4} - \arccos \frac{l_3^2+l_4^2-(l_2-l_1)^2}{2l_3 l_4}$$

$$= \arccos \frac{50^2+72^2-(28+52)^2}{2 \times 50 \times 72} - \arccos \frac{50^2+72^2-(52-28)^2}{2 \times 50 \times 72}$$

$= 71°$

做出主动曲柄与机架共线时的机构运动简图如图 8-28(b) 所示。

$$\gamma_1 = \arccos \frac{l_2^2 + l_3^2 - (l_4 - l_1)^2}{2l_2 l_3} = \arccos \frac{52^2 + 50^2 - (72 - 28)^2}{2 \times 52 \times 50} = 51°$$

$$\gamma_2 = 180° - \arccos \frac{l_2^2 + l_3^2 - (l_4 + l_1)^2}{2l_2 l_3}$$

$$= 180° - \arccos \frac{52^2 + 50^2 - (72 + 28)^2}{2 \times 52 \times 50} = 23°$$

比较 γ_1、γ_2，$\gamma_2 < \gamma_1$，所以 $\gamma_{\min} = \gamma_2 = 23°$。

行程速比系数 $K = \dfrac{180° + \theta}{180° - \theta} = \dfrac{180° + 19°}{180° - 19°} = 1.2$

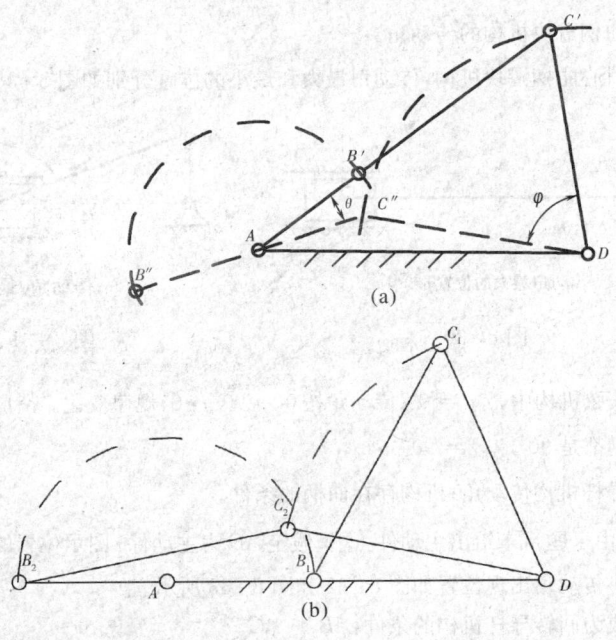

图 8-28

(2) 当取杆 1 为机架时，因为机构满足杆长条件，而且最短杆 1 为机架，所以机构演化为双曲柄机构。C、D 副为摆转副。

(3) 当取杆 3 为机架时，因为机构满足杆长条件，且最短杆为连杆，所以机构演化为双摇杆机构。此时 A、B 副仍为周转副。

8-10 知识点窍 四杆机构演化型式的判别；最小传动角、行程速比系数的计算。

解题过程 (1) $(l_{BC} + l_{AD} = 260\text{mm} + 80\text{mm} = 340\text{mm}) \leqslant (l_{AB} + l_{CD} = 160\text{mm} + 200\text{mm} = 360\text{mm})$，满足杆长条件，且最短杆 AD 为机架，所以四杆机构 $ABCD$ 为双曲柄机构。

(2) 做出四杆机构 $ABCD$ 主动曲柄与机架共线时的机构运动简图如图 8-29 所示。

由图可知

$$\gamma_{\min} = \angle B_2 C_2 D$$

$$= \arccos \frac{l_{BC}^2 + l_{CD}^2 - (l_{AB} - l_{AD})^2}{2 l_{BC} l_{CD}}$$

$$= \arccos \frac{260^2 + 200^2 - (160 - 80)^2}{2 \times 260 \times 200}$$

$$= 13°$$

(3) 滑块 F 的上、下两个极位及原动件 AB 与之对应的两个极位,并量得 $\theta = 44°$,则 $K = \dfrac{180° + \theta}{180° - \theta} = 1.65$。

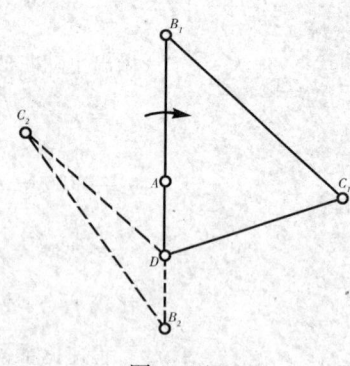

图 8-29

8-11 知识点窍 曲柄滑块机构的传动角。

解题过程 对心曲柄滑块机构,传动角最大和最小的位置分别如图 8-30 和图 8-31 所示。

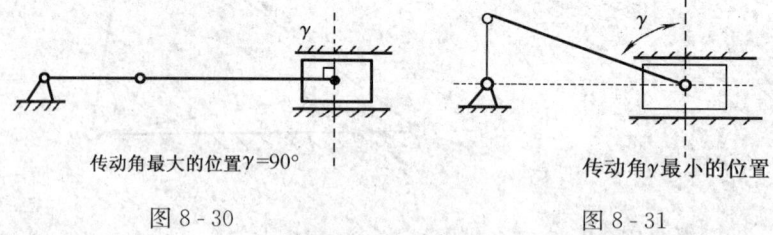

传动角最大的位置 $\gamma = 90°$ 传动角 γ 最小的位置

图 8-30   图 8-31

8-12 解题过程 正弦机构中,$\gamma_{\min} = 0°$;传动角按 $0° \to 90° \to 0°$ 规律变化。导杆机构中,传动角任意时刻都是 $90°$,$\gamma_{\min} = 90°$。

8-13 知识点窍 导杆机构传动角;机构存在曲柄的条件。

解题过程 (由于题目未给出主动件,这里假定 AB 为主动件)图示位置的传动角以及机构的最小传动角出现位置如图 8-32 和图 8-33 所示。

成为回转导杆机构的条件: $AB \leqslant AC$。

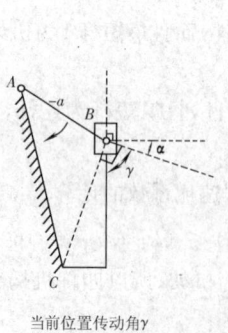 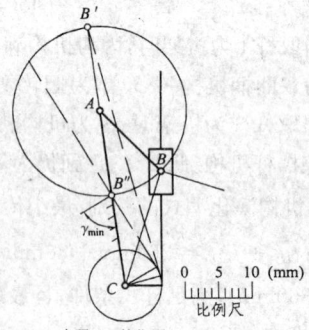

当前位置传动角 γ 出现 $\gamma_{\min}$ 的位置

图 3-32   图 8-33

8-14 知识点窍 运动的连续性。

解题过程 如图8-34所示，固定铰链中心取在劣弧$\overarc{FG}$上。显然，当AB连续转动时，不会连续经过C_1和C_2点，因为它们各自处于两个不连通的可行域（图中阴影部分）内，不满足运动连续性。

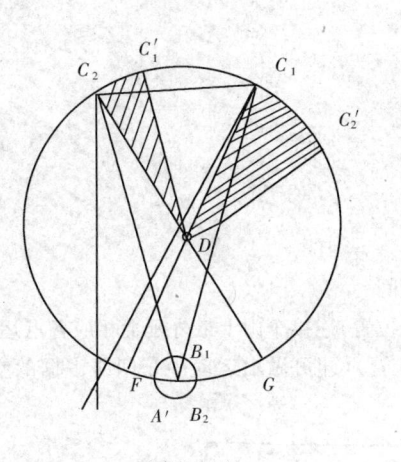

图 8-34

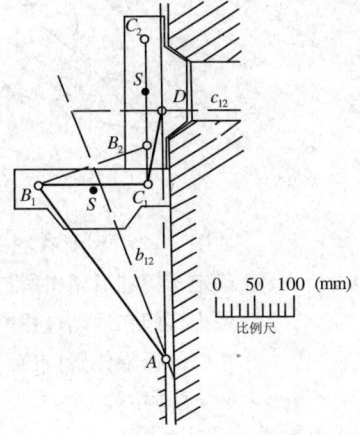

图 8-35

8-15 知识点窍 此题为给定连杆BC两位置，求固定铰链A、D的命题。即为已知活动铰链位置应按连杆预定的位置设计。

解题过程 选炉门开启位置为起始位置。选取长度比例尺$\mu_l = 5$mm/mm，作机构简图，如图8-35所示。
由图中量得
$$l_{AB} = \mu_l \cdot \overline{AB} = 5 \times 14 \text{mm} = 70 \text{mm}$$
$$l_{AD} = \mu_l \cdot \overline{AD} = 5 \times 65 \text{mm} = 325 \text{mm}$$
$$l_{CD} = \mu_l \cdot \overline{CD} = 5 \times 19.5 \text{mm} = 97.5 \text{mm}$$

8-16 知识点窍 图解法进行机构设计。

逻辑推理 首先分析机构运动情况，用图解法确定机构的尺寸，然后依据曲柄滑块机构运动特点确定最小传动角出现的位置，最后根据运动轨迹做出运动过程中车门所占据的空间，注意极限点的确定。

解题过程 (1) 求构件AB的长度

选取尺寸比例尺$\mu_l = 10$mm/mm，根据已知条件做出车门的两个极限位置B_1C_1、B_2C_2如图8-36所示。过B_1做C_1C_2的平行线AB_1与B_1B_2的垂直平分线相交于A点，从而确定固定铰链A的位置，在图中量取$\overline{AB_1} = 41.2$mm，则$l_{AB} = \mu_l \overline{AB_1} = 412$mm。

(2) 验算最小传动角$\gamma_{\min}$

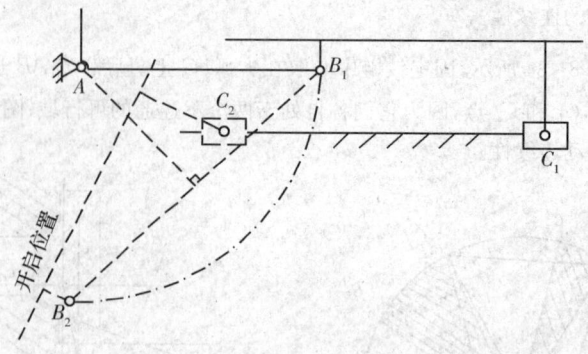

图 8-36

如图 8-37 所示。在图中量取 $\gamma_{\min} = 16°$。

(3) 确定车门在启闭中所占据的空间

做出车门在运动过程中的若干位置,连接车门上最外延上相应各点运动轨迹及车门的极限位置(开启、关闭位置),即可做出运动中车门所占据的空间,如图 8-37 所示。

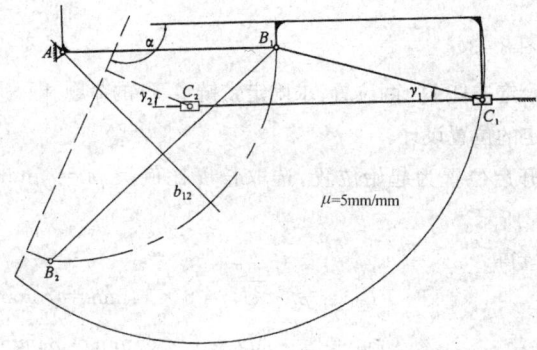

图 8-37

8-17 知识点窍 机构倒置法。

解题过程 本题所求问题实际是按两连架杆的预定对应位置求四杆机构的问题,采用机构倒置法做图(如图 8-38 所示),l_{EF} 的长度即为所求连杆长度,

$$l_{EF} = \mu_l \times \overline{E_2 F_2} = 1 \times 33.40 = 33.4 \text{mm}。$$

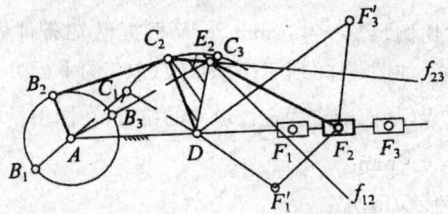

图 8-38

8-18 解题过程 此题用反转法求解,设计出四杆机构。通过图解(如图 8-39)得出曲柄长度为 22.4mm,连杆长度为 52.3mm。

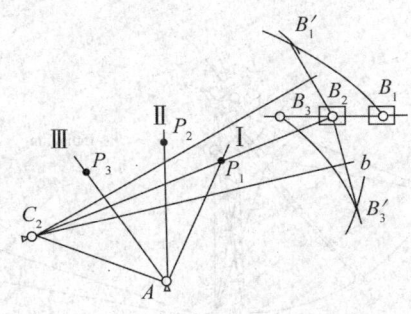

图 8-39

8-19 知识点窍 反转法进行连杆机构设计。

逻辑推理 本题可看成是两个基本机构:铰链四杆机构 ABCD 和摇杆滑块机构 DCE 的串联。根据给出的已知条件,可以先对 DCE 机构,后对 ABCD 机构以给定一对连架杆的两对对应位置的命题确定机构尺寸。本题采用反转法。

解题过程 取 $\mu_l = 1\text{mm/mm}$ 作图求解,如图 8-40 所示。

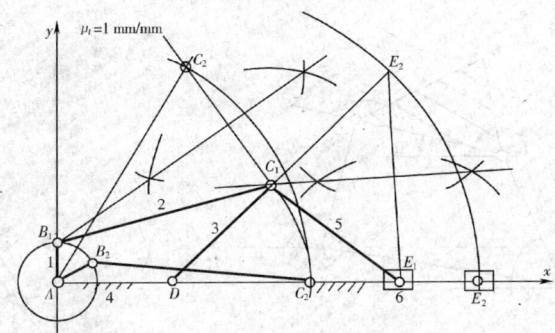

图 8-40

先作摇杆滑块两对对应位置求出 C_1 点;再作铰链四杆两对对应位置,确定铰链 B_1 位置。

从图中量得 $AB_1 = 10.5\text{mm}, B_1C_1 = 58\text{mm}, C_1D = 36.5\text{mm}, C_1E_1 = 43\text{mm}$。

经验证,机构运动连续。

8-20 解题过程 由反转法,作出所求四杆机构如图 8-41 所示,其各杆长度由图中量得

$l_{AB} = \mu_l \times \overline{AB} = 555\text{mm}$

$l_{AD} = \mu_l \times \overline{AD} = 15 \times 47 = 705\text{mm}$

$l_{CD} = \mu_l \times \overline{CD} = 15 \times 4.5 = 67.5\text{mm}$

$l_{BC} = \mu_l \times \overline{BC} = 20.2 \times 7.5 = 151.5\text{mm}$

$$l_{CM} = \mu_l \times \overline{CM} = 77 \times 7.5 = 577.5 \text{mm}$$
$$l_{BM} = \mu_l \times \overline{BM} = 60.4 \times 7.5 = 453 \text{mm}$$

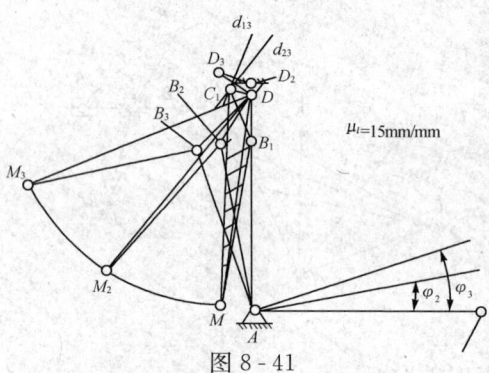

图 8-41

8-21 知识点拨 运用解析法按预定的连杆位置设计四杆机构。

逻辑推理 建立坐标系,利用封闭矢量方程求解机构参数,从而求解四杆机构。

解题过程 建立坐标系 xOy,如图 8-42 所示。

将四杆机构分为左、右侧两个双杆组来分析。

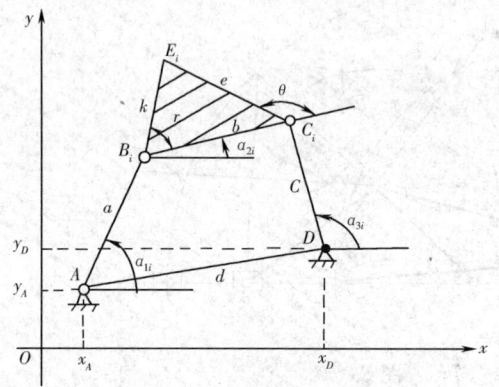

图 8-42

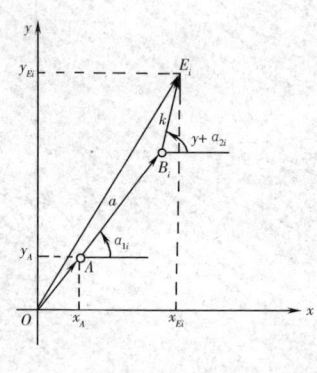

图 8-43

建立左侧双杆组的矢量封闭图,如图 8-43 所示。

可得封闭矢量方程
$$\overrightarrow{OA} + \overrightarrow{AB_i} + \overrightarrow{B_iE_i} - \overrightarrow{OE_i} = 0$$

其在 x、y 轴上投影,得
$$\left. \begin{array}{l} x_A + a\cos\alpha_{1i} + k\cos(\gamma + \alpha_{2i}) - x_{Ei} = 0 \\ y_A + a\sin\alpha_{1i} + k\sin(\gamma + \alpha_{2i}) - y_{Ei} = 0 \end{array} \right\}$$

将上式中的 α_{1i} 消去,并经整理得
$$(x_{Ei}^2 + y_{Ei}^2 + x_A^2 + y_A^2 + k^2 - a^2)/2 - x_A x_{Ei} - y_A y_{Ei} + k(x_A - x_{Ei})\cos(\gamma + \alpha_{2i}) +$$

$$k(y_A - y_{Ei})\sin(\gamma + \alpha_{zi}) = 0$$

将连杆已知的五个位置参数分别代入上式,其中$\alpha_{2i} = \alpha_i$,得

$$\left.\begin{array}{l}(68 + x_A^2 + y_A^2 + k^2 - a^2)/2 - 2x_A - 8y_A + \\ k(x_A - 2)\cos(\gamma + 90°) + k(y_A - 8)\sin(\gamma + 90°) = 0 \\ (80 + x_A^2 + y_A^2 + k^2 - a^2)/2 - 4x_A - 8y_A + \\ k(x_A - 4)\cos(\gamma + 60°) + k(y_A - 8)\sin(\gamma + 60°) = 0 \\ (100 + x_A^2 + y_A^2 + k^2 - a^2)/2 - 6x_A - 8y_A + \\ k(x_A - 6)\cos(\gamma + 40°) + k(y_A - 8)\sin(\gamma + 40°) = 0 \\ (128 + x_A^2 + y_A^2 + k^2 - a^2)/2 - 8x_A - 8y_A + \\ k(x_A - 8)\cos(\gamma + 20°) + k(y_A - 8)\sin(\gamma + 20°) = 0 \\ (164 + x_A^2 + y_A^2 + k^2 - a^2)/2 - 10x_A - 8y_A + \\ k(x_A - 10)\cos\gamma + k(y_A - 8)\sin\gamma = 0\end{array}\right\}①$$

可解得 x_A, y_A, a, k, γ。$(x_A \geqslant 0, y_A \geqslant 0)$

$$\begin{cases} x_{Bi} = x_{Ei} - k\cos(\gamma^2 + \alpha_{Zi}) \\ y_{Bi} = y_{Ei} - k\sin(\gamma^2 + \alpha_{Zi}) \end{cases}$$

建立右侧双杆组的矢量封闭图,如图 8-44 所示。

利用方程

$$\overrightarrow{OD} + \overrightarrow{DC_i} + \overrightarrow{C_iE_i} - \overrightarrow{OE_i} = 0$$

同理可得右侧双杆组的参数方程组,即在式 ① 中以 x_D、y_D、c、e、θ、x_c、y_c 分别代换 x_A、y_A、a、k、γ、x_B、y_B,从而可求得 e、c、α 及 x_{ci}、y_{ci}。

则四杆机构的连杆长

$$b = \sqrt{(x_{Bi} - x_{Ci})^2 + (y_{Bi} - y_{Ci})^2}$$

机架长 $d = \sqrt{(x_A - x_D)^2 + (y_A - y_D)^2}$

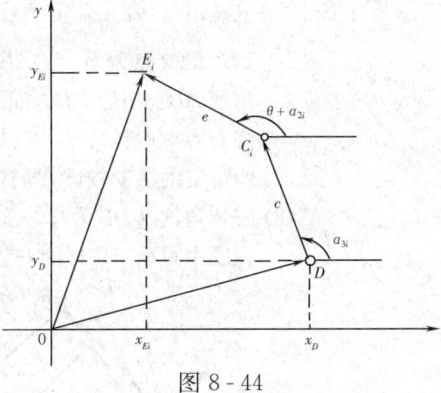

图 8-44

8-22 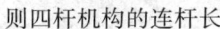 反转法进行四杆机构设计。

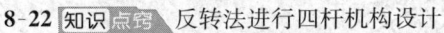 首先适当选择原动件的尺寸,然后采用反转法确定活动铰链的位置,从而确定机构各构件的长度。

解题过程 选取长度比例尺 $\mu_l = 2$mm/mm 根据反转法原理,进行四杆机构设计(如图 8-45 所示),$ABCD$ 即为所求的四杆机构,其各杆长为

$l_{AB} = \mu_l \cdot \overline{AB} = 2 \times 83.2 = 166.4$mm

$l_{AD} = \mu_l \cdot \overline{AD} = 2 \times 70.1 = 140.2$mm

$l_{CD} = \mu_l \cdot \overline{CD} = 2 \times 10.1 = 20.2$mm

$l_{BC} = \mu_l \cdot \overline{BC} = 2 \times 136 = 272$mm

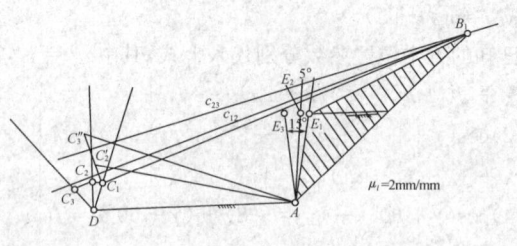

图 8-45

8-23 知识点窍 反转法进行四杆机构设计。

逻辑推理 首先应利用点位归并(缩减)法,使问题转化为已知机构的三个预定位置而进行机构设计的问题,然后采用反转法进行机构的设计,即可求解机构。杆 AB、CD 安装角度利用已知条件中的特殊位置进行求解。

解题过程 (1) 设计四杆机构 $ABCD$

选取尺寸比例尺 $\mu_l = l_{AD}/AD = 2\,\text{mm/mm}$。

分别以 A、D 为顶点,逆时针方向作 $\angle B_1AB_2 = 32°$,$\angle B_1DB_2 = 14°$,AB_1 与 DB_1 的交点为 B_1。以 AB_1 为原动件的长度,根据设计条件定出 AB 的其他三个位置 AB_2、AB_3、AB_4,如图 8-46 所示。根据反转法原理,分别将 DB_2、DB_3、DB_4 绕 D 点顺时针旋转 $14°$、$44°$、$60°$,求得点 B_2'、B_3'、B_4',其所确定的圆弧的圆心即为待定的活动铰链 C 的位置,AB_4CD 即为所求的四杆机构。

(2) 安装角度 β_1、β_2

在图中量取 AB 杆的安装角度 $\beta_1 = 92°$,CD 杆的安装角度 $\beta_2 = 102°$。

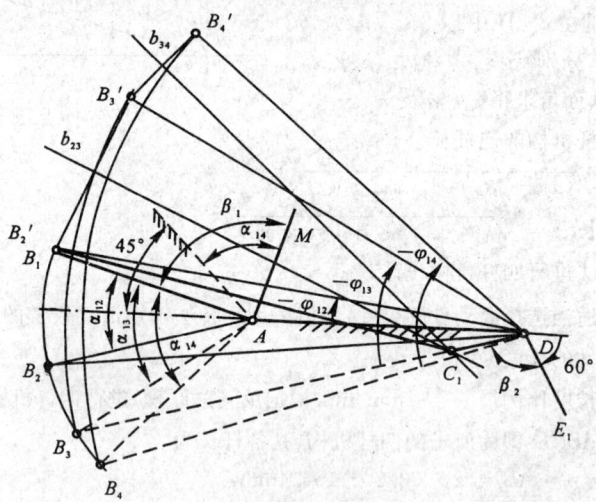

图 8-46

8-24 知识点窍 图解法。

解题过程 由已知 $K=1.5$ 可确定 $\theta=180°\times\dfrac{K-1}{K+1}=36°$。如图 8-47 所示,杆 CD 的另一个极位可能是 DC_1 或 DC_2。

则 $\begin{cases}\overline{AC_1}=\overline{AB}+\overline{BC}\\\overline{AC}=\overline{BC}-\overline{AB}\end{cases}$

量取图上距离得 $\begin{cases}l_{AB}=\overline{AB}=50\text{mm}\\l_{BC}=\overline{BC}=120\text{mm}\end{cases}$ 或 $\begin{cases}l_{AB}=\overline{AB}=22\text{mm}\\l_{BC}=\overline{BC}=48\text{mm}\end{cases}$

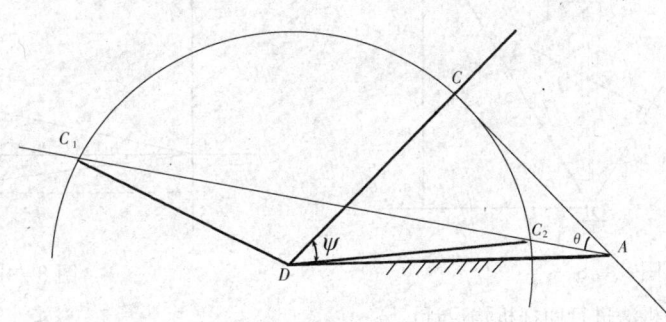

图 8-47

8-25 知识点窍 解析法;最小传动角 $\gamma_{\min}$。

解题过程 $\varphi=35°,CD=c=300\text{mm},AB=a=80\text{mm},\theta=180°\times\dfrac{K-1}{K+1}=180°\times\dfrac{1.2-1}{1.2+1}$
$=16.36°$。由已知可求出弦 C_1C_2 长度:

$\overline{C_1C_2}=2\cdot c\sin\dfrac{\varphi}{2}=2\times 300\text{mm}\times\sin 17.5°$

$\qquad=180\text{mm}$

在 $\triangle AC_1C_2$ 中,由余弦定理

$\cos\angle C_1AC_2=\dfrac{\overline{(C_1A)}^2+\overline{(AC_2)}^2-\overline{(C_1C_2)}^2}{2\cdot \overline{C_1A}\cdot\overline{AC_2}}$

$\qquad\qquad\quad=\dfrac{(b-a)^2+(b+a)^2-180^2}{2\times(b-a)(b+a)}=\cos 16.36°$

解出 $b=309\text{mm}$, 求最小传动角 $\gamma_{\min}$

由四杆机构存在曲柄的杆长条件得:$(\overline{AD}=d)$

$d+a<b+c$ 且 $d>b,d>c$,

即 $303.6\text{mm}<d<523.6\text{mm}$

当 d 分别取极值时,$d=305\text{mm}$ 时,$\gamma_{\min}=43.5°$

$d=525\text{mm}$ 时,$\gamma_{\min}=0°$

可知 $\gamma_{\min}$ 在允许的范围内。

8-26 知识点窍 解析法。

解题过程 $\theta = 180° \times \dfrac{K-1}{K+1} = 60°$

由图 8-48 中几何关系可确定：$\overline{AC} = 150\text{mm}$

由于要求有较小的压力角，取两个极限位置压力角都为 $0°$，由几何关系可计算 $\overline{CD} = 300\text{mm}, e = 150\sqrt{3}\text{mm} = 259.8\text{mm}$。

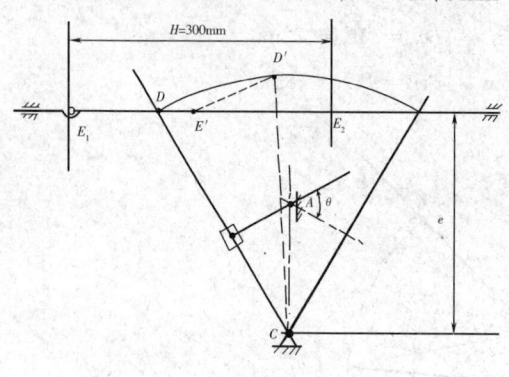

图 8-48

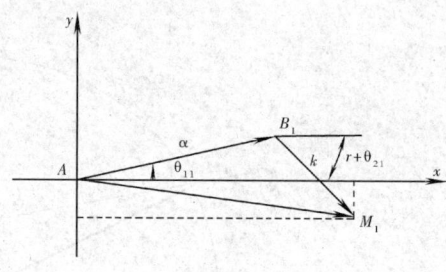

图 8-49

8-27 知识点窍 解析法进行四杆机构设计。

解题过程 由位置 1 的矢量封闭图 8-49，得矢量方程：

$$\overrightarrow{AB_1} + \overrightarrow{B_1M_1} - \overrightarrow{AM_1} = 0 \qquad ①$$

将上式在 x、y 轴上投影

$$\left.\begin{array}{l} a\cos\theta_{11} + k\cos(\gamma+\theta_{21}) - x_{M_1} = 0 \\ a\sin\theta_{11} + k\sin(\gamma+\theta_{21}) - y_{M_1} = 0 \end{array}\right\}$$

消去 θ_{11}，整理得

$$(x_{M_1}^2 + y_{M_1}^2 + k^2 - a^2)/2 - k \cdot x_{M_1}\cos(\gamma+\theta_{21}) - ky_{M_1}\sin(\gamma+\theta_{21}) = 0 \qquad ②$$

同理可得到其它两个位置的方程：

$$(x_{M_2}^2 + y_{M_2}^2 + k^2 - a^2)/2 - kx_{M_2}\cos(\gamma+\theta_{22}) - ky_{M_2}\sin(\gamma+\theta_{22}) = 0 \qquad ③$$

$$(x_{M_3}^2 + y_{M_3}^2 + k^2 - a^2)/2 - kx_{M_3}\cos(\gamma+\theta_{23}) - ky_{M_3}\sin(r+\theta_{23}) = 0 \qquad ④$$

式②、③、④ 组成方程式

$$\begin{cases} (204^2 + 30^2 + k^2 - a^2)/2 - 204k\cos\gamma + 30k\sin\gamma = 0 \\ (144^2 + 80^2 + k^2 - a^2)/2 - 144k\cos(\gamma+22°) - 80k\sin(\gamma+22°) = 0 \\ (34^2 + 100^2 + k^2 - a^2)/2 - 34k\cos(\gamma+68°) - 100k\sin(\gamma+68°) = 0 \end{cases}$$

联立方程即可求得。

$$\left.\begin{array}{l} x_{Mi} - k\cos(\gamma+\theta_{2i}) \\ y_{Mi} - k\sin(\gamma+\theta_{2i}) \end{array}\right\} \left.\begin{array}{l} x_{Ci} = x_{Mi} - e\cos(\beta+\theta_{2i}) \\ y_{Ci} = y_{Mi} - e\sin(\beta+\theta_{2i}) \end{array}\right\}$$

$$b = \sqrt{(x_{Bi} - x_{Ci})^2 + (y_{Bi} - y_{Ci})^2}$$

8-28 **知识点窍** 解析法设计四杆机构。

解题过程
$$\begin{cases} \cos 35° = P_0\cos 50° + P_1\cos(50°-35°) + P_2 \\ \cos 80° = P_0\cos 75° + P_1\cos(70°-80°) + P_2 \\ \cos 125° = P_0\cos 105° + P_1\cos(105°-125°) + P_2 \end{cases}$$

解此方程组 $P_0 = 1.58, P_1 = -1.25, P_2 = 1.01$

从而求得各杆相对长度为：$m = 1.58, l = 1.264, n = 1.59$

图 8-50

l, m, n 解出后，可根据实际要求来确定各杆长，如图 8-50 所示。

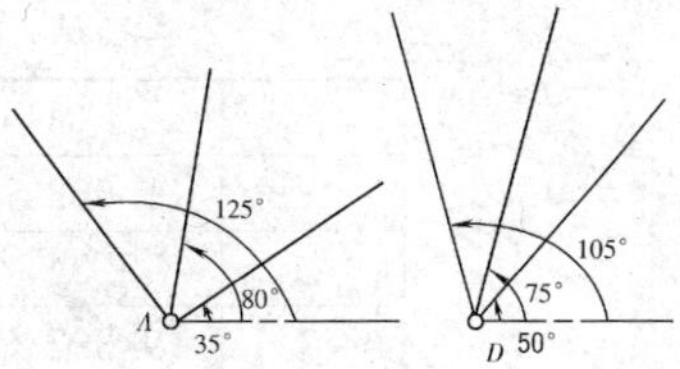

8-29 **知识点窍** 作图法。

解题过程 $\theta = 180° \dfrac{K-1}{K+1} = 180° \dfrac{1.5-1}{1.5+1} = 36°$

作滑块两极限位置 $C_1C_2 = 50\text{mm}$，过 B_1B_2 作圆心角为 θ 的圆；再作一条与 C_1C_2 线平行距离为 $e = 20\text{mm}$ 的直线，直线与圆的交点即 A。

图 8-51 中量得

$l_{AB} = 2 \times (\overline{AC_2} - \overline{AC_1})/2 = 16.9\text{mm}$

$l_{BC} = 2 \times (\overline{AC_2} + \overline{AC_1})/2 = 35.8\text{mm}$

图中量得 $\alpha_{\max} = \angle B'C'F = 62.7°$

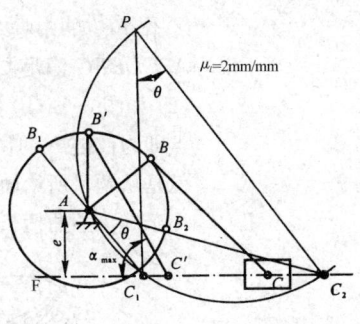

图 8-51

8-30 **知识点窍** 按给合函数设计四杆机构。

解题过程
(1) 由已知 $x_0 = 1, x_m = 10$，可得

$y_0 = 1, y_m = \sqrt{10} = 3.16$

(2) 试取主从动件的转角范围分别为 $\alpha_m = 60°, \varphi_m = 90°$；则自变量和函数与转角之间的比例尺分别为

$\mu_\alpha = (x_m - x_0)/\alpha_m = 9/60°$

$\mu_\varphi = (y_m - y_0)/\varphi_m = 2.16/90°$

(3) 取 3 个结点，求出各结点有关数值如表 8-2 所示。

(4) 试取初始角 $\alpha_0 = 0°, \varphi_0 = 0°$，可得方程组

$$\begin{cases} \cos 4.02° = P_0\cos 8.43° + P_1\cos(8.43°-4.02°) + P_2 \\ \cos 30° = P_0\cos 52.65° + P_1\cos(52.65°-30°) + P_2 \\ \cos 55.98° = P_0\cos 85.57° + P_1\cos(85.57°-55.98°) + P_2 \end{cases}$$

解此方程组：$P_0 = 0.827, P_1 = -2.478, P_2 = 2.65$

从而求出各杆的相对长度：$m = 0.827, n = 0.334, l = 0.025$

表 8-2

i	x_i	$y_i = \sqrt{x_i}$	$\alpha_i = (x_i - x_0)/\mu_\alpha$	$\varphi_i = (y_i - y_0)/\mu_\varphi$
1	1.603	1.277	4.02°	8.43°
2	5.5	2.345	30°	52.65°
3	9.397	3.065	55.98°	85.57°

8-31 **解题过程** (1) 从动件摇杆输出角为 45° 的多杆机构设计步骤如下:

① 如图 8-52(a) 所示,在 E 的轨迹曲线上找两段近似圆弧 $\widehat{\alpha\alpha}$ 及 $\widehat{\beta\beta}$,两段弧的圆心分别在 F、F' 点;

② 作 FF' 的中垂线 aa',作 $\angle FF'G = 67.5°$,交 aa' 于 G 点,得到铰链 G,多杆机构 $ABCDEFG$ 满足要求。

(2) 如图 8-52(b) 所示,在 E 的轨迹曲线上找两段近似直线 aa 及 $\beta\beta$,两段直线的交点即为铰链 F 的位置,得到多杆机构 $ABCDEF$。

但是从题目所给轨迹曲线可以看出,曲线上相距最远的两点距离(滑块的行程)远小于 5 倍的曲柄长度,所以"从动件滑块输出行程为 5 倍曲柄长度"无法保证。

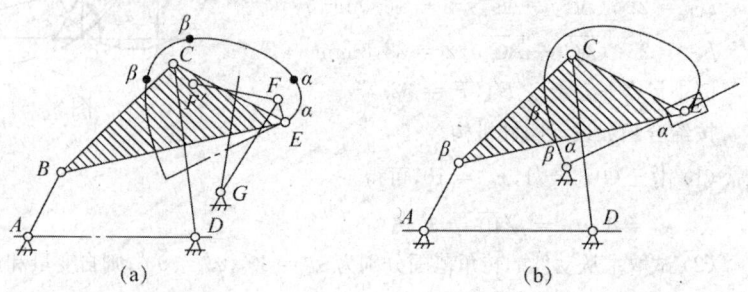

图 8-52

8-32 **知识点窍** 双方向铰链机构的各轴角速度关系。

逻辑推理 由单方向铰链机构 1—2,求得 ω_2 和 ω_3 之间的变化关系,进而可以求得 ω_3 的角速度变化范围。

解题过程 由角速度矢量分析图可知,在图示位置时

$$\omega_2 = \omega_1 \cos a, \omega_3 = \omega_2 \cos a$$

得 $\omega_3 = \omega_1 \cos^2 \alpha$

分析可知,当各轴由图 8-53 所示位置转过 90° 时,必有 $\omega_3 = \omega_1 / \cos^2 a$

综上所述,从动轴 3 的角速度变化范围为

$$\omega_1 \cos^2 a \leq \omega_3 \leq \omega_1 / \cos^2 a$$

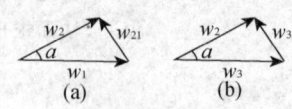

图 8-53

又因轴向夹角的变化范围

$$a_{1\min} = a_{2\min} = \arctan\left(\frac{300-150}{400}\right) = 20.6°$$

$$a_{1\max} = a_{2\max} = \arctan\left(\frac{550-150}{400}\right) = 45°$$

则从动轴 3 的角速度变化范围是 $(0.5-2)\omega_1$。

为使主、从动轴的角速度恒相等,应将 3 倒装过来。

8-33 解题过程 在双方向铰链机构中,为使传动比恒为 1,常满足以下几个条件:

(1) 主、从动轴 1、3 和中间轴 2 应置于同一平面内;

(2) 主、从动轴 1、3 的轴线与中间轴 2 的轴线之间的夹角相等;

(3) 中间轴两端的叉面应位于同一平面内。

满足以上条件时,主动轴匀速转动将带动中间轴作非匀速转动,进而带动从动轴作匀速转动。

8-34 解题过程 提示:以(1)为例,设计一折叠式床头小桌。如图 8-54 所示,当展开书桌时,杆 BC 和 CD 成一条直线,比时 AB 杆受多大的力也不会收起,这是由于机构处于死点位置,书桌平称可靠,转动 CD 又将书桌折叠收起,这利用了四杆机构的死点。

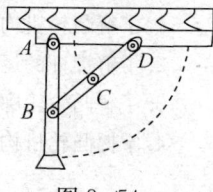

图 8-54

第九章
凸轮机构及其设计

学习要求

1. 了解凸轮机构的类型及其应用。
2. 了解推杆的运动规律及其特征。
3. 了解凸轮轮廓曲线的设计方法及其基本原理(图解法和解析法)。
4. 掌握凸轮机构基本尺寸的确定,主要包括压力角、凸轮基圆半径等。

重难点提示

本章重点:① 推杆运动规律的特征及其选择原则;
② 凸轮轮廓曲线的设计;
③ 凸轮机构基本尺寸的确定,包括压力角、基圆半径等。

本章难点:① 凸轮机构设计的基本方法;
② 对凸轮机构的运动进行分析,如求解推程角 δ_0、远休止角 δ_{01}、回程角 δ'_0、近休止角 δ_{02} 及推杆行程 h 等。

内容提要

1 凸轮机构的类型

(1) 凸轮是一个具有曲线轮廓或凹槽的构件。

凸轮机构的最大优点是:只要适当地设计出凸轮的轮廓曲线,就可以使推杆得到各种预期的运动规律,而且机构简单紧凑。

缺点是凸轮廓线与推杆之间为点、线接触,易磨损,所以凸轮机构多用在传力不大的场合。

(2) 凸轮机构的类型按凸轮的形状分为盘型凸轮和圆柱凸轮;按推杆的形状分尖顶推杆、滚子推杆及平底推杆;按推杆运动形式分为直动推杆、摆动推杆;而直动推杆又可根据其轴线与凸轮回转轴线的相互位置分为对心直动推杆和偏置直动推杆。

2 推杆运动规律及其特征

(1) 推杆的运动规律

推杆的运动规律是指当凸轮以等角速度转动时,推杆的位移 s、速度 v 和加速度 a 随时间 t 或凸轮转角 δ 变化的规律。

(2) 推杆常用运动规律及其特性比较,如表 9-1 所示。

表 9-1

运动规律	v_{max}	a_{max}	动力特性		适用范围
			冲击性质	发生位置	
等速 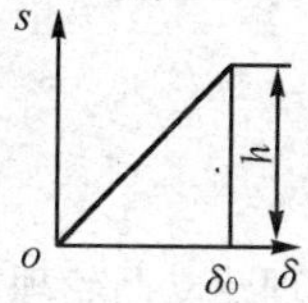	$v_{max} = h\omega/\delta_0$ 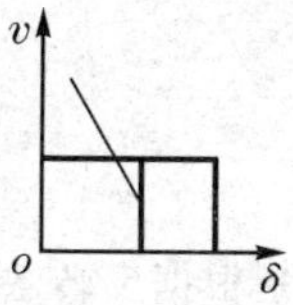	$a_{max} = +\infty$ 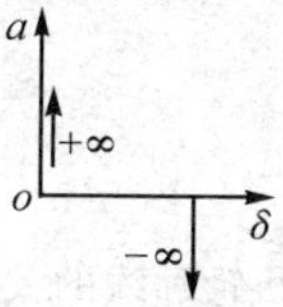	刚性冲击	$\delta = 0°, \delta_0$	低速轻载
等加速度等减速 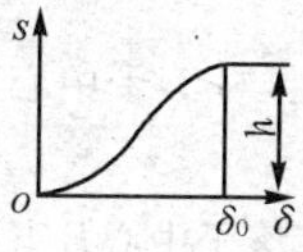	$v_{max} = 2h\omega/\delta_0$ 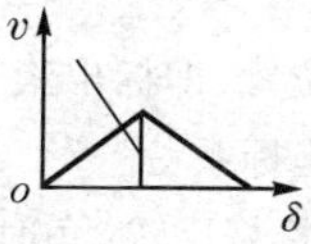	$a_{max} = 4h\omega^2/\delta_0^2$ 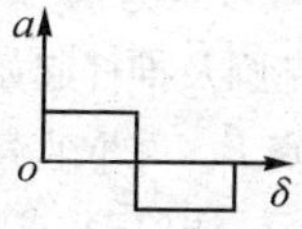	柔性冲击	$\delta = 0°$ $\delta_0/2, \delta_0$	中速轻载
余弦加速度 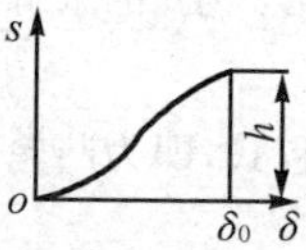	$v_{max} = 1.57h\omega/\delta_0$ 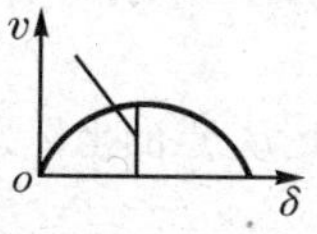	$a_{max} = 4.93h\omega^2/\delta_0$ 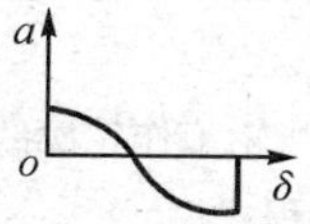	柔性冲击	$\delta_0 = 0°, \delta_0$	中低速重载
正弦加速度 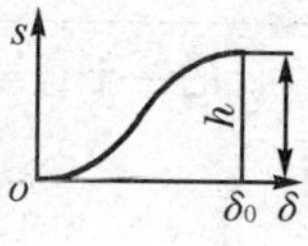	$v_{max} = 2h\omega/\delta_0$ 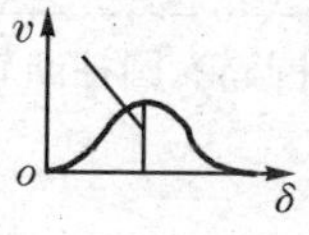	$a_{max} = 6.28h\omega^2/\delta_0^2$ 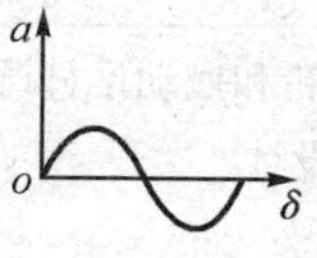	无	~	中高速轻载

3 凸轮轮廓曲线的设计方法

(1) 凸轮轮廓曲线设计方法有作图法和解析法。其所依据基本原理都是相同的,即反转法原理。

(2) 图解法和解析法设计凸轮廓线的比较,如表 9-2 所示。

表 9-2

	图解法	解析法
基本原理	在设计凸轮廓线时,如对心直动尖顶推杆盘形凸轮,设想给整个凸轮机构以一个与凸轮角速度 ω 大小相等而方向相反(即 $-\omega$)的转动,这时凸轮将静止不动,而推杆一方面随其导轨相对凸轮以 ω 角速度反转运动,另一方面沿导轨按照预期的运动规律(即 $s=s(\delta)$)运动。推杆在这种复合运动中,其尖顶的运动轨迹即为凸轮轮廓曲线。这就是凸轮廓线设计方法的基本原理。根据这一原理作出推杆尖顶在推杆作这种复合运动中所占据的一系列位置点,并将它们连接成光滑曲线,即得所求的凸轮轮廓曲线	
基本步骤	直动尖顶推杆盘形凸轮机构凸轮廓线设计,用图解法设计的具体步骤如下: (1) 根据推杆的运动规律按选定的某一分度值计算出推杆各分点的位移值(列表法) (2) 选取尺寸比例尺 μ_l,并做出基圆及推杆的初始位置 (3) 求出推杆在反转运动中占据的各个位置(即偏距圆的切线) (4) 求出推杆尖顶在复合运动中依次占据的位置 (5) 将推杆尖顶的各位置点连成一条光滑曲线,即为凸轮轮廓线	用解析法设计凸轮廓线的关键是根据反转法原理建立凸轮理论轮廓线和工作轮廓线的方程式。解析法的特点是从凸轮机构的一般情况入手来建立其轮廓线方程。建立凸轮轮廓线直角坐标方程的一般步骤为: (1) 画出基圆及推杆起始位置,即标出滚子推杆滚子中心 B 的起始位置点 B_0,并取直角坐标系 (2) 根据反转法原理,求出推杆反转 δ 角时其滚子中心 B 点的坐标方程式,即为凸轮理论轮廓线方程式 (3) 作理论轮廓线在 B 点处的法线 nn,标出凸轮工作轮廓线上与 B 对应的点 B' 的位置,并求出其法线倾角 θ 与 δ 的求解关系式 (4) 求出凸轮工作轮廓线上 B' 点的坐标方程式,即为凸轮工作轮廓线方程式

(3) 圆柱凸轮廓线设计包括直动推杆圆柱凸轮和摆动推杆圆柱凸轮。圆柱凸轮设计的一个重要思想就是,将圆柱凸轮的外表面展开在平面上来设计。

4 凸轮机构基本尺寸的确定

(1) 压力角 α 的确定

1) 压力角即推杆与凸轮接触点所受正压力的方向(即凸轮廓线在接触点处的法线方向)与推杆上对应点速度方向所夹的锐角,用 α 表示。

2) 压力角 α 与受力的关系:压力角 α 是影响凸轮机构受力情况的一个重要参数。当压力角 α 增大时,凸轮机构在同样载荷 Q 下所需的推动力将增大;当压力角 α 接近临界压力角 α_c (即凸轮机构出现自锁时的压力角)时,驱动力急剧增加,将导致机械效率降低和轮廓严重磨损,凸轮机构处在恶劣的工作条件下;当 $\alpha \geqslant \alpha_c$ 时,凸轮机构将发生自锁。在生产实际中,为了提高机械的效率、改善其受力情况,通常规定凸轮机构的最大压力角 α_{max} 应小于某一许用压力角 $[\alpha]$,即 $\alpha_{max} < [\alpha]$。

(2) 凸轮基圆半径的确定

1) 如图 9-1 所示的偏置直动尖顶推杆盘形凸轮机构可知,凸轮机构的压力角 α 与基圆半径 r_0 和偏矩 e 之间的关系为:

$$\tan\alpha = \frac{ds/d\delta \pm e}{(r_0^2 - e^2)^{1/2} + s}$$

由上式可知:① 当其它条件不变时,α 愈大,基圆半径 r_0 愈小,即凸轮尺寸愈小。② 当其他条件不变时,推杆偏置方向使 e 前为负号,可使压力角 α 减小,从而改善其受力情况。

2) 基圆半径愈小,凸轮尺寸也愈小,凸轮机构愈紧凑,但是,同时基圆半径的减小还要受到压力角的限制,以及其它结构尺寸及强度条件的限制,仅从机构结构紧凑和改善受力的观点来看,基圆半径 r_0 的确定原则是:在保证 $\alpha_{max} \leqslant [\alpha]$ 的条件下,应使基圆半径尽可能小。

(3) 滚子半径 r_r 的选择。

1) 滚子半径 r_r 与凸轮理论廓线曲率半径 ρ 及实际廓线曲率半径 ρ_a 的关系:① 当凸轮理论廓线为内凹时,$\rho_a = \rho + r_r$,无论 r_r 多大,实际廓线总是可平滑地作出的;② 当凸轮理论廓线为外凸时,$\rho_a = \rho - r_r$,此时 $\rho > r_r$,则实际廓线可作出。当 $\rho = r_r$ 时,$\rho_a = 0$,则实际廓线出现尖点,即称为变尖现象。当 $\rho < r_r$,$\rho_a < 0$,则会出现失真现象。

2) 为避免实际廓线变尖和运动失真现象,滚子半径 r_r 应小于理论廓线的最小曲率半径 ρ_{min},通常 ρ_{min} 应小于 1~5mm。如不满足此要求时,则应增大基圆半径或适当减小滚子半径,或修改从动件运动规律的办法来解决。

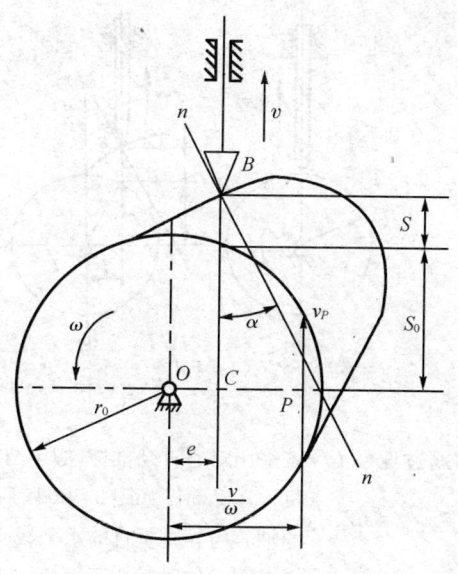

图 9-1

(4) 平底尺寸的确定

用作图法作出凸轮廓线，即可确定出推杆平底中心至推杆平底与凸轮廓线接触点间的最大距离 $l_{\max}$，推杆平底长度 l 应取为 $l = 2l_{\max} + (5 \sim 7)$ mm。

典型例题分析

例 9.1 某凸轮机构，原动件凸轮匀速转动，其角速度 $\omega = 6 \text{rad/s}$。从动杆在推程段按同一运动规律运动。已知推程段从动杆的位移方程为 $S = h\sin(\dfrac{\pi}{2} \cdot \dfrac{\phi}{\Phi})$，其中升距 $h = 30$ mm，Φ 为推程角，ϕ 为凸轮转角。若知回程角 $\Phi' = \dfrac{\pi}{2}$ 时，试求回程段回程凸轮转角 $\phi = \dfrac{\pi}{6}$ 时，从动杆的位移 $S = ?$ 速度 $v = ?$

解题过程　回程段回程凸轮转角 $\phi = \dfrac{\pi}{6}$ 时，

$$S = h[1 - \sin(\dfrac{\pi}{2} \cdot \dfrac{\phi}{\Phi'})] = h(1 - \sin\dfrac{\pi}{6}) = 15 \text{mm}$$

$$v = ds/dt = \dfrac{\pi h \omega}{2\Phi'}\cos(\dfrac{\pi}{2} \cdot \dfrac{\phi}{\Phi'}) = 155.89 \text{mm/s}$$

例 9.2 如图 9-2 所示为一直动推杆盘形凸轮机构，若已知凸轮基圆半径 r_0，推杆的运动规律 $s = S(\delta)$，为使设计出的凸轮机构受力状态良好，试结合凸轮机构压力角的计算公式说明应采取哪些措施？

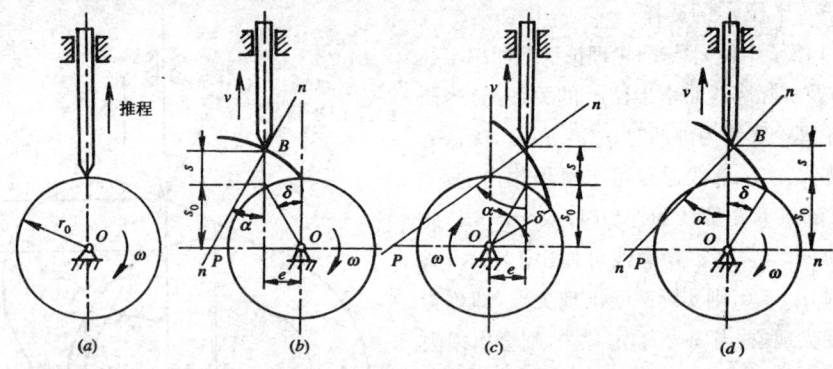

图 9-2

解题过程　(1) 若采用对心直动推杆，假定凸轮的廓线已经作出，当凸轮的转角为 δ 时，凸轮机构的机构运动简图如图 9-2(d) 所示，过推杆与凸轮的接角点 B 作法线 nn，其与过凸轮的轴心与导轨垂直的水平线交于 P 点，由凸轮机构压力角的定义 $\angle OBP$ 为凸轮机构在图示位置时的压力角 α，又由瞬心的求解方法知 P 点即为推杆与凸轮的瞬心，于是得：

$$\overline{OP} = \frac{v}{\omega} = \frac{\mathrm{d}s}{\mathrm{d}\delta}, \quad 故 \tan\alpha = \frac{\overline{OP}}{\overline{OB}} = \frac{\mathrm{d}s/\mathrm{d}\delta}{r_0 + s}$$

(2) 设取适当的偏距 e，并使推杆偏于凸轮轴心的左侧，同样使凸轮转过 δ 角，如图 9-2(b) 所示，则

$$\tan\alpha = \frac{\overline{OP} - e}{\sqrt{r_0^2 - e^2} + s} = \frac{\mathrm{d}s/\mathrm{d}\delta - e}{\sqrt{r_0^2 - e^2} + s}$$

(3) 当推杆偏于凸轮轴心的右侧，凸轮的转角为 δ 时，如图 9-2(c)。有

$$\tan\alpha = \frac{\overline{OP} + e}{\sqrt{r_0^2 - e^2} + s} = \frac{\mathrm{d}s/\mathrm{d}\delta + e}{\sqrt{r_0^2 - e^2} + s}$$

由上可知，当凸轮顺时针方向旋转时，采用适当的偏距 e 且使推杆偏向于凸轮轴心的左侧，可使推程压力角减小，从而改善了凸轮机构的受力情况，但是使得压力增大，由于回程的许用压力角很大，故对机构的受力影响不大。

例 9.3 用作图法求出图 9-3 所示两凸轮机构从图示位置转过 $60°$ 时的压力角。

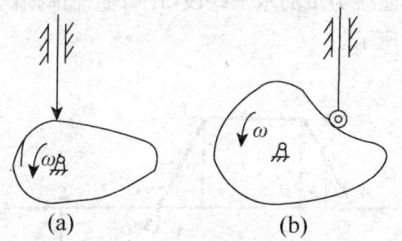

图 9-3

知识点窍　这是对凸轮压力角概念的考查，对对心和偏置凸轮，顶尖和滚子凸轮压力角画法区别的考查。

解题过程　(1) 利用反转法原理，使从动件按 $-\omega$ 方向倒转 $60°$。
(2) 再分别画出 (a)(b) 的压力角。

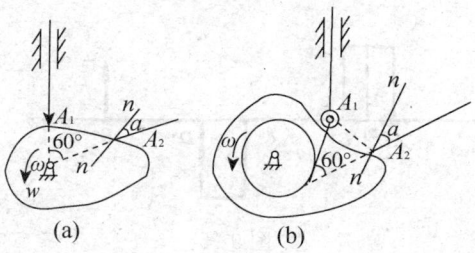

图 9-4

例 9.4 （北京航空航天大学）如图 9-5(a) 所示为凸轮机构推杆的速度曲线，它由四段直线组成。要求：在题图上画出推杆的位移曲线、加速度曲线；判断哪几个位置有冲击存在，是刚性冲击还是柔性冲击；在图示的 F 位置，凸轮与推杆之间有无惯性力作用，有无冲击存在。

解题过程 由图 9-5(a) 所示推杆的速度曲线可知：

在 OA 段内 $(0 \leqslant \delta \leqslant \pi/2)$，因推杆的速度 $v=0$，故此段为推杆的近休段，推杆的位移及加速度均为零，即 $s=0$，$a=0$，如图 9-5(b) 及 (c) 所示。

在 AD 段内 $(0 \leqslant \delta \leqslant 3\pi/2)$，因 $v>0$，故此段为推杆的推程段。且在 AB 段内，因速度线图为上升的斜直线，故推杆的运动形成为等加速上升，位移曲线为抛物线运动曲线，而加速度曲线为正的水平直线段；

在 BC 段内，速度线图为水平直线段，故推杆继续等速上升，位移线图为上升的斜直线，而加速度曲线为与 δ 轴重合的线段；

在 CD 段内，速度线图为下降的斜直线，故推杆继续等减速上升，位移曲线为抛物线运动曲线，而加速度曲线为负的水平线段。作出推杆推程段的速度 v 及加速度 a 线图，如图 9-5(b) 及 (c) 所示。

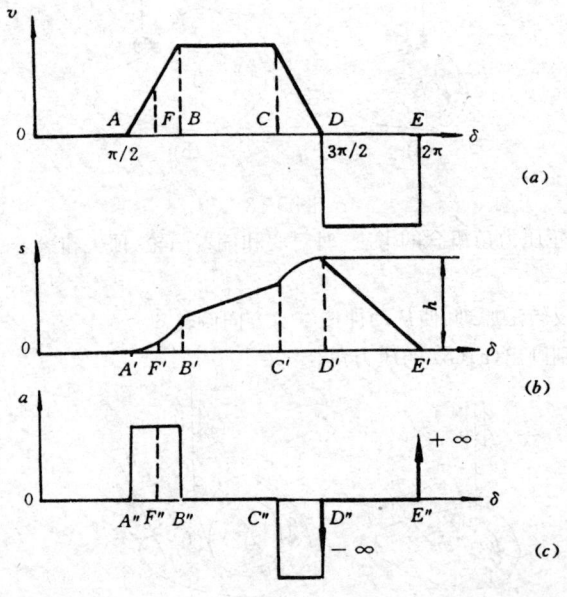

图 9-5

在 DE 段内 $(3\pi/2 \leqslant \delta \leqslant 2\pi)$，因 $v<0$，故此段为推杆的回程段，且速度曲线为水平线段，推杆做等速下降运动。其位移曲线为下降的斜直线，而加速度曲线为与 δ 轴重合，且在 D 和 E 处其加速度分别为负无穷大和正无穷大，如图 9-5(b) 及 (c) 所示。

由推杆速度曲线图 9-5(b) 和加速度曲线图 9-5(c) 知，在 D 及 E 处，有速度突变，且在相应的加速度线图上分别表现为负无穷大和正无穷大。因此凸轮机构在 D 和 E 处有刚性冲击，则加速度线图上 A'', B'', C'' 及 D'' 处有加速度值的有限突变，故在这几处凸轮机构有柔性冲击。

在 F 处有正的加速度值，故有惯性力，但既无速度突变，也无加速度突变，因此，F 处无冲击存在。

例9.5 在图9-6所示为一偏置尖端移动从动件盘形凸轮机构。试用图解法作出从动件的位移曲线 $s - \varphi$。

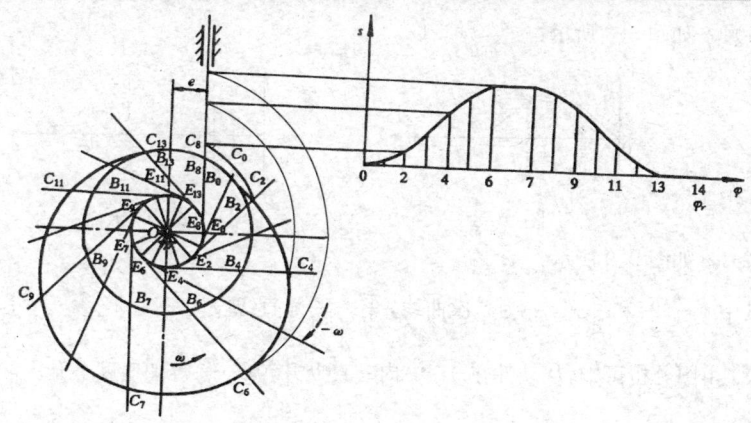

图 9-6

解题过程
(1) 以凸轮上最小向径 OB_0 的模 r_b 为半径作基圆。
(2) 以偏心距 e 为半径作偏置圆。
(3) 以从动件的导路方向与偏置圆相切的位置 E_0 为起始位置，按与凸轮角速度 ω 相反的转向（$-\omega$）根据凸轮廓线的情况分段并按段等分偏置圆。如图上 C_0, C_6, C_7, C_{13} 点为凸轮轮廓曲线的转折处，以此为界分为四段。过此四点分别作偏置圆的切线得切点 E_0, E_6, E_7, E_{13}。然后在偏置圆上将各分段 $E_0 - E_6$, $E_7 - E_{13}$ 分别作若干等份（$E_6 - E_7$ 和 $E_{13} - E_0$ 两段对立的凸轮廓线是圆弧，故不再等分）。过各等分点 E_0, E_1, E_2, $\cdots$ 作与偏置圆相切的射线并与凸轮基圆、凸轮廓线分别交 B_0, B_1, B_2, $\cdots$ 点和 C_0, C_1, C_2, $\cdots$ 点。则从射线上量得的 B_0C_0, B_1C_1, B_2C_2, $\cdots$ 段即为凸轮每转一角度时相应的从动件位移 s。
(4) 将各对应的转角 φ 和位移 s 画在直角坐标系中，可得到该凸轮从动件的位移曲线 $s - \varphi$ 图。

当廓线分段时，廓线转折处必须置于分点上，以便得出的位移规律不致出现大的误差。此外，须注意射线的方向，它应与凸轮的转动方向相一致。

例9.6 (北京邮电大学)有一偏置直动顶尖从动件盘形凸轮机构,凸轮等速沿顺时针方向转动。当凸轮转过 180° 时,从动件从最低位上升 16mm,再转过 180° 时,从动件下降到原位置。从动件的加速度线图如图 9-7 所示,若凸轮角速度 $\omega_1 = 10 \text{rad/s}$。

试求:(1) 画出从动件在推程阶段的 $v\text{-}\varphi$ 线图;
(2) 画出从动件在推程阶段的 $s\text{-}\varphi$ 线图;
(3) 求出从动件在推程阶段的加速度 a 和 $v_{\max}$;
(4) 该凸轮机构是否存在冲击?若存在,属于何种性质冲击?

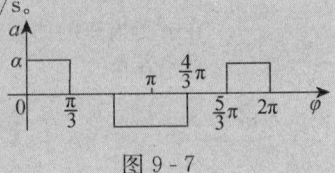

图 9-7

解题过程 (1) $v\text{-}\varphi$ 如图 9-8 所示:

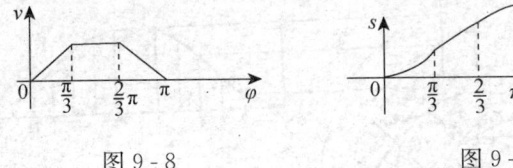

图 9-8　　　　　　　　图 9-9

(2) $s\text{-}\varphi$ 如图 9-9 所示:

其中 $0 - \dfrac{\pi}{3}$ 和 $\dfrac{2}{3}\pi - \pi$ 为二次曲线,$\dfrac{\pi}{3} - \dfrac{2}{3}\pi$ 直线段。

(3) 由图分析可知,从动件在 $0 - \pi$ 内一直上升,$0 - \dfrac{\pi}{3}$ 等加速度上升。

$\dfrac{\pi}{3} - \dfrac{2}{3}\pi$ 等速上升,$\dfrac{2}{3}\pi - \pi$ 等减速上升,故 $16 = h_1 + h_2 + h_3$　①

$0 - \dfrac{\pi}{3}$ 时,$h_1 = \dfrac{1}{2}(\varphi_1^2 a/\omega^2) = \pi^2 a/(18 \times 10^2)$　②

$\dfrac{\pi}{3} - \dfrac{2}{3}\pi$ 时,$h_2 = \dfrac{\varphi}{\omega} \cdot v = \pi^2 a/(9 \times 10^2)$　③

$\dfrac{2}{3}\pi - \pi$ 时,$h_3 = h_1 = \pi^2 a/(18 \times 10^2)$　④

联立 ①②③④ 得　$a = 0.7295 \text{m/s}^2$

$$v_{\max} = a \cdot \left(\dfrac{\pi}{3}/\omega_1\right) = 0.076 \text{m/s}$$

(4) 凸轮机构加速度有突变,所以存在冲击,为柔性冲击。

例9.7 (东华大学)在图 9-10(a) 所示的偏置直动滚子从动件盘形凸轮机构中,凸轮为一偏心圆盘,其半径 $R = 40\text{mm}$,由凸轮转动中心 O 到圆盘中心 A 的距离为 $OA = 25\text{mm}$,滚子半径 $r_g = 10\text{mm}$,从动件导路方向线与凸轮转动中心 O 的偏置距离为 $e = 10\text{mm}$。凸轮逆时针方向转动。试用图解法求:(1) 凸轮的理论轮廓线;
(2) 凸轮的基圆;
(3) 凸轮转过角度 $\varphi = 90°$ 时,从动件的位移量 s 及该位置所对应的压力角 α;
(4) 从动件的最大升距 h;
(5) 若改变滚子的半径,从动件的运动规律有无变化?为什么?

解题过程 取长度比例尺 $\mu_l = 1\text{mm/mm}$，按要求作以下各项(见图 9-10(b))：

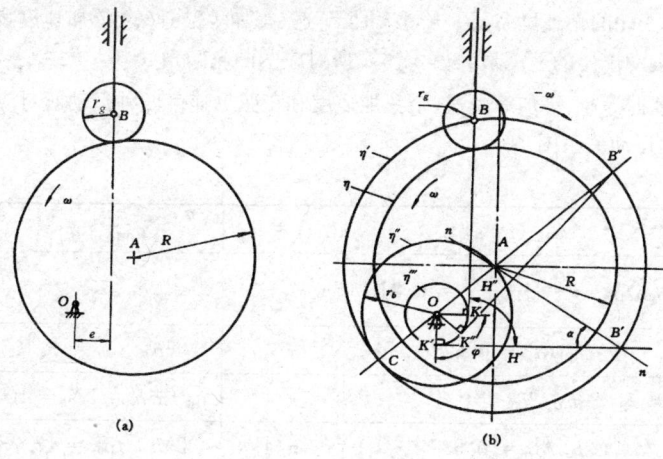

图 9-10

(1) 理论轮廓线

因为凸轮的理论廓线与实际廓线是两条法向等距曲线，其法向距离为滚子半径 r_g。题目中实际廓线 η 是圆。因此，其理论轮廓线 η' 应是半径为 $R + r_g = 40 + 10 = 50\text{mm}$ 的圆。

(2) 基圆及半径 r_b

理论轮廓线 η' 的最小半径所做的圆为基圆。因此，连接圆盘中心 A 和凸轮转动中心 O，并延长它与理论轮廓线相交于 C，则 $\overline{OC}$ 为理论廓线 η' 的最小半径——基圆半径 r_b。显然，$r_b = R + r_g - \overline{OA}$。以 r_b 为半径以 O 为圆心作圆得基圆 η''。

(3) 从动件位移量 s 及该位置压力角 α

以 O 为圆心，偏置距离 e 为半径做偏置圆 η'''。再沿从动件导路方向做偏置圆 η''' 的切线 $\overline{BK}$。根据反转法原理，将从动件由 BK 位置沿 $-\omega$ 方向转 $\varphi = 90°$ 角，得 $B'K'$，则 $\overline{B'K'}$ 为凸轮转过 $90°$ 时从动件导路的位置线。$\overline{B'K'}$ 上基圆与理论轮廓线之间的线段 $\overline{H'B}$ 即为从动件在此位置时的位移量 s。

过 A,B' 两点做直线 nn，nn 即为理论轮廓线上 B' 点的法线，nn 与 $\overline{B'K'}$ 线所夹的锐角 α 即为凸轮机构在该位置的压力角。

(4) 最大升距 h

沿凸轮转动中心 O 及圆盘中心 A 的方向作直线与理论轮廓线 η' 相交于点 B''。过 B'' 点做偏置圆 η''' 的切线，得切点 K''。则 $\overline{B''K''}$ 上与基圆相交的点 H'' 与 B'' 点之间的长度即为凸轮机构从动件的最大升距 h。

(5) 滚子半径改变之后的运动规律

若滚子的半径有变化，滚子中心将不再处于原来的理论轮廓线上。当凸轮转动时，原机构中凸轮转角与从动件的对应位移关系将改变，因而从动件的运动规律有变化。

例9.8 在直动推杆盘形凸轮机构中,已知凸轮的推程运动角 $\delta_0 = \pi/2$,推杆的行程 $h = 50\text{mm}$。试求:当凸轮的角速度 $\omega = 10\text{rad/s}$ 时,等速、等加等减速、余弦加速度和正弦加速度四种常用运动规律的速度最大值 a_{max} 及所对应的凸轮转角 δ。

知识点窍 熟练掌握等速、等加等减速、余弦加速度和正弦加速度四种运动所对应的 $v-\delta$、$s-\delta$、$a-\delta$ 的运动关系图。

解题过程

推杆运动规律	$v_{max}(\text{m/s})$	δ	$a_{max}(\text{m/s}^2)$	δ
等速运动	$h\omega/\delta_0 = \dfrac{0.05 \times 10}{\pi/2} = 0.318$	$0 \sim \pi/2$	$a_{\delta=0} = +\infty$	0
等加速等减速	$2h\omega/\delta_0 = 0.637$	$\pi/4$	$4h\omega^2/\delta_0^2 = 8.105$	$0 \sim \pi/4$
余弦加速度	$\pi h\omega/2\delta_0 = 0.5$	$\pi/4$	$\pi^2 h\omega^2/2\delta_0^2 = 10$	0
正弦加速度	$2h\omega/\delta_0 = 0.637$	$\pi/4$	$2\pi h\omega^2/\delta_0^2 = 12.732$	$\pi/8$

例9.9 已知一偏置尖顶推杆盘形凸轮机构如图9-11所示,试用作图法求其推杆的位移曲线。

知识点窍 (1) 以凸轮上最小向径的模为半径作基圆;
(2) 以偏距圆 e 为半径作偏置圆;
(3) 以从动件的导路方向与偏置圆相切的位置为起始位置,按与凸轮角度 ω 相反的方向($-\omega$)根据凸轮廓线的情况分段并按段等分偏置圆;
(4) 将各对应的转角 φ 和位移 s 画在直角坐标系中,可得到该凸轮从动件的位移曲线 $s-\varphi$ 图。

解题过程 以同一比例尺 $\mu_l = 1\text{mm/mm}$ 作推杆的位移线图如9-12所示

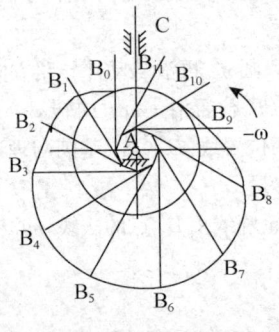

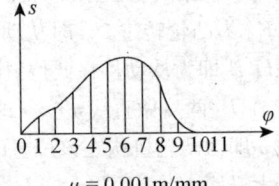

$\mu_l = 0.001\text{m/mm}$

9-11　　　　　9-12

例9.10 试以作图法设计一偏置直动滚子推杆盘形凸轮机构的凸轮轮廓曲线。已知凸轮以等角速度逆时针回转,偏距 $e = 10\text{mm}$,从动件方向偏置系数 $\delta = -1$,基圆半径 $r_0 = 30\text{mm}$,滚子半径 $r_r = 10\text{mm}$。推杆运动规律为:凸轮转角 $\varphi = 0° \sim 150°$,推杆等速上升 16mm; $\varphi = 150° \sim 180°$,推杆远休; $\varphi = 180° \sim 300°$ 时,推杆等加速等减速回程 16mm; $\varphi = 300° \sim 360°$ 时,推杆近休。

知识点窍 本题应根据推杆在推程及回程的运动规律列出位移方程,然后每隔一定角度计算分点的位移值,最后作图连接各点,画出所求轮廓线。

解题过程 推杆在推程段及回程段运动规律的位移方程为:

1) 推程:$s = h\delta/\delta_0$,   ($0° \leqslant \delta \leqslant 150°$)
2) 回程:等加速段 $s = h - 2h\delta^2/\delta_0'^2$, ($0° \leqslant \delta \leqslant 60°$)
   等减速段 $s = 2h(\delta_0' - \delta)^2/\delta_0'^2$, ($60° \leqslant \delta \leqslant 120°$)

取 $\mu_l = 1\text{mm/mm}$ 作图如图 9-13 所示:

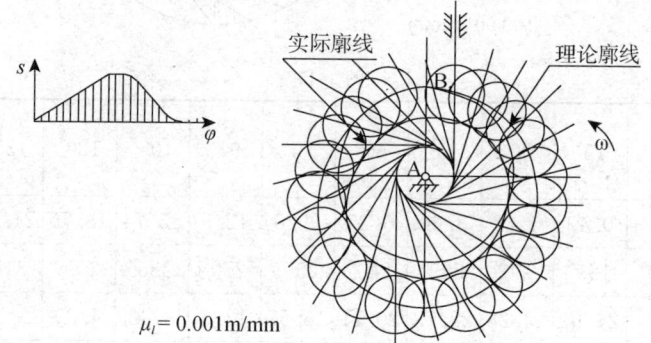

$\mu_l = 0.001\text{m/mm}$

图 9-13

计算各分点得位移值如下:

总转角 $\delta\Sigma$	0°	15°	30°	45°	60°	75°	90°	105°	120°	135°	150°	165°
s	0	1.6	3.2	4.8	6.4	8	9.6	11.2	12.8	14.4	16	16
$\delta\Sigma$	180°	195°	210°	225°	240°	255°	270°	285°	300°	315°	330°	360°
s	16	15.5	14	11.5	8	4.5	2	0.5	0	0	0	0

例 9.11 试以作图法设计一摆动滚子推杆盘形凸轮机构的凸轮轮廓曲线,已知 $l_{OA} = 55\text{mm}$, $r_0 = 25\text{mm}$, $l_{AB} = 50\text{mm}$, $r_r = 8\text{mm}$。凸轮逆时针方向等速转动,要求当凸轮转过 180° 时,推杆以余弦加速度运动向上摆动 $\varphi_m = 25°$;转过一周中的其余角度时,推杆以正弦加速度运动摆回到原位置。

解题过程 摆动推杆在推程及回程中的角位移方程为

1) 推程:$\varphi = \varphi_m[1 - \cos(\pi\delta/\delta_0)]/2$,   ($0° \leqslant 180°$)
2) 回程:$\varphi = \varphi_m[1 - (\delta/\delta_0') + \sin(2\pi\delta/\delta_0')/2\pi]$, ($0° \leqslant \delta \leqslant 180°$)

取 $\mu_l = 1\text{mm/mm}$ 作图如图 9-14 所示:

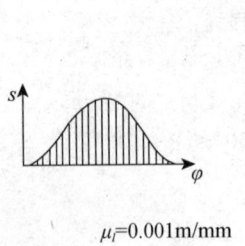
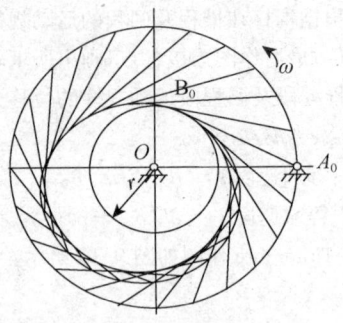

图 9-14

总转角 $\delta\sum$	0°	15°	30°	45°	60°	75°	90°	105°	120°	135°	150°	165°
$\varphi°$	0	0.43	1.67	3.66	6.25	9.26	12.5	15.74	18.75	21.34	23.32	24.57
$\delta\sum$	180°	195°	210°	225°	240°	255°	270°	285°	300°	315°	330°	360°
$\varphi°$	25	24.90	24.28	22.73	20.11	16.57	12.5	8.43	4.89	2.27	0.72	0.09

例 9.12 在图 9-15 所示两个凸轮机构中,凸轮均为偏心轮,转向如图。已知参数为 $R=30\text{mm}$, $l_{OA}=10\text{mm}$, $e=150\text{mm}$, $r_T=5\text{mm}$, $l_{OB}=50\text{mm}$, $l_{BC}=40\text{mm}$。E、F 为凸轮与滚子的两个接触点,试在图上标出:

1) 从 E 点接触到 F 点接触凸轮所转过的角度 φ;
2) F 点接触时的从动件压力角 ε_F;
3) 由 E 点接触到 F 点接触从动件的位移 s(图 a) 和 Ψ(图 b)。
4) 画出凸轮理论轮廓曲线,并求基圆半径 r_0;
5) 找出出现最大压力角 c^* 的机构位置,并标出 $\alpha_{\max}$。

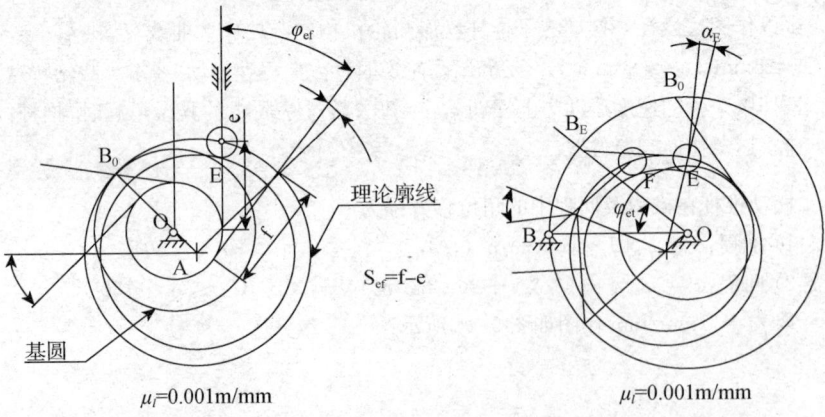

图 9-15

知识点窍 压力角即推杆与凸轮接触点所受正压力的方向与推杆上对应点速度方向所夹锐角,根据凸轮机构的压力角 α 与基圆半径 r_0 和偏距 e 之间的关系式求解最大压力角。基圆圆心与偏距圆圆心连线与凸轮的某一交点位置。

例 9.13 如图 9-16 所示的直动平底推杆盘形凸轮机构,凸轮为 $R = 30\text{mm}$ 的偏心圆盘。$AO = 20\text{mm}$,试求:
(1) 基圆半径和升程;
(2) 推程运动角,回程运动角,远休止角和近休止角;
(3) 压力角最大最小值;
(4) 推杆的位移 s,速度 v 和加速度 a 的方程;
(5) 若凸轮以 $\omega = 10\text{rad/s}$ 回转,当 AO 成水平位置时推杆的速度。

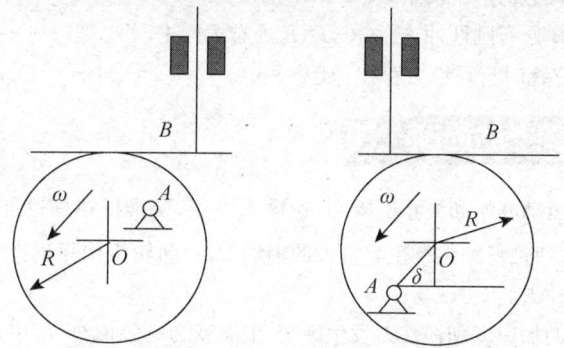

图 9-16   图 9-17

解题过程 本题是一个考查凸轮机构的综合性题目,同学不仅要对凸轮机构的基本概念根清楚地认识,还要能对其进行灵活的运用和计算。
(1) $r_0 = 10\text{mm}, h = 2AO = 40\text{mm}$。
(2) 推程运动角 $\delta_0 = 180°$,回程运动角 $\delta_0' = 180°$,远休止角 $\delta_{01} = 0$,近休止角 $\delta_{02} = 0$。
(3) 由于平底垂直于导路的平底垂直于导路的平底推杆凸轮机构的压力角恒等于零,所以 $\alpha_{\max} = \alpha_{\min} = 0$。
(4) 如图 9-17 所示,取 AO 连续于水平线的夹角为凸的转角 δ,则:
推杆的速度方程为 $\qquad v = 20\omega\cos\delta$
推杆的加速度方程为 $\qquad a = -20\omega^2\sin\delta$
(5) 当 $\omega = 10\text{rad/s}, AO$ 处于水平位置时,$\delta = 0$ 或 $180°$,所以推杆的速度 $v = 20 \times 10\cos\delta = \pm 200\text{mm/s}$。
推杆的位移方程为 $\qquad s = R + AO\sin\delta = 20 \times (15 + \sin\delta)$

例 9.14 凸轮机构中,已知从动件的速度曲线如图 9-18 所示,它由 4 段直线组成。试求:
(1) 示意画出从动件的加速度曲线;
(2) 判断哪几个位置有冲击存在,是柔性冲击还是刚性冲击;
(3) 在图上的 F 位置时,凸轮机构中有无惯性力作用?有无冲击存在。

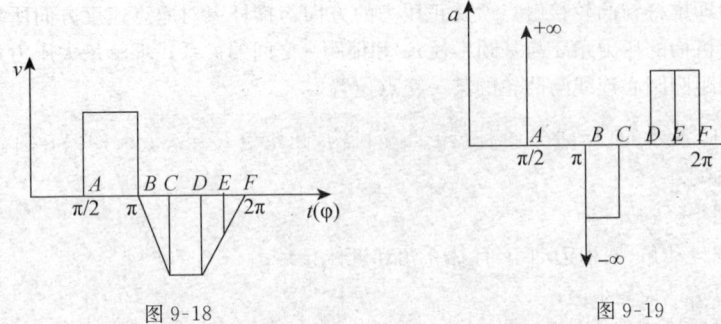

图 9-18　　　　　　　　　　图 9-19

解题过程　本题要求同学们根据速度曲线图来判别加速度和冲击。

(1) 从动件的加速度曲线如图 9-19 所示。

(2) 在 A,B 处有刚性冲击。在 C,D,F 处有柔性击。

(3) 在 F 位置时有惯性力存在,但无冲击。

思考题及练习题详解

9-1 **解题过程**　在推杆运动开始和终止的瞬间,速度有突变,使推杆在理论上出现瞬时的无穷大加速度,致使推杆突然产生非常大的惯性力,使凸轮机构受到极大的冲击。这种冲击称为刚性冲击。

当推杆的加速度和惯性力发生突变,但突变为有限值时,所引起的冲击将会较小,这种冲击称为柔性冲击。

图 9-20 中 C,D 处有刚性冲击,$(A)O,B,E,F$ 处有柔性冲击。

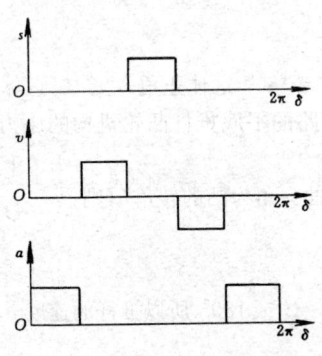 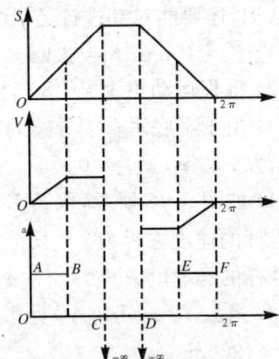

图 9-20

9-2 **解题过程**　对于外凸的凸轮轮廓曲线,若其理论廓线的曲率半径等于滚子半径,则工作廓线的曲率半径为零,于是工作廓线将出现尖点,这种现象称为变尖现象。凸轮轮廓的尖点处很容易磨损。而当理论廓线的曲率半径小于滚子半径时,工作廓线的曲率半径将为负值,此时工作廓线将出现交叉,余出部分在制造中将被切去,致使推杆不能按预期的运动规律运动,这种现象称为失真现象。

对于外凸的凸轮轮廓曲线,应使滚子半径小于理论廓线的最小曲率半径。凸轮工作廓线的最小曲率半径一般不应小于 1～5mm,如果不满足此要求时,就应增大基圆半径或适当减小滚子半径,有时则必须修改推杆的运动规律,使凸轮工作廓线上出现尖点的地方代以合适的曲线。另一方面,滚子的尺寸还受到其强度、结构的限制,因而也不能做得太小。

9-3 解题过程 力封闭的凸轮结构在回程时,使推杆运动的不是凸轮对推杆的作用,而是推杆所受的封闭力,不存在自锁问题,故允许用较大的压力角,这一点和几何形状封闭凸轮机构不同。

9-4 解题过程 不可行。因为设计时是根据滚子半径从理论廓线推出实际廓线的,在不改变实际廓线的情况下改变滚子半径,实际上等于改变了理论廓线,推杆运动规律也随之发生变化。

9-5 解题过程 不可行。因为推杆偏置的大小、方向的改变会直接影响推杆的运动规律,而原凸轮机构推杆的运动规律应该是不允许擅自改动的。

9-6 解题过程 图 a、b 都为正偏置。正偏置时推程压力角减小,负偏置时推程压力角加大。

9-7 解题过程 图 9-21(a) 中 α 为压力角,s 为位移。

图 9-21(b) 中 $\angle AFH$ 为压力角,$\angle GOE$ 为转角。

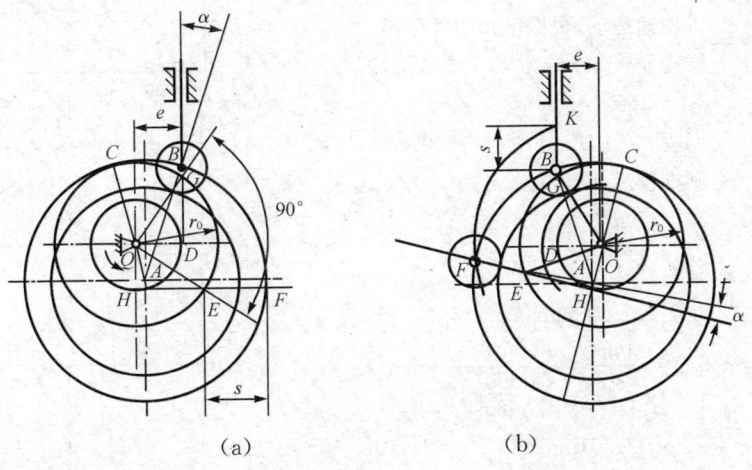

图 9-21

9-8 解题过程 如图 9-22 所示,以 O 为圆心,以 O 点到推杆转动中心 A 的距离 AO 为半径作圆,得推杆转动中心反转位置圆。

过 O 点作 OA 的垂线,交推杆转动中心反转位置圆于 D 点。

以 O' 为圆心,以 O' 点到推杆圆弧圆心 C 的距离 CO' 为半径作圆,得凸轮的理论廓线。

以 O 为圆心,作圆内切于凸轮的理论廓线圆,得凸轮的基圆。

以 D 为圆心,以 AC 为半径作圆弧,交凸轮的理论廓线于 E 点,交凸轮的基圆于 G 点。

(1) 用直线连接 EO' 交凸轮的实际廓线于 F 点,此即为推杆在凸轮上的接触点;

(2) ∠GDE 即为摆杆的位移角;

(3) 过 E 点并垂直于 DE 的直线与直线 EF 间所夹的锐角 α 即为此时凸轮机构的压力角。

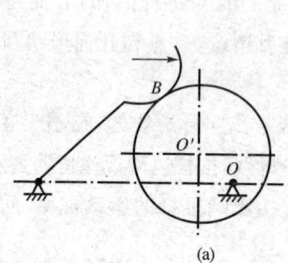

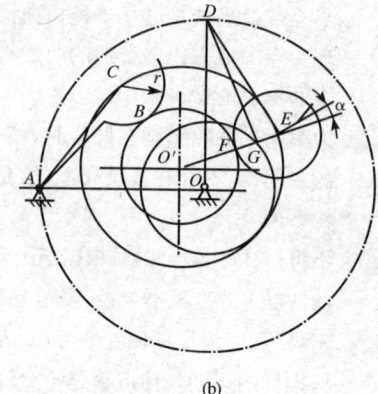

图 9-22

9-9 解题过程 (1) 选择推杆推程的运动规律是等加速等减速,则回程的运动规律也是等加速等减速运动。根据已知条件可得

推程 $h = 16\text{mm}, \omega = 1.5\text{rad/s}$,
$\delta_0 = 150°$

回程 $h' = 16\text{mm}, \delta'_0 = 120°$

则推程运动有,有

$$v_{\max} = \frac{2h}{\delta_0}\omega = \frac{2 \times 16}{\frac{150}{180}\pi} \times 1.5 \text{mm/s}$$

$$\doteq 18.33 \text{mm/s}$$

$$a_{\max} = \frac{4h\omega^2}{\delta_0^2} = \frac{4 \times 16 \times 1.5^2}{\left(\frac{150}{180}\pi\right)^2} \text{mm/s}^2$$

$$= 21.01 \text{mm/s}^2$$

回程运动,有

$$v'_{\max} = \frac{2h'}{\delta'_0}\omega = \frac{2 \times 16}{\frac{120}{180}\pi} \times 1.5 \text{mm/s}$$

$$= 22.92 \text{mm/s}$$

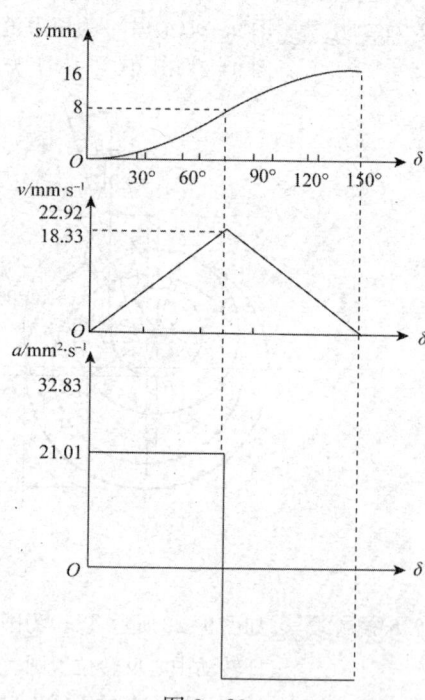

图 9-23

$$a'_{\max} = \frac{4h'\omega^2}{\delta_0'^2} = \frac{4 \times 16 \times 1.5^2}{\left(\frac{120}{180}\pi\right)^2} \text{mm/s}^2 = 32.83 \text{mm/s}^2$$

(2) 推程运动线图如图 9-23 所示。

9-10 解题过程 （1）由教材表 9-1 可知,等加速等减速运动的最大速度 a_{max} 最小,所以选择推杆运动规律为等加速等减速运动。根据已知条件得

推程 $\qquad h = 15\text{mm}, \omega = \dfrac{2\pi}{2} = 3.14\text{rad/s}, \delta_0 = 60°$

回程 $\qquad h' = 15\text{mm}, \omega' = 3.14\text{rad/s}, \delta'_0 = 150°$

推程运动,有 $\qquad v_{max} = \dfrac{2h}{\delta_0}\omega = \dfrac{2\times 15}{\dfrac{60}{180}\pi} \times 3.14\text{mm/s} = 90\text{mm/s}$

$$a'_{max} = \dfrac{4h\omega^2}{\delta_0^2} = \dfrac{4\times 15 \times 3.14^2}{\left(\dfrac{60}{180}\pi\right)^2}\text{mm/s}^2 = 540\text{mm/s}^2$$

回程运动,有 $\qquad v'_{max} = \dfrac{2h'}{\delta'_0}\omega' = \dfrac{2\times 15}{\dfrac{120}{180}\pi} \times 3.14\text{mm/s} = 36\text{mm/s}$

$$a'_{max} = \dfrac{4h'\omega^2}{\delta_0^{'2}} = \dfrac{4\times 15 \times 3.14^2}{\left(\dfrac{150}{180}\pi\right)^2}\text{mm/s}^2 = 86.4\text{mm/s}^2$$

（2）运动线图如图 9-24 所示。

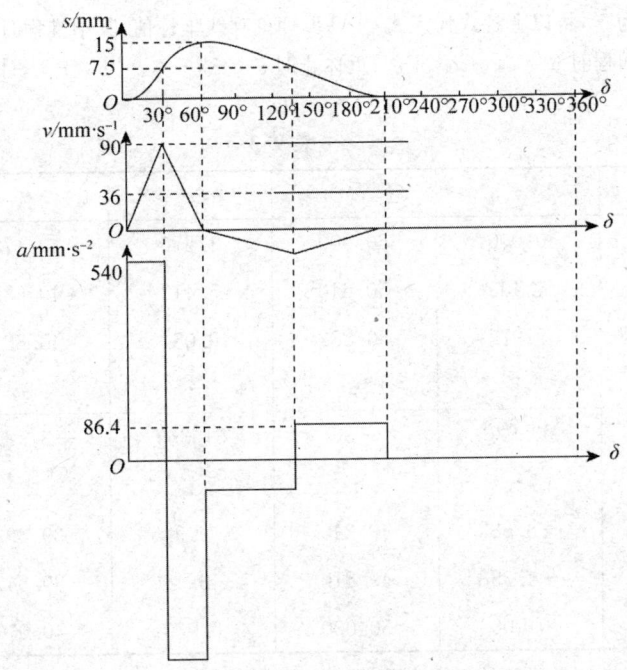

图 9-24

9-11 解题过程 一般情况下 $r_r = (0.1 \sim 0.5)r_0$,初步选取凸轮的基圆半径 $r_0 = 50\text{mm}$。

（1）根据已知条件,凸轮的理论廓线坐标为

$$x = (r_0 + s)\sin\delta, y = (r_0 + s)\cos\delta$$

其中,位移 s 需分段计算。

推程
$$\delta_{01} = 120° = 2\pi/3$$
$$s_1 = h\delta_1/\delta_{01} = 30\delta_1/\pi$$

其中,$\delta_1 = [0, 2\pi/3]$。

远休止
$$\delta_{02} = 60° = \pi/3$$
$$s_2 = 20$$

回程
$$\delta_{03} = 90° = \pi/2$$

等加速回程
$$s_3 = h_3 - 2h_3\delta_3^2/\delta_{03}^2 = 20 - 160\delta_3^2/\pi^2$$

其中,$\delta_3 = [0, \pi/4]$。

等减速回程
$$s_3 = 2h_3(\delta_{03} - \delta_3)^2/\delta_{03}^2 = 40(\pi - 2\delta_3)^2/\pi^2$$

其中,$\delta_3 = [\pi/4, \pi/2]$。

近休止
$$s_{04} = 90° = \pi/2$$
$$s_4 = 0$$

其中,$\delta_4 = [0, \pi/2]$。

推程压力角
$$\alpha = \arctan\left|\frac{ds/d\delta}{r_0 + s}\right|$$

取计算间隔为 5°,将以上各式代入式 ① 计算理论廓线坐标值。其中推程时 $\delta = \delta_1$,远休止时 $\delta = \delta_{01} + \delta_2$,回程时 $\delta = \delta_{01} + \delta_{02} + \delta_3$,近休止时 $\delta = \delta_{01} + \delta_{02} + \delta_{03} + \delta_4$,计算结果如表 9-3 所示。

表 9-3

δ	x	y	x'	y'	α
0°	0.000	50.000	1.876	40.178	10.812°
5°	4.430	50.640	5.413	40.688	10.640°
10°	8.972	50.882	9.054	40.882	10.472°
⋮	⋮	⋮	⋮	⋮	⋮
120°	60.622	−35	51.365	−31.216	7.768°
⋮	⋮	⋮	⋮	⋮	⋮
350°	−8.682	49.240	−6.946	39.392	
355°	−4.358	49.810	−3.486	39.847	
360°	0.000	50.000	0.000	40.000	

对心直动滚子推杆盘形凸轮机构中凸轮工作廓线的坐标为
$$x' = x - r_r\cos\theta \quad y' = y - y_r\sin\theta$$

其中
$$\sin\theta = (dx/d\delta)/\sqrt{(dx/d\delta)^2 + (dy + d\delta)^2}$$

$$\cos\theta = -(\mathrm{d}x/\mathrm{d}\delta)/\sqrt{(\mathrm{d}x/\mathrm{d}\delta)^2(\mathrm{d}y+\mathrm{d}\delta)^2}$$

推程阶段

$$\mathrm{d}x/\mathrm{d}\delta = (\mathrm{d}s/\mathrm{d}\delta)\sin\delta_1 + (r_0+s)\cos\delta_1 = \frac{30}{\pi}\sin\delta_1 + (r_0+s)\cos\delta_1$$

$$\mathrm{d}y/\mathrm{d}\delta = (\mathrm{d}s/\mathrm{d}\delta)\cos\delta_1 - (r_0+s)\sin\delta_1 = \frac{30}{\pi}\cos\delta_1 - (r_0+s)\sin\delta_1$$

其中,$\delta_1 = [0, 2\pi/3]$。

远休止阶段

$$\mathrm{d}x/\mathrm{d}\delta = (r_0+s)\cos(2\pi/3+\delta_2)$$
$$\mathrm{d}y/\mathrm{d}\delta = -(r_0+s)\sin(2\pi/3+\delta_2)$$

其中,$\delta_2 = [0, \pi/3]$。

回程阶段可分为以下三个阶段:

① 等加速回程

$$\mathrm{d}x/\mathrm{d}\delta = (\mathrm{d}s/\mathrm{d}\delta)\sin(\pi+\delta_3) + (r_0+s)\cos(\pi+\delta_3)$$
$$= -\frac{320}{\pi^2}\delta_3\sin(\pi+\delta_3) + (r_0+s)\cos(\pi+\delta_3)$$
$$\mathrm{d}y/\mathrm{d}\delta = (\mathrm{d}s/\mathrm{d}\delta)\cos(\pi+\delta_3) - (r_0+s)\sin(\pi+\delta_3)$$
$$= -\frac{320}{\pi^2}\delta_3\cos(\pi+\delta_3) - (r_0+s)\sin(\pi+\delta_3)$$

其中,$\delta_3 = [0, \pi/4]$。

② 等减速回程

$$\mathrm{d}x/\mathrm{d}\delta = (\mathrm{d}s/\mathrm{d}\delta)\sin(\pi+\delta_3) + (r_0+s)\cos(\pi+\delta_3)$$
$$= -\frac{160}{\pi^2}(2\delta_3-\pi)\sin(\pi+\delta_3) + (r_0+s)\cos(\pi+\delta_3)$$
$$\mathrm{d}y/\mathrm{d}\delta = (\mathrm{d}s/\mathrm{d}\delta)\cos(\pi+\delta_3) - (r_0+s)\sin(\pi+\delta_3)$$
$$= -\frac{160}{\pi^2}(2\delta_3-\pi)\cos(\pi+\delta_3) - (r_0+s)\sin(\pi+\delta_3)$$

其中,$\delta_3 = [\pi/4, \pi/2]$。

③ 近休止阶段

$$\mathrm{d}x/\mathrm{d}\delta = (r_0+s)\cos(3\pi/2+\delta_4)$$
$$\mathrm{d}y/\mathrm{d}\delta = -(r_0+s)\sin(3\pi/2+\delta_4)$$

其中,$\delta_4 = [0, \pi/2]$。

推程段的最大压力角为 $10.812°$,相应的凸轮转角为 $0°$。由于凸轮在推程段的最大压力角远小于 $30°$,故如有必要,凸轮基圆半径可适当减小。

(2) 凸轮的轮廓曲线如图 9-25 所示。

(3) 该凸轮机构有缺陷,因为在 $\delta = 0°$ 时,推杆速度有突变。

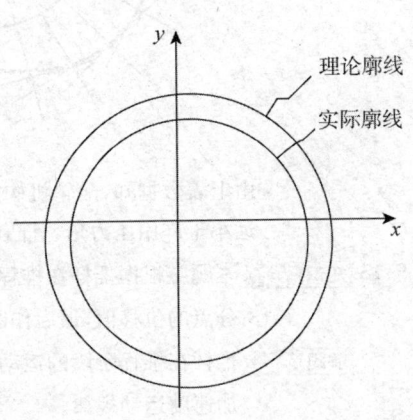

图 9-25

补救方法如下：在推程的初始阶段，应用正弦加速度运动规律代替等速运动规律。

9-12 知识点窍 本题是一道综合性较强的题。不仅考查了凸轮机构基本尺寸的确定，还联系了机械的自锁。应先按推杆的运动规律分段计算，然后画出轮廓线，并分析压力角的变化规律。

解题过程 (1) 推杆在推程及回程段运动规律均匀余弦加速度运动规律，各段的位移方程分别为

① 推程阶段　　$s = h[1 - \cos(\pi\delta/\delta'_0)]/2$　　$0° \leqslant \delta \leqslant 120°$

② 回程阶段　　$s = h[1 + \cos(\pi\delta/\delta'_0)]/2$　　$0° \leqslant \delta \leqslant 150°$

取计算间隔为 15°计算各分点的位移值，其结果如表 9-4 所示。

表 9-4

总转角 /(°)	0	15	30	45	60	75	90	105
位移 /mm	0	0.76	2.93	6.17	10	13.83	17.07	19.24
总转角 /(°)	120	135	150	165	180	195	210	225
位移 /mm	20	19.51	18.09	15.88	13.09	10	6.91	4.12
总转角 /(°)	240	255	270	285	300	315	330	345
位移 /mm	1.91	0.49	0	0	0	0	0	0

根据表 9-4 作所求图，如图 9-26 所示。

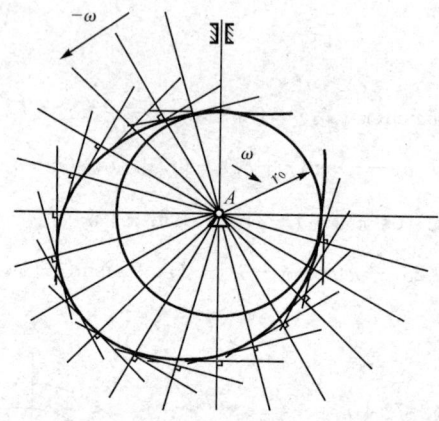
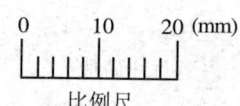

图 9-26

由上表数据知，凸轮机构压力角先增大、减小、再增大、减小，最后不变，其最大压力角远小于许用压力角，且凸轮的轮廓曲线为光滑曲线，故不存在自锁问题。

9-13 知识点窍 本题应根据推杆在推程及回程的运动规律列出位移方程，然后每隔一定角度计算分点的位移值，最后作图连接各点，画出所求轮廓线。

解题过程 推杆在推程阶段的运动规律为余弦加速度运动规律，在回程段运动规律为正弦加速度运动规律。

各段的位移方程分别为

(1) 推程： $s = h[1 - \cos(\pi\delta/\delta_0)]/2$ $0° \leqslant \delta \leqslant 180°$

(2) 回程： $s = h[1 - (\delta/\delta'_0) + \sin(2\pi\delta/\delta'_0)]/(2\pi)$ $0° \leqslant \delta \leqslant 180°$

取计算间隔为 $15°$ 计算各分点的位移值,其结果如表 9-5 所示。

表 9-5

总转角 /(°)	0	15	30	45	60	75	90	105
位移 /mm	0	0.43	1.67	3.66	6.25	9.26	12.5	15.74
总转角 /(°)	120	135	150	165	180	195	210	225
位移 /mm	18.75	21.34	23.33	24.57	25	24.90	24.28	22.73
总转角 /(°)	240	255	270	285	300	315	330	345
位移 /mm	20.11	16.57	12.5	8.43	4.89	2.27	0.72	0.09

用反转法,给整个凸轮机构加一个与凸轮相反方向的角速度 $-\omega$。视摆动推杆滚子中心为推杆尖顶。推杆的运动规律用推杆的角位移来表示。推杆的角位移方式 $\phi = \phi(\sigma)$ 只需将直动杆的各方程中的位移 s 改为角位移 ϕ,行程 h 改为角行程 ϕ 就可得出。

由表 9-5 可画出即为凸轮的工作廓线如图 9-27 所示。

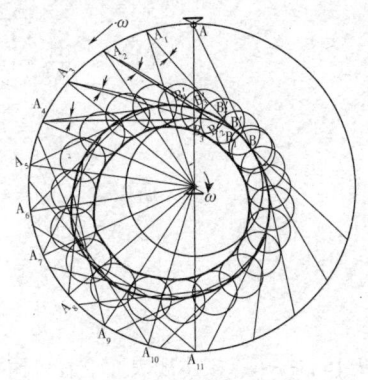

图 9-27

9-14 **知识点窍** 本题考查凸轮机构基本尺寸的确定。应对理论廓线、工作廓线依次按各个阶段的运动规律方程求解,按解的结果连出相应轮廓线。

解题过程 (1) 计算推杆的位移并对凸轮转角求导。

当凸轮转角 δ 在 $0 \leqslant \delta \leqslant 2\pi/3$ 过程中,推杆按正弦加速度运动规律上升 $h = 50$ mm。则:$s = h\left[\dfrac{\delta}{\delta_0} - \dfrac{1}{2\pi}\sin\left(\dfrac{2\pi\delta}{\delta_0}\right)\right]$

可得:$s = h\left[\dfrac{\delta}{\delta_1} - \dfrac{1}{2\pi}\sin\left(\dfrac{2\pi\delta}{\delta_1}\right)\right] = 50\left[\dfrac{3\delta}{2\pi} - \dfrac{1}{2\pi}\sin(3\delta)\right]$ $0 \leqslant \delta \leqslant 2\pi/3$

$\dfrac{ds}{d\delta} = h\left[\dfrac{1}{\delta_1} - \dfrac{1}{\delta_1}\cos\left(\dfrac{2\pi\delta}{\delta_1}\right)\right] = 50\left[\dfrac{3}{2\pi} - \dfrac{3}{2\pi}\cos(3\delta)\right]$ $0 \leqslant \delta \leqslant 2\pi/3$

当凸轮转角 δ 在 $2\pi/3 \leqslant \delta \leqslant 5\pi/6$ 过程中,推杆远休

$s = 50$, $2\pi/3 \leqslant \delta \leqslant 5\pi/6$, $\dfrac{ds}{d\delta} = 0$, $2\pi/3 \leqslant \delta \leqslant 5\pi/6$

当凸轮转角 δ 在 $5\pi/6 \leqslant \delta \leqslant 7\pi/6$ 过程中,推杆又按余弦加速度运动规律下降至起始位置。则:$s = \dfrac{h}{2}\left[1 + \cos\left(\dfrac{\pi\delta}{\delta'_0}\right)\right]$

可得:$s = \dfrac{h}{2}\left\{1 + \cos\left[\dfrac{\pi(\delta - \delta_1 - \delta_2)}{\delta_3}\right]\right\} = \dfrac{50}{2}\left\{1 + \cos\left[3\left(\delta - \dfrac{5\pi}{6}\right)\right]\right\}$

$5\pi/6 \leqslant \delta \leqslant 7\pi/6$

$$\frac{ds}{d\delta} = -\frac{h}{2}\frac{\pi}{\delta_3}\sin\left[\frac{\pi(\delta-\delta_1-\delta_2)}{\delta_3}\right] = -\frac{50}{2}\cdot 3\sin\left[3\left(\delta-\frac{5\pi}{6}\right)\right]$$

$5\pi/6 \leqslant \delta \leqslant 7\pi/6$

当凸轮转角 δ 在 $7\pi/6 \leqslant \delta \leqslant 2\pi$ 过程中，推杆近休。

$$s = 0, \quad 7\pi/6 \leqslant \delta \leqslant 2\pi \qquad \frac{ds}{d\delta} = 0, \quad 7\pi/6 \leqslant \delta \leqslant 2\pi$$

(2) 计算凸轮的理论廓线和实际廓线。

凸轮理论廓线上 B 点（即滚子中心）的直角坐标为

$$x = (s_0+s)\cos\delta - e\sin\delta \qquad y = (s_0+s)\sin\delta - e\cos\delta$$

式中，$s_0 = (r_0^2 - e^2)^{\frac{1}{2}} = (50^2 - 20^2)^{\frac{1}{2}}\text{mm} = 45.826\text{mm}$

凸轮实际廓线的方程即 B' 点的坐标方程式为

$$x' = x - r_r\cos\theta \qquad y' = y - r_r\sin\theta$$

因为 $\quad \dfrac{dy}{d\delta} = (\dfrac{ds}{d\delta} - e)\sin\delta + (s_0 + s)\cos\delta$

$\quad \dfrac{dx}{d\delta} = (\dfrac{ds}{d\delta} - e)\cos\delta - (s_0 + s)\sin\delta$

所以 $\quad \sin\theta = -\dfrac{dx/ds}{\sqrt{(dx/d\delta)^2 + (dy/d\delta)^2}}$

$\quad \cos\theta = \dfrac{dy/ds}{\sqrt{(dx/d\delta)^2 + (dy/d\delta)^2}}$

故 $\quad x' = x - 10\cos\theta \qquad y' = y - 10\sin\theta$

9-15 知识点窍 本题表面上看机构较为复杂，但应先将实际问题转化为连杆模型，然后具体分析推杆的运动，最后按要求完成设计。

解题过程 由图知 A 和 B 的位移用图线表示如图 9-28 所示。

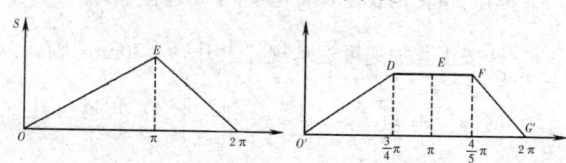

图 9-28

设 A 点在旋纽套 $0-\pi$ 过程中等速推程运动，在 $\pi-2\pi$ 过程等速回转运动，B 点在旋纽套 $0-\dfrac{3}{4}\pi$ 过程中等速推程运动，在 $\dfrac{3}{4}\pi - \dfrac{5}{4}\pi$ 过程中不动，$\dfrac{5}{4}\pi - 2\pi$ 中等速。

凸轮槽如图 9-29 所示。

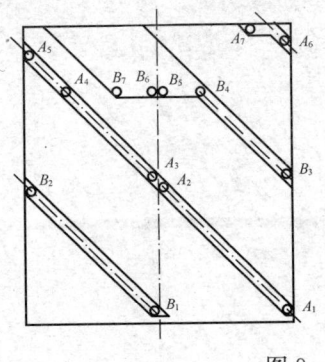

图 9-29

9-16 （略）

9-17 知识点窍 推杆运动规律的考查。

解题过程 （1）此时 $h_0 = \sqrt{(R+r_r)^2 - e^2} + \sqrt{\overline{OA}^2 - e^2}$
$= (8\sqrt{21} + 2\sqrt{11})\text{mm}$

运动过程中 $h = 12 \cdot \sin\varphi + \sqrt{38^2 - (12 \cdot \cos\varphi)^2}$

推杆的位移 $s = h - h_0, \omega = 2\pi \cdot n/60 = 6\pi\text{rad/s}$

推杆的速度 $v = ds/dt$

$= 12\cos\varphi \cdot \omega + \dfrac{12^2 \sin\varphi \cdot \cos\varphi}{\sqrt{38^2 - (12 \cdot \cos\varphi)^2}} \cdot \omega$

推杆的加速度
$a = dv/dt$

$= -12\sin\varphi \cdot \omega^2 + \left[-\dfrac{1}{2}[38^2 - (12 \cdot \cos\varphi)^2]^{-\frac{3}{2}} 12^2 \sin^2\varphi \cos^2\varphi \cdot \omega^2 + \right.$

$\left. [38^2 - (12\cos\varphi)^2]^{\frac{1}{2}} \cdot 12^2 \cos\varphi \cdot \omega^2 \right]$

（2）求推杆的最大速度 v 和最大加速度 a，即求 v 和 a 的最大值，利用求导关系即可求得。

（3）求凸轮的最大压力角

$$\dfrac{\overline{OA}}{\sin\alpha} = \dfrac{R + r_r}{\sin\varphi}$$

得 $\sin\alpha = \dfrac{\overline{OA} \cdot \sin\varphi}{R + r_r}$

当 $\varphi = 90°$ 时，α 取最大值

$$\alpha_{\max} = \arcsin\left(\dfrac{12}{38}\right) = 18.5°$$

第十章 齿轮机构及其设计

学习要求

1. 了解齿轮机构的类型和应用。
2. 掌握齿廓啮合的基本定律，了解共轭齿廓的求法。
3. 深入了解渐开线齿廓的啮合特性，以及渐开线直齿圆柱齿轮的啮合传动。
4. 掌握标准直齿圆柱齿轮的基本参数与几何尺寸的关系。
5. 明确渐开线齿廓的切制原理、根切现象和渐开线标准齿轮不发生根切的最少齿数。
   了解齿轮的变位修正和变位齿轮传动的基本概念，会计算不产生根切的最小变位数。
6. 了解斜齿圆柱齿轮、直齿圆锥齿轮及蜗轮蜗杆的传动特点及基本尺寸的计算。

重难点提示

本章重点：① 渐形线标准直齿圆柱齿轮的外啮合传动及变位传动的基本计算。
② 斜齿轮、蜗轮蜗杆和圆锥齿轮传动的设计计算的特殊点，即与直齿圆柱齿轮的区别。
本章难点：① 掌握一对齿轮传动的啮合过程。
② 变位齿轮传动的设计计算及当量齿轮的概念。

内容提要

1 齿轮机构的特点

齿轮机构的优点有：传递功率范围大；传动效率高、传动比准确、使用寿命长、工作可靠。
齿轮机构的缺点有：制造和安装精度要求高、成本较高。

2 齿轮机构的类型

根据一对齿轮在啮合过程中其瞬时传动比是否恒定，将齿轮机构分为圆形和非圆形齿轮机构。根据齿轮两轴间相对位置的不同，圆形齿轮机构又可分为用于平行轴间传动的齿轮机构，用于相交轴间转动的齿轮机构,用于交错轴间传动的齿轮机构三大类。

3 齿轮的齿廓曲线

(1) 齿廓啮合基本定律

齿轮的齿廓曲线首先应满足齿廓啮合基本定律,即相互啮合传动的一对齿廓,在任意位置啮合时的传动比与其连心线 O_1O_2 被啮合接触点处的公法线分成的两段长度成反比。这个规律称为齿廓啮合基本定律。它反映齿廓曲线与传动比的关系。

(2) 齿廓曲线

齿廓接触点公法线与两齿线连心线的交点 P,称为节点。节点在分别与两齿轮固连的平面上的运动轨迹,称为两齿轮的节线。如果要使两齿轮作定比传动,则其齿廓必须满足的条件是:无论两齿廓在何位置接触,过接触点所作的齿廓公法线与两齿轮的连心线相交于固定点 P。这时过节点 P 所作的两圆称为节圆,两齿轮的传动可看成两齿轮节圆作纯滚动。如果要使两齿轮作变传动比传动,则节点 P 应按相应的规律在连心线上移动。因而两轮的节线是非圆形的,故称为非圆齿轮。

(3) 共轭齿廓及其选择

凡是能按预定传动比规律相互啮合传动的一对齿廓,称为共轭齿廓。理论上讲,对于预定的传动比,只要给定任一齿轮的齿廓曲线和中心距,就可以根据齿廓啮合基本定律求出与其啮合传动的另一齿轮上的共轭齿廓曲线。

虽然满足一定传动比规律的共轭齿廓曲线是很多的,但在生产实践中,选择齿廓曲线时,不仅要满足传动比的要求,还必须从设计、制造、安装和使用等方面予以综合考虑。目前最常用的齿廓曲线是渐开线,其次是摆线和变态摆线。

4 渐开线齿廓及其啮合特性

(1) 渐开线

如图 10-1 所示,当一直线沿一圆周作纯滚动时,直线上任意点 K 的轨迹称该圆的渐开线。这个圆称为渐开线的基圆,其半径用 r_b 表示;直线 BK 称渐开线的发生线;角 α_K 称渐开线上 K 点处压力角;角 θ_K 称渐开线 AK 段的展角。

渐开线的特征:

1) 发生线沿基圆滚过的长度,等于基圆上被滚过的圆弧长度,即 $\overline{BK} = \widehat{AB}$。

2) 渐开线上任意点的法线恒与基圆相切。

渐开线在基圆上的曲率半径为零,压力角也为零;渐开线上离其基圆愈远处,其曲率半径 $\overline{BK}$ 愈大。其压力角 α_k 也愈大。

3) 渐开线的形状完全取决于基圆半径的大小。

4) 基圆内无渐开线。

(2) 渐开线廓的啮合特性

1) 可保证定传动比传动。两齿廓在任意点啮合时,其啮合点的公法线均内切于两基圆而位置不变。因而节点 P 位置不变,传动比恒定。

2) 正压力方向不变,传动平稳。两渐开线齿廓啮合时,啮合线、两基圆内公切线、正压力作用线为同一条直线,故正压力方位始终不变,传动平稳。

3) 具有传动的可分性。只要保证两齿廓接触,中心距略有变化,传动比不变。

5 渐开线标准齿轮的基本参数

(1) 展角

在图 10-1 中,渐开线所对应的中心角 θ_K 称为渐开线段 AK 的展角。

(2) 压力角

在图 10-1 中,我们假想将渐开线段 AK 看做某一齿轮的一段渐开线齿廓,当该齿轮顺时针方向回转时,齿廓上 K 点的速度方向垂直于 OK 方向。在 K 点受的正压力方向沿 BK 方向。K 点正压力 F 的方向与 K 点的速度方向之间所夹锐角称为渐开线在 K 点的压力角,用符号 α_K 表示。

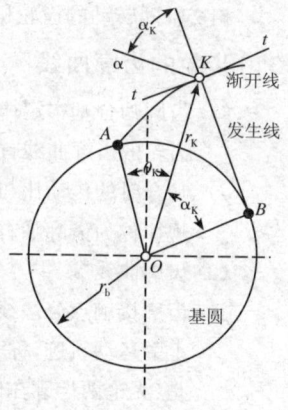

图 10-1

(3) 啮合角

在图 10-2 中,过节点 C 作两节圆的公切线 $t-t$,它与啮合线 $n-n$ 间所夹的锐角称为啮合角,用符号 α' 表示。

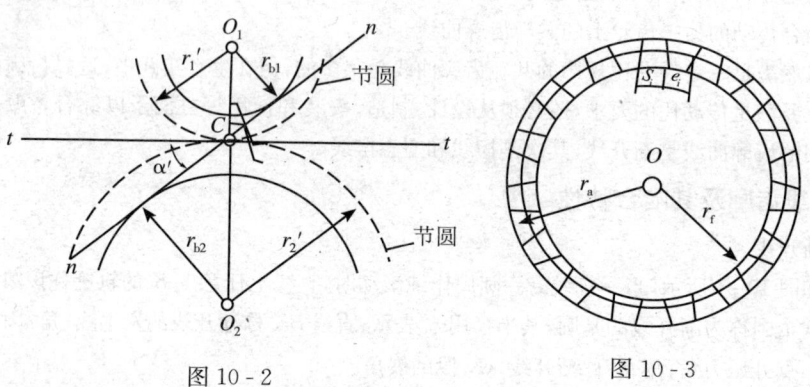

图 10-2

图 10-3

(4) 齿顶圆、齿根圆、周节

如图 10-3 所示,通过所有齿顶的圆称为齿顶圆,其直径和半径分别用 d_a 和 r_a 来表示;过所有齿槽底部的圆称为齿根圆,其直径和半径分别用 d_f 和 r_f 来表示。

在任意半径的圆周上,轮齿两侧齿廓之间的弧长称为该圆上的齿厚,用符号 s_i 表示;齿槽两侧齿廓间的弧长称为该圆的齿槽宽,用符号 e_i 表示;相邻两齿同侧齿廓间的弧长称为周节,用符号 p_i 表示。显然,周节等于齿厚与齿槽宽之和,即 $p_i = s_i + e_i$。

(5) 分度圆、模数

如图 10-3 所示,同一齿轮在不同圆周上的齿厚、齿槽宽和周节是不同的。根据周节的定义可知有如下关系式成立:

$\pi d_i = z p_i$ 即 $d_i = \dfrac{p_i}{\pi} z$

式中,z 为齿轮齿数。

在不同的圆周上,比值 p_i/π 是不同的,而且还包含无理数"π",不同圆周上的压力角也不相等。为了设计、制造、维修和互换方便,在齿顶圆和齿根圆之间确定一个圆作为齿轮各部分尺寸的基准,在这个圆上的比值 p_i/π 以及压力角为标准值。这个圆就称为分度圆,其直径和半径分别用 d 和 r 来表示,分度圆上的压力角简称压力角,国家规定标准压力角为 $20°$。

分度圆上的比值 p/π 称为模数,用符号 m 表示,于是有 $d = \dfrac{p}{\pi} z = mz$。模数 m 是齿轮尺寸计算的一个重要的基本参数,其数值已经被标准化了。

分度圆是齿轮上具有标准模数和标准压力角的圆。任何齿轮都有且只有一个分度圆。

(6) 齿顶高、齿根高

以分度圆为基准,将轮齿分为两部分,介于分度圆与齿顶圆之间的部分称为齿顶,其径向高度称为齿顶高,用符号 h_a 表示;介于分度圆与齿根圆之间的部分称为齿根,其径向高度称为齿根高,用符号 h_f 表示。齿顶高与齿根高之和称为全齿高,用符号 h 表示。

在齿轮设计中,以模数 m 作为计算齿轮各部分尺寸的基准参数。齿顶高、齿根高与模数之间的关系为:$h_a = h_a^* m$, $\quad h_f = (h_a^* + c^*) m$

式中,h_a^* 称为齿顶高系数,c^* 称为齿顶间隙系数。这两个系数的值在国家标准中作了规定,见表 10-1。

表 10-1 标准齿顶高系数和齿顶间隙系数

系　　　数	正　常　齿	短　　齿
h_a^*	1	0.8
c^*	0.25	0.3

6 渐开线齿轮的正确啮合条件

(1) 一对直齿圆柱齿轮的正确啮合条件

两齿轮的模数 m 和压力角 α 应分别相等,即 $m_1 = m_2 = m$,$\alpha_1 = \alpha_2 = \alpha$。无论是一对外啮合还是内啮合直齿圆柱齿轮转动,或是直齿圆柱齿轮与齿条传动,或是一对变位齿轮传动,它们的正确啮合条件均相同。

(2) 一对斜齿圆柱齿轮的正确啮合条件

两齿轮的法面模数 m_n 和法面压力角 α_n 应分别相等,即 $m_{n1} = m_{n2} = m$,$\alpha_{n1} = \alpha_{n2} = \alpha$;同时两齿轮螺旋角 β_1、β_2 还要满足 $\beta_1 = \mp \beta_2$(外啮合时 β_1、β_2 旋向相反,取负号;内啮合时 β_1、β_2 旋向相同,取正号)。因为 β_1 与 β_2 绝对值相等,所以其端面模数 m_t 及端面压力角 α_t 也分别相等,即 $m_{t1} = m_{t2}$,$\alpha_{t1} = \alpha_{t2}$。

(3) 螺旋齿轮传动的正确啮合条件

两轮的法面模数 m_n 和法面压力角 α_n 应分别相等,即 $m_{n1} = m_{n2} = m$,$\alpha_{n1} = \alpha_{n2} = \alpha$;且两轴交错角 $\Sigma = |\beta_1 + \beta_2|$。

螺旋齿轮传动中两齿轮螺旋角大小不一定相等,它们的端面模数 m_t 及端面压力角 α_t 也不一定相等。

(4) 一对直齿圆锥齿轮的正确啮合条件

两轮大端的模数和压力角分别相等,即 $m_1 = m_2 = m, \alpha_1 = \alpha_2 = \alpha$。

(5) 蜗杆蜗轮传动的正确啮合条件

中间平面内蜗杆与蜗轮的模数和压力角应分别相等,即 $m_{x1} = m_{t2} = m, \alpha_{x1} = \alpha_{t2} = \alpha$。当蜗杆与蜗轮两轴交错角 $\Sigma = 90°$ 时,还需保证 $\gamma_1 = \beta_2$,且蜗杆与蜗轮的旋向必须相同。

7 渐开线齿廓的切制原理与根切现象

(1) 齿廓切制的基本原理

日常齿轮加工中最常用的一种方法是范成法,其利用齿廓啮合基本定律来切制齿廓的,将一对相啮合的齿轮之一作为刀具,而另一个作为轮坯,并使两者仍按原传动比传动,同时刀具作切削运动,则在轮坯上便可加上与刀具齿廓共轭的齿轮齿廓。

(2) 渐开线齿廓的根切现象

用范成法切制齿轮时,有时刀具的顶部会过多地切入齿轮根部,因而将齿根的渐开线切去一部分,这种现象称轮齿的根切。为了避免产生根切现象,被切齿轮不产生根切的最小齿数为 $z_{\min} = 2h_a^* / \sin^2 \alpha$。

8 渐开线变位齿轮

改变刀具与齿轮轮坯的相对位置,使刀具的分度线(或分度圆)与齿轮分度圆不再相切的切齿方法加工出来的齿轮称为变位齿轮。刀具分度线(圆)与齿轮轮坯分度圆间的距离 xm 称为变位量,其中 x 称变位系数,当 $x > 0$ 时,刀具由齿轮轮坯中心移远,称正变位;当 $x < 0$ 时,刀具移近齿轮轮坯中心,称负变位。

(1) 避免发生根切的最小变位系数

为避免发生根切现象 $xm \geqslant h_a^* m - r\sin^2\alpha = (h_a^* - \dfrac{z}{2}\sin^2\alpha)m$

又由于不产生根切的最少齿数 $z_{\min} = 2h_a^* / \sin^2\alpha$

得到避免发生根切现象的最小变位系数为:

$$x_{\min} = h_a^* (z_{\min} - z)/z_{\min}$$

(2) 变位齿轮的几何尺寸

变位齿轮的齿厚、齿槽宽、齿顶高等各参数均发生变化。

齿厚 $S = \pi m/2 + 2xm\tan\alpha = (\pi/2 + 2x\tan\alpha)m$

齿槽高 $h_f = (h_a^* + c^* - x)m$

齿顶高 $h_a = (h_a^* + x)m$

齿顶圆半径 $r_a = r + (h_a^* + x)m$

无论正变位还是负变位,这些公式同样适用,只需注意 x 的正负号。

(3) 变位齿轮传动

两变位齿轮按无侧隙安装时的中心距 $a' = a + ym$

y 为两轮中心距变动系数,要保证两轮之间标准顶隙 $c = c^* m$

则　　$a'' = a + (x_1 + x_2)m$

变位齿轮传动可按$(x_1 + x_2)$之值不同分为三类。

1) $x_1 + x_2 = 0$ 且 $x_1 = x_2 = 0$ 为标准齿轮传动；

2) $x_1 + x_2 = 0$ 且 $x_1 = -x_2 \neq 0$ 为等变位齿轮传动；
$$a' = a, \alpha' = \alpha, y = 0, \Delta y = 0$$

3) $x_1 + x_2 \neq 0$

① $x_1 + x_2 > 0$ 为正传动
$$a' > a, \alpha' > \alpha, y > 0, \Delta y > 0$$

正传动可以减小齿轮机构的尺寸，能提高承载能力，但是重合度减小较多。

② $x_1 + x_2 < 0$ 为负传动
$$a' < a, \alpha' < \alpha, y < 0, \Delta y > 0$$

负传动的优缺点正好与正传动相反，负传动一般只用于配凑中心距这种特殊的场合。

9　斜齿圆柱齿轮传动

斜齿圆柱齿轮的基本参数有：螺旋角、模数、压力角、齿距、齿顶高系数等，最关键的参数是螺旋角 β。

过斜齿轮分度圆柱上的一点 C，作轮齿的法向平面，该法面与斜齿圆柱齿轮分度圆柱的交线为一椭圆。以 C 点处椭圆的曲率半径 ρ 为分度圆半径，以斜齿轮法面的 m_n 为模数、α_n 为压力角的直齿圆柱齿轮，其齿形与斜齿圆柱齿轮 C 点处的法面齿形相同，这个假想的直齿圆柱齿轮称该斜齿轮的当量齿轮，其齿数 z_v 称当量齿数。

10　直齿锥齿轮传动

锥齿轮传动主要是用来传递空间两相交轴之间的运动和动力的，两轴之间的夹角可为任意值，最常见的是 90°。

锥齿轮的轮齿分布在一圆锥体上，其轮齿由大端向小端逐渐缩小，相应于圆柱齿轮的各有关术语，只需将圆柱变为圆锥即可，如分度圆锥、齿顶圆锥、齿根圆锥等。直齿圆锥齿轮的几何尺寸计算一般以大端为标准。

11　蜗杆蜗轮传动

蜗轮蜗杆传动是用来传递空间交错轴之间的运动和动力的，最常用的是两轴交错角 $\Sigma = 90°$ 的减速传动。蜗轮蜗杆传动的主要特点：

① 传动平稳，啮合冲击小；

② 传动比大，结构紧凑；

③ 相对滑动速度大，摩擦磨损大，效率较低，发热量大；

④ 当导程角 γ 小于啮合轮齿间的当量摩擦角 φ_v 时，机构反行程自锁。

对于蜗杆蜗轮传动，通过蜗杆轴线并与蜗轮轴线垂直的平面，称为蜗杆传动的主截面。对阿基米德蜗杆，在主截面内，蜗轮与蜗杆的啮合相当于齿轮与齿条的啮合。因此这种传动的正确啮合条件为：蜗杆与蜗轮在主截面内的模数和压力角应分别相等，且蜗杆的导程角 γ 等于蜗轮的

螺旋角 β。

蜗杆传动的基本参数有:模数 m(与齿轮的标准系列不同)、压力角 α(取 $20°$)、齿顶高系数 h_a^*(取为1)、顶隙系数 c^*(取为0.2)以及导程角 γ。尤其值得注意的是,蜗杆的分度圆直径不是模数与齿数的乘积,而是与模数、齿数以及导程角成一定的关系,即 $d_1 = zm_x/\tan\gamma$,且已标准化,并与模数相互匹配。

典型例题分析

例 10.1 (北京交通大学)已知一对外啮合直齿圆柱标准齿轮传动,$m = 4\text{mm}$,$\alpha = 20°$,$h_a^* = 1$,标准中心距 $a = 90\text{mm}$,传动比 $i_{12} = 1.5$。
(1) 试求两轮的齿数 z_1、z_2;
(2) 试求两轮的分度圆半径 r_1、r_2,齿顶圆半径 r_{a1}、r_{a2};
(3) 按比例作图,画出这对齿轮的齿顶圆,实际啮合线段 $\overline{B_1B_2}$ 和理论啮合线段 $\overline{N_1N_2}$。

知识点窍 (1)考查标准中心距的基本公式;(2)齿轮各参数的计算公式是重点;(3)要对齿轮及其啮合时各参数有形象的认识。

解题过程 (1)由标准中心距 $a = m(z_1 + z_2)/2$
$$i_{12} = z_2/z_1$$
得 $z_1 = 18, z_2 = 27$

(2) $r_1 = \dfrac{mz_1}{2} = 36\text{mm}, r_{a1} = r_1 + mh_a^* = 40\text{mm}$

$r_2 = \dfrac{mz_2}{2} = 54\text{mm}, r_{a2} = r_2 + mh_a^* = 58\text{mm}$

(3) 图略(提示:两齿轮的基圆公切线段即为理论啮合线段 $\overline{N_1N_2}$,$\overline{N_1N_2}$ 被两齿顶圆所截的中间部分即为实际啮合线段 $\overline{BB_2}$)。

例 10.2 (上海交通大学)有一对渐开线圆柱直齿轮传动,其中心距 $a = 150\text{mm}$,小齿轮齿数 $z_1 = 15$,大齿轮齿数 $z_2 = 45$,模数 $m = 5\text{mm}$,压力角 $\alpha = 20°$,$h_a^* = 1$,为了避免根切,小齿轮应采用哪种变位?欲保持中心距不变,这对齿轮应采用哪种变位齿轮传动?小齿轮的齿顶圆半径 r_{a1} 为多少?

知识点窍 变位齿轮的几何尺寸计算和变位齿轮传动是本章的重点也是难点,本题用的就是正变位齿轮和等变位齿轮传动。

解题过程 小齿轮齿数为15,小于不产生根切的最少齿数,为避免根切,应采用正变位。
$(z_1 + z_2)m/2 = a = 150\text{mm}$,所以应采用等变位齿轮传动。
为避免生产根切的最小变位系数为:
$$x_{\min} = h_a^*(z_{\min} - z)/z_{\min}$$
$$= (17 - 15)/17 = 0.118$$

新增重点公式

小齿轮的齿顶圆半径 $r_{a1} = r + (h_a^* + x)m = 43.09$

例 10.3 (华中科技大学) 用齿条刀具加工一直齿圆柱齿轮,设被加工齿轮的轮坯角速度 $\omega_1 = 5\text{rad/s}$,刀具移动速度 $v = 0.375\text{m/s}$。刀具的模数 $m = 10\text{mm}$,压力角 $\alpha = 20°$,齿顶高系数 $h_a^* = 1$,顶隙系数 $c^* = 0.25$,若齿轮刀中线与被加工齿轮中心之间距离为 77mm。

试求:(1) 被加工齿轮的齿数 z_1。

(2) 被加工齿轮的分度圆齿厚。

(3) 若用该齿轮与大齿轮 2 相啮合时的传动比 $i_{12} = 4$,当无侧隙正确安装时,中心距 $a = 377\text{mm}$,求这对齿轮的节圆半径 r_1'、r_2' 及啮合角 α'。

知识点窍 齿条工具加工齿轮,刀具安装问题。

解题过程 (1) 由于齿条工具加工齿轮时,被加工齿轮的节圆与其分度圆重合,且与刀具的节线做范成运动,则有

$$r_1\omega_1 = v_刀$$

又 $r_1 = mz_1/2$

所以 $z_1 = 2v_刀/m\omega_1 = 2 \times 375/(10 \times 5) = 15$

(2) 由于安装距离为 77mm,大于被加工齿轮的分度圆半径 $r_1 = 75$mm,所以被加工齿轮为正变位。

变位量 $xm = 77 - 75 = 2$mm

得 $x = 0.2$

所以被加工齿轮的分度圆齿厚为

$$S = (\pi/2 + 2x\tan\alpha)m = 17.164\text{mm}$$

(3) $z_2 = i_{12}z_1 = 60$,$i_{12} = \dfrac{r_2'}{r_1'} = 4$,$r_1' + r_2' = 377$mm

故 $r_1' = 75.4$mm,$r_2' = 301.6$mm

两齿轮的标准中心距 $a = m(z_1 + z_2)/2 = 376$mm

由 $a'\cos\alpha' = a\cos\alpha$,得 $\alpha' = 20.819°$。

例 10.4 (西北工业大学) 在图 10-4 所示的机构中,已知各直齿圆柱齿轮模数均为 2mm,$z_1 = 15$,$z_2 = 32$,$z_2' = 20$,$z_3 = 30$,要求齿轮 1、3 同轴线。试问:

(1) 齿轮 1、2 和啮轮 2、3 应选什么传动类型最好?为什么?

(2) 若齿轮 1、2 改为斜齿轮传动来凑中心距,当齿数、模数不变时,斜齿轮的螺旋角为多少?

(3) 当用范成法(如用滚力)来加工齿数为 15 的斜齿轮 1 时,是否产生根切?

(4) 这两个斜齿轮的当量齿数是多少?

解题过程 (1) 两对齿轮中心距分别为 $a_{12} = m(z_1 + z_2)/2 = 47$mm

$a_{2'3} = m(z_2' + z_3)/2 = 50$mm

选 2、3 为标准齿轮传动,1、2 为正变位传动,实际中心距均为 50mm。

齿轮 1、2 采用正传动,首先可避免齿轮发生根切;其次,齿轮的弯曲强度及接触强度都有所提高。

(2) $a = m_n(z_1 + z_2)/(2\cos\beta) = 50$,$\beta = 19°56'54''$

(3) 用范成法加工斜齿轮不发生根切的最少齿数为
$$z_{\min} = z h_{an}^* \cos\beta / \sin^2 \alpha_t, \tan\alpha_n = \tan\alpha_t \cdot \cos\beta$$
联立两式得 $z_{\min} = 14.429, z_1 = 15 > z_{\min}$
故不会发生根切。

(4) $z_{v1} = z_1/\cos^3\beta = 18.06$
$z_{v2} = z_2/\cos^3\beta = 38.53$
由本题可知判断斜齿轮是否根切的两种方法：① 从端面齿形考虑；② 从法面齿形考虑。
正如本题第(3)(4)问。

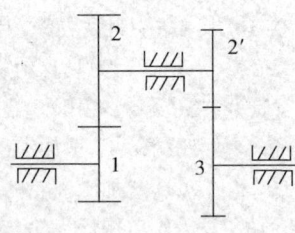

图 10-4

例 10.5 （大连理工大学）已知一齿条型刀具的参数为 $m = 5\text{mm}, \alpha = 15°, h_a^* = 0.8, c^* = 0.3$。
(1) 用该刀具范成加工渐开线直齿圆柱齿轮时，不产生根切的标准齿轮的最少齿数 $z_{\min}$ 为多少？不产生根切的变位齿轮最小变位系数 $x_{\min}$ 表达式为何？试推导之。
(2) 用该刀具分别加工 $z_1 = 22$ 和 $z_2 = 28$ 的一对渐开线直齿圆柱齿轮，且安装中心距 $a' = 124\text{mm}$，试问该对齿轮为何种传动？它们的啮合角 α'、节圆半径 r_1', r_2' 分别为多少？
(3) 用该刀具范成加工螺旋角 $\beta = 20°$ 的渐开线斜齿圆柱齿轮时，产生根切的原因是什么？最少齿数 $z_{\min}$ 为多少？并与直齿圆柱齿轮的最少齿数作比较，说明产生变化的根本原因。

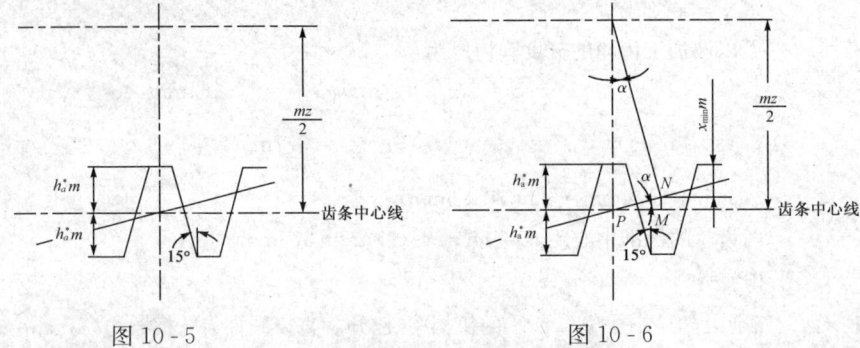

图 10-5   图 10-6

知识点窍 (1) 用齿条形刀具范成加工直齿圆柱齿轮时，刀具的齿顶线超过理论啮合线的极限点 N，齿轮将产生根切。极限点 N 即理论啮合线与基圆的切点，该点至齿条中线距离为 NM。为避免根切，应将齿条刀外移（正变位），最小变位量应是 $h_a^*m - NM$。

(2) 斜齿圆柱齿轮的不根切最少齿数 $z_{\min} = z_{v\min}\cos^3\beta, z_{v\min}$ 是当量齿轮（即直齿圆柱齿轮）的不根切最少齿数。

解题过程 (1) 如图 10-6，为避免产生根切，即使极限点 N 即理论啮合线与基圆的切点，至齿条中线距离

$$NM = NP\sin\alpha = \frac{1}{2}mz\sin^2\alpha$$

若 $h_a^*m - NM \leqslant 0$，则：$NM \geqslant h_a^*m$，

$z \geqslant 2h_a^*/\sin^2 15° = 23.89,\quad z_{\min} = 24$

$$x_{\min} = h_a^* - \frac{1}{2}z\sin^2\alpha$$

因为 $\frac{1}{2}\sin^2\alpha = \frac{h_a^*}{z_{\min}}$, 所以 $x_{\min} = \frac{z_{\min} - z}{z_{\min}}h_a^*$

(2) 判断齿轮为何种传动 $i = \frac{z_2}{z_1} = \frac{28}{22}$

需计算齿轮的变位系数

$$a = \frac{1}{2}m(z_1 + z_2) = 125\text{mm} > a' \quad \text{为负传动}。$$

$$a' = \arccos(\frac{a}{a'}\cos\alpha) = 18.69°$$
$$a' = r_1' + ir_1' = (i+1)r_1'$$
$$r_1' = 54.56\text{mm}$$
$$r_2' = ir_1' = 69.44\text{mm}$$

(3) 产生根切的原因是齿数少于不根切最少齿数,致使刀具齿顶超过理论啮合线极限点 N。

$$z_{\min} = z_{v\min}\cos^3\beta = 19.9 \qquad 取 z_{\min} = 20$$

直齿圆柱齿轮不根切最少齿数为 24, $\beta = 20°$ 的斜齿圆柱齿轮不根切最少齿数为 20,比直齿轮的小,产生变化的根本原因是斜齿轮法面齿形相当于其当量的直齿圆柱齿轮齿形,当量齿数大于实际齿数 ($z_v = z/\cos^3\beta$)。

例 10.6 1. 今有一对标准斜齿圆柱齿轮传动,已知斜齿轮的法面参数:$m_n = 4\text{mm}, \alpha_n = 20°, h_{an}^* = 1, c_n^* = 0.25$,齿宽 $B = 30\text{mm}$,中心距 $a = 121.5\text{mm}$,齿数 $z_1 = 20, z_2 = 40$。试求这对斜齿轮的螺旋角 β 及轴向重合度 ε_β。
2. 若将这对斜齿轮传动改为直齿圆柱齿轮传动,这对直齿圆柱齿轮的参数:模数 m、压力角 α、齿顶高系数 h_a^*、顶隙系数 c^* 都与斜齿轮的法面参数相同。其他如中心距、齿数、齿宽均和斜齿轮传动相同。
(1) 为了保证这对齿轮无侧隙啮合,齿轮应采用何种传动类型;
(2) 求出这对齿轮的分度圆直径 d_1、d_2;基圆直径 d_{b1}、d_{b2};
(3) 求出两轮的节圆直径 d_1'、d_2'。

知识点窍 (1) 斜齿圆柱齿轮传动的中心距 a 等于两轮分度圆半径之和,分度圆半径是以端面参数 $m_t = m_n/\cos\beta$ 计算的,由此可计算出螺旋角 β。
(2) 斜齿圆柱齿轮传动的重合度 ε_r 包括端面重合度 ε_a 和轴面重合度 ε_β 两部分 ($\varepsilon_r = \varepsilon_a + \varepsilon_\beta$),其端面重合度可用直齿圆柱齿轮传动的重合度计算公式计算,但要代入斜齿轮的端面参数;轴面重合度的大小与斜齿轮的螺旋角 β 和齿宽 B 有关,$\varepsilon_\beta = B\sin\beta/\pi m_n$。
(3) 实际中心距比标准中心距大的无侧隙啮合传动为正传动,其啮合角大于分度圆压力角,节圆半径大于分度圆半径,两节圆半径之比 r_2'/r_1' 应等于传动比。

解题过程 因为斜齿圆柱齿轮传动的中心距为

$$a = \frac{m_n}{2\cos\beta}(z_1 + z_2),\text{所以螺旋角} \beta = \arccos\frac{m_n(z_1+z_2)}{2a} = 9.01°$$

则轴向重合度 ε_β

$$\varepsilon_\beta = B\sin\beta/\pi m_n = 0.3739$$

(1) 因为中心距

$$a = 121.5\text{mm} > \frac{m}{2}(z_1+z_2) = 120\text{mm},\text{所以应采用正传动}。$$

(2) 两齿轮的分度圆直径为

$$d_1 = mz_1 = 80\text{mm} \quad d_2 = mz_2 = 160\text{mm}$$

其基圆直径为

$$d_{b1} = d_1\cos\alpha = 75.18\text{mm} \quad d_{b2} = d_2\cos\alpha = 150.35\text{mm}$$

(3) 计算两轮的节圆直径

$$a = \frac{1}{2}(d_1' + d_2') = \frac{1}{2}(d_1' + id_1')$$

因为 $i = \dfrac{d_2}{d_1} = 2,\quad d_1' = 81\text{mm},\quad d_2' = 162\text{mm}$

例 10.7 设有一渐开线标准齿轮 $z = 20, m = 8\text{mm}, \alpha = 20°, h_a^* = 1$,试求:1)其齿廓曲线在分度圆及齿顶圆上的曲率半径 ρ、ρ_a 及齿顶圆压力角 α_a;2)齿顶圆齿厚 s_a 及基圆齿厚 s_b;3)若齿顶变尖($s_a = 0$)时,齿顶圆半径 r_a' 又应为多少?

知识点窍 熟练使用齿轮参数的计算公式

解题过程 求 ρ、ρ_a、α_a

$$d = mz = 8 \times 20 = 160\text{mm}$$
$$d_a = m(z + 2h_a^*) = 8 \times (20 + 2 \times 1) = 176\text{mm}$$
$$d_b = d\cos\alpha = 160\cos20° = 150.36\text{mm}$$
$$\rho = r_b\text{tg}\alpha = 75.175\text{tg}20° = 27.36\text{mm}$$
$$\alpha_a = \cos^{-1}(r_b/r_a) = \cos^{-1}(75.175/88) = 31°19.3'$$
$$\rho_a = r_b\text{tg}\alpha_a = 75.175\text{tg}31°19.3' = 45.75\text{mm}$$

2) 求 s_a、s_b

$$s_a = s\frac{r_a}{r} - 2r_a(inv\alpha_a - inv\alpha) = \frac{\pi m}{2} \cdot \frac{88}{80} - 176(inv31°19.3' - inv20°) = 5.56\text{mm}$$

$$s_b = \cos\alpha(s + mz \cdot inv\alpha) = \cos20°\left(\frac{8\pi}{2} + 8 \times 20 \cdot inv20°\right) = 14.05\text{mm}$$

3) 求当 $s_a = 0$ 时 r_a'

$$s_a = s\frac{r_a'}{r} - 2r_a'(inv\alpha_a' - inv\alpha) = 0$$

$$\therefore inv\alpha_a' = \frac{s}{2r} + inv\alpha = 0.093444$$

由渐开线函数表查得: $\alpha_a' = 35°28.5'$

$$r'_a = r_b/\cos\alpha'_a = 75.175/\cos35°28.5' = 92.32\text{mm}$$

例 10.8 如图 10-7 所示,有一对渐开线标准直齿圆柱齿轮啮合,已知 $z_1=19, z_2=42, m=5\text{mm}$。
1) 试求当 $\alpha'=20°$ 时,这对齿轮的实际啮合线 B_1B_2 的长、作用弧、作用角及重合度;
2) 绘出一对齿和两对齿的啮合区图(选适当的长度比例尺作图,不用画出啮合齿廓),并按图上尺寸计算重合度。

知识点窍 理解重合度的定义,熟练运用重合度的计算公式

解题过程 1) 求 $\overline{B_1B_2}$ 及 ε_1

$$\alpha_{a1}=\arccos\frac{z_1\cos\alpha}{z_1+2h_a^*}=\arccos\frac{19\cos20°}{19+2\times1}=31°46'$$

$$\alpha_{a2}=\arccos\frac{z_2\cos\alpha}{z_2+2h_a^*}=\arccos\frac{42\cos20°}{42+2\times1}=26°19'$$

$$\overline{B_1B_2}=\frac{m}{2}\cos\alpha[z_1(\text{tg}\alpha_{a1}-\text{tg}\alpha)+z_2(\text{tg}\alpha_{a2}-\text{tg}\alpha)]$$

$$=\frac{5}{2}\cos20°[19(\text{tg}31°46'-\text{tg}20°)+z_2(\text{tg}26°19'-\text{tg}20°)]$$

$$=24.103\text{mm}$$

$$\varepsilon_a=\frac{\overline{B_1B_2}}{\pi m\cos\alpha}=\frac{24.103}{5\pi\cos20°}=1.63$$

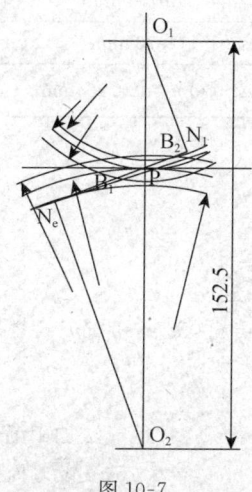

图 10-7   图 10-8

2) 如图 10-8 所示

例 10.9 已知一对外啮合变位齿轮传动, $z_1=z_2=12, m=10\text{mm}, \alpha=20°, h_a^*=1, a'=130\text{mm}$,试设计这对齿轮传动,并验算重合度及齿顶厚($s_a$ 应大于 $0.25m$,取 $x_1=x_2$)。

知识点窍 齿轮中心距与实际中心距做比较判断传动类型,变位系数公式。

解题过程 1) 确定传动类型

$$a=\frac{m}{2}(z_1+z_2)=\frac{10}{2}(12+12)=120<a'=130$$

故此传动应为正传动。

2) 确定两轮变位系数

$$\alpha' = \arccos(\frac{a}{a'}\cos\alpha) = \arccos(\frac{120}{130}\cos 20°) = 29°50'$$

$$x_1 + x_2 = \frac{(z_1+z_2)(inv\alpha' - inv\alpha)}{2tg\alpha} = \frac{(12+12)(inv29°50' - inv20°)}{2tg20°} = 1.249$$

取 $x = x_1 = x_2 = 0.6245 \geqslant x_{\min} = h_a^*(z_{\min} - z)/z_{\min} = 1 \times (17-12)/17 = 0.294$

3) 几何尺寸如表 10-2 所示

表 10-2

尺寸名称	几何尺寸计算
中心距变动系数	$y = (a' - a)/m = 1.0$
齿顶高变动系数	$\sigma = x_1 + x_2 - y = 0.249$
齿顶高	$h_{a1} = h_{a2} = (h_a^* + x - \sigma)m = 13.755\text{mm}$
齿根高	$h_{f1} = h_{f2} = (h_a^* + c^* - x)m = 6.255\text{mm}$
分度圆直径	$d_1 = d_2 = mz_1 = 120\text{mm}$
齿顶圆直径	$d_{a1} = d_{a2} = d_1 + 2h_{a1} = 147.51\text{mm}$
齿根圆直径	$d_{f1} = d_{f2} = d_1 - 2h_{f1} = 107.49\text{mm}$
基圆直径	$d_{b1} = d_{b2} = d_1\cos\alpha = 112.763\text{mm}$
分度圆齿厚	$s_1 = s_2 = (\frac{\pi}{2} + 2xtg\alpha)m = 20.254\text{mm}$

4) 检验重合度和齿顶厚

$$\alpha_{a1} = \alpha_{a2} = \arccos(\frac{d_{b1}}{d_{a1}}) = 40°8'$$

$$\varepsilon_a = \frac{z_1(tg\alpha_1 - tg\alpha) + z_2(tg\alpha_2 - tg\alpha)}{2\pi} = 1.0298$$

$$s_{a1} = s_{a2} = s\frac{d_{a1}}{d_1} - d_{a1}(inv\alpha_{a1} - inv\alpha) = 6.059 > 0.25m = 2.5$$

故可用。

例 10.10 现利用一齿条型刀具(齿条插刀或齿轮滚刀)按范成法加工渐开线齿轮,齿条刀具的基本参数为: $m = 4\text{mm}, \alpha = 20°, h_a^* = 1, c^* = 0.25$,又设刀具移动的速度为 $V_刀 = 0.002\text{m/s}$,试就表 10-3 所列几种加工情况,求出表列各个项目的值,并表明刀具分度线与轮坯的相对位置关系(以 L 表示轮坯中心到刀具分度线的距离)。

表 10-3

切制齿轮情况	
1. 加工 $z=15$ 的标准齿轮。	$r = mz/2 = 4 \times 15/2 = 30\text{mm}$ $r' = r = 30\text{mm}$ $L = r' = 30\text{mm}$ $n = \dfrac{60 \times 10^3 \times v_p}{2\pi r'} = 0.6366 r/\min$
2. 加工 $z=15$ 的齿轮,要求刚好不根切。	$r = mz/2 = 4 \times 15/2 = 30\text{mm}$ $x = x_{\min}$ $= \dfrac{h_a^*(z_{\min}-z)}{z_{\min}} = \dfrac{1 \times (17-15)}{17} = 0.1176$ $r' = r = 30\text{mm}$ $L = r' + xm = 30 + 0.1176 \times 4 = 30.471\text{mm}$ $n = \dfrac{60 \times 10^3 \times v_p}{2\pi r'} = 0.6366 r/\min$
3. 如果 v 及 L 的值与情况 1 相同,而轮坯的转速却为 $n = 0.7958 r/\min$。	$r = r' = 60 \times 10^3 v_n / 2\pi n = 24\text{mm}$ $z = 2r/m = 2 \times 24/4 = 12$ $x = (L-r')/m = 1.5$(正变位) $L = 30\text{mm} \quad r' = r = 24\text{mm}$
4. 如果 v 及 L 的值与情况 1 相同,而轮坯的转速却为 $n = 0.5305 r/\min$。	$r = r' = 60 \times 10^3 v_n / 2\pi n = 36\text{mm}$ $z = 2r/m = 18$ $L = 30\text{mm}$ $x = (L-r')/m = (30-36)/4 = -1.5$ $r' = r = 36\text{mm}$

知识点窍 不发生根切的临界条件。

例 10.11 图 10-9 所示回归轮系中,已知 $z_1 = 20, z_2 = 48, m_{1,2} = 2\text{mm}, z_3 = 18, z_4 = 36, m_{3,4} = 2.5\text{mm}$;各轮的压力角 $\alpha = 20°, h_a^* = 1, c^* = 0.25$。试问有几种传动方案可供选择?哪一种方案较合理?

知识点窍 由变位系数的正负,分为正变位和负变位,进而判断传动类型。

解题过程 $a_{12} = \dfrac{m_{12}}{2}(z_1+z_2) = 68\text{mm}$

$a_{34} = \dfrac{m_{34}}{2}(z_3+z_4) = 67.5$

$a'_{12} = a'_{34}$,

$z_1 + z_2 > 34, z_3 + z_4 > 34$

① 1,2 标准(等变位)　3,4 正传动
② 3,4 标准(等变位)　1,2 正传动
③ 1,2 和 3,4 正传动,$x_3 + x_4 > x_1 + x_2$
④ 1,2 和 3,4 负传动,$|x_1 + x_2| > |x_3 + x_4|$

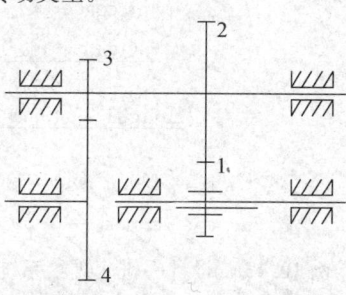

图 10-9

⑤1,2 负传动,3,4 负传动

方案①,③较佳

例 10.12 设已知一对斜齿轮传动,$z_1 = 20, z_2 = 40, m_n = 8\text{mm}, \alpha_n = 20°, h_{an}^* = 1, c_n^* = 0.25, B = 30\text{mm}$,并初取 $\beta = 15°$,试求该传动的中心距 a(a 值应圆整为个位数为 0 或 5,并相应重算螺旋角 β)、几何尺寸、当量齿数和重合度。

知识点窍 齿轮参数基本公式,重合度公式。

解题过程

1) 计算中心距 a

$$\text{初取 } \beta = 15°, \text{则 } a = \frac{m_n}{2\cos\beta}(z_1 + z_2) = \frac{8(20+40)}{2\cos 15°} = 248.466$$

$$\text{取 } a = 250\text{mm}, \text{则 } \beta = \arccos\frac{m_n(z_1 + z_2)}{2a} = \arccos\frac{8(20+40)}{2 \times 250} = 16°15'37''$$

2) 几何尺寸及当量齿数如表 10-4 所示

表 10-4

尺寸名称	小齿轮	大齿轮
分度圆直径	$d_1 = m_n z_1/\cos\beta = 166.67\text{mm}$	$d_2 = 333.33\text{mm}$
齿顶圆直径	$d_{a1} = d_1 + 2h_a = 182.67\text{mm}$	$d_{a2} = 349.33$
齿根圆直径	$d_{f1} = d_1 - 2h_f = 146.67\text{mm}$	$d_{f2} = 313.33$
基圆直径	$d_{b1} = d_1 \cos\alpha_t = 155.85\text{mm}$	$d_{b2} = 311.69\text{mm}$
齿顶高、齿根高	$h_a = h_a^* m_n = 8\text{mm}$	$h_a = (h_a^* + c^*)m_n = 10\text{mm}$
法面及端面齿厚	$s_n = \pi m_n/2 = 12.57\text{mm}$	$s_t = \pi m_n/(2\cos\beta) = 13.09\text{mm}$
法面及端面齿距	$p_n = \pi m_n = 25.14\text{mm}$	$p_t = \dfrac{p_n}{\cos\beta} = 26.19\text{mm}$
当量齿数	$z_{v1} = \dfrac{z_1}{\cos^3\beta} = 22.61$	$z_{v2} = \dfrac{z_2}{\cos^3\beta} = 22.61$

3) 计算重合度 ε_γ

$\alpha_t = \text{arctg}(\text{tg}\alpha_n/\cos\beta) = \text{arctg}(\text{tg}20°/\cos 16°15'37'') = 20°45'49''$

$\alpha_{at1} = \arccos(d_{b1}/d_{a1}) = \arccos(155.84/182.67) = 31°26'49''$

$\alpha_{at2} = \arccos(d_{b2}/d_{a2}) = \arccos(311.69/349.33) = 26°50'33''$

$$\varepsilon_\alpha = \frac{z_1(\text{tg}\alpha_{a1} - \text{tg}\alpha_t) + z_2(\text{tg}\alpha_{a2} - \text{tg}\alpha_t)}{2\pi}$$

$$= \frac{20(\text{tg}31°26'49'' - \text{tg}20°45'49'') + 40(\text{tg}26°50'33'' - \text{tg}20°45'49'')}{2\pi} = 1.59$$

$\varepsilon_\beta = B\sin\beta/\pi m_n = 30\sin 16°15'37''/8\pi = 0.332$

$\varepsilon_\gamma = \varepsilon_\alpha + \varepsilon_\beta = 1.59 + 0.332 = 1.92$

例 10.13 设计一铣床进给系统中带动工作台转动的阿基米德蜗杆传动。要求 $i_{12} = 20.5, m = 5\text{mm}, \alpha = 20°, h_a^* = 1, c^* = 0.2$,求蜗轮蜗杆传动的基本参数($z_1$、$z_2$、$q$、$\gamma_1$、$\beta_2$)、几何尺寸($d_1$、$d_2$、$d_{a1}$、$d_{a2}$)和中心距 a。

知识点拨　蜗轮蜗杆传动的基本参数公式。

解题过程　1) 确定基本参数

选取 $z_1 = 2$（因为当 $i_{12} = 14.5 \sim 30.5$ 时，一般推荐 $z_1 = 2$。）

$z_2 = i_{12}z_1 = 20.5 \times 2 = 41$

查表确定 $d_1 = 50\text{mm}$，计算 $q = d_1/m = 50/5 = 10$

$\gamma_1 = \text{arctg}(mz/d_1) = \text{arctg}(5 \times 2/50) = 11°18'36''$

$\beta_2 = \gamma_1 = 11°18'36''$

2) 计算几何尺寸

$d_1 = 50\text{mm},\qquad\qquad d_2 = mz_2 = 205\text{mm}$

$d_{a1} = d_1 + 2h_a = 60\text{mm}\qquad d_{a2} = d_2 + 2h_a = 215\text{mm}$

$d_{f1} = d_1 - 2h_f = 38\text{mm}\qquad d_{f2} = d_2 - 2h_f = 193\text{mm}$

3) 中心距 a

$$a = \frac{m}{2}(z_1 + z_2) = \frac{5}{2}(10 + 41) = 127.5\text{mm}$$

例 10.14　在图 10-10 所示的各蜗轮蜗杆传动中，蜗杆均为主动，试确定图示蜗杆、蜗轮的转向或螺旋线的旋向。

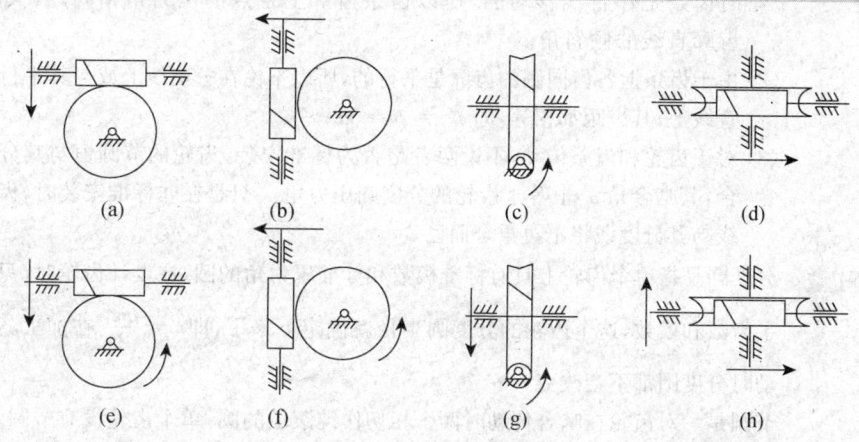

图 10-10

知识点拨　首先判断主动件与从动件，利用右手螺旋定理，作用力与反作用力的关系求解。

思考题及练习题详解

10-1　解题过程　必须满足齿廓啮合基本定律，正确啮合条件，连续传动条件等。

10-2　解题过程　渐开线的性质：

(1) 发生线的长度，等于基圆上被滚过的圆弧长度。

(2) 渐开线上任一点的法线与基圆相切。

(3) 渐开线上离基圆愈远的部分,其曲率半径愈大,渐开线愈平直。

(4) 基圆内无渐开线。

(5) 渐开线的形状取决于基圆的大小。

优点:以渐开线作为齿轮的齿廓,不但能满足定传动比的要求,而且还具有传动平稳,加工简单和具有可分性等优点。由于渐开线齿廓具有良好的传动性能,而且便于制造、安装、测量和互换使用,因此在各种齿廓中,它的应用最为广泛。

10-3 解题过程 标准齿轮在按标准中心距安装时,其无齿侧间隙的要求也能得到满足。当两齿轮按标准中心距安装时,其分度圆与节圆相重合,即齿轮此时的节圆与其分度圆大小相等。

当两齿轮按标准中心距安装时,由于齿轮的节圆与其分度圆重合,所以此时的啮合角也等于齿轮的分度圆压力角,同时顶隙刚好为标准顶隙,即 $c = c^* m = 0.25m$。

10-4 解题过程 重合度:通常把实际啮合线长度与齿轮的法向齿距的比值 ε_a 称为齿轮传动的重合度。重合度 ε_a 与模数 m 无关,而随着齿数 z 的增多而增大。重合度 ε_a 还随中心距 a 的减小、齿顶点系数 h_a^* 的增大而增大,但与压力角 α 和顶隙系数 c^* 无关。

10-5 解题过程 (1) 由于齿条的齿廓是直线,所以齿廓上各点的法线是平行的,而且由于在传动时齿条是作直线移动的,所以齿条齿廓上各点的压力角相同,其大小等于齿廓直线的倾斜角。

(2) 由于齿条上各齿同侧的齿廓是平行的,所以不论在分度线上或其平行的其他直线上,其齿距都相等,即 $p_i = p = \pi m$。

(3) 对于齿轮和齿条传动,不论两者是否为标准安装,齿轮的节圆恒与其分度圆重合,其啮合角 α' 恒等于齿轮的分度圆压力角 α。只是在非标准安装时,齿条的节线与其分度线将不再重合而已。

10-6 解题过程 分度圆是指单个齿轮上具有标准模数和标准压力角的圆。在设计齿轮时,只要确定了齿数和模数,这个齿轮的分度圆半径就确定下来了,即 $r = \dfrac{mz}{2}$。在加工、安装、传动时分度圆都不会改变。

节圆是一对齿轮在啮合传动时两个相切作纯滚动的圆。单个齿轮没有节圆。由于一对渐开线齿轮啮合传动时在节点 P 处具有大小相等方向相同的线速度,故两轮节圆半径分别为 $r'_1 = \overline{O_1 P}, r'_2 = \overline{O_2 P}$。根据渐开线方程式它们的大小分别为 $r'_1 = r_1 \dfrac{\cos\alpha}{\cos\alpha'}, r'_2 = r_2 \dfrac{\cos\alpha}{\cos\alpha'}$。

一般情况下,节圆半径与分度圆半径不相等,节圆与分度圆不相重合。只有当啮合角 α' 等于渐开线齿廓在分度圆处的压力角 α 时,两个节圆半径才分别与两个齿轮的分度圆半径相等,两个节圆才分别与两个齿轮的分度圆重合。这种情况只有在该对齿轮的实际中心距等于标准中心距时才会出现。

压力角 α 是指单个齿轮渐开线齿廓上某一点的线速度方向与该点法线方向所夹的锐角。渐开线齿廓上各点压力角的大小是不相等的(齿条齿廓例外)。

啮合角 α' 是指一对齿轮啮合时,啮合线与两个节圆公切线之间所夹的锐角。由于啮合线是两个齿轮基圆的内公切线,任何两个齿轮在确定的中心距下安装后,在一个方向只有一条固定的内公切线,所以啮合角 α' 的大小不随齿轮啮合过程而发生变化。当一对齿廓在节点 P 处啮合时,啮合点 K 与节点 P 重合,这时的压力角称为节圆压力角。相啮合的一对渐开线齿廓的节圆压力角必须相等,且恒等于啮合角。

10-7 解题过程 在某些情况下,渐开线齿轮传动会发生两轮齿廓的渐开线与渐开线之间或渐开线与过渡曲线之间相互重叠的现象,称为齿廓干涉。若齿廓干涉发生在展成切齿中,使被加工齿轮的齿根或齿顶渐开线被切去一部分,则称为切齿干涉。根切是发生在被加工齿轮齿根部的一种切齿干涉。

根切现象不仅将降低轮齿的抗弯强度,而且还可能使齿轮传动的重合度减小。

(1) 避免方法

在设计齿轮时,为了避免产生根切现象,则啮合极限点 N_1 必须位于刀具齿顶线之上。为了满足这一要求,因此设计被切齿轮不产生根切的最小齿数为:

$$z_{\min} = 2h_a^* / \sin^2\alpha$$

式中,h_a^* 为齿顶高系数;α 为压力角。

(2) 采用变位修正法

将齿条刀具由切削标准齿轮的位置,相对于轮坯中心向外移出一段距离,从而使刀具齿顶线不超过点 N_1,这样就不会再发生根切现象了。

10-8 解题过程 在高速重载传动的情况下,标准齿轮暴露了许多不足之处:

(1) 在一对相互啮合的标准齿轮中,由于小齿轮齿廓渐开线的曲率半径较小,齿根厚度也较薄,而且参与啮合的次数又较多,因而强度较低,容易损坏,从而影响了整个齿轮传动的承载能力。

(2) 标准齿轮传动不适用于中心距 $a' \neq a = m(z_1+z_2)/2$ 的场合。因为当 $a' < a$ 时,就根本无法安装;而当 $a' > a$ 时,虽然可以安装,但将产生过大的齿侧间隙,而其重合度也将随之降低,影响传动的平稳性。

(3) 当以目前广为采用的所谓范成法(又称共轭法或包络法)切割渐开线齿轮时,如果被加工的标准齿轮的齿数过少,则其齿廓就发生根切现象。

为了改善和解决标准齿轮存在的不足之处,就必须突破标准齿轮的限制,对齿进行变位修正。

修正变位后:不变的量:z,m,α,d,d_b

变大的量:h_a,d_a,d_f,s, 变小的量:h_f,e

10-9 解题过程 根据所给定原始数据的不同,变位齿轮传动的设计方法也不相同,概括起来有以下三种情况。

(1) 当给定的原始数据为 z_1,z_2,m,a 及 h_a^* 时的设计步骤如下:

1) 选定传动的类型,若 $z_1+z_2 < 2z_{\min}$,则必须采用正传动。否则,也可以考虑选取用其他类型的传动。

2) 选定两轮的变位系数,齿轮传动的质量主要取决于变位系数的选择,保证不发生根切,即所选择的变位系数 x 不应小于 x_{min},保证齿顶有一定的厚度,一般齿顶厚不小于 $0.4m$;保证重合度不小于许用值;保证传动时不发生干涉现象。

3) 根据变位齿轮的传动计算公式计算出两轮的几何尺寸。

(2) 当给定的原始数据为 z_1,z_2,m,a,a' 及 h_a^* 时的设计步骤:

① 先求出啮合角 α': $\cos\alpha' = \dfrac{a}{a'}\cos\alpha$;

② 算出两轮的变位系数之和:

$$x_1 + x_2 = \dfrac{(z_1+z_2)(\text{inv}\alpha' - \text{inv}\alpha)}{2\tan\alpha};$$

③ 按 x_1+x_2 的值,分别选定 x_1 和 x_2;

④ 根据变位齿轮的传动计算公式计算出两轮的几何尺寸。

(3) 当给定的原始数据是 z_1,z_2,m,α,x_1,x_2,设计步骤如下:

① 确定啮合角

$$\text{inv}\alpha' = \dfrac{2\tan\alpha(x_1+x_2)}{(z_1+z_2)} + \text{inv}\alpha$$

② 确定中心距

$$a' = \dfrac{a\cos\alpha}{\cos\alpha'}$$

③ 确定中心距变动系数

$$y = \dfrac{(a'-a)}{m}$$

④ 确定齿顶高降低系数

$$\Delta y = (x_1+x_2) - y$$

⑤ 计算齿轮各几何尺寸。

10-10 【解题过程】 由于在切割斜齿轮的轮齿时,刀具进刀的方向一般是垂直于其法面的,故其法面参数与刀具的参数相同,所以取为标准值。但为了方便计算与应用,在计算斜齿轮的几何尺寸时却需按端面的参数进行计算,因为端面参数代表齿轮的实际大小,法面是假想的。

10-11 【解题过程】 在研究斜齿轮的法面齿形时,我们可以虚拟一个直齿轮,这个直齿轮的齿形与斜齿轮的法面齿形相当。我们把这个虚拟的直齿轮称为该斜齿轮的当量齿轮。这个当量齿轮的模数与压力角,就是该齿轮的法面模数和法面压力角,而其齿数则称为该斜齿轮的当量齿数。

在对斜齿轮的法面齿形进行研究时,因为渐开线齿轮的齿形取决于其基圆半径 $r_b = mz\cos\alpha/2$ 的大小。而在模数,压力角为一定的情况下,基圆的大小取决于齿数,即齿形与齿数有关。因此,引入当量齿轮的概念,计算当量齿数,就可以确定斜齿轮的法面齿形。

另外,在用仿形法切制斜齿轮时,刀具刀刃的形状与斜齿圆柱齿轮的法面齿形相对应,在作强度计算时也是按法面齿形来计算的。因而在选择刀具的号码和决定齿形系数时,必须找到一个与斜齿轮法面齿形相当的直齿轮,即当量齿轮。

10-12 解题过程 优点:

(1) 啮合性能好。由于在斜齿轮传动中,其每对轮齿进入啮合和脱离啮合都是逐渐进行的,因而传动平稳、噪声小,所以啮合性能极好。同时这种啮合方式也减小了制造误差对传动的影响。

(2) 重合度大。这样就降低了每对轮齿的载荷,从而提高了齿轮的承载能力,延长了齿轮的使用寿命,并使传动平稳。

(3) 结构紧凑。斜齿标准齿轮不产生根切的最小齿数较直齿轮少。因此,采用斜齿轮传动可以得到更加紧凑的结构。

在设计斜齿轮传动时,可以用改变螺旋角 β 的办法来调整中心距的大小。

10-13 解题过程 首先,就单个齿轮而言,二者都是斜齿圆柱齿轮。

其次,前者是传递两平行轴之间的运动,后者是传递空间两交错轴之间的运动。

第三,后者沿齿槽方向有极大的相对滑动速度,故轮齿易磨损,传动效率较低。

最后,后者两轮啮合齿面间为点接触,接触应力大,齿面易被压溃,促使磨损加剧。

10-14 解题过程 过蜗杆的轴线作一平面垂直于蜗轮的轴线,该平面对于蜗杆是轴面,对于蜗轮是端面。这个平面称为蜗杆传动的中间平面。在此平面内蜗轮与蜗杆的啮合就相当于齿轮与齿条的啮合。蜗轮与蜗杆正确啮合的条件为蜗轮的端面模数 m_{t2} 和压力角 α_{t2} 分别等于蜗杆的轴面模数 m_x 和压力角 α_{x1},且均取为标准值 m 和 α,即

$$m_{t2} = m_{x1} = m, \alpha_{t2} = \alpha_{x1} = \alpha$$

又因蜗杆螺旋齿的导程角 $\gamma_1 = 90° - \beta_1$,而蜗杆与蜗轮的轴线交错角 $\Sigma = \beta_1 + \beta_2$,故当 $\Sigma = 90°$ 时还需保证 $\gamma_1 = \beta_2$,且蜗轮与蜗杆螺旋线的旋向必须相同。

10-15 解题过程 通常以蜗杆为原动件作减速运动。当其反行程不自锁时,也可以蜗轮为原动件作增速运动。

10-16 解题过程 随着机械工业的不断发展,对机构的传动效率和传动速度提出了更高的要求。当采用蜗杆传动时,为了实现转高的传动效率和传动速度,导程角 γ 要大些,z 应取较大值。因此蜗杆头数从 1~4 头发展成为 1~10 头。

10-17 知识点窍 左、右手法则。

逻辑推理 在蜗轮蜗杆机构中,通常蜗杆为主动件,从动件蜗轮的转向主要取决于蜗杆的转向和旋向。可以用左、右手法则来确定,右旋用右手判定,左旋用左手判定。

蜗轮蜗杆传动方向也可借助于螺旋方向相同的螺杆螺母来确定,即把蜗杆看作螺杆,蜗轮看作螺母,当螺杆只能转动而不能作轴向移动时,螺母移动的方向即表示蜗轮上啮合接触点的线速度方向,从而确定了蜗轮转动方向。

解题过程 (a) 如图 10-11(a) 所示的是右旋蜗轮蜗杆,用右手四指沿蜗杆角速度 ω_1 方向弯曲,则拇指所指方向的相反方向即是蜗轮上啮合接触点的线速度方向,所以蜗

轮以角速度 ω_2 逆时针方向转动,如图 10-8(a) 所示。

(b) 因题目要求蜗轮蜗杆的螺旋线方向。因此先假设题中蜗轮蜗杆为右旋,用右手四指沿蜗杆角速度 ω_1 方向弯曲,则拇指所指方向的相反方向即是蜗轮上啮合接触点的线速度方向,在图中表示应向下,与题目所给 ω_2 向下方向相同。因此图 10-11(b) 中的蜗轮蜗杆的螺旋线旋向应为右旋,如图 10-11(b) 所示。

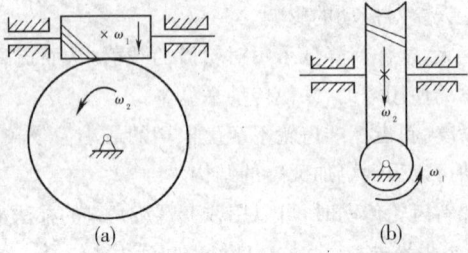

图 10-11

10-18 过轮1大端节点 P,作其分度圆锥母线 OP 的垂线,交其轴线于 O_1 点,再以点 O_1 为锥顶,以 O_1P 为母线,作一圆锥与轮 1 的大端相切,我们称该圆锥为轮 1 的背锥,如图 10-12 所示。

现在设想把由圆锥齿轮背锥展成的扇形齿轮的缺口补满,则将获得一个圆柱齿轮。这个假想的圆柱齿轮称为圆锥齿轮的当量齿轮。

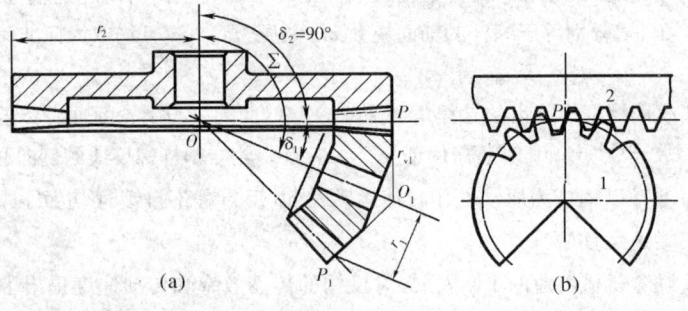

图 10-12

一对锥齿轮大端的模数和压力角分别相等不是其能正确啮合的充要条件。正确啮合的充要条件除其模数和压力角分别相等外,还应保证两轮的锥距相等、锥顶重合。

10-19 按照顶隙的不同,可分为不等顶隙收缩齿和等顶隙收缩齿,根据顶隙的不同,圆锥齿轮的分锥角、顶锥角和根锥角也会发生变化,因而影响圆锥齿轮齿形的变化,所以要计算圆锥齿轮的分锥角、顶锥角和根锥角。

直齿锥齿轮的顶锥角计算公式:$\delta_a = \delta + \theta_f$

式中,δ_a ——顶锥角;δ ——分锥角;θ_f ——齿根角。

10-20 [知识点窍] 根据渐开线的基本性质。

[逻辑推理] 分两种情况证明,即同向渐开线和反向渐开线。题目要证明两条渐开线(不论是同向还是反向的)为法向等距曲线。根据渐开线的性质一,发生线沿基圆滚过的长度等于基圆上被滚过的圆弧长度,因此可将等线段长的证明转化为等弧长的证明,因而渐开线对应的是同一圆弧因而得证。

[解题过程] 情形一:同向渐开线。

如图 10-13 所示,BC' 和 EC'' 为任意两条同向渐开线。即证 $B_1E_1 = B_2E_2$。

设公法线 $A_1B_1E_1$ 与基圆的切点为 R_1,公法线 $A_2B_2E_2$ 与基圆的切点为 R_2。

由渐形线的性质一,可得

$R_1B_1 = \overset{\frown}{R_1B}$ ① $R_2B_2 = \overset{\frown}{R_2B}$ ③

$R_1E_1 = \overset{\frown}{R_1E}$ ② $R_2E_2 = \overset{\frown}{R_2E}$ ④

用 ②−① 和 ④−③ 得

$R_1E_1 - R_1B_1 = \overset{\frown}{R_1E} - \overset{\frown}{R_1B}$

即 $B_1E_1 = \overset{\frown}{BE}$。 所以 $B_1E_1 = B_2E_2 = \overset{\frown}{BE}$ 题目得证。

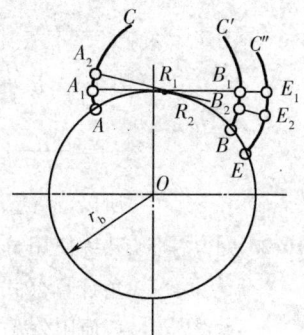

图 10-13

情形二:反向渐开线。

如图 10-13 所示,AC 和 BC' 为任意两条反向渐开线,即证 $A_1B_1 = A_2B_2$。

设公法线 $A_1B_1E_1$ 与基圆的切点为 R_1,公法线 $A_2B_2E_2$ 与基圆的切点为 R_2。

由渐开线的性质一,可得

$R_1B_1 = \overset{\frown}{R_1B}$ ① $R_2B_2 = \overset{\frown}{R_2B}$ ③

$R_1A_1 = \overset{\frown}{R_1A}$ ② $R_2A_2 = \overset{\frown}{R_2A}$ ④

用 ①+② 和 ③+④ 得

$R_1B_1 + R_1A_1 = \overset{\frown}{R_1B} + \overset{\frown}{R_1A}$,即 $A_1B_1 = \overset{\frown}{AB}$

$R_2B_2 + R_2A_2 = \overset{\frown}{R_2B} + \overset{\frown}{R_2A}$,即 $A_2B_2 = \overset{\frown}{AB}$

所以 $A_1B_1 = A_2B_2 = \overset{\frown}{AB}$ 题目得证。

10-21 [知识点窍] 使用公式 $r_k = r_b/\cos\alpha_k$ 及 $\theta_k = \mathrm{inv}\alpha_k = \tan\alpha_k - \alpha_k$ 并查表求解。

[解题过程] (1) 由公式 $r_K = r_b/\cos\alpha_K$ 得

$\cos\alpha_K = r_b/r_K = 50/65 = 0.7692$, $\alpha_K = 39.72°$

$\theta_K = \mathrm{inv}\alpha_K = \tan\alpha_K - \alpha_K = 0.8306 - 0.6932 = 0.1374 \mathrm{rad}$

$\rho_K = \sqrt{r_K^2 - r_b^2} = \sqrt{65^2 - 50^2} = 41.53 \mathrm{mm}$

(2) $\theta_K = 5° = \dfrac{5°}{185°} \times 3.141592654 = 0.08727$

查表得 $\alpha_K = 34°45'$

则 $r_K = r_b/\cos\alpha_K = 50/\cos34°45' = 50/0.8216 = 60.85$mm

10-22 解题过程 图10-14中$\overset{\frown}{CC}$是任意半径r_i图上的齿厚,其所对中心角为φ_i, θ_i是渐开线点C的展角,α_i是渐开线在C点的压力角。$\overset{\frown}{BB}$是分度圆齿厚,α是分度圆压力角,θ是渐开线上点B的展角。

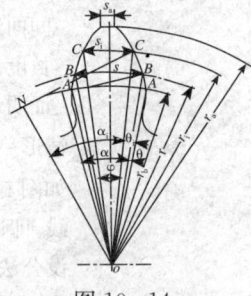

图 10-14

$$s_i = \overset{\frown}{CC} = r_i\varphi_i$$

$$\varphi_i = \angle BOB - \alpha\angle BOC = \frac{s}{r} - 2(\theta_i - \theta)$$

$$= \frac{s}{r} - 2(\text{inv}\alpha_i - \text{inv}\alpha)$$

所以,$s_i = sr_i/r - 2r_i(\text{inv}\alpha_i - \text{inv}\alpha)$,证毕。

10-23 知识点窍 熟练使用分度圆直径、齿顶圆直径、分度圆和齿顶圆的曲率半径及齿顶圆压力角计算公式。

逻辑推理 要使用公式 $r_k = r_b/\cos\alpha_k$ 必须先求出向径r_k,即分度圆和齿顶圆的半径。

解题过程 求该齿轮的分度圆直径及齿顶圆直径。

$d = mz = 3 \times 26 = 78$mm $r = 39$mm

$d_a = d + 2h_a = 78 + 2h_a^* m = 78 + 2 \times 1 \times 3 = 84$mm

$r_a = 42$mm

> 分度圆公式重点熟记

求分度圆上的曲率半径

由 $\alpha = 20°$, $r_b = r/\cos\alpha$ 得

$r_b = r \cdot \cos\alpha = 39 \times \cos20° = 39 \times 0.9397 = 36.65$mm

则 $\rho = \sqrt{r^2 - r_b^2} = \sqrt{39^2 - 36.65^2} = 13.33$mm

求齿顶圆的曲率半径及压力角

由 $r_b = 36.65$mm $r_a = 42$mm $r_a = r_b/\cos\alpha_a$ 得

$\alpha_a = \arccos\frac{r_b}{r_a} = \arccos\frac{36.65}{42} = \arccos 0.8726 = 29.24°$

则 $\rho_a = \sqrt{r_a^2 - r_b^2} = \sqrt{42^2 - 36.65^2} = 20.51$mm

10-24 逻辑推理 由图10-15可知,公法线长度包含有$(k-1)$个基圆齿距和一个基圆齿厚。

解题过程 卡尺卡在跨k个轮齿的渐开线出廓上,则

$$L_1 = (k-1)p_b + s_b$$

$$= (k-1)\pi m \cdot \cos\alpha + r_b\frac{x}{2} + 2r_b \cdot \text{inv}\alpha$$

$$= (k-1)\pi m \cdot \cos\alpha + \frac{\pi m}{2}\cos\alpha + 2 \cdot$$

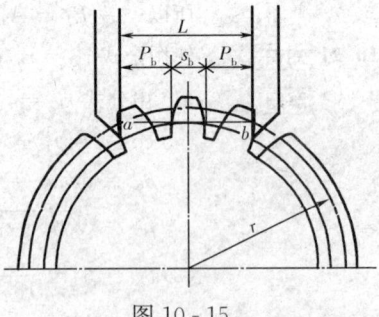

图 10-15

$$\frac{mz \cdot \cos\alpha}{2} \cdot \text{inv}\alpha$$

$$= m \cdot \cos\alpha \cdot [(k-0.5)\pi + z \cdot \text{inv}\alpha]$$

又由图 10-14 知,L 所对的圆心角为 2α,则 $\stackrel{\frown}{ab} = 2\alpha r = \alpha mz = (k-0.5)\pi m$。
将 α 单位改为"°",故有

$$k = \frac{\alpha z}{180°} + 0.5$$

10-25 逻辑推理 可根据公式 $L = m\cos\alpha[(k-0.5)\pi + z\text{inv}\alpha]$ 推算 m,并取近似值。

解题过程 $L_5 = m_1 \cdot \cos20°[(5-0.5)\pi + 40\text{inv}20°]$

$m_1 \approx 1.98$

$L_6 = m_2 \cdot \cos20°[(6-0.5)\pi + 40 \cdot \text{inv}20°]$

$m_2 \approx 1.99$

又由 $d_a = m(z + 2h_a^*)$ 可得 $m \approx 1.996$。
因为 d_a 有较大的负偏差,根据标准模数表取最为接近的 $m = 2\text{mm}$。

10-26 知识点窍 熟练使用齿轮参数的计算公式。

逻辑推理 根据已知条件中心距及传动比计算出两齿轮齿数,然后根据公式计算。

解题过程 已知 $a = \frac{m}{2}(z_1 + z_2)$

$i_{12} = z_2/z_1 = 5/9$

两齿轮的各项参数分别为:
齿数 $z_1 = 90$ $z_2 = 50$
分度圆直径

$d_1 = mz_1 = 5 \times 90 = 450\text{mm}$

$d_2 = mz_2 = 5 \times 50 = 250\text{mm}$

齿顶圆直径

$d_{a_1} = d_1 + 2h_a^* m = 250 + 2 \times 5 = 260\text{mm}$

$d_{a_2} = d_2 + 2h_a^* m = 450 + 2 \times 5 = 460\text{mm}$

基圆直径

$d_{b1} = d_1 \cdot \cos\alpha = 250 \times \cos20° = 234.92\text{mm}$

$d_{b2} = d_2 \cdot \cos\alpha = 450 \times \cos20° = 422.86\text{mm}$

分度圆齿厚

$s_1 = \pi m/2 = 7.85\text{mm}, s_2 = \pi m/2 = 7.85\text{mm}$

分度圆齿槽宽

$e_1 = \pi m/2 = 7.85\text{mm}, e_2 = \pi m/2 = 7.85\text{mm}$

> 齿轮基本参数计算重点掌握

10-27 逻辑推理 齿根圆与基圆重合,即 $d_f = d_b$,代入公式,可计算出 z。

解题过程 $d_f = d_b$

$$d_f = z_m - 2h_a^* m - 2c^* m = (z - 2h_a^* - 2c^*)m$$

$$d_b = mz \cdot \cos\alpha$$

所以 $mz \cdot \cos\alpha = (z - 2h_a^* - 2c^*)m \quad z = \dfrac{2(h_a^* + c^*)}{1 - \cos\alpha}$

(1) 正常齿制

当 $m \geqslant 1\text{mm}$ 时,$h_a^* = 1, c^* = 0.25$,则:$z = \dfrac{2(1 + 0.25)}{1 - \cos 20°} = 41.25$

当 $m < 1\text{mm}$ 时,$h_a^* = 1, c^* = 0.35$,则:$z = \dfrac{2(1 + 0.25)}{1 - \cos 20°} = 44.77$

(2) 短齿制

$h_a^* = 0.8, c^* = 0.3$,则:$z = \dfrac{2(0.8 + 0.3)}{1 - \cos 20°} = 36.48$

若 z 增大 Δz,则 d_f 增大 $\quad \Delta d_f = \Delta z \cdot m$

$\quad\quad\quad\quad\quad\quad\quad\quad\quad\; d_b$ 增大 $\quad \Delta d_b = m \cdot \Delta z \cdot \cos\alpha$

因为 $\cos\alpha < 1$,则 $\Delta d_f > \Delta d_b$,所以 $d_f > d_b$。

即当齿数大于以上求得的齿数时,齿根圆大于基圆。

10-28 【知识点窍】重合度的计算公式、重合度定义。

【逻辑推理】使用重合度的计算公式。

【解题过程】$\alpha_{a1} = \arccos \dfrac{r_{b1}}{r_{a1}} = \arccos \dfrac{mz_1 \cdot \cos 20°}{(z_1 + 2) \cdot m} = 31.77°$

$\alpha_{a2} = \arccos \dfrac{r_{b2}}{r_{a2}} = \arccos \dfrac{mz_2 \cdot \cos 20°}{(z_2 + 2) \cdot m} = 26.24°$

$\varepsilon_\alpha = \dfrac{1}{2\pi}[z_1(\tan\alpha_{a1} - \tan\alpha') + z_2(\tan\alpha_{a2} - \tan\alpha')]$

$\quad = \dfrac{1}{2\pi}[19(0.619 - 0.364) + 42(0.493 - 0.364)] = 1.63$

如图 10-16 所示,当有一对轮齿在节点 P 处啮合时,没有其他轮齿也处于啮合状态。
当一对轮齿在 B_1 点处啮合时,有其他轮齿也处于啮合状态。

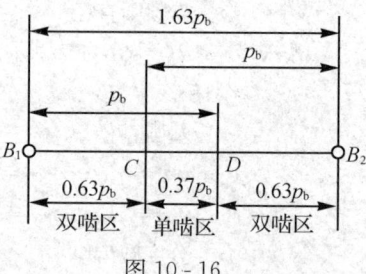

图 10-16

10-29 【知识点窍】中心距公式,标准中心距与其他中心距的换算。

【解题过程】$\quad a'\cos\alpha' = a\cos\alpha$

其中 $\alpha = 20°, a = m(z_1 + z_2)/2 = 700\text{mm}$

① 当中心距 $a' = 725\text{mm}$ 时

两轮啮合角 $\alpha' = \arccos(a\cos\alpha/a') = 24.87°$

② 当啮合角 $\alpha' = 22°30'$ 时

中心距 $\quad a' = a\cos\alpha/\cos\alpha' = 700 \cdot \cos 20°/\cos 22°30' = 712\text{mm}$

〈 标准中心距与其它中心距换算重点公式

10-30 知识点窍 重合度公式,标准中心距与其它中心距的换算。

解题过程 $d_1 = mz, d_{b1} = \cos\alpha \cdot d_1$

$d_{a1} = d_1 + 2h_a^* m, \cos\alpha_{a1} = d_{b1}/d_{a1}$

解得 $\alpha_{a1} = 21.032°$,同理 $\alpha_{a2} = 28.24°$

由 $\varepsilon_\alpha = [z_1(\tan\alpha_{a1} - \tan\alpha') + z_2[\tan\alpha_{a2} - \tan\alpha']/2\pi$

将 $\varepsilon_\alpha = 1.3$ 代入得 $\alpha' = 21.85°$

又 $a'\cos\alpha' = a\cos\alpha$,其中 $a = m(z_1 + z_2)/2$

得 $a' = 243$mm

10-31 知识点窍 齿轮设计的一般步骤。

解题过程 (1) 计算两轮变位系数。

标准中心距:$a = \dfrac{m}{2}(z_1 + z_2) = \dfrac{10}{2} \times (12 + 12) = 120$mm

啮合角:$\alpha' = \arccos\dfrac{a\cos\alpha}{a'} = \arccos\dfrac{120\cos20°}{130} = 29.84°$

$x_1 + x_2 = \dfrac{(\text{inv}\alpha' - \text{inv}\alpha)(z_1 + z_2)}{2\tan\alpha} = \dfrac{(0.0528 - 0.0149) \times (12 + 12)}{2\tan20°} = 1.2496$

$x_1 = x_2 = 0.6248, \quad x_{\min} = \dfrac{17 - 12}{17} = 0.2941$

$x_1 = x_2 > x_{\min}$,在加工齿轮时不会发生根切。

$x_{\min} = h_a^*(z_{\min} - z)/z_{\min}$ 不产生根切最小变压位系数 新增重点公式

由于 $x_1 + x_2 > 0$,该对齿轮属于正传动。

(2) 计算两轮几何尺寸

$y = \dfrac{a' - a}{m} = \dfrac{130 - 120}{10} = 1$

$\Delta y = x_1 + x_2 - y = 1.2496 - 1 = 0.2496$

$r_1 = r_2 = r = \dfrac{mz}{2} = \dfrac{10 \times 12}{2} = 60$mm

$r_{a1} = r_{a2} = r_a = 60 + h_a^* m + xm - \Delta ym$
$= 60 + 10 + 0.6248 \times 10 - 0.2496 \times 10 = 73.752$mm

$r_{f1} = r_{f2} = r_f = r - (h_a^* + c^*)m + xm$
$= 60 - 1.25 \times 10 + 0.6248 \times 10$
$= 53.748$mm

$r_{b1} = r_{b2} = r_b = r\cos\alpha = 60\cos20° = 56.382$mm

变位齿轮是本章重点也是难点

(3) 检验重合度 ε_α 及齿顶厚 s_a

$\alpha_a = \arccos\dfrac{r_b}{r_a} = \arccos\dfrac{56.382}{73.752} = 40.14°$

$\varepsilon_\alpha = \dfrac{1}{2\pi}[z_1(\tan\alpha_{a1} - \tan\alpha') + z_2(\tan\alpha_{a_2} - \tan\alpha')]$

$= \dfrac{1}{\pi}[z_1(\tan\alpha_a - \tan\alpha')]$

重合度计算重点公式

$$= \frac{1}{\pi}[12(\tan 41.14° - \tan 29.84°)] = 1.83 > 1 \quad \text{合格}$$

$$s_1 = s_2 = s = \frac{\pi m}{2} + 2\arctan\alpha = \frac{10\pi}{2} + 2 \times 0.6248 \times 10 \times \tan 20° = 20.26\text{mm}$$

$$s_{a1} = s_{a2} = s_a = s\frac{r_a}{r} - 2r_a(\text{inv}\alpha_a - \text{inv}\alpha)$$

$$= 20.26 \times \frac{73.752}{60} - 2 \times 73.732(0.1556 - 0.0149) = 4.14\text{mm} > 2.5\text{mm}$$

齿顶厚 $s_a > 0.4m = 0.4 \times 10 = 4\text{mm}$,齿顶厚合格。

10-32 知识点窍 齿轮设计的一般步骤。

解题过程 (1) 计算两齿轮的变位系数

标准中心距:$a = \frac{m}{2}(z_1 + z_2) = \frac{5}{2} \times (17 + 118) = 337.5\text{mm} = a'$

啮合角 $\alpha = 20°$ $x_1 + x_2 = 0$

因为大齿轮沿分度圆两侧的磨损量为 0.75mm,大齿轮要继续使用,所以应取大齿轮为负变位齿轮,小齿轮为正变位齿轮

$$\Delta s = -2x_1 m \cdot \tan\alpha = 0.75 \quad \text{则}: x_1 = \frac{0.75}{2 \times 5 \times \tan 20°} = 0.206$$

因为 $x_1 + x_2 = 0$,故 $x_2 = -0.206$

故 $y = 0, \Delta y = 0$, $x_{1\min} = \frac{17 - 118}{17} = -5.94, x_1 > x_{1\min}$,不会发生根切。

$x_{2\min} = 0, x_2 > x_{2\min}$,不会发生根切。

(2) 计算两轮几何尺寸,如表 10-5 所示。

表 10-5

小齿轮	大齿轮
$d_1 = mz_1 = 5 \times 17 = 85$	$d_2 = mz_2 = 5 \times 118 = 590$
$h_{a1} = (h_a^* + x_1)m = (1 + 0.206) \times 5 = 6.03$	$h_{a2} = (h_a^* + x_2)m = (1 - 0.206) \times 5 = 3.97$
$h_{f1} = (h_a^* + c^* - x_1)m$ $= (1 - 0.25 - 0.206) \times 5 = 5.22$	$h_{f2} = (h_a^* + c^* - x_2)m$ $= (1 + 0.25 + 0.206) \times 5 = 7.28$
$d_{a1} = d_1 - 2h_{a1} = 85 + 2 \times 6.03 = 97.06$	$d_{a2} = d_2 + 2h_{a2} = 590 + 2 \times 3.97 = 597.97$
$d_{f1} = d_1 - 2h_{f1} = 85 - 2 \times 5.22 = 74.56$	$d_{f2} = d_2 - 2h_{f2} = 590 - 2 \times 7.28 = 575.44$
$d_{b1}\cos\alpha = d_1\cos\alpha = 85\cos 20° = 79.87$	$d_{b2}\cos\alpha = d_2\cos\alpha = 590\cos 20° = 554.42$
$s_1 = m(\pi/2 + 2x_1\tan\alpha)$ $= 5(\pi/2 + 2 \times 0.206\tan 20°) = 8.61$	$s_2 = m(\pi/2 + 2x_2\tan\alpha)$ $= 5(\pi/2 - 2 \times 0.206\tan 20°) = 7.1$
$e_1 = m(\pi/2 - 2x_1\tan\alpha)$ $= 5(\pi/2 - 2 \times 0.206\tan 20°) = 7.1$	$e_2 = m(\pi/2 - 2x_2\tan\alpha)$ $= 5(\pi/2 - 2 \times 0.206\tan 20°) = 8.61$
$p_1 = s_1 + e_1 = \pi m = 5\pi = 15.71$	$p_2 = s_2 + e_2 = \pi m = 5\pi = 15.71$

(3) 检验重合度 ε_a 及齿顶厚 s_a

$$\alpha_{a2} = \arccos\frac{r_{b2}}{r_{a2}} = \arccos\frac{277.209}{299} = 22°$$

$$\alpha_{a1} = \arccos\frac{r_{b1}}{r_{a1}} = \arccos\frac{39.937}{48.5} = 34.57°$$

$$\varepsilon_\alpha = \frac{1}{2\pi}[z_2(\tan\alpha_{a2} - \tan\alpha') + z_1(\tan\alpha_{a1} - \tan\alpha')]$$

$$= \frac{1}{2\pi}[118(0.404 - 0.364) + 17(0.689 - 0.364)] = 1.63$$

$$s_1 = \frac{\pi m}{2} + 2x_1 m \cdot \tan\alpha = \frac{5\times\pi}{2} - 2\times 0.2\times 5\times\tan 20° = 7.126\text{mm}$$

$$s_{a2} = s_1\frac{r_{a2}}{r_2} - 2r_{a2}(\text{inv}\alpha_{a2} - \text{inv}\alpha)$$

$$= 7.126\times\frac{299}{295} - 2\times 299\times(0.020 - 0.0149) = 4.14\text{mm}$$

齿顶厚 $s_{a2} > 0.4m = 0.4\times 5 = 2\text{mm}$ 故齿顶厚合格。

$$s_2 = \frac{\pi m}{2} + 2x_2 m \cdot \tan\alpha = \frac{5\times\pi}{2} + 2\times 0.2\times 4\times\tan 20° = 8.582\text{mm}$$

$$S_{a2} = S_1\frac{r_{a1}}{r_1} - 2r_{a2}(\text{inv}\alpha_{a2} - \text{inv}\alpha)$$

$$= 8.582\times\frac{48.5}{42.5} - 2\times 48.5(0.0857 - 0.0149) = 2.92\text{mm}$$

齿顶厚 $s_{a2} > 0.4m = 2\text{mm}$ 故齿顶厚合格。

10-33 解题过程 (1) 因圆柱体与轮齿面在分度圆上相切

$$\therefore r_p = CN - BN$$

其中 $CN = r_b\tan(\alpha+\beta), BN = r_b\tan\alpha$

$$r_b = \frac{mz}{2}\cos\alpha = 56.382\text{mm}$$

$$\beta = \frac{1}{4}\left(\frac{2\pi}{8}\right) = 3.75°$$

代入得 $r_p = r_b[\tan(\alpha+\beta) - \tan\alpha]$

$$= 56.382\times[\tan(20°+3.75°) - \tan 20°]$$

$$= 4.28\text{mm}$$

(2) $L = 2(\overline{OC} + r_p)$

$$= 2[r_b/\cos(\alpha+\beta) + r_p]$$

$$= 2[56.382/\cos(20°+3.75°) + 4.28] = 131.76\text{mm}$$

10-34 解题过程 对于偶数齿如图 10-17(a) 所示。

$$L_{偶} = 2R_L - r_p - r_p = 2R_L - d_p$$

对于奇数齿如图 10-17(b) 所示。

$$L_{奇} = 2[R_L\cdot\cos\frac{\pi}{2z} - r_p] = 2R_L\cos\frac{\pi}{2z} - d_p$$

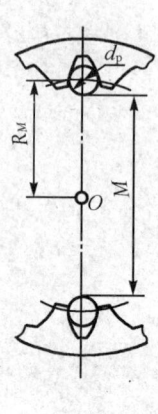 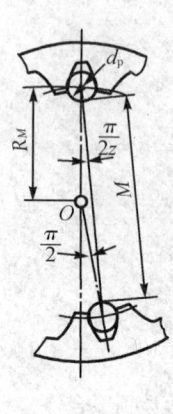 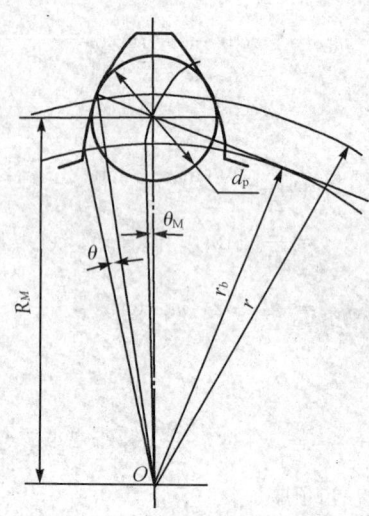

(a) (b) (c)

图 10 - 17

求 R_L，如图 10 - 17(c) 所示。

$$R_L = \frac{r_b}{\cos\alpha_L} = \frac{d/2 \cdot \cos\alpha}{\cos\alpha_L} = \frac{d\cos\alpha}{2\cos\alpha_L}$$

$$\theta_L = \text{inv}\alpha_L, \quad \theta = \text{inv}\alpha' = \frac{2x\tan\alpha}{z} + \text{inv}\alpha$$

$$\theta_0 + \theta_L = \theta + \frac{2\pi}{2z}, \quad \theta_0 = \frac{\overline{AB}}{r_b} = \frac{r_p}{r_b} = \frac{d_p}{d_b}$$

$$\therefore \theta_L = \theta + \frac{2\pi}{2z} - \theta_0$$

$$\text{inv}\alpha_L = \text{inv}\alpha - \frac{d_p}{d_b} + \frac{2x\tan\alpha}{z} + \frac{\pi}{2z}$$

10-35 知识点窍 斜齿轮的尺寸计算。

解题过程 (1) 中心距 a

$$a = m_n(z_1 + z_2)/(2\cos\beta) = 8(20 + 40)/(2\cos 15°) = 248.47\text{mm}$$

圆整取 $a = 250\text{mm}$

(2) 精计算 β

$$\beta = \arccos\frac{m_n(z_1 + z_2)}{2a} = \arccos\frac{8 \times (20 + 40)}{2 \times 250} = 16.25°$$

(3) 当量齿数 z_{v1}、z_{v2}

$$z_{v1} = z_1/\cos^3\beta = 20/\cos^3 16.25° \approx 22.60$$

$$z_{v2} = z_2/\cos^3\beta = 40/\cos^3 16.25° \approx 45.20$$

(4) 计算重合度 ε_r

$$\alpha_t = \arctan\frac{\tan\alpha_n}{\cos\beta} = 20.75°$$

$$\alpha_{at1} = \arccos\frac{d_{b1}}{d_{a1}} = \arccos\frac{m_{t1}z_1\cos\alpha_t}{m_{t1}(z_1+2h_a^*t)} = 31.43°$$

$$\alpha_{at2} = \arccos\frac{d_{b2}}{d_{a2}} = \arccos\frac{m_{t2}z_2\cos\alpha_t}{m_{t2}(z_1+2h_a^*)} = 27.83°$$

其中 $h_{at}^* = \frac{h_{an}^*}{\cos\beta} = 1.042\text{mm}$

$\varepsilon_a = [z_1(\tan\alpha_{at1}-\tan\alpha t) + z_2(\tan\alpha_{at2}-\tan\alpha_t)]/2\pi$
$= 1.59$

$\varepsilon_\beta = \frac{b\sin\beta}{\pi m_n} = \frac{30\sin 16.25°}{\pi \times 8} = 0.33$

$\varepsilon_r = \varepsilon_a + \varepsilon_\beta = 1.59 + 0.33 = 1.92$

10-36 【解题过程】设计这种传动最主要的应该是避免发生根切。所以可以采用等变位齿轮传动或正变位不等变位齿轮传动,小齿轮采用正变位可以制造 $Z_1 < Z_{min}$ 而无根切的小齿轮,因而可以减少小齿轮的齿数,从而达到减小齿轮传动的尺寸和重量的目的。若采用正传动,其缺点是由于啮合角增大和实际啮合线段缩短,故使重合度减小很多。

10-37 【知识点窍】交错轴斜齿轮传动的尺寸计算。

【逻辑推理】先求出 z_2,再根据交错轴斜齿轮传动的正确啮合条件,求出 β_2,然后根据公式计算 d 和 a。

【解题过程】$i_{12} = \frac{z_2}{z_1}$, $z_2 = z_1 i_{12} = 18 \times 4 = 72$

(1) $\beta_1 = 60°$, $p_n = \pi m_n$, $m_n = \frac{p_n}{\pi} = \frac{9.4248}{\pi} = 3$

$\Sigma = 90° = |\beta_1| + |\beta_2|$ $\beta_2 = \pm 30°$

$d_1 = m_n z_1 / \cos\beta_1 = 3 \times 18 / \cos 60° = 108\text{mm}$

$d_2 = m_n z_2 / \cos\beta_2 = 3 \times 72 / \cos 30° = 249\text{mm}$

$a = r_1 + r_2 = m_n(z_1\cos\beta_1 + z_2\cos\beta_2)/2$
$= 3(18/\cos 60° + 73/\cos 30°)/2 = 178.7\text{mm}$

(2) $\beta_1 = 30°$, $\Sigma = |\beta_1| \pm |\beta_2|$, $\beta_2 = \pm 60°$

$d_1 = m_n z_1 / \cos\beta_1 = 3 \times 18 / \cos 30° = 62\text{mm}$

$d_2 = m_n z_2 / \cos\beta_2 = 3 \times 72 / \cos 60° = 432\text{mm}$

$a = r_1 + r_2 = m_n(z_1/\cos\beta_1 + z_2/\cos\beta_2)/2$
$= 3 \times (18/\cos 30° + 72/\cos(60°))/2 = 247.2\text{mm}$

比较,由于 $z_{min} = z_{vmin}\cos^3\beta$,因而小齿轮的 β 角越大, z_{vmin} 可以取得越大,所以 $\beta_1 = 60°$ 比较好。

10-38 【知识点窍】直齿圆锥传动的尺寸计算。

（直齿锥齿轮参数计算典型题）

表 10-6 标准直齿圆锥齿轮传动的几何参数及尺寸($\Sigma = 90°$)

名称	代号	计算公式 小齿轮	计算公式 大齿轮
分锥角	δ	$\delta_1 = \arctan(z_1/z_2)$	$\delta_2 = 90° - \delta_1$
齿顶高	h_a	$h_a = h_a^* m = m$	
齿根高	h_f	$h_f = (h_a^* + c^*)m = 1.2m$	
分度圆直径	d	$d_1 = mz_1$	$d_2 = mz_2$
齿顶圆直径	d_a	$d_{a1} = d_1 + 2h_a\cos\delta_1$	$d_{a2} = d_2 + 2h_a\cos\delta_2$
齿根圆直径	d_f	$d_{f1} = d_1 - 2h_f\cos\delta_1$	$d_{f2} = d_2 - 2h_f\cos\delta_2$
锥距	R	$R = m\sqrt{z_1^2 + z_2^2}/2$	
齿根角	θ_f	$\tan\theta_f = h_f/R$	
顶锥角	δ_a	$\delta_{a1} = \delta_1 + \theta_f$	$\delta_{a2} = \delta_2 + \theta_f$
根锥角	δ_f	$\delta_{f1} = \delta_1 - \theta_f$	$\delta_{f2} = \delta_2 - \theta_f$
顶隙	c	$c = c^*m$（一般取 $c^* = 0.2$）	
分度圆齿厚	s	$s = \pi m/2$	
分量齿数	z_v	$z_{v1} = z_1/\cos\delta_1$	$z_{v2} = z_2/\cos\delta_2$
齿宽	B	$B \leqslant R/3$（取整）	

注：当 $m \leqslant 1\text{mm}$ 时，$c^* = 0.25, h_f = 1.25m$。

解题过程 根据表10-6对圆锥齿轮进行尺寸计算如下

小齿轮　　　　　　　　大齿轮

分锥角
$\delta_1 = \arctan(z_1/z_2)$　　　$\delta_2 = 90° - \delta_1$
$= \arctan(15/30)$　　　$= 90° - 26.57°$
$= 26.57°$　　　$= 63.43°$

齿顶高 h_a
$h_{a1} = h_{a2} = h_a^* m = m = 5\text{mm}$

齿根高 h_f
$h_{f1} = h_{f2} = (h_a^* + c^*)m = 1.2m = 1.2 \times 5 = 6\text{mm}$

分度圆直径 d
$d_1 = mz_1$　　　$d_2 = mz_2$
$= 5 \times 15$　　　$= 5 \times 30$
$= 75\text{mm}$　　　$= 150\text{mm}$

齿顶圆直径 d_a
$d_{a1} = d_1 + 2h_a\cos\delta_1$　　　$d_{a2} = d_2 + 2h_a\cos\delta_2$
$= 75 + 2 \times 5 \times \cos26.57°$　　　$= 150 + 2 \times 5 \times \cos63.43°$
$= 84\text{mm}$　　　$= 154\text{mm}$

齿根圆直径 d_f
$d_{f1} = d_1 - 2h_f\cos\delta_1$　　　$d_{f2} = d_2 - 2h_f\cos\delta_2$
$= 75 - 2 \times 6 \times \cos26.57°$　　　$= 150 - 2 \times 6 \times \cos63.43°$
$= 64\text{mm}$　　　$= 145\text{mm}$

锥距 R $\qquad R = m\sqrt{z_1^2 + z_2^2}/2 = 5\sqrt{15^2 + 30^2}/2 = 83.85\text{mm}$

齿根角 θ_f $\qquad \theta_f = \text{arctg} \cdot h/R = \arctan 6/83.85 = 4°$

顶锥角 δ_a

$$\begin{aligned} \delta_{a1} &= \delta_1 + \theta_f & \delta_{a2} &= \delta_2 + \theta_f \\ &= 26.57° + 4° & &= 63.43° + 4° \\ &= 30.57° & &= 67.43° \end{aligned}$$

根锥角 δ_f

$$\begin{aligned} \delta_{f1} &= \delta_1 - \theta_f & \delta_{f2} &= \delta_2 - \theta_f \\ &= 26.57° - 4° & &= 63.43° - 4° \\ &= 22.57° & &= 59.43° \end{aligned}$$

顶隙 c $\qquad c = c^* m = 0.2 \times 5 = 1\text{mm}$

分度圆齿厚 $\qquad s = \pi m/2 = 3.14 \times 5/2 = 7.85\text{mm}$

当量齿数 z_v

$$\begin{aligned} z_{v1} &= z_1/\cos\delta_1 & z_{v2} &= z_2/\cos\delta_2 \\ &= 15/\cos 26.57° & &= 30/\cos 63.43° \\ &= 17 & &= 67 \end{aligned}$$

齿宽 B $\qquad B \leqslant R/3 = 83.85/3 \approx 28\text{mm}$

10-39 知识点窍 齿轮是否发生根切的判断。

逻辑推理 先计算分锥角,再计算当量齿数用 $z_v \geqslant 17$ 判断。

解题过程 (1) 先计算分锥角 $\delta_1 = \arctan(z_1/z_2) = \arctan 14/30 = 25°$

$$z_1 = z_{v1} \cdot \cos\delta_1 \qquad z_{v1} = \frac{z_1}{\cos\delta_1} = \frac{14}{\cos 25°} = 15 < 17$$

小齿轮会发生根切。

> 锥齿轮当量齿数计算公式

(2) 先计算分锥角 $\delta_1 = \arctan(z_1/z_2) = \arctan 14/20 = 35°$

$$z_1 = z_{v1}\cos\delta_1 \qquad z_{v1} = \frac{z_1}{\cos\delta_1} = \frac{14}{\cos 35°} = 17 = 17$$

小齿轮不会发生根切。

10-40 解题过程 教材表 10-6 相当于教材表 10-1 中的第一系列和第二系列加在一起又加入了几个标准模数。由于教材表 10-6 为圆锥齿轮的标准模数是按照大端规定的,整个齿轮上沿轴向方向,模数是变化的,因而应该可以选用较多的模数。

10-41 知识点窍 蜗轮蜗杆传动的尺寸计算。

解题过程 (1) 由蜗轮的分度圆直径 $d_2 = mz_2$ 变形得

模数为 $\qquad m = \dfrac{d_2}{z_2} = \dfrac{200}{40} = 5\text{mm}$

故蜗轮端面模数 m_{t2} 及蜗杆轴面模数 m_{x1} 分别为:$m_{t2} = m_{x1} = m = 5$

(2) 蜗杆的轴面齿距为:$p_{x1} = \pi m_{x1} = \pi \times 5 = 15.7\text{mm}$

导程为:$l = z_1 p_{a1} = 1 \times 15.7 = 15.7\text{mm}$

(3) r_1 根据模数可选取 $50/2$ 或 $90/2\text{mm}$,$r_2 = \dfrac{d_2}{2} = 100\text{mm}$。

中心距为

$a = r_1 + r_2 = (25+100)\text{mm} = 125\text{mm}$ 或 $a = r_1 + r_2 = (45+100)\text{mm} = 145\text{mm}$

(4) 由 $\tan\gamma_1 = \dfrac{z_1 \cdot m}{d_1}$ 得

导程角为 $\gamma_1 = \arctan\dfrac{5}{d_1}$ 由 $\beta_2 = \gamma_1$

当取 $d_1 = 50$ 时,$\gamma_1 = \beta_2 = \arctan 0.1 = 5.71°$。

当取 $d_2 = 90$ 时,$\gamma_1 = \beta_2 = \arctan\dfrac{1}{18} = 3.18°$。

在蜗杆轮机构中,二者的旋向相同。

第十一章
齿轮系及其设计

学习要求

1. 了解轮系的分类和应用。
2. 掌握定轴轮系、周转轮系和复合轮系传动比的计算方法。
3. 了解行星轮系的效率、选型以及设计的基本知识。

重难点提示

本章重点：定轴轮系、周转轮系及复合轮系传动比的计算。

本章难点：对复合轮系正确地划分轮系并计算其传动比，首先把复合轮系划分成一个个基本定轴轮系和基本周转轮系，关键是把其中周转轮系划分出来。周转轮系的特点就是有行星轮和行星架，然后对各部分列传动比关系方程，联立方程求解。

内容提要

1 轮系的分类

（1）定轴轮系

各个齿轮的轴线相对于机架的位置都是固定的齿轮系，定轴轮系又可分为平面定轴轮系和空间定轴轮系。

（2）周转轮系

如果在轮系运转时，其中至少有一个齿轮轴线的位置并不固定，而是绕着其他齿轮的固定轴线回转，则这种轮系称为周转轮系。

周转轮系由太阳轮、行星轮、行星架及机架组成。一般都是以太阳轮和行星架为输入输出构件，故又称它们为基本构件。

(3) 复合轮系

既包含有定轴轮系又包含有周转轮系或由几部分周转轮系组成的复杂轮系。

2 齿轮系传动比的计算

(1) 定轴轮系传动比

1) 传动比大小的计算:定轴轮系的传动比等于组成该轮系的各对啮合齿轮传动比的连乘积,也等于各对啮合齿轮中所有从动轮齿数的连乘积与所有主动轮齿数的连乘积之比,即

$$定轴轮系的传动比 = \frac{所有从动轮齿数的连乘积}{所有主动轮齿数的连乘积}$$

数学表达式为 $i = \dfrac{\omega_1}{\omega_n} = \dfrac{z_2 z_4 \cdots z_n}{z_1 z_3 \cdots z_{n-1}}$

2) 首末轮转向关系的确定,可用画转向箭头的方法,循着运动传递路线,从首级主动轮开始依次画到最末轮来确定。

对互相啮合的齿轮,其节点处的圆周速度是相同的,对圆柱齿轮传动和圆锥齿轮传动而言,代表转向的箭头不是同时指向节点,就是同时背向节点;对内啮合圆柱齿轮,两轮转向箭头同向;对螺旋齿轮传动、蜗杆蜗轮传动,可根据两轮在节点处速度三角形来判断。

(2) 周转轮系的传动比

1) 周转轮系传动比常采用"转化机构"法来求解,其基本思路为:对整个周转轮系加上一个与行星架 H 的转速 n_H 大小相等、方向相反的公共转速 $(-n_H)$,行星架 H 变为固定构件了,周转轮系被转化成了定轴的轮系,轮系中各构件之间的相对运动不变,但各构件的绝对转速都发生了变化($n_i^H = n_i - n_H$)。

2) 设周转轮系中任意两轮为 $1, k$ 的转速分别为 n_1, n_k,则转化机构中两轮的传动比:

$$i_{1k}^H = \frac{n_1 - n_H}{n_k - n_H} = (-1)^m \frac{从 1 到 k 间各从动轮齿数的乘积}{从 1 到 k 间各主动轮齿数的乘积}$$

式中 m 为轮系中从齿轮 1 到 k 之间外啮合齿轮的对数。另外,n_1, n_k, n_H 均为代数值,在使用中要有相应的"±号"。

(3) 复合轮系的传动比

1) 复合轮系传动比的计算,应将复合轮系中的定轴轮系和各单级周转轮系区分开来分别计算,再利用各部分轮系的关系,进行代数运算。

2) 复合轮系传动比的计算的关键在于划分轮系,其传动比的计算方法及步骤为:

① 正确划分轮系; ② 分别列式计算; ③ 联立求解。

3 轮系的功用

(1) 实现分路传动;(2) 获得较大的传动比;(3) 实现变速传动;(4) 实现换向传动;(5) 用作运动的合成;(6) 用作运动的分解。

4 行星轮系的效率

行星轮的效率的计算:设已知行星轮系的传动比为 i_{1H},其转化轮系的效率为 η_{1n}^H,则有

若行星轮系中轮 1 为主动,则 P_1 为输入功率,因此其行星轮系的效率为 $\eta_H = (P_1 - P_f)/P_1 =$

$$1 - |1 - 1/i_{1H}|(1 - \eta_{in}^H)$$

或行星轮系中轮 1 为从动时,则 P_1 为输出功率,因此其行星轮系的效率为

$$\eta_{H1} = |P_1|(|P_1| + P_f) = 1/[1 + |1 - i_{H1}|(1 - \eta_{in}^H)]$$

5 行星轮系中各轮齿数的确定

设计行星轮系(即 $2k - H$ 型)时,各轮齿数的选配需满足下述四个条件:

1) 保证实现给定的传动比:$z_3 = (i_{1H} - 1)z_1$。

2) 保证满足同心条件两太阳轮与行星架 H 的回转轴线重合:$z_2 = \dfrac{z_3 - z_1}{2}$。

3) 保证满足均布安装条件。

k 个行星轮应能均布地装入两太阳轮之间,即两太阳轮的齿数和应为行星轮个数 k 的整数倍,亦即:$N = \dfrac{z_3 + z_1}{k}$。

4) 保证满足邻接条件。

相邻两行星轮的齿顶不致互相碰撞,即:$(z_1 + z_2)\sin\dfrac{180°}{k} > z_2 + 2h_a^*$。

典型例题分析

例 11.1 已知轮系中各齿轮齿数 $z_1' = 15, z_4' = 30, z_4 = 45, z_3' = 60, z_3 = 25, z_2' = 20, z_2 = 25, z_1 = 20, z_5 = 1, z_6 = 40$,轴 Ⅰ 转速 $n_1 = 1000 \text{r/min}$,转向如图 11-1 所示,求蜗轮 6 的转速和转向。

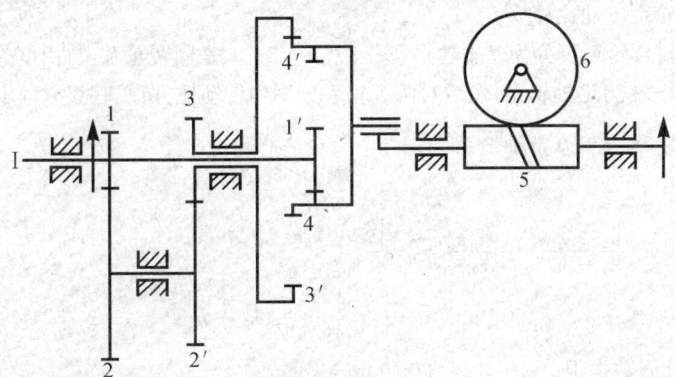

图 11-1

知识点窍 各基本轮系、各基本轮系的传动比计算式。

逻辑推理 通过画啮合点处速度圆来确定:$v_{轮} = v_{杆} + v_{相对}$,蜗杆、蜗轮啮合点速度都垂于各自轴线、啮合点处相对速度平行于螺旋线切线方向。

方向根据"右旋蜗杆左手握,左旋蜗杆右手握,四指 ω_1,拇指 ω_2"来判定。

解题过程　对 1、2—2′、3 轮系：$i_{13} = \dfrac{n_1}{n_3} = \dfrac{z_2 z_3}{z_1 z_2} = \dfrac{25}{16}$，得 $n_3 = \dfrac{16}{25} n_1$；

对 1′、4—4′、3 及 $H(5)$ 轮系：$i_{13'}^H = \dfrac{n_1' - n_H}{n_3' - n_H} = \dfrac{8}{3}$，$i_{1H} = \dfrac{125}{53}$；

对 5、6 轮系：$i_{56} = \dfrac{z_6}{z_5} = 40$　　$i_{16} = i_{1H} \cdot i_{56} = \dfrac{5000}{53}$

$n_6 = n_1 / i_{16} = 10.6 \text{r/min}$。

转向判断：因 $i_{1H} > 0$，所以，蜗杆 5 与齿轮 1 同向；

蜗杆为右旋，用左手判定（四指 ω_1，拇指 ω_2）蜗轮转向为逆时针。

例 11.2　如图 11-2 所示转系，已知各齿轮齿数：$z_2 = 32, z_3 = 34, z_4 = 36, z_5 = 64, z_7 = 32, z_8 = 17, z_9 = 24$。

轴 A 为输入轴，按图示方向转速为 1250r/min，轴 B 为转出轴，按图示方向转速为 600r/min，求轴 C 的转速 n_C 的大小及方向。

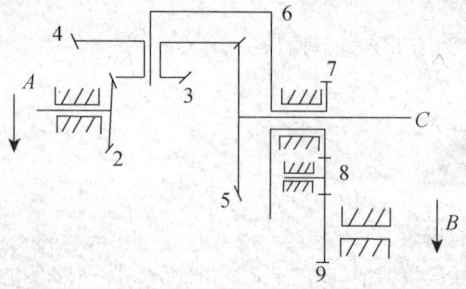

图 11-2

知识点窍　复合轮系传动比计算。

逻辑推理　先将复合轮系析分为基本轮系，2—3—4—5—6 是周转轮系，自由度为 2，即差动轮系；7—8—9 为定轴轮系，然后对两个轮系分别列传动比方程，联立方程求解。

解题过程　(1) 对 7—8—9 定轴轮系　$i_{97} = \dfrac{n_9}{n_7} = \dfrac{z_7}{z_9} = \dfrac{4}{3}$

(2) 对 2—3—4—5—6 差动轮系

$i_{25}^H = \dfrac{n_2 - n_6}{n_5 - n_6} = -\dfrac{z_3 z_5}{z_2 z_4} = -\dfrac{17}{9}$

(3) $n_7 = \dfrac{3}{4} n_9 = 450 \text{r/min}, n_5 - n_6 = -\dfrac{9}{17}(n_2 - n_6)$

代入数据得　$n_5 = 26.47 \text{r/min}$

所以 $n_C = 26.47 \text{r/min}$，转向与轴 A 相同

例 11.3 在图 11-3 所示轮系中,已知各轮齿数 $z_1 = z'_1 = z_2 = z'_2 = z_3 = z_5 = 20, z_4 = 40$,
$|n_1| = 10 \text{r/min}, |n_3| = 5 \text{r/min}$。试:
(1) 计算该轮系的自由度(若有复合铰链、局部自由度或虚约束时应予以指出);
(2) 该轮系为何种轮系?为了使轮 3 的转向与轮 1 的转向相反,齿数 z'_5 应为多少?

知识点窍 轮系自由度。
逻辑推理 轮 2 与轮 2' 有一个是虚约束,
$p' = 2p_l + p'_h - 3n' = 2 \times 1 + 2 - 3 = 1$
轮 3 与轮 1 转向相反,由传动比计算 z'_5 也可由 1 — 1' 与 5 — 5' 轴平行
$z'_5 + z'_1 = z_5 + z_4 \quad z'_5 = 20 + 40 - 20 = 40$

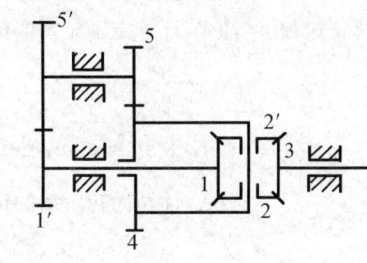

图 11-3

解题过程 (1) 该轮系的自由度为
$F = 3n - (2p_l + p_h)$
$= 3 \times 5 - (2 \times 5 + 4)$
$= 1$

(2) 1'、5'—5、4 组成定轴轮系;1、2—2'、3 及 4(H) 组成周转轮系。整个轮系为混合轮系。

对 1'、5'—5、4 轮系: $i_{14} = \dfrac{n_1}{n_4} = \dfrac{z'_5 z_4}{z'_1 z_5} = \dfrac{z'_5}{10}$ ①

对 1、2—2'、3 及 4(H) 轮系: $i_{13}^H = \dfrac{n_1 - n_H}{n_3 - n_H} = -\dfrac{z_3}{z_1} = -1$ ②

由 ①:$n_H = n_4 = \dfrac{10}{z'_5} n_1 = 100/z'_5$

由 ②:$\dfrac{10 - n_H}{-5 - n_H} = -1 \quad n_H = \dfrac{5}{2}$

所以 $100/z'_5 = 5/2 \quad z'_5 = 40$

例 11.4 如图 11-4 所示,已知轮系中 $z_1 = 60, z_2 = 15, z_{2'} = 20$,各轮模数均相同,求 z_3 及 i_{1H}。

知识点窍 根据同心条件及传动公式计算。
解题过程 由 1、2、2'、3、H 组成一个行星轮系。由同心条件得
$\dfrac{m}{2}(z_1 - z_2) = \dfrac{m}{2}(z_3 - z_{2'})$

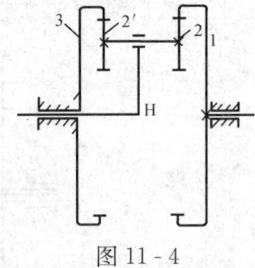

则 $z_3 = z_1 + z_{2'} - z_2 = 60 + 20 - 15 = 65$

$i_{1H} = 1 - i_{13}^H = 1 - \dfrac{z_2 \times z_3}{z_1 \times z_{2'}} = 1 - \dfrac{15 \times 65}{60 \times 20} = 1 - \dfrac{13}{16} = \dfrac{3}{16}$

图 11-4

齿轮 1 与行星架 H 的转向相同。

例 11.5 图 11-5 所示轮系中,已知 $z_1 = 30, z_2 = 26, z_{2'} = z_3 = z_{3'} = z_4 = 21, z_{4'} = 30, z_5 = 2$(右旋蜗杆),又知齿轮 1 的转速为 $n_1 = 260 \text{r/min}$(方向如图所示),蜗杆 5 的转速为 $n_5 = 600 \text{r/min}$(方向如图示),求传动比 i_{1H}。

知识点窍 （1）划分基本轮系：轮1、2组成定轴轮系；轮$2'$、$3-3'$、4及H组成周转轮系；轮$4'$、5组成定轴轮系。整个轮系为混合轮系。

（2）在计算周转轮系传动比时，通过画速度方向箭头，确定轮4转向与轮$2-2'$转向相反，所以，$i_{2'4}^H=-1$。这里画出的轮4转向并非轮4的真实转向，而是假设H不转，由轮$2'$带动轮4转动的方向。

解题过程 首先，计算定轴轮系的传动比i_{12}

$$i_{12}=\frac{n_1}{n_2}=\frac{z_2}{z_1}$$

$$n_2=\frac{z_1}{z_2}n_1=300\text{r/min}$$

然后，计算周转轮系的传动比i_{54}

$$i_{54}=\frac{n_5}{n_4}=\frac{z_4'}{z_5}$$

$$n_4=\frac{z_5}{z_4'}n_5=40\text{r/min}$$

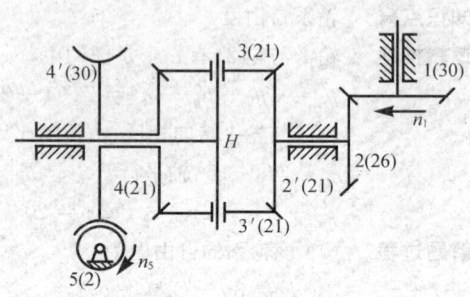

图 11-5

轮$2-2'$转向箭头向上；蜗轮$4'$转向箭头向上。

$$i_{2'4}^H=\frac{n_2-n_H}{n_4-n_H}=-1 \qquad n_H=170\text{r/min}$$

n_H转向箭头也向上。

例 11.6 在图11-6所示轮系中，已知各轮齿数为：$z_1=100, z_2=z_2'=z_3=z_4=30, z_5=80$。求传动比$i_{41}$。

知识点窍 首先对该轮系进行划分，然后分别计算。

解题过程 该轮系是一个基本的周转轮系。该轮系有一个行星架H，三个行星轮（2、$2'$、3），以及分别和三个行星轮相啮合的三个中心轮（1、4、5）。为求解传动比i_{41}，可以将该轮系划分为由齿轮1、2、$2'$、5和行星架H所组成的行星轮系，得

$$i_{15}^H=\frac{\omega_1-\omega_H}{\omega_5-\omega_H}=-\frac{z_2 z_5}{z_1 z_2'}=-\frac{30\times 80}{100\times 30}=-\frac{4}{5}$$

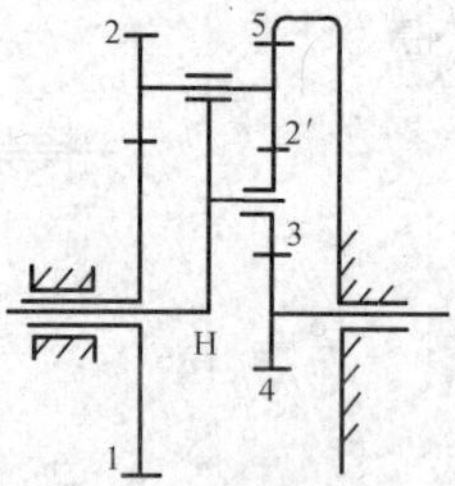

图 11-6

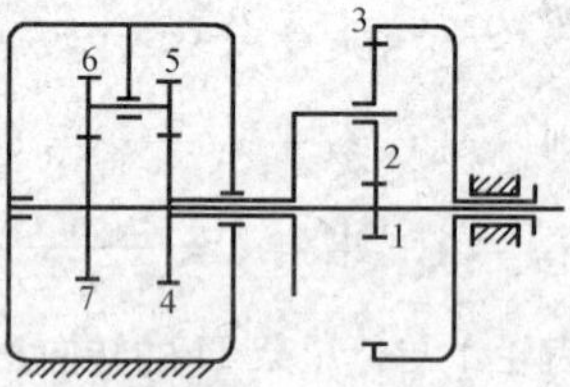

图 11-7

$\omega_5=0 \quad \dfrac{\omega_1}{\omega_H}=\dfrac{9}{5}$

$\omega_H=\dfrac{5}{9}\omega_1$

①

以及由齿轮 2′、3、4、5 和行星架 H 所组成的行星轮系,得

$$i_{45}^H = \frac{\omega_4 - \omega_H}{\omega_5 - \omega_H} = \frac{z_5}{z_4} = \frac{80}{30} = \frac{8}{3} \qquad \frac{\omega_4}{\omega_H} = 1 - \frac{8}{3} = -\frac{5}{3}$$

$$\omega_H = -\frac{3}{5}\omega_4 \qquad ②$$

由式 ① 和式 ② 得 $\quad \frac{5}{9}\omega_1 = -\frac{3}{5}\omega_4$,得传动比

$$i_{41} = -0.93。$$

例 11.7 (北京理工大学)在图 11-7 所示轮系中,已知 $n_1 = 200\text{r/min}$,$z_1 = 20$,$z_3 = 80$,$z_4 = 42$,$z_7 = 40$,$z_5 = 18$,$z_6 = 20$,试求轮 3 的转速 n_3。

逻辑推理 1—2—3 及 4 组成周转轮系,7—6—5—4 组成定轴轮系

解题过程 1—2—3 及 4 组成周转轮系:

$$i_{13}^4 = \frac{n_1 - n_4}{n_3 - n_4} = -\frac{z_3}{z_1} = -4$$

7—6—5—4 组成定轴轮系:$i_{74} = \frac{n_7}{n_4} = +\frac{z_6 z_4}{z_7 z_5} = \frac{7}{6}$

$n_7 = n_1$, $\quad n_3 = 164.29\text{r/min}$(转向与 n_1 相同)

例 11.8 已知图 11-8 所示轮系各轮除 1、2 为蜗杆蜗轮外,其余均为直齿圆柱齿轮,$z_1 = 1$,$z_2 = 40$,$z_{2'} = 15$,$z_3 = 180$,$z_4 = 200$,$z_5 = 80$,$z_6 = 60$,$z_{6'} = 75$,$z_7 = 63$,齿轮 4、5、6、6′ 和 7 的模数 $m = 5\text{mm}$,压力角 $\alpha = 20°$。蜗杆 1 由装在系杆 H_1 上的电机直接驱动,电机转速 $n_电 = 1440\text{r/min}$。试求:

(1) 齿轮 7 的转速 n_7;

(2) 若齿轮 4、5、6 均为标准齿轮,那么齿轮 6′ 和 7 应采用什么类型的传动(正传动、负传动,还是零传动)?为什么?其啮合角等于多少?

知识点窍 (1) 蜗杆 1 与蜗轮 2 都安装在系杆 H_1 上,其相对运动与系杆 H_1 的转动无关,所以,虽然蜗杆 1、蜗轮 2 的轴线不固定,但它们仍是组成定轴轮系。

(2) 划分基本轮系:1、2 定轴轮系;3、2′ 及 H_1 周转轮系;5、6、4 及 H_2 周转轮系;5、6—6′、7 及 H_2 周转轮系。

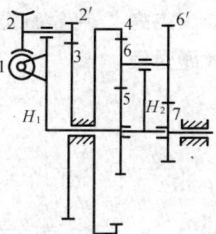

图 11-8

解题过程 划分基本轮系并计算

(1) $i_{12} = \frac{z_2}{z_1} = 40 \quad n_2 = 36\text{r/min}$

$$i_{32}^{H_1} = \frac{n_3 - n_{H_1}}{n_{2'} - n_{H_1}} = \frac{-n_{H_1}}{36 - n_{H_1}} = \frac{z_{2'}}{z_3} = \frac{1}{12} \quad n_{H_1} = n_5 = 2.77\text{r/min}$$

$$i_{54}^{H_2} = \frac{n_5 - n_{H_2}}{n_4 - n_{H_2}} = \frac{z_4}{z_5} = -2.5 \quad n_{H_2} = 0.79\text{r/min}$$

$$i_{57}^{H2} = \frac{n_5 - n_{H2}}{n_7 - n_{H2}} = \frac{z_6 z_7}{z_5 z_6} = 0.63 \quad n_7 = 3.933 \text{r/min}$$

(2) 齿轮 $6'$ 和 7 应采用正传动。

因为 $a_{56} = \frac{1}{2}m(z_5 + z_6) = 350\text{mm} > a_{6'7} = \frac{1}{2}m(z_6' + z_7) = 345\text{mm}$,只能使齿轮 $6'$、7 的安装中心距 a' 与 a_{56} 相等。

$$a' = \arccos(\frac{a}{a'}\cos\alpha) \approx 22.1396°$$

例 11.9 在图 11-9 所示轮系中,已知各轮齿数为 $z_1 = z_4 = 40, z_2 = z_5 = 20, z_3 = z_6 = 80$,求:(1) 轮系的自由度;(2) 传动比 i_{1H}。

知识点窍 虚约束、基本轮系。

逻辑推理 行星轮 5 有虚约束 $p' = 2p_l' + p_h' - 3n' = 2 \times 1 + 2 - 3 = 1$
轮 1、2、3 及 H 组成一基本周转轮系,轮 4、5、6 及 3 组成一基本周转轮系,系杆 H' 与轮 3 为同一构件,太阳轮 6 与 H 为同一构件。

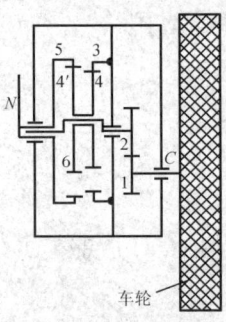

图 11-9

解题过程 (1) 轮的自由度为

$$F = 3n - (2p_l + p_h) = 3 \times 5 - (2 \times 5 + 4) = 1$$

(2) $i_{13}^H = \frac{n_1 - n_H}{n_3 - n_H} = -\frac{z_3}{z_1} = -2$

$i_{46}^H = \frac{n_4 - n_3}{n_H - n_3} = -\frac{z_6}{z_4} = -2$

得 $n_3 = \frac{2}{3}n_H$, 则传动比 $i_{1H} = \frac{5}{3}$

例 11.10 在图 11-10 所示输送带的行星减速器中,已知:$z_1 = 10, z_2 = 32, z_3 = 74, z_4 = 72, z_2' = 30$ 及电动机的转速为 1450r/min,求输出轴的转速 n_4。

知识点窍 考察行星齿轮传动比的计算。

解题过程 $1-2-3-H$ 行星轮系;
$3-2-2'-4-H$ 行星轮系;
$1-2-2'-4-H$ 差动轮系;
这两个轮系是独立的

$$i_{13}^H = \frac{n_1 - n_H}{-n_H} = -\frac{z_3}{z_1} \quad (1)$$

$$i_{43}^H = \frac{n_4 - n_H}{-n_H} = \frac{z_{2'}z_3}{z_4 z_2} \quad (2)$$

$i_{1H} = 1 + \frac{z_1}{z_3} \qquad i_{4H} = 1 - \frac{z_2' z_3}{z_4 z_2}$

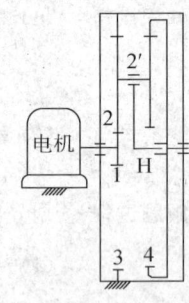

图 11-10

$$i_{41} = \frac{i_{4H}}{i_{1H}} = \frac{1 - \frac{z_2' z_3}{z_4 z_2}}{1 + \frac{z_3}{z_1}} \quad n_4 = 6.29 \text{r/min} \quad 与 n_1 转向相现。$$

例 11.11 在图 11-11 所示的复合轮系中,设已知 $n_1 = 3549 \text{r/min}$,又各轮齿数为 $z_1 = 36, z_2 = 60, z_3 = 23, z_4 = 49, z_4' = 69, z_5 = 31, z_6 = 131, z_7 = 94, z_8 = 36, z_9 = 167$,试求行星架 H 的转速 n_H(大小及转向)?

知识点窍 考察行星齿轮传动比的计算。

解题过程 此轮系是一个复合轮系

在 $1-2(3)-4$ 定轴轮系中 $i_{14} = \frac{z_2 z_4}{z_1 z_3} = \frac{60 \times 49}{36 \times 23} = 3.551$(转向见图 11-11)

在 $4'-5-6-7$ 行星轮系中

$$i_{4'7} = 1 - i_{4'6}^H = 1 + \frac{z_6}{z_4'} = 1 + \frac{131}{69} = 2.899$$

在 $7-8-9-H$ 行星轮系中

$$i_{7H} = 1 - i_{79}^H = 1 + \frac{z_9}{z_7} = 1 + \frac{167}{94} = 2.777$$

$$i_{1H} = i_{14} \cdot i_{4'7} \cdot i_{7H} = 3.551 \times 2.899 \times 2.777$$
$$= 28.587$$

故 $n_H = n_1 / i_{1H} = 3549/28.587 = 124.15(\text{r/min})$,其转向与轮 4 转向相同

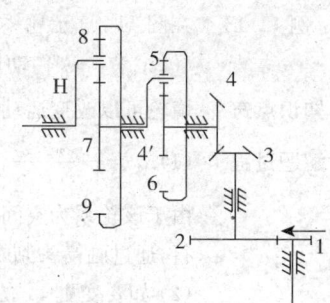

图 11-11

例 11.12 在图 11-12 所示的轮系中,设各轮的模数均相同,且为标准传动,若已知其齿数 $z_1 = z_{2'} = z_{3'} = z_{6'} = 20, z_2 = z_4 = z_6 = z_7 = 40$,试问:

1) 当把齿轮 1 作为原动件时,该机构是否具有确定的运动?
2) 齿轮 3、5 的齿数应如何确定?
3) 当齿轮 1 的转速 $n_1 = 980 \text{r/min}$ 时,齿轮 3 及齿轮 5 的运动情况各如何?

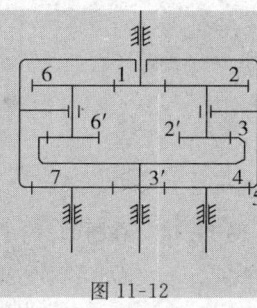

图 11-12

知识点窍 齿轮同轴的条件。

解题过程 1. 计算机构自由度

$n = 7, p_l = 7, p_h = 8, p' = 2, F' = 0$。

(6(6') 及 7 引入虚约束,结构重复)

因此机构(有、无)确定的相对运动(删去不需要的)。

2. 确定齿数

根据同轴条件,可得:$z_3 = z_1 + z_2 + z_{2'} = 20 + 40 + 20 = 80$

$$z_5 = z_{3'} + 2z_4 = 20 + 2 \times 40 = 100$$

3. 计算齿轮 3、5 的转速

1) 图示轮系为封闭式轮系,在作运动分析时应划分为如下两部分来计算。
2) 在 1—2(2′)—3—5 差动轮系中,有如下计算式

$$i_{13}^5 = \frac{n_1 - n_5}{n_3 - n_5} = -\frac{z_2 z_3}{z_1 z_{2'}} = -\frac{40 \times 80}{20 \times 20} = -8 \qquad ①$$

3) 在 3′—4—5 定轴轮系中,有如下计算式

$$i_{3'5} = \frac{n_3}{n_5} = -\frac{z_5}{z_3} = -\frac{100}{20} = -5 \qquad ②$$

4) 联立式 ① 及 ②,得 $n_5 = \frac{n_1}{49} = 980/49 = 20 r/min$

$n_3 = -5 n_5 = -5 \times 20 = -100 r/min$

故 $n_3 = -100 r/min$,与 n_1 反向;$n_5 = 20 r/min$,与 n_1 同向。

例 11.13 在图 11-13 示轮系中,各轮齿数为 $z_1 = 20, z_2 = 40, z_{2'} = 20, z_3 = 30, z_{3'} = 20, z_4 = 40$。试求:(1) 传动比 i_{14};(2) 如要变更 i_{14} 的符号,可采取什么措施?

知识点窍 惰轮可以改变运动方向,但不改变传动比。

解题过程 (1) $i_{14} = -\frac{z_2 z_3 z_4}{z_1 z_2 z_3} = -\frac{40 \times 30 \times 40}{20 \times 20 \times 20} = -6$

由于该轮系为空间定轴轮系,其方向只能用画箭头的方法判断,又轮 4 的轴线怀轮 1 平行,通过画箭头判断轮 4 和轮 1 的转向相反,故在传动比前加"—"。

(2) 如要变更 i_{14} 的符号,可将齿轮 3 和 4 变为齿轮,或在 3、4 加一个惰轮。

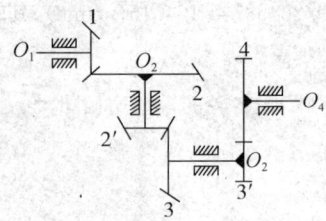

图 11-13

例 11.14 在图 11-14 所示的行星轮系中,皮带轮作为系杆,已知 $z_1 = 20, z_2 = 20, z_2' = 21, z_3 = 22$,试求传动比 i_{1H}

知识点窍 行星轮系传动比的计算。

解题过程 $i_{12}^H = \frac{\omega_1 - \omega_H}{\omega_2 - \omega_H} = -\frac{z_2}{z_1} = -\frac{20}{20} = -1.$

$i_{32'}^H = \frac{\omega_3 - \omega_H}{\omega_2 - \omega_H} = \frac{0 - \omega_H}{\omega_2 - \omega_H} = -\frac{z_2'}{z_3} = -\frac{21}{22}.$

$\omega_H = \frac{21}{22}(\omega_2 - \omega_H), \omega_2 = \frac{22}{21}\left(\omega_H + \frac{21}{22}\omega_H\right) = \left(\frac{22}{21} + 1\right)\omega_H;$

$\omega_1 - \omega_H = -\left[\left(\frac{22}{21} + 1\right)\omega_H - \omega_H\right] = -\frac{22}{21}\omega_H.$

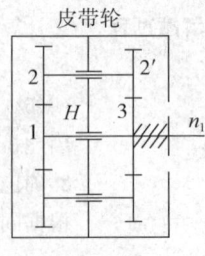

图 11-14

$$\omega_1 = -\frac{22}{21}\omega_H + \omega_H = \left(-\frac{22}{21} + \frac{21}{21}\right)\omega_H = -\frac{1}{21}\omega_H, i_{1H} = \frac{\omega_1}{\omega_H} = -\frac{1}{21}。或者直接求解：$$

$$i_{13}^H = \frac{\omega_1 - \omega_H}{\omega_3 - \omega_H} = \frac{\omega_1 - \omega_H}{0 - \omega_H} = \frac{z_2 z_3}{z_1 z_2'} = \frac{20}{20} \cdot \frac{22}{21} = \frac{22}{21}, \omega_1 - \omega_H = -\frac{22}{21}\omega_H$$

$$\omega = -\frac{1}{21}\omega_H。$$

例 11.15 图 11-15 为一复合轮系,已知：$z_1 = z_{2'} = 25, z_2 = z_3 = 20, z_H = 100, z_4 = 20$,试求：
(1) 该复合轮系的传动比 i_{14}；
(2) n_1 的转向如图示,标出系杆 H 的转向。

知识点窍 周转轮系传动比的计算。

解题过程 该复合轮系由行星轮系与定轴轮组合而成,构件 $1-2-2'-3-H$ 与机架 5 组成行星轮系；构件 $H-4$ 与机架 5 组成的定轴轮系。
(1) 周转轮系的传动比方程为

$$i_{13}^H = \frac{\omega_1^H}{\omega_3^H} = \frac{\omega_1 - \omega_H}{\omega_3 - \omega_H} = \frac{\omega_1 - \omega_H}{0 - \omega_H} = \frac{z_2}{z_1} \cdot \frac{z_3}{z_{2'}} = \frac{20}{25} \cdot \frac{20}{25} = 0.64$$

$$\omega_1 - \omega_H = -0.64\omega_H, \omega_1 = 0.36\omega_H。$$

(2) 构件 $H-4$ 与机架 5 组成的定轴轮系的传动比方程为

$$i_{4H} = \frac{\omega_4}{\omega_H} = -\frac{z_H}{z_4} = -\frac{100}{20} = -5, \omega_H = -\frac{1}{5}\omega_4, \frac{\omega_H}{\omega_4} = -\frac{1}{5},$$

化简以上两式得 $i_{14} = \frac{\omega_1}{\omega_H} \frac{\omega_H}{\omega_4} = 0.36 \times \left(-\frac{1}{5}\right) = -0.072$

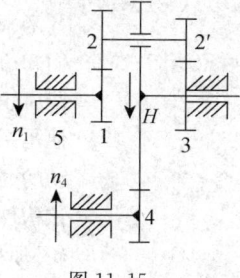

图 11-15

例 11.16 试在图 11-16 中标出压力角。

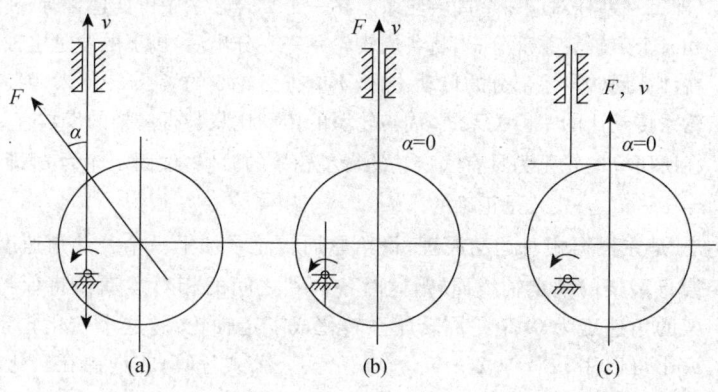

图 11-16

知识点窍 考察压力角的定义。

思考题及练习题详解

11-1 对于定轴轮系可以用画箭头的方法来确定从动轮的转向,而且由于互相啮合的两齿轮在节点处的圆周速度相同,所以表示它们转向关系的两个箭头不是箭头相对就是箭尾相对。

对于周转轮系来说,由于其转化机构已成为定轴轮系,故在转化机构中各构件的转向关系也可用画箭头的方法来确定。不过要注意,这样用箭头确定的构件转向关系,是指在转化机构中各构件的转向关系,而并非该周转轮系中各构件绝对运动 $\omega_1, \omega_2, \cdots \omega_H$ 的转向关系,这一点千万不能混淆。至于 $\omega_1, \omega_2 \cdots \omega_H$ 等的转向关系是要根据计算的结果来确定的。

11-2 计算复合轮系传动比的关键是正确地将轮系的周转轮系部分和定轴轮系部分划分开来。而为了正确地将轮系划分,关键是先要把其中的周转轮系部分划分出来。我们知道周转轮系的特点是含有行星轮,而为了找出行星轮,应先仔细观察轮系中哪些齿轮的轴线的位置是不固定的,这些齿轮便是行星齿轮。而行星齿轮所在的构件便是系杆(系杆的形状一般并不是简单的杆状的,它本身可能是一个轮子,一个转动的壳体,或其它形状的转动构件。但是,不论其形状如何,只要有行星轮的轴装在该构件上它就是一个系杆)。找出行星轮和系杆后,再找出与行星轮相啮合的中心轮。那么,每一系杆,连同系杆上的行星轮系与行星轮相啮合的中心轮,就组成了一个周转轮系。一个周转轮系可能具有若干个行星轮,但这些行星轮必须是装在同一个系杆上的。如果不是装在同一系杆上,那么,有 n 个系杆就对应有 n 个周转轮系(即每一系杆对应一个周转轮系)。在一个复合轮系中可能包含有 n 个周转轮系部分和 n 个定轴轮系部分。当将各周转轮系一一分出后,剩下的便是定轴轮系部分了。在计算周转轮系部分的传动比时,不应把齿轮 5 的齿数 z_5 计入,因为根据计算周转轮系传动比的一般关系式,周转轮系的传动比只与行星架的齿数有关。

11-3 在所研究的轮系为具有固定轮的行星轮系的时候,设固定轮为 n,即 $\omega_n = 0$ 时,$i_{mH} = 1 - i_{mn}^H$ 公式才是正确的。

11-4 i_{mn}^H 是在根据相对运动原理,设给原周转轮系加上一个公共角速度"$-\omega_H$",使之绕行星架的固定轴线回转,这时各构件之间的相对运动仍将保持不变,而行星架的角速度为 0,于是周转轮系转化成了定轴轮系,这个转化轮系的传动比,其大小可以用 $i_{mn}^H = (n_m - n_H)/(n_n - n_H)$ 公式计算;方向由在转化轮系中 m, n 两轮的转向关系来确定。

11-5 机械中的摩擦损失功率主要取决于各运动副中的作用力、运动副元素间的摩擦系数和相对运动速度的大小。行星轮系的转化轮系和原行星轮系的差别,仅在于给整个行星轮系附加了一个公共角速度($-\omega_H$)。经过这样的转化后,各构件之间的相对运动没有改变,而轮系各运动副中的作用力(当不考虑构件回转的离心力时)以及摩擦系数也不会改变。因而行星轮系与其转化轮系中的摩擦损失功率 P^H(主要指轮齿啮合损失功率)应相等(即 $P_f = P_f^H$)。

当行星轮系为高速时,构件的回转的离心力非常大,不能够忽略,因而用转化轮系法会带来较大的误差。

11-6 解题过程 正号机构和负号机构分别指其转化轮系的传动比 i_{mn}^H 为正号或负号的周转轮系。正号机构当用作减速时,无论减速比为多少均不会发生自锁,但在某些情况下效率很低;当用作增速时,则在某些情况下会发生自锁。采用正号机构作为传动装置,虽失之于效率低,却得之于传动比大和结构紧凑。

对于负号机构来说,无论用作增速还是减速,都具有较高的效率。因此,在设计行星轮系的时候,若用于传递功率,应尽可能选用负号机构。若希望用负号机构来实现大的减速比,首先应设法增大其转化机构的传动比的绝对值,这势必造成机构本身尺寸增大,即得之于效率较高,将失之于机构尺寸过大。

由于负号机构的传动效率较高,因此动力传动应采用负号机构。如果要求具有较大的传动比,而单级负号机构不能满足要求时,则可将负号机构串联起来使用,或采用负号机构与定轴轮系联合的复合轮系,以获得较大的传动比。正号机构一般用在传动比大而对效率要求不高的辅助机构中,例如磨床的进给机构,轧钢机的指示器等。

11-7 解题过程 在选用封闭式行星轮系时,要特别注意轮系中的功率流动问题。如其型式及有关参数选择不当,可能会形成有一部分功率只在轮系内部循环,而不能向外输出的情况,即形成所谓的封闭功率流。这种封闭的功率流将增大摩擦功率损失,使轮系的效率和强度降低,对于传动极为不利。

11-8 解题过程 (1) 尽可能近似地实现给定的传动比

因 $i_{1H} = 1 + z_3/z_1$,故 $z_3/z_1 = i_{1H} - 1$

(2) 保证满足同心条件。

要行星轮系能正常运转,其三个基本构件的回转轴线必须在同一直线上,此即同心条件。

(3) 保证满足均布安装条件。

为使各行星轮都能在圆周方向上均布地装入两太阳轮之间,行星轮的个数与各齿数之间必须满足一定的关系,否则将会因行星轮与太阳轮轮齿的干涉而不能装配。

(4) 保证满足邻接条件

为了保证相邻两行星轮不致互相碰撞,需使中心距大于两轮齿顶圆半径之和。

11-9 解题过程 行星轮系的特点之一是可采用多个行星轮来分担载荷。但实际上,由于制造和装配误差,以及工作时的变形等,往往会出现各行星轮受力极不均匀的现象,为了尽可能降低载荷分配不均现象,必须采用结构上的措施来保证载荷得到接近均匀的分配。为此,常指行星轮系中的某些构件作成可以浮动的。在轮系运转中,如各行星轮受力不均匀,这些构件能在一定的范围内自由浮动,以达到自动调节各行星轮载荷的目的。

采用均载装置后不会影响该轮系的传动比,因为各齿轮的齿数并没有变化。

11-10 解题过程 当行星轮1与内齿轮2的齿数差 $\Delta z = z_2 - z_1 = 1 \sim 4$ 时,就称为少齿差行星齿轮传动。

摆线针轮传动的齿数差为一齿。

谐波齿轮传动柔轮和刚轮的齿距相同,但齿数不等,刚轮与柔轮的齿数差通常等于波数 n,即

$$z_v - z_s = n$$

11-11 知识点窍 定轴轮系传动比的计算,定轴轮系传动方向的判定。

逻辑推理 使用传动比计算公式 $i_{15} = \dfrac{z_2 z_3 z_4 z_5}{z_1 z_2' z_3' z_4'}$

判断方向使用画箭头的方法。

解题过程 $i_{15} = \dfrac{z_2 z_3 z_4 z_5}{z_1 z_2' z_3' z_4'} = \dfrac{50 \times 30 \times 40 \times 52}{20 \times 15 \times 1 \times 18} = 5200/9$

当提升重物时手柄的转向为从左向右看为逆时针方向。

11-12 知识点窍 定轴轮系传动比的计算。

逻辑推理 先通过传动比的计算,得出测量杆1移动0.001mm齿轮4转动的圈数,最后再计算出 R。

解题过程 $i_{2'4} = (-1)^3 \dfrac{z_3 z_4}{z_2' z_3'} = -\dfrac{16 \times 12}{120 \times 160} = -1/100$

将1移动的距离转化为齿轮2轮过的圈数。

1 移动距离 $L = 0.001$mm

齿轮2的直径 $d_2 = mz_2 = 0.11 \times 29 = 3.19$mm

齿轮2的周长 $c_2 = \pi d_2 = 10.02$mm

杆1和齿轮2是一对齿条与齿轮的外啮合,设杆1每移动0.001mm时间为 t。

$$v_1 = n_2 \dfrac{1}{2} mz_2$$

$$n_2 = \dfrac{2v_1}{mz_2} = \dfrac{2 \times 0.001/t}{0.11 \times 29} = \dfrac{0.2}{319t}$$

$$n_4 = 100n_2' = 100n_2 = \dfrac{20}{319t}$$

由题知,指针摆动一个刻度的 $s = 1.5$mm。

则摆角 θ 有关系式: $\theta \cdot R = s$,即 $\theta = \dfrac{s}{R}$, $\theta = n_4 t = \dfrac{s}{R}$

则 $R = \dfrac{s}{n_4 t} = \dfrac{1.5}{\dfrac{20}{319}t}t = 23.925$mm

11-13 解题过程 蜗杆每转动一圈,蜗轮2转动1/99圈,活动刻度盘转1格,蜗轮3转动1/100圈,指针在固定刻度盘1的读数转一格。

指针在固定刻度盘上和活动刻度盘上的每一格读数各代表绕制线圈的一匝。
线圈每绕制 100 匝,固定刻数盘与活动刻度盘的指数相差 1,现在固定刻数盘与活动刻度盘的指数相差 21,则线圈已绕制 $26 \times 100 + 5 = 2605$ 圈。

11-14 知识点窍 行星轮系传动比的计算。

逻辑推理 题目中含有两个行星轮系,应分别计算,图中两行星轮系均为 $2K-H$ 负号机构。

解题过程 ① 首先计算第一行星轮系的 H_1 的转速

$$i_{13}^{H_1} = \frac{n_1 - n_{H_1}}{n_3 - n_{H_1}} = -\frac{z_3}{z_1}$$

其中 $n_3 = 0$

所以 $n_{H_1} = \frac{z_1}{z_1 + z_3} n_1 = \frac{7}{46} n_1$

② 再计算第二个行星轮系的 H_2 的转速

$$i_{46}^{H_2} = \frac{n_4 - n_{H_2}}{n_6 - n_{H_2}} = -\frac{z_6}{z_4}$$

其中 $n_4 = n_{H_1}, n_6 = 0$

解得 $n_{H_2} = \frac{z_4}{z_4 + z_6} n_{H_1} = \frac{z_1 z_4}{(z_1 + z_3)(z_4 + z_6)} n_1 = 69.47 \text{r/min}$

11-15 知识点窍 周转轮系传动比的计算。

解题过程 计算周转轮系的转化轮系的传动比

$$i_{12}^{H} = \frac{z_2}{z_1} = \frac{n_1 - n_H}{n_2 - n_H}, \quad n_2 = \frac{1}{100} n_H$$

当旋钮转动一圈时,齿轮 2 转过 $\frac{1}{100} \times 360° = 3.6°$。

11-16 知识点窍 周转轮系传动比的计算,周转轮系传动方向的确定。

解题过程 (a) $i_{13}^{H} = \frac{z_2 z_3}{z_1 z_2'} = \frac{n_1 - n_H}{n_3 - n_H}, \quad n_H = \frac{-1800}{3} = -600 \text{r/min}$

(b) $i_{13}^{H} = -\frac{z_2 z_3}{z_1 z_2'} = \frac{n_1 - n_H}{n_3 - n_H}, \quad n_H = \frac{200}{13} = 15.38 \text{r/min}$

转化轮系传动比的"±"号确定错误,如题(a) 和(b) 结果所示,将导致整个计算结果的错误。它不仅表明在转化机构中中心轮和 n 转向之间的关系,而且将直接影响到周转轮系传动比的大小和正负号。用箭头确定的构件的转向关系,是指在转化机构中各构件的转向关系,而并非该周转轮系中各构件绝对运动的转向关系。

(a) $n_1^H = n_1 - n_H = 800 \text{r/min}, n_3^H = -100 + 600 = 500 \text{r/min}$

(b) $n_1^H = n_1 - n_H = 184.62 \text{r/min}, n_3^H = n_3 - n_H = -115.38 \text{r/min}$

由此可见 n_1 与 n_1^H, n_3 与 n_3^H 之间的转向未必是相同的,需要靠计算来确定。

11-17 知识点窍 周转轮系传动比的计算。

解题过程 图中所示轮系为周转轮系,它由双联行星轮 $2-2'$,行星架 H 及两个太阳轮 1,3,4

组成自由度 $F=2$ 差动轮系。

$$i_{13}^H = \frac{\omega_1 - \omega_H}{\omega_3 - \omega_H} = -\frac{z_3}{z_1} \quad ①$$

$$i_{14}^H = \frac{\omega_1 - \omega_H}{\omega_4 - \omega_H} = -\frac{z_2 z_4}{z_1 z_{2'}} \quad ②$$

$$i_{14} = \frac{\omega_1}{\omega_4}$$

因为 $\omega_3 = 0$，由①式可得：$\omega_H = \frac{2}{21}\omega_1$. ③

将③式代入②式可得：$i_{14} = \frac{\omega_1}{\omega_4} = -588$（$n_1$ 与 n_4 转向相反）

11-18 [知识点窍] 行星轮系传动比的计算，行星轮系效率的计算。

[逻辑推理] 首先计算出行星轮系的传动比，即运动的输入端为手轮 A，输出端为链轮 B，所以根据 $\eta = \frac{输出功率}{输入功率}$ 计算出力 F。

[解题过程] 已知双联齿轮 2 为行星轮，4 为行星架，齿轮 1、3 为太阳轮，由于齿轮 3 为固定轮，所以

$$i_{14} = 1 - i_{13}^4 = 1 + \frac{z_2 z_3}{z_1 z_{2'}} = 1 + \frac{20 \times 40}{10 \times 10} = 9$$

$$\eta = \frac{P_0}{P_i} = \frac{M_i \cdot \omega_1}{M_i \cdot \omega_1} = \frac{G \cdot \frac{80}{2} \times \omega_1}{F \cdot \frac{320}{2} \times \omega_1} = \frac{G\omega_4}{4F\omega_1} = \frac{G}{4F} \cdot \frac{1}{i_{14}} = 0.9$$

故 $F = \frac{G}{4i_{14} \times 0.9} = \frac{10}{4 \times 9 \times 0.9} = 0.3 \text{kN}$

11-19 [知识点窍] 周转轮系传动比的计算。

[逻辑推理] 由于图中只有一个行星架，所以图中轮系为一个差动轮系，而非复合轮系根据差动轮系。传动比的计算公式，列方程解题。

[解题过程] $i_{16}^H = \frac{\omega_1 - \omega_H}{\omega_6 - \omega_H} = \frac{n_1 - n_H}{n_6 - n_H} = \frac{z_2 z_4 z_6}{z_1 z_3 z_5} = \frac{25 \times 24 \times 121}{30 \times 24 \times 18} = \frac{605}{108}$

由上式得 $605 n_6 = 108 n_1 + 497 n_H$

因为 $n_H = 316 \text{r/min}, n_1 = 48 \sim 200 \text{r/min}$

$n_6 = 268 \sim 295 \text{r/min}$

11-20 [知识点窍] 差动轮系传动比的计算。

[逻辑推理] 由于图中只有一个行星架 H，所以可以按照周转轮系的传动比计算公式列出方程，以解出 n_H。

[解题过程] 当制动器 B 制动，A 放松时，该轮系为周转轮系；当制动器 B 放松，A 制动时，该轮系为定轴轮系。当 B 制动，A 放松时，$i_{17}^H = \frac{n_1 - n_H}{n_7 - n_H} = -\frac{z_2 z_4 z_7}{z_1 z_3 z_5 z_6}$

此时 $n_7 = 0, n_1 = 1450 \text{r/min}$

可得 $n_H = 39.91 \text{r/min}$（n_H 的转向与 n_1 的转向相同）

11-21 知识点窍 行星轮系齿轮数的确定，复合轮系传动比的计算。

逻辑推理 题中轮系为封闭式行星轮系，具有特殊性。先使用同心条件确定齿轮 3,5 的齿数，再计算传动比。解题关键是分析复合轮系的结构。

解题过程 (1) 题中轮系为封闭式行星轮系，基本构件 3 和 5 被定轴轮封闭起来了，从而使差动轮系部分的两个基本构件 3 及 5 之间保持一定的速比关系，而整个轮系变成了自由度为 1 的一种特殊的行星轮系。

(2) 根据确定行星轮系齿轮数的同心条件可得
$$2r_3 = 2r_1 + r_2 + r_6 + r_6' + r_2'$$
即 $2z_3 = 2z_1 + z_2 + z_2' + z_6' + z_6$
$$z_3 = 20 + 20 + 10 + 10 + 20 = 80$$
$$r_5 = 2r_4 + r_3'$$
即 $z_5 = 2z_4 + z_3'$
$$z_5 = 2 \times 40 + 20 = 100$$

(3) 该轮系可分解为一定轴轮系 $3'—4—5—7$ 和一周转轮系 $6'—6—1—2—2'—3—5$

对定轴轮系
$$i_{3'5} = \omega_{3'}/\omega_5 = \omega_3/\omega_5 = -\frac{z_5}{z_{3'}} \qquad ①$$

对周转轮系
$$i_{13}^5 = \frac{\omega_1 - \omega_5}{\omega_3 - \omega_5} = -\frac{z_2 z_3}{z_1 z_i} \qquad ②$$

联立 ①② 得
$$i_{15} = \frac{z_2 z_3}{z_1 z_i}\left(1 + \frac{z_5}{z_3}\right) + 1 = 49$$

$n_5 = n_1/i_{15} = 20 \text{r/min}$（其转向与 n_1 相同）

$n_3 = -n_5 \times \frac{z_5}{z_3} = -100 \text{r/min}$（负号表示转向与 n_1 相反）

11-22 知识点窍 复合轮系传动比的计算。

逻辑推理 先给整个轮系以 $-\omega_H$ 角速度绕 OO 轴线回转，此时的轮系转变为复合轮系，分析该复合轮系，再进行计算。

解题过程 先给整个轮系以 $-\omega_H$ 角速度绕 OO 轴线回转，此时对轮系进行分析。首先将该轮系中的周转轮系分出来，它由行星轮 5，行星架 3，及两个太阳轮 1、6 组成。
$$i_{46}^3 = \frac{\omega_4' - \omega_3'}{\omega_6' - \omega_3'} = -\frac{z_5 z_6}{z_4 z_5} = -\frac{z_6}{z_4}$$

第二层次中齿轮 4 和 5 的转化机构传动比的简式为

$$i_{45}^{(3)} = \frac{n_4 - n_3}{n_5 - n_3} = -\frac{z_5}{z_4} = -\frac{38}{21}$$

第一层次中齿轮 1 和 2 的转化机构传动比为

$$i_{12}^{(H)} = \frac{n_1 - n_H}{n_2 - n_H} = -\frac{z_2}{z_1} = -\frac{85}{30} = -\frac{17}{6}$$

又因为 $n_4 = n_2$,则可得 $n_2 = n_4 = \dfrac{23 n_H - 6 n_1}{11}$

齿轮 3 和 7 的转化机构传动比为

$$i_{37}^{(H)} = \frac{n_3 - n_H}{n_7 - n_H} = \frac{z_7}{z_3} = \frac{147}{32}$$

但 $n_7 = 0$,因此简化后得 $\quad n_3 = -\dfrac{115}{32} n_H$

又因为 $n_1 = 1000 \text{r/min}$,所以得 $n_H = 13.489 \text{r/min}, n_3 = -47.574 \text{r/min}$, $n_2 = -335.03 \text{r/min}$,则

$n_5 = 111.24 \text{r/min}$,

$$v_A = r_a \cdot \omega_5 = \frac{200}{1000} \times \frac{2\pi \times (111.24 - 47.574 + 13.489)}{60} = 1.62 \text{m/s}$$

11-23 知识点窍 行星轮系的设计问题。

解题过程 采用如图 11-17 所示的 $2K-H$ 型单排行星轮系较为简单适宜。

(1) 由传动比条件知: $i_{1H} = 1 - i_{13}^H = 1 + \dfrac{z_3}{z_1}$,

由此可知 $\dfrac{z_3}{z_1} = i_{1H} - 1 = 4.33$

(2) 由安装条件知: $\dfrac{(z_1 + z_3)}{k} = N$

即 $\dfrac{z_1}{k}(1 + \dfrac{z_3}{z_1}) = \dfrac{z_1}{4} \times 5.23 = N$

$z_1 = \dfrac{4N}{5.33} = 15.01, 18.01, 21.01, 24.02, 27.02$

取 $z_1 = 24$,则 $z_3 = 103.92$,故取 $z_3 = 104$。

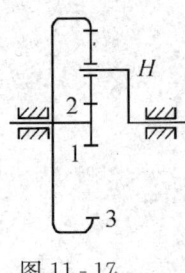

图 11-17

(3) 由同轴条件知:

$$z_2 = \frac{1}{2}(z_3 - z_1) = \frac{1}{2}(104 - 24) = 40$$

故 $z_1 = 24, z_2 = 40, z_3 = 104$

(4) 又因为其传动比误差 $i_{1H} = 1 + \dfrac{z_3}{z_1} = 1 + \dfrac{104}{24} \approx 5.33$

误差很小,可以采用,同时其也满足邻接条件 $(z_1 + z_3)\sin\dfrac{180°}{k} > z_2 + 2h_a^*$,故合适。

11-24 知识点窍 行星轮系的均布安装条件。

解题过程 (1) 太阳轮齿数和应能被行星轮个数整除，故若不改动数据不能解决其装配问题。

(2) 周转轮系中如果只有一个行星轮，则所有载荷将由一对齿轮啮合来承受，功率也由一对齿轮啮合来传递。由于在运动过程中，轮齿的啮合力以及行星轮的离心惯性力都随着行星轮绕中心轮的转动而改变方向，因此轴上所受的是动载荷。为了提高承载能力和解决动载荷问题，通常会用若干个均布的行星轮。这样，载荷将由多对齿轮来承受，可大大提高承载能力；又因行星轮均匀分布，中心轮上作用力的合力将为零，系杆上所受的行星轮的离心惯性力也将得以平衡，可大大改善受力状况。

(3) 提示：能找到既能实现"均布行星轮"所要达到的目的，同时又能装入6个行星轮的方案。即改变行星轮的齿数。

11-25 解题过程 $i_{13}^H = \dfrac{\omega_1 - \omega_H}{\omega_3 - \omega_H} = -\dfrac{z_3}{z_1}$

$i_{1H} = \dfrac{\omega_1}{\omega_H} = 1 + \dfrac{z_2}{z_1} = \dfrac{27}{7}$

$i_{14}^H = \dfrac{\omega_1 - \omega_H}{\omega_4 - \omega_H} = -\dfrac{z_4}{z_1}$

因为 $\omega_1 = \dfrac{27}{7}\omega_H$，所以 $i_{14} = \dfrac{\omega_1}{\omega_4} = 81$

对于齿轮3，其分度圆为：$d_3 = mz_3 = 2 \times 40 = 80$mm

节圆为 $d'_3 = mz_4 = 2 \times 42 = 84$mm

求啮合角：$\cos\alpha' = \cos\alpha \dfrac{d_3}{d'_3} = \cos20° \dfrac{80}{84}$ 则 $\alpha' = 26.5°$

求变应系数 $\text{inv}\alpha' = \dfrac{2\alpha}{z_2 + z_3}\tan\alpha + \text{inv}\alpha$ 故 $\alpha = 1.57°$

求各齿轮分度圆和节圆

齿轮1 $d_1 = mz_1 = 2 \times 14 = 28$mm $= d'_1$

齿轮2 $d_2 = mz_2 = 2 \times 14 = 28$mm $= d'_2$

齿轮3 $d_3 = mz_3 = 2 \times 40 = 80$mm

$d'_3 = \dfrac{\cos\alpha}{\cos\alpha'}d_3 = \dfrac{\cos20°}{\cos1.57°} \times 80 = 84$mm

齿轮4 $d_4 = mz_4 = 2 \times 42 = 84$mm $= d'_4$

行星齿轮系的均布安装条件为

$\dfrac{z_1 + z_3}{k} = N_1, \dfrac{z_1 + z_4}{k} = N_2, N_1, N_2$ 为整数。

$z_1 + z_3 = 54, z_1 + z_4 = 56$

取其公共因子为2，即 k 可以取2，满足均布安装条件。

轮2为标准齿轮，所以轮2只为一个节圆。

11-26 解题过程 由图可知，$n = 4, p_1 = 4, p_h = 3$。机构的自由度为

$F = 3n - 2p_1 - p_h = 3 \times 4 - 2 \times 4 - 3 = 1$

这是一个混合轮系。从图中可以看出,齿轮 1、2 组成一个定轴系齿轮 2、3、4 组成一个固轮系。其中 4 为太阳轮,齿轮 3 可视为行星轮,支承该行星轮的系杆与齿轮 2 固连。

对于固转轮系,有 $i_{43}^2 = \dfrac{n_4 - n_2}{n_3 - n_2} = \dfrac{z_3}{z_4}$

又 $n_3 = 0$,即 $n_4 = \left(1 - \dfrac{z_3}{z_4}\right) n_2$ ①

对于定轴轮系,有 $i_{12} = \dfrac{n_1}{n_2} = -\dfrac{z_2}{z_1}$ ②

由 ①,② 式可得,传动比 $i_{14} = \dfrac{n_1}{n_4} = \dfrac{-z_2 z_4}{z_1(z_1 - z_3)}$

11-27 解题过程 (1) 原因

发生干涉的原因是满足轮系设的均布条件,即
$$(z_1 + z_2)/k = N$$
式中,N 为整数,代入数值 $z_1 = 45, z_2 = 28, k = 4$,无法得到整数,因此该轮系不满足均布条件。

(2) 解决方法

调整 z_1 和 z_2 的数值满足均布条件,可取 $z_2 = 27$。

11-28 解题过程 (1) 辅助电机通电带动主电机空转时,此时的传动机构相当于一定轴轮系
$$i = 1.2 \times 20 \times \dfrac{30}{80} = 9$$

$n_a = n_辅 /9 = 233 \text{r/min}$

(2) 当辅助电机和主动电机都通电时

$n_b = n_辅 /(1.2 \times 20) = 87.5 \text{r/min}$

$i_{ba}^H = \dfrac{n_b - n_H}{n_a - n_H} = -\dfrac{z_a}{z_b}$

解得 $n_H = 132.7 \text{r/min}$,转向与主电机相同。

(3) 当主动电机通电,辅助电机停转时

$n_b = 0$

$i_{ba}^H = \dfrac{n_b - n_H}{n_a - n_H} = -\dfrac{z_a}{z_b}$

$n_H = 196 \text{r/min}$,转向与主电机相同。

第十二章
其他常用机构

学习要求

结合专业特点对棘轮机构、槽轮机构、凸轮式间歇运动机构、不完全齿轮机构、非圆齿轮机构、螺旋机构和带有挠性元件的传动机构等基本机构中的几种机构以及某些组合机构的工作原理、运动特点及其应用要有所了解。

重难点提示

本章重点是棘轮机构、槽轮机构及螺旋机构的组成,运动特点和其运动设计的要点。而凸轮式间歇机构、不完全齿轮机构、非圆齿轮机构、带有挠性元件的传动机构及其组合机构,只需了解其运动特点。

内容提要

1 棘轮机构

棘轮机构是由摇杆、棘爪、棘轮、止动爪和机架组成的。
(1) 棘轮转角的调节方法有:
    1) 改变摆杆摆角;
    2) 利用棘轮罩遮盖部分棘齿。
(2) 棘轮机构的设计要点
    1) 棘爪回转轴心 O' 至棘轮齿顶尖 A 的连线 $O'A$ 最好与棘轮上 A 点径向 OA 垂直($O'A \perp OA$),这样传递转矩时,棘爪受力最小(见图 12-1)。
    2) 棘轮齿面倾斜角 α 为齿面与齿尖的向径的夹角。为使棘爪能顺利进入棘轮齿间,则要求齿面总作用力 R 对棘爪轴心的力矩方向应迫使棘爪进入棘轮齿底,即应满足 $\alpha > \varphi$,其中 φ 为摩擦角。

3) 棘轮齿数 z 由棘轮最小转角 φ_{min} 来确定,即 $z \geqslant 2\pi/\varphi_{min}$。常用的棘爪数目 $i=1$,当摇杆的摆角小于棘轮的齿距角 $360°/z$ 时,采用多棘爪棘轮机构,一般取 $j=1\sim 3$。

2 槽轮机构

槽轮机构是由主动拨盘、从动槽轮及机架组成。可将主动拨盘的连续转动变换为槽轮的间歇转动,并具有结构简单,尺寸小、机械效率高、能较好地平衡间歇转动等特点。

(1) 普通槽轮机构有外槽轮机构和内槽轮机构

槽轮机构的运动系数:在单销外槽轮机构中,当主动拨盘回转一周时,从动槽轮运动时间 t_d 与主动拨盘转一周的总时间 t 之比称为槽轮机构的运动因数,且用 k 表示,即: $k = \dfrac{t_d}{t}$
$= \dfrac{1}{2} - \dfrac{1}{z}$

式中,z 为槽轮的槽数。

如果在拨盘 1 上均匀分布有 n 个圆销,则该槽机构的运动因数为

$$k = n\left(\dfrac{1}{2} - \dfrac{1}{z}\right)$$

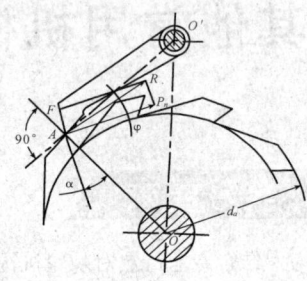

图 12-1

运动因数 k 必须大于零而小于 1。

(2) 普通槽轮机构的运动特征

主动拨盘以等速度 ω_1 转动。当主动盘外在 φ_1 位置角时,从动槽盘轮所处的位置角 φ_2,角速度 ω_2 及角加速度 α_2 分别为

$\varphi_2 = \arctan[\lambda\sin\varphi_1/(1-\lambda\cos\varphi_1)]$
$\omega_2 = \omega_1\lambda(\cos\varphi_1 - \lambda)/(1 - 2\lambda\cos\varphi_1 + \lambda^2)$
$\alpha_2 = \omega_1^2\lambda(\lambda^2 - 1)\sin\varphi_1/(1 - 2\lambda\cos\varphi_1 + \lambda^2)^2$

式中 $\lambda = R/L = \sin(\pi/z)$

当拨盘的角速度 ω_1 一定时,槽轮的角速度及角加速度的变化取决于槽轮的槽数 z,且随槽数 z 的增多而减小。

(3) 槽轮机构的几何尺寸计算

在设计计算时,首先应根据工作要求确定槽轮的槽数 z 和主动拨盘的圆锥数 n;再按受力情况和实际机械所允许的安装空间尺寸,确定中心距 L 和圆销半径 r。最后按下式可求出其他尺寸:

$R = L\sin\varphi_2 = L\sin(\pi/z)$
$s = L\cos\varphi_2 = L\cos(\pi/z)$
$h \geqslant s - (L - R - r)$

拨盘轴的直径 d_1 及槽轮的直径 d_2 受以下条件限制

$d_1 \leqslant 2(L-s)$
$d_2 < 2(L-R-r)$

锁定弧的半径大小,根据槽轮轮叶齿顶厚度 b 来确定,通常取 $b = 3 \sim 10 \text{mm}$。

3 擒纵轮机构
(1) 擒纵轮机构是一种间歇运动机构(如图 12-2),它由擒纵轮 5、擒纵叉 2 及游丝摆轮 6 组成。
(2) 擒纵轮机构可分为:固有振动系统型擒纵轮机构和无固有振动系统型擒纵轮机构两类。

4 凸轮式间歇运动机构
(1) 凸轮式间歇运动机构是主动凸轮和从动盘组成。主动凸轮作连续转动,从动盘作间歇分度运动。
(2) 其特点是:适当设计凸轮的轮廓,就可使从动盘获得所预期的运动规律,且具有动载荷小,无刚性冲击和柔性冲击,以适应高速动转的要求,主要用于空间轴间的传动。通常有圆柱凸轮型、蜗杆凸轮型和共因子凸轮型 3 种类型的凸轮式间歇运动机构。

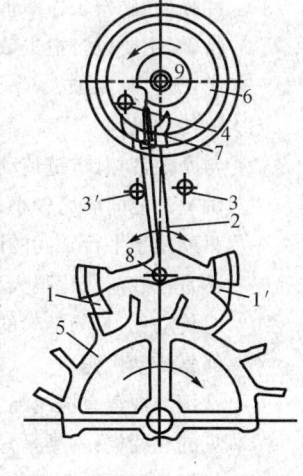

图 12-2

5 不完全齿轮机构
不完全齿轮机构是由齿轮机构演变而成的一种间隙运动机构。它是由只有一个或一部分齿的主动轮和根据动停时间比的要求而设计的与主动轮相啮合的从动轮组成的。当主动轮作连续转动时,从动轮作间歇运动的转动。

6 星轮机构
星轮机构是间歇运动机构中起动性能好,具有等速转位的一种机构,其适应性较广。为了避免其运动起始和终止时的刚性冲击,在设计时,首先必须让首、末两针齿能沿切向进入或退出星轮的齿槽,其次,针轮的首齿与其相啮合的第一个齿槽的啮合过程应使星轮逐渐加速直到正常速度为止,而针轮的末齿与星轮的最后一个齿槽的啮合过程,应使星轮逐渐减速直到停歇为止。

7 非圆齿轮机构
非圆齿轮机构是一种用于变传动比传动的齿轮机构。其节线不再是一个圆,而是非圆曲线,常见的非圆轮的节线主要有椭圆形、卵形和螺旋线形。非圆齿轮机构主要应用于机床、自动机、仪器及解算装置中。

8 螺旋机构
(1) 螺旋机构是由螺杆、螺母及机架组成。一般将螺杆转动变换为螺母沿螺杆轴向的移动。
(2) 当螺杆转过角 φ 时,螺母将沿螺杆轴向移动的距离为 s,即有

$$s = l\varphi/(2\pi)$$

式中,l 为螺杆的导程(mm)。

其中微动螺旋机构 $s = (l_A - l_B)\varphi/(2\pi)$;复式螺旋机构 $s = (l_A + l_B)\varphi/(2\pi)$。

9 带有挠性元件的传动机构

实际上,依靠挠性元件来传递运动和动力的机构主要有带传动机构、链传动机构和绳索传动机构。

(1) 带传动机构

带传动机构由主动轮、从动轮、传动带和机架组成,带传动结构简单,传动平稳,造价低且缓冲吸振好。按工作原理不同,分为摩擦型和啮合型带传动,摩擦带有弹性滑动,使传动比不精确,主要以打滑失效为主。而同步带则无弹性滑动和打滑,传动比准确,但安装精度要求高,无过载保护。

(2) 链传动机构

与摩擦带相比,链传动无弹性滑动和打滑现象,可保持准确的平均传动比,传动效率较高;轴上的径向压力较小;结构紧凑。能在高温、速度较低、条件恶劣的环境下工作。主要缺点是只能用于平行轴间的回转传动;不能保持恒定瞬时传动比;易磨损发生跳齿;工作有噪声,不宜在载荷变化很大和急速反向中应用。链传动的主要特点是有多边形效应,不能保证瞬时传动比,且与链轮的齿数、链的节距以及转速有关。

(3) 绳索传动机构

常用的绳索有涤纶绳索和钢丝绳索,为了固定及导向绳索,轮上一般开有绳槽。绳索传动常见的有两类:一类是只能在一定的范围内往复运动;另一类可连续单向传动。绳索传动可通过复杂路径长距离传动,但最大的缺点是运动响应的滞后性。

10 组合机构

组合机构是由几个基本机构以一定方式组合而成的传动机构。这并不是几个基本机构的一般串联,而多为一种封闭式的传动机构。即利用一个机构去约束或封闭另一个多自由度机构形成的具有确定运动的机构。组合机构常有以下四种类型:联动凸轮组合机构;凸轮-齿轮组合机构;凸轮-连杆组合机构;齿轮-连杆组合机构。

典型例题分析

例 12.1 某装配工作台有六个工位,每个工位在工作静止时间 $t_j = 10\text{s}$ 内完成装配工序。转位机构采用单销外槽轮机构。试求:

(1) 该槽轮机构的运动系数 k;
(2) 主动件拨盘的转速 ω_1;
(3) 槽轮的转位时间 t_d。

解题过程　(1) 因工作台为六个工位,所以槽轮槽数 $z = 6$。

$$k = \frac{t_d}{t} = \frac{1}{2} - \frac{1}{z} = \frac{1}{2} - \frac{1}{6} = \frac{1}{3}$$

(2) $k = \dfrac{t_d}{t} = \dfrac{t - t_j}{t} = \dfrac{1}{3}$, 　得 $t = 15\text{s}$

则主动件拨盘的转速 $\omega_1 = \dfrac{2\pi}{t} = 0.419 \text{rad/s}$

(3) 槽轮的转位时间 $t_d = t - t_j = 5\text{s}$

例 12.2 在牛头刨床的横向送进机构中,已知工作台的横向送给量 $s = 0.1\text{mm}$,送进螺杆的导程 $l = 3\text{mm}$,棘轮模数 $m = 6\text{mm}$,棘爪与棘轮之间的摩擦系数 $f = 0.15$。试求:
(1) 棘轮齿面倾斜角 β; (2) 棘轮的齿数 z;
(3) 棘轮的尺寸 d_a、d_f、p; (4) 确定棘爪的长度 L。

解题过程 (1) 确定棘轮齿面倾斜角 β。为了使棘爪在推动棘轮时能始终贴在齿面滑向齿根部,要求棘轮齿面倾斜角必须大于棘轮与棘爪之间的摩擦角,即 $\beta > \varphi$。

而 $\varphi = \arctan f = \arctan 0.15 = 8.5°$ 取 $\beta = 10°$

(2) 确定棘轮的齿数 z 及棘轮的最小转角

$$\theta_{\min} = \dfrac{s \times 360°}{l} = \dfrac{0.1 \times 360°}{3} = 12°, \quad \text{所以} \ z = \dfrac{360°}{12°} = 30$$

(3) 确定 d_a、d_f 及 p

$d_a = mz = 6 \times 30 \text{mm} = 180 \text{mm}$

$d_f = d_a - 2h = d_a - 2 \times 0.75m = (180 - 2 \times 0.75 \times 6)\text{mm} = 171\text{mm}$

$h = 0.75m$ 查表而来

$p = \pi m = 3.14 \times 6 \text{mm} = 18.84 \text{mm}$

(4) 确定棘爪长度 L

$L = 2p = 2 \times 18.84 \text{mm} = 37.68 \text{mm}$

例 12.3 齿轮机构要求有一对以上的啮合轮齿同时工作,而槽轮机构为什么不允许有两个以上的主动拨销同时工作?

解题过程 不管是定传动比的或变传动比的齿轮机构,同时工作的各对轮齿的运动是彼此协调的,各对轮齿以相同的传动比规律推动从动轮转动,各对轮齿共同分担载荷,故同时工作的轮齿对数越多越有利。

而槽轮机构中槽轮的运动规律取决于主动拨销的位置,因而处在不同位置的各主动拨销将使槽轮按不同的运动规律运动,这将导致机构的损坏,故是不允许的。

例 12.4 某加工自动线上有一工作台要求有 5 个转动工位。为了完成加工任务,要求每个工位停歇的时间为 $t_j = 12\text{s}$。如果设计者选用单销外槽轮机构来实现工作台的转位,试求:(1) 槽轮机构的运动系数 k;
(2) 拨盘的转速 n_1; (3) 槽轮的运动时间 t_d。

解题过程 (1) 由于工作台需要有 5 个转动工位,所以选取槽轮的槽数为 5,即 $z = 5$。选用单销,即 $n = 1$ 槽轮机构的运动系数 k 为

$$k = \dfrac{n(z-2)}{2z} = \dfrac{1}{2} - \dfrac{1}{z} = 0.3$$

(2) 由于 $t_j = \dfrac{30}{n_1}\left(2-n+\dfrac{2n}{z}\right)$

故拨盘的转速 n_1 为

$$n_1 = \frac{30}{t_j}\left(2-n+\frac{2n}{z}\right) = \frac{30}{12}\left(2-1+\frac{2\times 1}{5}\right)\text{r/min} = 3.5\text{r/min}$$

(3) 槽轮的运动时间 t_d 为

$$t_d = \frac{30}{n_1}\left(1-\frac{2}{z}\right)n = \frac{30}{3.5}\left(1-\frac{2}{5}\right)\times 1\text{s} = 5.14\text{s}$$

例 12.5 螺旋机构如图 12-3 所示,A、B、C 均为右旋,导程分别为 $l_A = 6\text{mm}$,$l_B = 4\text{mm}$,$l_C = 24\text{mm}$。试求当构件 1 按图示方向转 1 转时,构件 2 的轴向位移 s_2 及转角 φ_2。

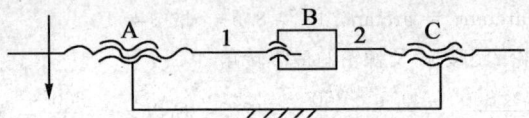

图 12-3

解题过程 设轴向位移向右为正,构件 1 所示转动方向为正。构件 1 轴向位移为

$$s_1 = l_A \frac{\varphi_1}{2\pi} \qquad ①$$

式中 φ_1——构件 1 的转角。$\varphi_1 = 2\pi$

$$s_{21} = s_2 - s_1 = l_B \frac{\varphi_{21}}{2\pi} = l_B \frac{\varphi_2 - \varphi_1}{2\pi} \qquad ②$$

其中 $\varphi_2 = \dfrac{2\pi s_2}{l_C}$ ③

由式 ① 至式 ③ 可解出:$s_2 = 2.4\text{mm}$ $\varphi_2 = \dfrac{\pi}{5}$

例 12.6 图 12-4 所示为微调的螺旋机构,构件 1 与机架 3 组成螺旋副 A,其导程 $p_A = 2.8\text{mm}$,右旋。构件 2 与机架 3 组成移动副 C,2 与 1 还组成螺旋副 B。现要求当构件 1 转一圈时,构件 2 向右移动 0.2mm,问螺旋副 B 的导程 p_B 为多少?右旋还是左旋?

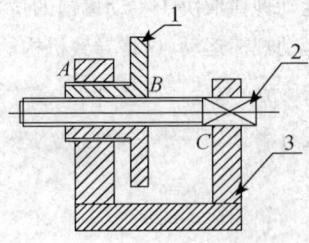

图 12-4

知识点窍 螺旋副运动方程的运用。

解题过程 $P_B = 3\text{mm}$ 右旋

例 12.7 某自动机床的工作台要求有六个工位,转台停歇时进行工艺动作,其中最长的一个工序为 30 秒钟。现拟采用一槽轮机构来完成间歇转位工作。设已知槽轮机构的中心距 $L=300\text{mm}$,圆销半径 $r=25\text{mm}$,槽轮齿顶厚 $b=12.5\text{mm}$,试绘出其机构简图,并计算槽轮机构主动轮的转速。

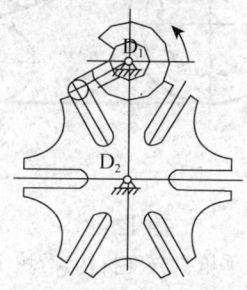

图 12-5

知识点窍 槽轮机构的几何参数设计。

解题过程 1)根据题设工作需要应采用单销六槽的槽轮机构。

2)计算槽轮机构的几何尺寸,并以比例尺 μ_L 作其机构简图如图 12-5。

拨盘圆销转臂的臂长 $\qquad R = L\sin\dfrac{\pi}{z} = 300\sin\dfrac{\pi}{6} = 150\text{mm}$

槽轮的外径 $\qquad S = L\cos\dfrac{\pi}{z} = 300\cos\dfrac{\pi}{6} = 259.81\text{mm}$

槽深 $\qquad h \geqslant L(\sin\dfrac{\pi}{z} + \cos\dfrac{\pi}{z} - 1) + \gamma = 300(\sin\dfrac{\pi}{6} + \cos\dfrac{\pi}{6} - 1) + 25 = 135\text{mm}$

锁止弧半径 $\qquad r' = R - r - b = 150 - 25 - 12.5 = 112.5\text{mm}$

3)计算拨盘的转速

设当拨盘转一周时,槽轮的运动时间为 t_d,静止时间为 t_j 静止的时间应取为 $t_j = 30\text{s}$。本槽轮机构的运动系数 $k = (z-2)/2z = 1/3$ 停歇系数 $k' = 1 - k = t_j/t$,由此可得拨盘转一周所需时间为

$$t = \dfrac{t_j}{(1-k)} = \dfrac{30}{(1-\dfrac{1}{3})} = 45\text{s}$$

故拨盘的转速

$$n = \dfrac{1}{t} \times 60 = \dfrac{1}{45} \times 60 = \dfrac{4}{3} r/\min$$

思考题及练习题详解

12-1 解题过程 由于棘轮机构运动形式的多样性,在工程实际中得到了广泛应用。其主要功能有间歇送进、制动、转位分度、超越离合、制动,图 12-6 所示为卷扬机制动机构。卷筒 1、链轮 2 和棘轮 3 为一体,杆 4 和杆 5 调整好角度后紧固为一体,杆 5 端部与链条导板

6链接,当链条7突然断裂时,链条导板失去支撑而下摆,使杆4端起与棘轮3啮合,可阻止卷筒逆转,起制动作用。

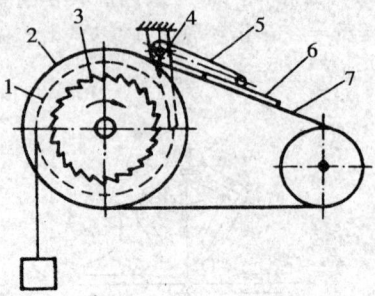

图 12-6

转位:图 12-7 所示为手枪盘分度机构,滑块 1 沿导轨 d 向上运动时,棘爪 4 使棘轮 5 转过一个齿距,并使与棘轮固结的手轮盘 3 绕 A 轴转过一个角度,此时挡销 a 上升使棘爪 2 在弹簧的作用下进入盘 3 的槽中使手枪盘静止并防止反向转动,当滑块 1 向下运动时,棘爪 4 以棘轮 5 的齿背上滑过,在弹簧力的作用下进入下一个齿槽中,同时挡销 a 使棘爪 2 克服弹簧力绕 B 轴逆时转动,手枪盘 3 解脱止动状态。

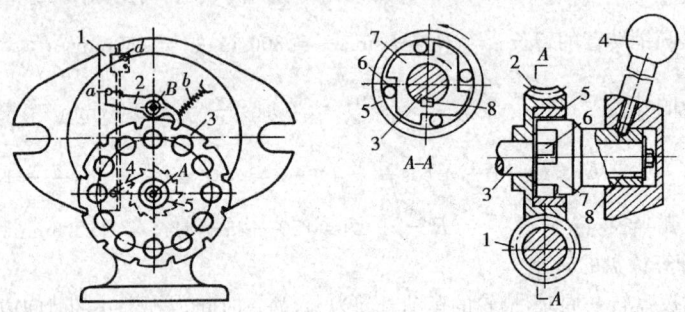

图 12-7   图 12-8

超越离合:图 12-8 所示为钻床中的自动进给机构。它以摩擦式棘轮机构作为传动中的超越离合器,实现自动进给和快慢速进给,由主动蜗杆 1 带动蜗轮 2,通过外环 5 使从动轴 7 和轴 3 与之同向同速转动,实现自动进给;当快速转动手柄 4 时,直接通过轮 7 使轴 3 作超越运动,实现快速进给。

12-2 解题过程 机构运动简明扼要图如图 12-9 所示。

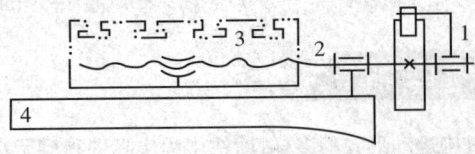

图 12-9

(1) 棘轮最小转角为：$\varphi_{\min} = \dfrac{2\pi}{l} s_{\min} = \dfrac{2\pi}{6} \times 0.2 = \dfrac{\pi}{15}$

(2) 棘轮最大转角为：$\varphi_{\max} = \dfrac{2\pi}{l} s_{\max} = \dfrac{2\pi}{6} \times 1.2 = \dfrac{2\pi}{5}$

(3) 棘轮的齿数为：$z = \dfrac{2\pi}{\pi/15} = 30$

(4) 每次送进量的调整方法为：

① 采用隐蔽棘轮罩来实现送进量的调整；

② 通过改变棘爪摆角来实现送进量的调整，如图12-10所示。

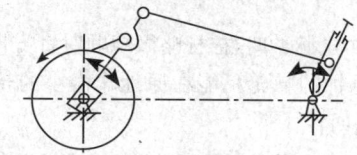

图 12-10

12-3 知识点窍 棘轮机构的设计要点。

逻辑推理 最常用的棘爪数目 $i=1$，但当棘爪摆杆的摆角小于棘轮的齿距角 $360°/z$ 时，必须采用多棘爪的棘轮机构，一般取 $j=1\sim 3$。

解题过程 根据设计要求，棘轮机构摆杆的摆角应略大于棘轮齿距角的 $\dfrac{1}{3}$，并采用三个棘爪，即 $j=3$。而棘爪在棘轮齿面上错开的距离有两种情况，如图12-11所示，图12-11(a) 中三个棘爪共在棘轮齿圈上的位置相互差 $1\dfrac{1}{3}$ 个齿距 t。图12-11(b) 所示三个棘爪尖的位置则相差 $\dfrac{2}{3}$ 个齿距。

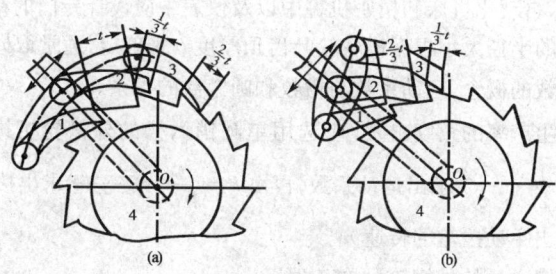

图 12-11

12-4 解题过程 如图12-12所示为用于电钟的棘轮机构。当电钟电压充足时，电钟可以正常地工作。当电钟电压不足时，电磁铁对摇杆的吸引力减小，不足以抵抗弹簧的阻力，因此，当电子

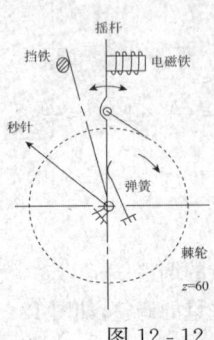

图 12-12

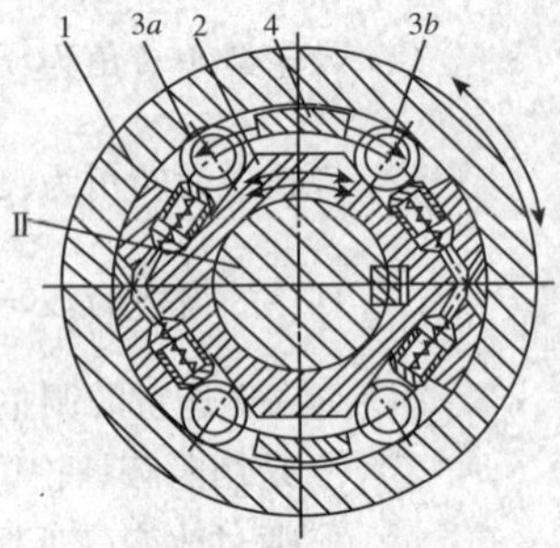

图 12-13

线路给电磁铁一个电脉冲时,摇杆略微绕顺时针方向摆动,随后在弹簧作用下向左摆回。故步进式电钟的棘轮只能在原地作微小的转动,进而使秒针只能在原地振荡,而不能作整周回转。

12-5 解题过程 如图 12-13 所示,当拨爪 4 以更高的速度正转时,拨爪 4 将推动圆轮 3b 与星轮 a 接触,并以相同的转速带速带动星轮 2 转动,此时圆轮 3a 与外套筒分离。同理,当拨爪 4 反转时,星轮 2 将会以相同的转速反转。

12-6 知识点窍 普通槽轮机构的运动系数。

解题过程 当主动拨盘回转 1 周时,槽轮的运动时间 t_d 与主动拨盘转一周的总时间 t 之比,称为槽轮机构的运动系数,并以 k 表示,即 $k = t_d/t$。
因为槽轮机构为间隙运动机构,所以 $t_d \leqslant t$,所以 $k \leqslant 1$。

12-7 解题过程 随着槽数 z 的增加,槽轮运转将趋于平稳,动力特性也将得到改善,但槽数太多,将使槽轮体积过大,产生较大的惯性力矩,因此为保证性能,一般设计中,槽数的正常选用值为 4～8。

槽轮设计中设计的锁止弧能使槽轮在停歇过程中保持静止,但定位精度不高。为精确定位,自动化机床和精密机械中以及仪表中应设计专门的精确定位装置。

锁止弧的半径大小根据槽轮轮叶齿顶厚度 b 来确定,通常取 $b = 3 \sim 10 \text{mm}$。

12-8 知识点窍 运动系数的概念,运动系数与槽数和圆销数的关系。

逻辑推理 从提高生产率的角度出发,应选用单圆销六槽的外槽轮机构。然后就可根据公式 $k = n(\frac{1}{2} - \frac{1}{z})$ 求出运动系数,再由 $k = \frac{t_d}{t} = \frac{t-t_j}{t}$ 求出拨盘运动一周的时间 t,进而求出主动拨盘的转速 n_1。

解题过程 选单圆销六槽的外槽轮机构

$$k = n(\frac{1}{2} - \frac{1}{z}) = 1 \times (\frac{1}{2} - \frac{1}{6}) = \frac{1}{3}$$

代入 $k = \frac{1}{3}$,$t_j = 30\text{s}$ 到公式 $k = \frac{t_d}{t} = \frac{t-t_j}{t}$ 中得

$$t = \frac{t_j}{1-k} = \frac{30}{1-\frac{1}{3}} = 45\text{s}, \quad 则有 \ n_1 = \frac{1}{t} \times 60 = \frac{4}{3} \text{r/min}$$

12-9 【解题过程】如图12-14所示,若在主动轮首齿进入啮合时,其齿顶被从动轮齿顶C挡住,则会发生干涉,不能进入啮合。为了避免干涉,可将首齿齿顶降低,如图12-14中实线所示。齿顶圆半径降至r'_a后,首齿能顺利进入啮合。

主动轮除了首齿齿顶应降外,其末齿齿顶也应降低,其原因如下:从动轮每次停止啮合时,均应停在预定的位置上,而从动轮锁止弧的停歇位置取决于图12-14中的D_1点,D_1点是首齿降低后的齿顶圆与从动齿顶圆的交点。为了便于机构作正、反向转动,点D和D_1应对称于两轮中心线O_1O_2,故主动轮首、末两齿齿顶高应相等,其余各齿保持标准齿高。增加瞬心线附加杆是为了改善从动轮的动力特性,减轻不完全齿轮机构的从动轮在起动和停止起动时由于速率突变而产生的冲击,不能避免首齿啮合的干涉现象,所以仍需削减首、末两轮齿齿高。

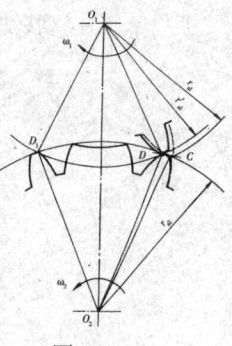

图 12-14

12-10 【解题过程】(1) 齿式棘轮机构:具有结构简单,制造方便、工作可靠等优点,但运动过程中冲击、噪音和磨损都比较大,为保证棘轮机构能正常工作,设计时对棘轮和棘爪的轴心的相对位置以及棘轮齿面位置都有一定的要求,棘轮机构常用于低速轻载场合。

(2) 槽轮机构:具有结构简单,制造容易、工作可靠、效率高等优点,但槽轮在启动和停止时有冲击,槽数越少冲击越大,通常槽数$z = 4 \sim 8$,槽轮机构常用于中速场合。

(3) 不完全齿轮机构:容易实现从动轮停歇的次数,每次停歇的时间以及每次转过的转角的要求,并且其调整范围比槽轮机构大得多,设计比较灵活,但设计计算和加工工艺较复杂,一般用于多工位,多工序的低速轻载场合。

(4) 凸轮式间歇运动机构:具有结构紧凑、运转可靠、传动平稳、转盘可以实现任意的运动规律,并能适用于高速转动等特点,但加工精度要求高,安装调整较困难,凸轮式间歇机构用于高精度、高速场合。

12-11 【解题过程】擒纵机构结构简单,便于制造,价格低,但振动周期不很稳定,所以主要用于计时精度要求不高,工作时间较短的场合,如自动记录仪、时间继电器、计数器、定时器、测速器及照相机快门和自拍器等。

12-12 【知识点窍】螺旋机构的运动分析。

【解题过程】(1) 当A,B均为右旋时,当手轮按K向顺时针旋转时,构件2沿K正方向作轴向移动

$$S_1 = (l_A - l_B)\varphi/(2\pi) = (1 - 0.75) \times 2\pi/(2\pi) = 0.25\text{mm}$$

(2) 当A为左旋,B为右旋时,当手轮按K向顺时针旋转时,构件2沿K反方向作轴向移动

$$S_2 = (l_A + l_B)\varphi/(2\pi) = (1+0.75) \times 2\pi/(2\pi) = 1.75\text{mm}$$

12-13 解题过程 图12-15所示的自动定心夹紧机构中，下半部分结构对于准确定心起着重要作用。其为一复式螺旋结构，能够通过同步调整紧定螺钉，可以使螺钉在轴向产生微小移动，进而可以根据要求实现准确定心。因此，工作能准确定心并夹紧。

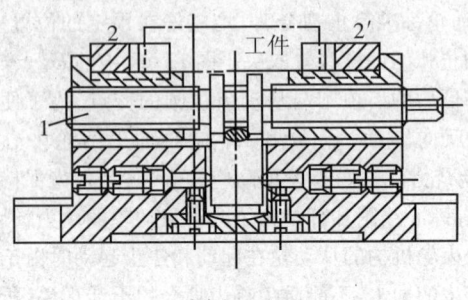

图 12-15

12-14 解题过程 螺母内孔由光孔部分与螺纹部分组成。安装时，使光孔中心线与螺杆中心线重合，螺母向前推一部分距离，然后顺时针转动一定角度，使螺母中心线与螺杆轴线重合，再拧紧螺母，可以实现快速安装。同理，拆卸螺母时，先向外拧出，然后逆时针转动一定角度，再直接取出螺母，实现快速拆卸。

12-15 解题过程 设计方法：各个连杆及铰接点的相对位置关系已经确定，可根据C点的轨迹计算两凸轮推杆位移与凸轮转角的关系，确定F、G运动曲线，设计两凸轮轮廓线。

步骤：① 设在凸轮1和凸轮2等速回转的同时，C点沿预定轨迹运动，此时可完全确定ED、AG的运动，即求得ED、AG上F、G点运动曲线，即两凸轮的理论廓线；② 根据理论廓线并根据实际应用条件选择合适的滚子半径，便可得到两凸轮实际廓线。

12-16 知识点窍 齿轮连杆组合机构的运动分析。

逻辑推理 以曲柄1，连杆2，摇杆3为突破口，分别建立起ω_1和ω_i，ω_a和ω_b，ω_b和ω_c之间的联系，并进而联立求解。

解题过程 对$b-c-3$组合，可知

$$i_{bc}^3 = \frac{\omega_b - \omega_3}{\omega_c - \omega_3} = -\frac{z_c}{z_b} = -\frac{r_c}{r_b} \quad \text{进而有}$$

$$\omega_c = -\frac{r_b}{r_c}\omega_b + (1+\frac{r_b}{r_c})\omega_3$$

对$a-b-2$组合，可知：

$$i_{ab}^2 = \frac{\omega_a - \omega_2}{\omega_b - \omega_2} = -\frac{z_b}{z_a} = -\frac{r_b}{r_a}$$

进而有$\omega_b = -\frac{r_a}{r_b}\omega_a + (1+\frac{r_a}{r_b})\omega_2$，又因为1与$a$固连，所以有$\omega_a = \omega_1$，

进而有：$\omega_c = -\frac{r_b}{r_c}\left[-\frac{r_a}{r_b} \cdot \omega_1 + (1+\frac{r_a}{r_b})\omega_2\right] + (1+\frac{r_b}{r_c})\omega_3$

$$= \frac{r_a}{r_c}\omega_1 - \frac{r_a+r_b}{r_c}\omega_2 + \frac{r_b+r_c}{r_c}\omega_3$$

证明完毕。

12-17 解题过程　对于微位移机构和极低速度运行的机构，如果设计不良，简单地依靠增大机械传动系统的传动比来获得准确的微量位移或匀速的极低速运动常会出现所谓的"爬行现象"，即机构的执行构件并不能紧随其原动件的运动而运动，而是时动时停、时快时慢地爬行。产生这种现象的主要原因是由于运动副元素间的摩擦力不稳定和传动构件的弹性造成的。

在设计微位移机构和以极低速度运动的机构时，为避免或减轻这种爬行现象的影响，应设法提高系统的刚度（如采用尽可能短的运动链等），降低运动副中的摩擦阻力（如采用滚动摩擦等），减小动、静摩擦系数的差（如用特殊的润滑剂等）。

12-18 解题过程　如斜面机构、方向铰链机构、换向机构联锁机构等。

12-19 解题过程　还应增加一单向棘轮机构，使卷片动作只能向一个方向进行，防止弹回时卷片反转。

第十三章
工业机器人机构及其设计

学习要求

1. 了解工业机器人的分类及主要技术指标。
2. 掌握机器人操作机的运动分析，能够进行位姿分析、求解运动逆解。
3. 了解机器人操作机的静力和动力分析。
4. 了解工业机器人操作机构的设计。

内容提要

1 机器人概述

(1) 机器人

机器人是一种能自动定位控制并可重新编程予以变动的多功能机器。它有多个自由度，可用来搬用材料、零件和握持工具，以完成各种不同的作业。

(2) 机器人的主要类型

机器人按手臂运动的坐标形式可分为直角坐标型、圆柱坐标型、球坐标型及关节型四种。

(3) 自由度

自由度用来确定手部相对机座的位置和姿态的独立参变数的数目，它等于操作机独立驱动的关节数目。自由度越多，操作机的适用性和通用性越好。工业机器的自由度是根据其用途而设计的，可能小于六个自由度，也可能大于六个自由度。

(4) 工作空间

操作机的工作范围，通常以手腕中心点在操作机运动时所占有的体积来表示。工作空间的大小反映了操作机工作区域的大小。

(5) 灵活度

操作机末端执行器在工作时，所能采取的姿态的多少。灵活度越大，操作机抓取物体的方位就越多。

2 机器人操作机的运动分析

(1) 位置和姿态：取参考坐标系为 $O_i x_i y_i z_i$，则构件 j 的位置和姿态就可用 O_j 点的位置矢量 r_{ij}、坐标系 $x_j y_j z_j$ 和相对坐标系 $x_i y_i z_i$ 的方向余弦矩阵 R_{ij} 来表示：

$$r_{ij} = O_i O_j = [x_{iOj}, y_{iOj}, z_{iOj}]^T$$

$$R_{ij} = \begin{bmatrix} \cos(x_i \cdot x_j) & \cos(x_i \cdot y_j) & \cos(x_i \cdot z_j) \\ \cos(y_i \cdot x_j) & \cos(y_i \cdot y_j) & \cos(y_i \cdot z_j) \\ \cos(z_i \cdot x_j) & \cos(z_i \cdot y_j) & \cos(z_i \cdot z_j) \end{bmatrix}$$

(2) 位姿矩阵：为了方便起见，把 $M_{ij} = \begin{bmatrix} R_{ij} & r_{ij} \\ 0 & 1 \end{bmatrix}$ 称作构件的位姿矩阵。

(3) 操作机的位姿方程的建立及求解

首先建立各个构件的坐标系，则可以写出操作机的运动方程

$$M_{0i} = M_{01} M_{12} \cdots M_{i-1,i}$$

操作机求解的两类问题

① 位姿正解：当机器人操作机的结构参数已确定，并给出各运动关节中的位姿时，首先建立坐标系并写出各杆的结构参数和关节运动参数。然后写出两杆间的位姿矩阵，再代入末端夹持器的位姿矩阵方程求解。

② 位姿逆解：当机器人末端执行器的位姿给定时，末端夹持器的位姿矩阵方程左端的矩阵 M_{0i} 为已知，而等式右端则包含有多个待求的关节运动参数，根据方程两端矩阵对应元素相等的条件，可得一组多变量的三角函数方程。解之可求得末端运动参数。

(4) 速度及加速度：速度和加速度的求解即分别由末端执行器在机座坐标系位置矢量对时间求一次和二次导数。

$$\begin{bmatrix} v_0 \\ 0 \end{bmatrix} = \begin{bmatrix} \dot{r}_0 \\ 0 \end{bmatrix} = \sum_{i=1}^{n} M_{01} M_{12} \cdots \dot{M}_{i-1,i} \cdots M_{n-1,n} \begin{bmatrix} r_n \\ 1 \end{bmatrix}$$

$$\begin{bmatrix} a_0 \\ 0 \end{bmatrix} = \begin{bmatrix} \dot{r}_0 \\ 0 \end{bmatrix} = \sum_{i=1}^{n} M_{01} M_{12} \cdots \ddot{M}_{i-1,i} \cdots M_{n-1,n} \begin{bmatrix} r_n \\ 1 \end{bmatrix} +$$

$$2 \sum_{i=1}^{n-1} \sum_{j=i+1}^{n} M_{01} M_{12} \cdots \dot{M}_{i-1,i} \cdots \dot{M}_{j-1,j} \cdots M_{n-1,n} \begin{bmatrix} r_n \\ 1 \end{bmatrix}$$

(5) 角速度和角加速度：角速度即所有回转关节的角速度的矢量和。角加速度即对角速度求一次导数即可。

$$\dot{\theta}_i^0 = R_{01} R_{12} \cdots R_{i-1,i} \dot{\theta}_i^{(i)}$$

$$\omega_n^0 = \sum_{i=1}^{n} \dot{\theta}_i^0 = \sum_{i=1}^{n} R_{01} R_{12} \cdots R_{i-1,i} \dot{\theta}_i^{(i)}$$

$$\alpha_n^0 = \dot{\omega}_n^0 = \sum_{i=1}^{n} R_{01} R_{12} \cdots R_{i-1,i} \ddot{\theta}_i^{(i)} + \sum_{i=1}^{n} \sum_{j=1}^{i} R_{01} R_{12} \cdots R_{j-1,j} \cdots R_{i-1,i} \dot{\theta}_i^{(i)},$$

3 机器人操作机的静力和动力分析

(1) 静力分析：若在末端执行器上 P 点作用上力和外力矩 $F_w^{(0)}$ 和 $M_w^{(0)}$，则关节点 O_i 上的力和力

矩分别为

$$F_{0i}^{(i)} = R_{i0} F_w^{(0)} + \sum_{j=1}^{n} R_{j0} G_j^{(0)}$$

$$M_{0i}^{(i)} = R_{i0} M_w^{(0)} + \sum_{j=1}^{n} R_{Ij} \times R_{j0} G_j^{(0)}$$

(2) 动力分析：动力分析可将惯性力视为一般外力加于产生惯性力的构件上，而仍将操作机视为处于静力平衡状态，然后用静力分析的方法进行力的分析。

思考题及练习题详解

13-1 解题过程 工业机器人是一种能自动定位控制并可重新编程予以变动的多功能机器。有多个自由度，可用来搬运材料、零件和握持工具，以完成各种不同的作业。

智能机器人能够自主设定目标，规划并执行自己的动作，使自己不断适应环境的变化。是工业机器人发展过程的第三代，尚处于实验研究阶段。

13-2 解题过程 机器人学与力学、机械学、电气液压技术、自控技术、传感技术和计算机技术等学科密切相关。

机器人机构学是机器人的主要理论基础和关键技术，机器人技术不断发展，为适应现代技术和工业生产自动发展的要求，必须掌握机械方面的基本知识和理论。

13-3 解题过程 自由度即用来确定操作机手部相对机座的位置和姿态的独立参变数的数目。

灵活度是指操作机末端执行器在工作时，所能采取的姿态的多少。

工作空间即操作机的工作范围，通常以手腕中心在操作机运动时所占有的体积来表示。

机器人的技术指标之间相互关联，一般情况下，操作机手部在空间的位置和运动范围主要取决于其臂部的自由度。

操作机的自由度越多，就越接近人手的动作机能，通用性越好，但结构也越复杂；工作空间的形状和大小反映了一个机器人的能力。但机器人的工作空间必须满足作业的范围要求。

13-4 解题过程 直角坐标型，图 13-1(a) 所示。

定位精度高，空间轨迹易求解，计算机控制简单；但操作机本身所占空间尺寸大，相对工作范围小，操作灵活性较差，运动速度较低。

球坐标型，图 13-1(b) 所示。

所占的空间尺寸较小，相对工作范围较大，结构简单，手部可获得较高的速度；但手部外伸离中心轴愈远，其切向线位移分辨精度愈低。通常用于搬运机器人。

关节型，图 13-1(c) 所示。

结构紧凑，所占空间体积小，相对工作空间大，还能绕过机座周围的一些障碍物；但运动直观性较差，驱动控制比较复杂。是目前应用最多的一种结构形式。

三种类型操作机的工作空间简图分别如图 13-1 所示。

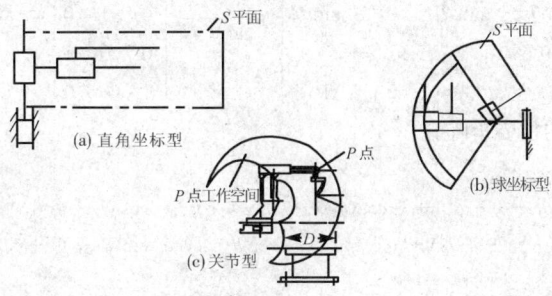

图 13-1

13-5 知识点窍 操作机末端执行器的位姿方程

$$M_{on} = M_{o1}M_{12}\cdots M_{n-1,r}$$

解题过程 （1）建立坐标系，并标出各杆的结构参数和关节运动参数，如图 13-2 所示。

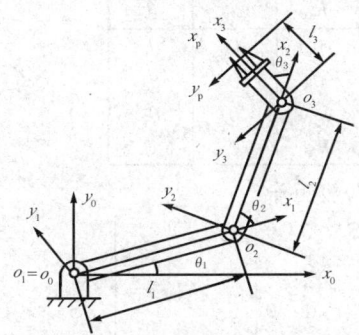

图 13-2

各杆结构参数和关节运动参数如表 13-1 所示。

表 13-1

i	α_i	h_i	d_i	θ_i
1	0	0	0	θ_1
2	0	l_1	0	θ_2
3	0	l_2	0	θ_3
4	0	l_3	0	0

（2）求两杆间的位姿矩阵

$$M_{01} = \begin{bmatrix} \cos\theta_1 & -\sin\theta_1 & 0 & l_1\cos\theta_1 \\ \sin\theta_1 & \cos\theta_1 & 0 & l_1\sin\theta_1 \\ 0 & 0 & 1 & 0 \\ 0 & 0 & 0 & 1 \end{bmatrix} \quad M_{12} = \begin{bmatrix} \cos\theta_2 & -\sin\theta_2 & 0 & l_2\cos\theta_2 \\ \sin\theta_2 & \cos\theta_2 & 0 & l_2\sin\theta_2 \\ 0 & 0 & 1 & 0 \\ 0 & 0 & 0 & 1 \end{bmatrix}$$

$$M_{23} = \begin{bmatrix} \cos\theta_3 & -\sin\theta_3 & 0 & l_3\cos\theta_3 \\ \sin\theta_3 & \cos\theta_3 & 0 & l_3\sin\theta_3 \\ 0 & 0 & 1 & 0 \\ 0 & 0 & 0 & 1 \end{bmatrix} \quad M_{op} = \begin{bmatrix} h_3 & 1 & 0 \\ 0 & 1 & 0 \\ 0 & 0 & 1 \\ 1 & 0 & 0 \end{bmatrix}$$

(3) 求末端执行器的位姿矩阵。

$M_{op} = M_{o1}M_{12}M_{23}M_{3p}$

$$= \begin{bmatrix} 2h_3\cos(\theta_1+\theta_2+\theta_3)+h_2\cos(\theta_1 2+\theta_3)+h_1\cos\theta_1 & \cos(\theta_1+\theta_2+\theta_3) & 0 \\ 2h_3\cos(\theta_1+\theta_2+\theta_3)+h_2\cos(\theta_2+\theta_3)+h_1\cos\theta_1 & \sin(\theta_1+\theta_2+\theta_3) & 0 \\ 0 & 0 & 1 \\ 1 & 0 & 0 \end{bmatrix}$$

13-6 解题过程 (1) 建立坐标系,并标出各杆的结构参数和关节运动参数,如图 13-3 所示。(各杆结构参数和关节运动参数如表 13-2 所示)

表 13-2

i	α_i	h_i	d_i	θ_i
1	0	0	0	θ_1
2	$-90°$	0	0	θ_2
3	0	h_2	0	θ_3
4	$-90°$	h_3	0	0

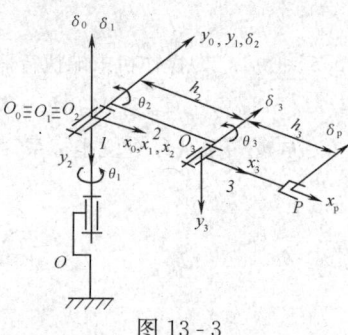

图 13-3

(2) 求两杆间的位姿矩阵

$$M_{01} = \begin{bmatrix} C_1 & -S_1 & 0 & 0 \\ S_1 & C_1 & 0 & 0 \\ 0 & 0 & 1 & 0 \\ 0 & 0 & 0 & 1 \end{bmatrix} \quad M_{12} = \begin{bmatrix} C_2 & -S_2 & 0 & 0 \\ 0 & 0 & 1 & 0 \\ -S_2 & -C_2 & 0 & 0 \\ 0 & 0 & 0 & 1 \end{bmatrix}$$

$$M_{23} = \begin{bmatrix} C_3 & -S_3 & 0 & h_2 \\ S_3 & C_3 & 0 & 0 \\ 0 & 0 & 1 & 0 \\ 0 & 0 & 0 & 1 \end{bmatrix} \quad M_{3p} = \begin{bmatrix} C_4 & -S_4 & 0 & h_3 \\ 0 & 0 & 1 & 0 \\ -S_4 & -C_4 & 0 & 0 \\ 0 & 0 & 0 & 1 \end{bmatrix}$$

式中 C_1、S_1、C_{12}、S_{12}、C_{123}、S_{123} 分别表示 $\cos\theta_1$、$\sin\theta_1$、$\cos(\theta_1+\theta_2)$、$\sin(\theta_1+\theta_2)\cos(\theta_1+\theta_2+\theta_3)$、$\sin(\theta_1+\theta_2+\theta_3)$,后同。

(3) 求末端执行器的位姿方程

$$M_{op} = M_{o1}M_{12}M_{23}M_{3p} = \begin{bmatrix} n_x & O_x & a_x & p_x \\ n_y & O_y & a_y & p_y \\ n_z & O_z & a_z & p_z \\ 0 & 0 & 0 & 1 \end{bmatrix}$$

式中 $n_x = C_1 C_4 C_{23} + S_1 S_4$ $\qquad n_y = S_1 C_4 C_{23} - C_1 S_4$

$n_z = -C_4 S_{23}$ $\qquad\qquad\qquad O_x = -C_1 S_4 C_{23} + S_1 C_4$

$$O_y = -S_1 C_4 C_{23} - C_1 C_4 \qquad O_z = S_4 S_{23}$$
$$a_x = -C_1 S_{23} \qquad\qquad a_y = -S_1 S_{23}$$
$$a_z = -C_{23} \qquad\qquad p_x = h_\xi C_1 C_{23} + h_2 C_1 C_2$$
$$p_y = h_3 S_1 C_{23} + h_2 S_1 C_2 \qquad p_z = -h_2 S_{22} - h_2 S_2$$

13-7 略。

13-8 [知识点窍] 求某一点的速度、加速度、某杆的角速度、角加速度，应先建立坐标系，然后根据速度、加速度、角速度、角加速度公式求解在建立坐标系时，应尽量使计算简单。

[解题过程] 为了使计算简单，可以重新建立坐标系，如图 13-4 所示。

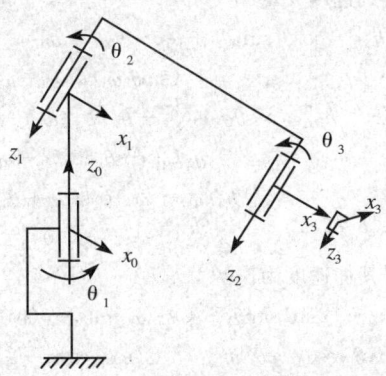

图 13-4

根据题中所给出的结构参数可以得到变换矩阵。

$$\boldsymbol{M}_{01} = \begin{bmatrix} \cos\theta_1 & 0 & \sin\theta_1 & 0 \\ \sin\theta_1 & 0 & -\cos\theta_1 & 0 \\ 0 & 1 & 0 & h_1 \\ 0 & 0 & 0 & 1 \end{bmatrix} \quad \boldsymbol{M}_{12} = \begin{bmatrix} \cos\theta_2 & -\sin\theta_2 & 0 & h_2\cos\theta_2 \\ \sin\theta_2 & \cos\theta_2 & 0 & h_2\sin\theta_2 \\ 0 & 0 & 1 & 0 \\ 0 & 0 & 0 & 1 \end{bmatrix}$$

$$\boldsymbol{M}_{23} = \begin{bmatrix} \cos\theta_3 & -\sin\theta_3 & 0 & h_3\cos\theta_3 \\ \sin\theta_3 & \cos\theta_3 & 0 & h_3\sin\theta_3 \\ 0 & 0 & 1 & 0 \\ 0 & 0 & 0 & 1 \end{bmatrix}$$

所以可以得到位置矢量为

$$\begin{bmatrix} \boldsymbol{r}_P \\ 1 \end{bmatrix} = \boldsymbol{M}_{01}\boldsymbol{M}_{12}\boldsymbol{M}_{23}\begin{bmatrix} 0 \\ 0 \\ 0 \\ 1 \end{bmatrix} = \begin{bmatrix} \cos\theta_1 & 0 & \sin\theta_1 & 0 \\ \sin\theta_1 & 0 & -\cos\theta_1 & 0 \\ 0 & 1 & 0 & h_1 \\ 0 & 0 & 0 & 1 \end{bmatrix}$$

$$\times \begin{bmatrix} \cos\theta_2 & -\sin\theta_2 & 0 & h_2\cos\theta_2 \\ \sin\theta_2 & \cos\theta_2 & 0 & h_2\sin\theta_2 \\ 0 & 0 & 1 & 0 \\ 0 & 0 & 0 & 1 \end{bmatrix} \times \begin{bmatrix} \cos\theta_3 & -\sin\theta_3 & 0 & h_3\cos\theta_3 \\ \sin\theta_3 & \cos\theta_3 & 0 & h_3\sin\theta_3 \\ 0 & 0 & 1 & 0 \\ 0 & 0 & 0 & 1 \end{bmatrix}$$

$$= \begin{bmatrix} 0 \\ 0 \\ 0 \\ 1 \end{bmatrix} \begin{bmatrix} h_3\cos\theta_1\cos(\theta_2+\theta_3)+h_2\cos\theta_1\cos\theta_2 \\ h_3\sin\theta_1\cos(\theta_2+\theta_3)+h_2\sin\theta_1\cos\theta_2 \\ h_2\sin(\theta_2+\theta_3)+h_2\sin\theta_2+h_1 \\ 1 \end{bmatrix}$$

所以,可得其速度矢量

$$\begin{bmatrix} v_P \\ \vdots \\ 0 \end{bmatrix} = \begin{bmatrix} h_3[-\cos\theta_1\sin(\theta_2+\theta_3)\cdot(\omega_2+\omega_3)-\cos(\theta_2+\theta_3)(\sin\theta_1)\cdot\omega_1]- \\ h_2(\sin\theta_1\omega_1\cos\theta_2+\omega_2\cos\theta_1\sin\theta_2) \\ h_3[\omega_1\cos\theta_1\cos(\theta_2+\theta_3)-(\omega_2+\omega_3)\sin(\theta_2+\theta_3)\sin\theta_1]+ \\ h_2(\omega_1\cos\theta_1\cos\theta_2-\omega_2\sin\theta_1\sin\theta_2) \\ h_3(\omega_2+\omega_3)\cos(\theta_2+\theta_3)+\omega_2 h_2\cos\theta_2 \\ 0 \end{bmatrix}$$

同理,可得其加速度为

$$\begin{bmatrix} a_P \\ \vdots \\ 0 \end{bmatrix} = \begin{bmatrix} h_3[2\sin\theta_1\sin(\theta_2+\theta_3)\omega_1(\omega_2+\omega_3)-(\omega_2+\omega_3)^2\cos\theta_1\cos(\theta_2+\theta_3)- \\ \cos\theta_1\cos(\theta_2+\theta_3)\omega_1^2]-h_2(\omega_1^2\cos\theta_1\cos\theta_2-2\omega_1\omega_2\sin\theta_1\sin\theta_2+\omega_2^2\cos\theta_1\cos\theta_2) \\ h_3[-\omega_1^2\sin\theta_1\cos(\theta_2+\theta_3)-2\omega_1(\omega_2+\omega_3)\sin(\theta_2+\theta_3)\cos\theta_1- \\ (\omega_2+\omega_3)^2\sin\theta_1\cos(\theta_2+\theta_3)]+h_2[-\omega_1^2\sin\theta_1\cos\theta_2-2\omega_1\omega_2\cos\theta_1\sin\theta_2 \\ -\omega_2^2\sin\theta_1\cos\theta_2]-h_3(\omega_2+\omega_3)^2\sin(\theta_2+\theta_3)-h_2\omega_2^2\sin\theta_2 \\ 0 \end{bmatrix}$$

末端执行器的角速度为

$$\boldsymbol{R}_{01}\boldsymbol{R}_{12} = \begin{bmatrix} \cos\theta_1 & 0 & \sin\theta_1 \\ \sin\theta_1 & 0 & -\cos\theta_1 \\ 0 & 1 & 0 \end{bmatrix} \begin{bmatrix} \cos\theta_2 & -\sin\theta_2 & 0 \\ \sin\theta_2 & \cos\theta_2 & 0 \\ 0 & 0 & 1 \end{bmatrix}$$

$$= \begin{bmatrix} \cos\theta_1\cos\theta_2 & -\cos\theta_1\cos\theta_2 & \sin\theta_1 \\ \sin\theta_1\cos\theta_2 & -\sin\theta_1\sin\theta_2 & -\cos\theta_1 \\ \sin\theta_2 & \cos\theta_2 & 0 \end{bmatrix}$$

$$\boldsymbol{\omega}_3^{(0)} = \sum_{i=1}^{3} R_{01}R_{12}\cdots R_{i-1,i}\dot{\theta}^{(i)} = \begin{bmatrix} \cos\theta_1 & 0 & \sin\theta_1 \\ \sin\theta_1 & 0 & -\cos\theta_1 \\ 0 & 1 & 0 \end{bmatrix} \begin{bmatrix} 0 \\ 0 \\ \omega_1 \end{bmatrix}$$

$$+ \begin{bmatrix} \cos\theta_1\cos\theta_2 & -\cos\theta_1\cos\theta_2 & \sin\theta_1 \\ \sin\theta_1\cos\theta_2 & -\sin\theta_1\sin\theta_2 & -\cos\theta_1 \\ \sin\theta_2 & \cos\theta_2 & 0 \end{bmatrix} \begin{bmatrix} 0 \\ 0 \\ \omega_2 \end{bmatrix}$$

$$+ \begin{bmatrix} \cos\theta_1\cos(\theta_2+\theta_3) & -\cos\theta_1\sin(\theta_2+\theta_3) & \sin\theta_1 \\ \sin\theta_1\cos(\theta_2+\theta_3) & -\sin\theta_1\sin(\theta_2+\theta_3) & -\cos\theta_1 \\ \sin(\theta_2+\theta_3) & \cos(\theta_2+\theta_3) & 0 \end{bmatrix} \begin{bmatrix} 0 \\ 0 \\ \omega_3 \end{bmatrix}$$

$$= \begin{bmatrix} \omega_1\sin\theta_1 \\ -\omega_1\cos\theta_1 \\ 0 \end{bmatrix} + \begin{bmatrix} \omega_2\sin\theta_1 \\ -\omega_2\cos\theta_1 \\ 0 \end{bmatrix} + \begin{bmatrix} \omega_3\sin\theta_1 \\ -\omega_3\cos\theta_1 \\ 0 \end{bmatrix} = \begin{bmatrix} (\omega_1+\omega_2+\omega_3)\sin\theta_1 \\ -(\omega_1+\omega_2+\omega_3)\cos\theta_1 \\ 0 \end{bmatrix}$$

末端执行器的角加速度为

$$\boldsymbol{\alpha}_3^{(0)} = \ddot{\boldsymbol{\theta}}_3^{(0)} = \sum_{i=1}^{3}\sum_{j=1}^{i}\boldsymbol{R}_{01}\cdots\boldsymbol{R}_{j-1,j}\cdots\boldsymbol{R}_{i-1,j}\dot{\boldsymbol{\theta}}_i^{(i)} + \sum_{i=1}^{3}\boldsymbol{R}_{01}\cdots\boldsymbol{R}_{23}\ddot{\boldsymbol{\theta}}_i^{(i)}$$

$$= \dot{\boldsymbol{R}}_{01}\boldsymbol{R}_{01}\dot{\boldsymbol{\theta}}_1^{(1)} + \boldsymbol{R}_{01}\dot{\boldsymbol{R}}_{12}\dot{\boldsymbol{\theta}}_2^{(2)} + \boldsymbol{R}_{01}\boldsymbol{R}_{12}\boldsymbol{R}_{23}(\dot{\boldsymbol{R}}_{01}+\dot{\boldsymbol{R}}_{12}+\dot{\boldsymbol{R}}_{23})\dot{\boldsymbol{\theta}}_3^{(3)}$$

$$= \begin{bmatrix} -\omega_1\sin\theta_1 & 0 & \omega_1\cos\theta_1 \\ \omega_1\cos\theta_1 & 0 & \omega_1\sin\theta_1 \\ 0 & 0 & 0 \end{bmatrix} \begin{bmatrix} \cos\theta_1 & 0 & \sin\theta_1 \\ \sin\theta_1 & 0 & -\cos\theta_1 \\ 0 & 1 & 0 \end{bmatrix} \begin{bmatrix} 0 \\ 0 \\ \omega_1 \end{bmatrix}$$

$$+ \begin{bmatrix} \cos\theta_1\cos\theta_2 & -\cos\theta_1\cos\theta_2 & \sin\theta_1 \\ \sin\theta_1\cos\theta_2 & -\sin\theta_1\sin\theta_2 & -\cos\theta_1 \\ \sin\theta_2 & \cos\theta_2 & 0 \end{bmatrix}$$

$$\times \begin{bmatrix} -(\omega_1\sin\theta_1+\omega_2\sin\theta_2) & -\omega_2\cos\theta_2 & \omega_1\cos\theta_1 \\ \omega_1\cos\theta_1+\omega_2\cos\theta_2 & -\omega_2\cos\theta_2 & \omega_1\sin\theta_1 \\ 0 & 0 & 0 \end{bmatrix} \begin{bmatrix} 0 \\ 0 \\ \omega_2 \end{bmatrix}$$

$$+ \begin{bmatrix} \cos\theta_1\cos(\theta_2+\theta_3) & -\cos\theta_1\sin(\theta_2+\theta_3) & \sin\theta_1 \\ \sin\theta_1\cos(\theta_2+\theta_3) & -\sin\theta_1\sin(\theta_2+\theta_3) & -\cos\theta_1 \\ \sin(\theta_2+\theta_3) & \cos(\theta_2+\theta_3) & 0 \end{bmatrix}$$

$$\times \begin{bmatrix} -(\omega_1\sin\theta_1+\omega_2\sin\theta_2+\omega_3\sin\theta_3) & -\omega_2\cos\theta_2-\omega_3\cos\theta_3 & \omega_1\cos\theta_1 \\ \omega_1\cos\theta_1+\omega_2\cos\theta_2+\omega_3\cos\theta_3 & -\omega_2\sin\theta_2-\omega_3\sin\theta_3 & \omega_1\sin\theta_1 \\ 0 & 0 & 0 \end{bmatrix} \times \begin{bmatrix} 0 \\ 0 \\ \omega_3 \end{bmatrix}$$

$$= \begin{bmatrix} -\omega_1\sin\theta_1\sin\theta_1 \\ \omega_1\sin\theta_1\cos\theta_1 \\ 0 \end{bmatrix} + \begin{bmatrix} \omega_1\omega_2\sin\theta_1\cos_3\theta_1 \\ -\omega_1\omega_2\sin\theta_1\cos\theta_1 \\ 0 \end{bmatrix}$$

$$+ \begin{bmatrix} \omega_1\omega_3\sin\theta_1\cos\theta_1 \\ -\omega_1\omega_3\sin\theta_1\cos\theta_1 \\ 0 \end{bmatrix}$$

$$= \begin{bmatrix} \omega_1\sin\theta(-\sin\theta_1+\omega_2\cos\theta_1+\omega_3\cos\theta_1) \\ \omega_1\sin\theta_1\cos\theta_1(1-\omega_2-\omega_3) \\ 0 \end{bmatrix}$$

13-9 知识点窍 操作机的机构运动简图；运动学方程。

解题过程 （1）建立坐标系，并标出各杆的结构参数和关节运动参数，如图13-5所示。

(2) 确定两杆间的位姿矩阵。直接分析各坐标系之间的变换关系。

$$M_{01} = R(z_1, \theta_1) = \begin{bmatrix} \cos\theta_1 & 0 & \sin\theta_1 & 0 \\ -\sin\theta_1 & 0 & \cos\theta_1 & 0 \\ 0 & 1 & 0 & l_1 \\ 0 & 0 & 0 & 1 \end{bmatrix}$$

$$M_{12} = \begin{bmatrix} \cos\theta_2 & \sin\theta_2 & 0 & l_2\cos\theta_2 \\ -\sin\theta_2 & \cos\theta_2 & 0 & -l_2\sin\theta_2 \\ 0 & 0 & 1 & 0 \\ 0 & 0 & 0 & 1 \end{bmatrix}$$

$$M_{23} = \begin{bmatrix} \sin\theta_3 & 0 & \cos\theta_3 & l_3\cos\theta_3 \\ \cos\theta_3 & 0 & -\sin\theta_3 & 0 \\ 0 & 1 & 0 & 0 \\ 0 & 0 & 0 & 1 \end{bmatrix}$$

$$M_{34} = \begin{bmatrix} \cos\theta_4 & 0 & \sin\theta_4 & 0 \\ -\sin\theta_4 & 0 & -\cos\theta_4 & 0 \\ 0 & 1 & 0 & l_4 \\ 0 & 0 & 0 & 1 \end{bmatrix}$$

$$M_{45} = \begin{bmatrix} \cos\theta_5 & 0 & -\sin\theta_5 & -l_5\sin\theta_5 \\ \sin\theta_5 & 0 & \cos\theta_5 & l_5\cos\theta_5 \\ 0 & 1 & 0 & 0 \\ 0 & 0 & 0 & 1 \end{bmatrix}$$

$$M_{56} = \begin{bmatrix} \cos\theta_6 & \sin\theta_6 & 0 & 0 \\ -\sin\theta_6 & \cos\theta_6 & 0 & 0 \\ 0 & 0 & 1 & l_6 \\ 0 & 0 & 0 & 1 \end{bmatrix}$$

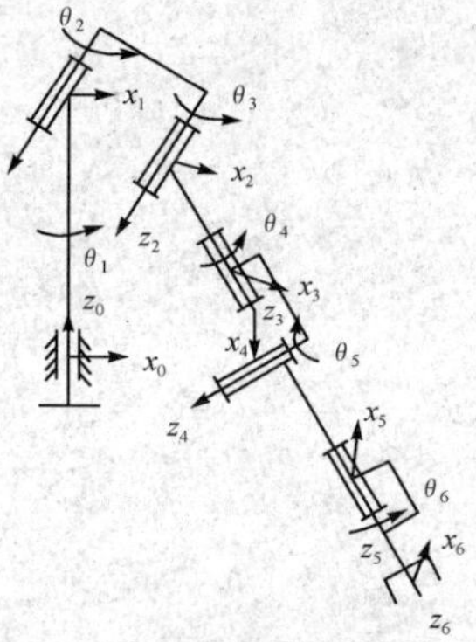

图 13-5

所以，操作机的运动学方程可表示为

$$M_{06} = M_{01}M_{12}M_{23}M_{34}M_{45}M_{56}$$

13-10 知识点窍 求位姿矩阵的逆解。

逻辑推理 利用矩阵方程进行递推，等号两端的矩阵中对应方程相等。注意利用三角方程进行置换。

解题过程 以 M_{01}^{-1} 左乘上题中操作机的运动学方程，可得

$$M_{01}^{-1}M_{06} = M_{12}M_{23}M_{34}M_{45}M_{56}$$

由于矩阵行列式对应的各个元素相等，便可以得到几个对应的方程组，最终计算得到 $\theta_1 \sim \theta_6$。

13-11 解题过程 对于图 13-6(a) 中，θ_1 的转动带动锥齿轮 1 的转动，锥齿轮 1 又带动锥齿轮 2—2′ 的转动，锥齿轮 2—2′ 的转动带动锥齿轮 3 实现手部回转运动 θ_3；θ_2 的转动带动锥齿轮

4的转动实现俯仰运动β,同时由于锥齿轮3绕β轴的旋转,使3齿轮被迫自传,产生诱导运动;

θ_3的转动实现偏摆转动φ。

对于图13-6(b)来说,θ_1的转动带动锥齿轮2—2'的转动,锥齿轮2—2'的转动带动齿轮3实现回转运动θ;θ_2的转动带动锥齿轮5转动,5的转动实现俯仰运动β,同时产生了锥齿轮3的自转,即产生诱导运动,θ_3的转动带动6实现转动,从而实现偏摆运动φ,由于6的转动,必然导致2的自转,从而3有自转运动,即诱导运动。

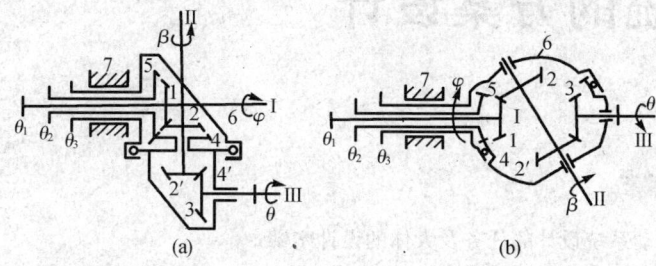

图 13-6

13-12 解题过程 大臂驱动电机7通过齿轮z_6、z_7、z_8带动齿轮z_9实现大臂2绕固定轴的转动。

小臂驱动电机6通过齿轮z_3、z_4、z_5皮带传动,带动小臂3实现转动。

手部驱动电机5通过三级皮带传动带动手部8的运动。

电机5、6安装在大臂的后端,是为了减轻手臂的载荷,保证手腕部件的结构紧凑,减小其重量和体积,以利于手腕驱动传动装置的布置和提高手腕动作的精确性。

第十四章
机械系统的方案设计

学习要求

1. 了解机械传动系统设计的任务及大体的设计步骤。
2. 了解在拟定机械传动系统方案时应考虑的基本原则及要点。
3. 了解机构选型的基本知识。
4. 了解机械的运动循环图和机构组合应用的基本知识。

内容提要

■ 机械设计的一般过程

根据机械设计任务大小的不同,设计过程的繁简程度当然也不会一样,但大致都要经过如表14-1所示的几个阶段。

表 14-1

阶段	内容	应完成的任务
计划	1. 根据市场需要,或受用户委托,或由上级下达,提出设计任务 2. 进行可行性研究,重大的问题应召开有各方面专家参加的评审论证会 3. 编制设计任务书	1. 提出可行性报告 2. 提出设计任务书。任务书应尽可能详细具体,它是以后设计、评审、验收的依据 3. 签订技术经济合同
方案设计	1. 根据设计任务书,通过调查研究和必要的试验分析,提出若干个可行方案 2. 经过分析对比、评价、决策,确定最佳方案	提出最佳方案的原理图和机构运动简图

技术设计	1. 绘制总装配图和部件装配图 2. 绘制零件工作图 3. 绘制电路系统图、润滑系统图等 4. 编制各种技术文件	1. 提出整个设备的标注齐全的全套图纸 2. 提出设计计算说明书、使用维护说明书、外购件明细表等
试制试验	通过试制、试验发现问题,加以改进	1. 提出试制、试验报告 2. 提出改进措施
投产以后	设备投产以后,并非设备设计工作的终结,还要根据用户的意见、生产中发现的问题以及市场的变化作相应改进和更新设计	收集问题,发现问题,改进设计

■ 机械系统方案设计的步骤

机械系统方案设计一般按下述步骤进行。

1 拟定机械的工作原理

根据生产或市场需要,制定机械的总功能,拟定实现总功能的工作原理和技术手段,确定出机械所要实现的工艺动作。

2 执行构件和原动机的运动设计

根据机械要实现的功能和工艺动作,确定执行构件的数目、运动形式、运动参数及运动协调配合关系,并选定原动机的类型和运动参数。

3 机械的选型、变异与组合

根据机械的运动及动力等功能的要求,选择能实现这些功能的机械类型,必要时应对已有机械进行变异,创造出新型的机构,并对所选机构进行组合,形成满足运动和动力要求的机械传动系统方案,绘制传动系统的示意图。

4 机械的尺寸综合

根据执行构件和原动机的运动参数,以及各执行构件运动的协调配合要求,确定各构件的运动尺寸,绘制机械传动系统的机构运动简图。

5 方案分析

对机械传动系统进行运动和动力分析,考察其能否全面满足机械的运动和动力功能要求,必要时还应进行适当调整。运动和动力分析结果也将为机械的工作能力和结构设计提供必要的数据。

6 方案评审

通过对众多方案的评比,从中选出最佳方案。

典型例题分析

例 14.1 图 14-1 所示为一凸轮—连杆机构的示意图,试分析该组合机构的组合方式,并指出其基础机构和附加机构。若工作要求从动件上点 M 实现给定的运动轨迹 mm,试设计该组合机构。

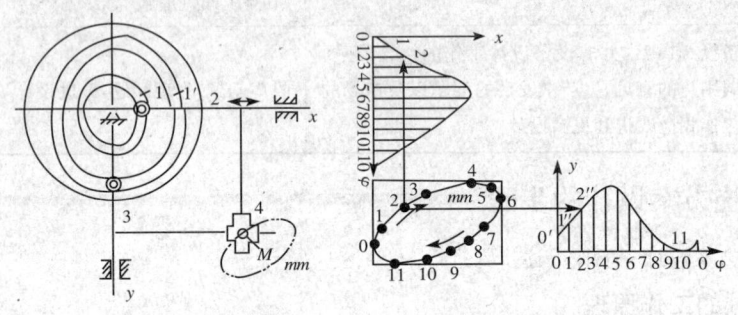

图 14-1　　　　　　　　　　图 14-2

知识点窍　构件 4 上 M 点的运动轨迹实际上是两凸轮机构推杆运动的合成,根据机构组合方式的定义,应属于并联式组合。设计该机构的关键是凸轮廓线的设计。解决的方法是将 M 点的运动分解为两推杆的单独运动。

该组合机构是由自由度为 2 的四杆四移动副机构和两个直动滚子推杆盘形凸轮机构组合而成。其中,四杆四移动副机构为基础机构,两个自由度为 1 的凸轮机构为附加机构。机构的组合方式为并联式组合。

这类组合机构的设计思路如下:首先根据结构空间及要求实现从动件运动轨迹的范围,确定基础机构的尺寸及凸轮转动中心的位置;然后根据从动件的运动轨迹,求出杆 2 及杆 3 的运动规律;最后根据求出的运动规律,设计两个凸轮的廓线。

解题过程　具体设计步骤如下:

(1) 根据生产工艺要求和运动规律,拟定出 M 点给定轨迹 mm 的运行路线,如图 14-2 中箭头方向所示。然后根据工作要求和轨迹各段的变化情况,不均匀地标出 $0,1,2,\cdots$ 各分点。

(2) 作直角坐标系 $xO\varphi, yO\varphi$。坐标 x、y 分别代表两凸轮从动件的位移,坐标 φ 代表凸轮转角。将凸轮转动一周的转角 2π 分为 n 等分,等分数应等于轨迹 mm 上的分点数。

(3) 由轨迹 mm 上各分点分别作 Ox 和 Oy 轴垂线,再由两个坐标轴线的相应分点分别作其本身的垂线,两组垂线分别相交于点 $0', 1', 2', \cdots$ 和 $0'', 1'', 2'', \cdots$。

(4) 用光滑曲线分别连接上述两组交点,即得两凸轮从动件的位移线图 $x = x(\varphi)$ 和 $y = y(\varphi)$。

(5) 根据位移线图,利用反转法原理绘制两个凸轮的理论廓线,而槽凸轮的工作廓线,即为一系列滚子圆的内、外包络线。

例 14.2 为了实现打印功能,可以采取哪些工作原理?试观察各类打印设备,具体说明原理方案的多样性。

知识点窍 本例题将机械原理和实际联系起来。想想打印时所要做的动作便可得出结论。

解题过程 可采用多种工作原理,如机械打击、喷墨、电子成像、热敏等。

思考题及练习题详解

14-1 解题过程 设计机械传动系统方案要考虑的基本要求包括运动形式的转换、运动大小的改变、各执行构件的协调配合工作、克服生产阻力实现原动机功率和转矩到执行构件的传递。对于现代完善的机械传动系统,还应考虑运动操纵和控制功能。

设计一般按下述步骤进行:

(1) 拟定机械的工作原理。制定机械的总功能,拟定实现总功能的工作原理和技术手段,确定出机械所要实现的工艺动作。

(2) 执行构件和原动机的运动设计。根据要实现的功能和工艺动作,确定执行构件的数目、运动形式、运动参数及运动协调配合关系,并选定原动机的类型和运动参数。

(3) 机构的选型、变异与组合。根据机械的运动及动力等功能要求,选择机构类型,对已有机构进行必要变异、组合,绘制传动系统的示意图。

(4) 机构的尺寸综合。根据执行构件、原动件的运动参数,以及各执行构件运动的协调配合要求,确定各构件的运动尺寸,绘制机械传动系统的机构运动简图。

(5) 方案分析。对系统进行运动和动力分析,考察其能否全面满足机械的运动和动力功能要求,必要时进行适当调整。

(6) 方案评审。对众多方案进行评比,选择最佳。

14-2 解题过程 对机械进行功能分析,不但可以用于考察传动系统能否全面满足机械的运动和动力功能要求,而且功能分析也将为机械的工作能力和结构设计提供必要的数据。

14-3 解题过程 工作循环图是用以表明机械在一个工作循环中各执行构件运动配合关系的图。其通常有三种形式:直线式工作循环图、圆周式工作循环图和直角坐标式工作循环图。

工作循环图是进一步设计机械传动系统的重要依据。

在某些机械中,其各执行构件之间的运动是彼此独立的,不需要协调配合,则只需要每一种运动设计一个独立的运动链,单独驱动,不需要作出工作循环图。

14-4 解题过程 机构选型有三种途径:

(1) 比较各种常用机构的工作特点、性能和适用场合,从中选择;

(2) 机构变异;

(3) 利用最小阻力定律来使传动机构简化。

在选型时应考虑：传动的运动形式、工作特点、工作场合、性能要求等。

14-5 解题过程 机构变异的方法包括改变构件的结构形状、改变构件的运动尺寸、选不同的构件为机架、选不同的构件为原动件和增加辅助构件。

机构组合的方法包括串联组合、并联组合、封闭式组合和装载式组合。

其中机构的串联组合分为一般串联组合和特殊串联组合；

机构的并联组合分为一般并联组合、特殊并联组合和汇集式并联组合；

机构的封闭式组合包括一般封闭式组合和反馈封闭式组合；

机构的装载式组合分为单自由度的装载式组合和双自由度的装载式组合。

14-6 解题过程 拟定机械传动方案的一般原则包括：

(1) 采用尽可能简短的运动链。　　(2) 优先选用基本机构。

(3) 应使机械有较高的机械效率。　(4) 合理安排不同类型传动机构的顺序。

(5) 合理分配传动比。　　　　　　(6) 保证机械的安全运转。

14-7 解题过程 评价机械传动方案优劣的指标包括：

(1) 机械功能的实现质量。　　(2) 机械的工作性能。

(3) 机械的动力性能。　　　　(4) 机械的经济性。

(5) 机械结构的合理性。

14-8 解题过程 参考提示：

基本传动采用连杆机构实现，停歇由凸轮依特定曲线实现，因传动比较大，采用二级齿轮减速机构分配传动比。

机构的组合可为：电动机→二级齿轮减速机构→凸轮机构→连杆机构→执行构件。

14-9 解题过程 参考提示：

该系统可设计两个执行构件：食品盒的上下料实现机构、日期打印机构。

运动形式为单向间歇平动，要求两执行构件的运动协调配合，如图14-3所示。

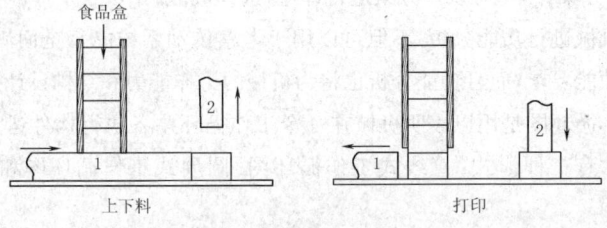

图 14-3

构件1推料，构件2打印，食品盒自动落料。

可采用气动传动，分别用两个气缸带动执行构件1、2。

14-10 解题过程 参考提示：

料架的正反转通过交流异步电动机来实现。

转位采用槽轮机构。

异步交流电动机 → 槽轮机构 → 执行构件